科学出版社"十四五"普通高等教育本科规划教材
国家级一流本科课程（线上课程）配套教材

环境影响评价基础

（第二版）

刘晓东　王　鹏　主编

科学出版社
北　京

内 容 简 介

环境影响评价是环境学科的专业主干课程。本书共 13 章，以《建设项目环境影响评价技术导则 总纲》（HJ 2.1—2016）为主线，系统介绍环境影响评价的基本概念、发展历程、管理及其工作程序，重点论述建设项目工程分析、地表水、地下水、大气、声、土壤、生态环境的现状评价、预测评价以及固废、风险、规划评价等内容，并提供了案例分析。本书旨在使学生掌握环境影响评价的基本知识与技术方法，具备编制一般建设项目和规划环境影响报告书的能力。

本书适合作为高等院校环境类及相关专业的本科生与研究生教材，也可作为社会学习者参加环境影响评价工程师职业资格考试的基础教材，同时也可配合中国大学 MOOC（慕课）“环境影响评价”国家级一流在线开放课程使用，供高校教师开展线上线下混合式教学参考。

图书在版编目（CIP）数据

环境影响评价基础 / 刘晓东，王鹏主编. —2 版. —北京：科学出版社，2024.1

科学出版社“十四五”普通高等教育本科规划教材

ISBN 978-7-03-077837-6

Ⅰ. ①环… Ⅱ. ①刘… ②王… Ⅲ. ①环境影响-评价-高等学校-教材 Ⅳ. ①X820.3

中国国家版本馆 CIP 数据核字（2023）第 252562 号

责任编辑：黄 梅 沈 旭 李嘉佳/责任校对：郝璐璐
责任印制：赵 博/封面设计：许 瑞

科学出版社 出版
北京东黄城根北街 16 号
邮政编码：100717
http://www sciencep com
固安县铭成印刷有限公司印刷
科学出版社发行 各地新华书店经销
*
2021 年 4 月第 一 版 开本：787×1092 1/16
2024 年 1 月第 二 版 印张：18 1/2
2025 年 1 月第七次印刷 字数：461 000

定价：89.00 元

（如有印装质量问题，我社负责调换）

第二版前言

《环境影响评价基础》自 2021 年出版以来，得到了许多读者的垂青，并被不少学校选作教材，这是对我们最大的鼓励。随着环评改革的不断深入，环境影响评价依据的相关法律、法规、导则、标准等也在不断地推陈出新，环境影响评价教材内容亦需要与时俱进。因此，读者和编者都认为需要尽快对第一版进行修订，补充和更新必要的内容，适应新形势下生态文明建设和生态环境保护新要求。在科学出版社和河海大学的鼎力支持下，本教材于 2023 年 3 月入选河海大学重点教材立项建设名单，并启动修订工作，经过近 10 个月的努力，完成了修订稿。

《环境影响评价基础》第二版保持了第一版的总体框架和结构，对书中的陈旧内容进行了更新，如在第 1 章绪论部分，更新了生态环境标准的分类，第 3 章工程分析部分，更新了污染源源强核算和工程分析的主要方法，第 7 章和第 9 章依据新导则对章节内容进行了较大的修订。此外，第二版增加了一些新章节，包括第 10 章固体废物环境影响评价和第 12 章规划环境影响评价，力求较为完整地呈现环境影响评价的全貌。在内容取舍上，参考了《全国环境影响评价工程师职业资格考试大纲》的要求。因此，本书不仅可作为环境科学与工程类、市政工程类、土木及建筑类等相关专业的本科生和研究生教材，亦可作为环境影响评价工程师职业资格考试基础教材，供相关专业科研人员和工程技术人员参考。

与本书配套的环境影响评价在线开放课程已于 2019 年 10 月 28 日在爱课程（中国大学 MOOC）上线（https://www.icourse163.org/course/HHU-1207109807），至今选课人数已逾两万人，2023 年被教育部认定为第二批国家级一流本科课程（线上课程）。线上课程资源包括视频、电子课件、试题库、作业库等。本书与该线上课程配套，以纸质教材为中心，以互联网为载体，将纸质教材与数字资源充分融合，形成线上线下一体化设计的新形态教材。本书结合环评热点问题，在部分章节设置“研讨话题”“课程思政”“随堂测验”“思考题”等互动学习单元，为高校教师开展线上线下混合式课程教学提供参考。编者已建成环评课程学习交流群，目前已有 100 余所高校教师参与教学改革交流，同时为选用本书作教材的老师免费提供电子课件，做到资源共享、优势互补，提高“环境影响评价”课程的整体教学质量。

全书共 13 章，刘晓东负责第 1～4 章、第 10 章编写；王鹏负责第 6～7 章、第 9 章、第 11～13 章编写；褚克坚负责第 5 章编写；顾莉负责第 8 章编写。博士研究生余亮、硕士研究生胡涛、董国庆、张晨阳参与了本次修订工作。全书由刘晓东统稿。

本书出版得到河海大学“环境科学与工程”一流学科建设、“环境科学”国家级一流本科专业和江苏高校品牌专业建设、河海大学重点教材建设的资助。本书在编写过程中引用了许多专家学者的著作和研究成果，在此一并表示感谢。

由于编者水平所限，书中疏漏之处在所难免，敬请各位读者批评指正。

编　者

2024 年 1 月

第二版前言

第一版前言

环境影响评价是环境学科的专业主干课程，也是一门综合性、实践性和时效性很强的课程，涉及学科多、领域广。其主要任务是对规划和建设项目实施后可能造成的环境影响进行分析、预测和评估，提出预防或者减轻不良环境影响的对策和措施，并进行跟踪监测的方法与制度，是贯彻“预防为主”环境保护方针的重要手段。

2018 年以来，《中华人民共和国环境影响评价法》《建设项目环境保护管理条例》《环境影响评价技术导则 地表水环境》等环保相关法律、法规、导则等相继进行了修订，尤其随着环评改革的不断深入，环境影响评价课程应把握环评发展动态，及时更新和补充教材内容，让课程与时俱进。在教学内容上，本书以《建设项目环境影响评价技术导则 总纲》（HJ 2.1—2016）为主线，以环评相关法律、法规、标准、导则、规范和科研成果为技术支撑，系统介绍环境影响评价的基本概念、发展历程、评价依据、环评管理及其工程程序，重点论述建设项目工程分析、地表水、地下水、大气、声、土壤、生态环境的现状评价、预测评价以及环境风险评价等内容，并提供详细的案例分析和说明。此外，将开展战略环评、强化规划环评、提高环评效能、环评和排污许可衔接等环评改革新理念融入教材，以期紧跟环评改革的思路与步伐。

为了顺应“以教为中心向以学为中心”“知识传授为主向能力培养为主”“课堂学习为主体向多种学习方式融合”等教学理念的转变，培养学生的学习主动性、能动性、独立性，提高学生的创新素质与创造潜能，本书结合环评热点问题，在部分章节设置“研讨话题”互动单元，进一步激发学生的学习热情。同时，随着国家在线开放课程及课程思政等教学改革工作的全面推进，教学团队在中国大学 MOOC 平台面向全社会开设环境影响评价在线开放课程（https://www.icourse163.org/course/HHU-1207109807）。通过总结线上线下混合式课程教学实践工作经验，本书在部分章节设置“课程思政”“随堂测验”“思考题”等学习单元，为开展混合式课程教学提供参考，填补国内环境影响评价混合式教学教材的空白。

本书可作为环境类、市政工程类、土木及建筑类等相关专业的本科生和研究生的教材，也可供相关专业科研人员和工程技术人员参考。通过对本书的系统学习，可以掌握污染源调查，工程分析，水、气、声、土壤、生态环境的现状调查和影响预测评价等基本知识，初步具备编制一般建设项目环境影响报告书的能力。可培养学生掌握专业知识的能力、分析和解决实际工程环境影响评价问题的能力，也可为学生未来参加环境影响评价工程师职业资格考试奠定坚实的理论基础。

本书由刘晓东、王鹏主编，顾莉、褚克坚参编。其中刘晓东负责第 1～5 章编写；王鹏负责第 6～11 章编写；褚克坚参与第 5 章编写；顾莉参与第 8 章编写；博士研究生马乙心、硕士研究生吴磊、杨云栋参与了部分章节的插图绘制工作。全书由刘晓东统稿，由华祖林教授审阅。

本书出版得到河海大学“环境科学与工程”一流学科建设、“环境科学”国家级一流本科专业建设以及“环境影响评价”江苏省高校在线开放课程、河海大学重点教材建设的资助。

本书在编写过程中引用了许多专家学者的著作和研究成果，在此一并表示感谢。

由于编者水平所限，书中疏漏之处在所难免，敬请各位读者批评指正。

编　者

2021 年 4 月

目　录

第二版前言
第一版前言
第 1 章　绪论……1
1.1　走进环境影响评价……1
1.2　环境影响评价制度的发展历程……7
1.3　我国环境保护法律法规体系……11
1.4　生态环境标准……15
1.5　环境影响评价技术导则体系……19
第 2 章　建设项目环境影响评价管理及工作程序……22
2.1　建设项目环境影响评价的管理……22
2.2　建设项目环境影响评价的工作程序与内容……31
第 3 章　工程分析……37
3.1　工程分析概述……37
3.2　工程分析的主要内容……38
3.3　工程分析的主要方法……47
第 4 章　地表水环境影响评价……50
4.1　概述……50
4.2　评价等级与评价范围……52
4.3　评价标准……60
4.4　地表水环境现状调查与评价……65
4.5　水质模型基础……72
4.6　地表水环境影响预测……89
4.7　地表水环境影响评价……94
第 5 章　地下水环境影响评价……100
5.1　概述……100
5.2　评价等级与评价范围……104
5.3　评价标准……107
5.4　地下水环境现状调查与评价……109
5.5　地下水环境影响预测……114
5.6　地下水环境影响评价……117
5.7　地下水环境保护措施与对策……118
第 6 章　大气环境影响评价……121
6.1　大气环境基础知识……121
6.2　大气环评概述……133

6.3 环境空气质量现状调查与评价……138
6.4 大气污染源现状调查……140
6.5 大气环境影响预测与评价……143
第 7 章 声环境影响评价……155
7.1 噪声特性及评价基础……155
7.2 评价等级、评价范围及评价标准……161
7.3 噪声源调查与分析……164
7.4 声环境现状调查和评价……165
7.5 声环境影响预测和评价……167
第 8 章 土壤环境影响评价……174
8.1 概述……174
8.2 影响识别及工作分级……177
8.3 土壤环境质量标准……179
8.4 土壤环境现状调查与评价……182
8.5 土壤环境影响预测与评价……186
第 9 章 生态环境影响评价……189
9.1 概述……189
9.2 生态影响识别……192
9.3 评价等级和评价范围……194
9.4 生态现状调查与评价……195
9.5 生态影响预测与评价……198
9.6 生态现状及影响评价方法……199
第 10 章 固体废物环境影响评价……204
10.1 概述……204
10.2 固体废物污染控制标准……207
10.3 固体废物环境影响评价……215
10.4 固体废物污染防治……218
第 11 章 环境风险评价……226
11.1 概述……226
11.2 风险调查及环境风险潜势初判……229
11.3 风险识别及风险事故情形分析……230
11.4 风险预测与评价……233
第 12 章 规划环境影响评价……236
12.1 规划环境影响评价概述……236
12.2 规划环境影响评价内容和方法……239
12.3 规划环境影响评价——产业园区……243
12.4 规划环境影响评价——流域综合规划……251
第 13 章 案例分析……260
13.1 地表水环境影响预测……260

13.2　地下水环境影响预测 ……266
13.3　大气环境影响预测 ……269
13.4　噪声环境影响预测 ……279
随堂测验参考答案 ……284
主要参考文献 ……285

第1章 绪　论

【目标导学】

1. 知识要点

环境影响评价的基本概念，环境影响评价制度的发展历程，我国环境保护法律法规体系，环境标准的意义，我国的环境标准体系，环境标准的制定、实施和管理。

2. 重点难点

环境影响评价的基本概念和我国的环境标准体系。

3. 基本要求

掌握环境、环境影响及环境影响评价的概念，了解环境影响评价制度的发展历程，熟悉我国环境保护法律法规体系的组成。掌握环评技术导则体系，熟悉生态环境标准的分类及含义，了解生态环境质量标准、生态环境风险管控标准、污染物排放标准应当包括的主要内容，熟悉污染物排放标准的类型和执行顺序。熟悉《中华人民共和国环境保护法》《中华人民共和国环境影响评价法》的主要内容。

4. 教学方法

学生自学预习，线上观看慕课视频，教师课堂讲授，重点围绕“为什么要开展环评、环评是什么、如何开展环评、环评工作的主要依据有哪些”等问题开展课堂研讨，建议 4 个学时。

1.1 走进环境影响评价

1.1.1 环境影响评价的基本概念

1. 环境

1）环境的概念

环境是一个相对的概念，不同学科和领域具有不同的内涵，它是相对于主体的客体，因主体的不同而异。环境科学中广义的环境，是以人类为主体的外部世界，即指围绕着人类的空间，直接或间接影响人类生活或发展的各种自然因素和社会因素的总体。通常情况下，狭义的环境指的是自然环境。

本教材采用《中华人民共和国环境保护法》（1989 年实施，2014 年修订）中关于环境的定义。《中华人民共和国环境保护法》第二条规定，“本法所称环境，是指影响人类生存和发展的各种天然的和经过人工改造的自然因素的总体，包括大气、水、海洋、土地、矿藏、森林、草原、湿地、野生生物、自然遗迹、人文遗迹、自然保护区、风景名胜区、城市和乡村等”。

【内涵解析】这里的环境作为环境保护的对象，有三个特点：一是其主体是人类；二是自然因素的总体，不含社会因素，所以，治安环境、文化环境、法律环境等并非《中华人民共和国环境保护法》所指的环境；三是既包括天然的自然环境，也包括人工改造后的自然环境。

【随堂测验】

1.《中华人民共和国环境保护法》所称的环境是指影响人类生存和发展的各种（　　）的总体。

A. 自然因素和社会因素　　B. 社会因素和文化因素

C. 经济因素和自然因素　　D. 天然的和经过人工改造的自然因素

2. 依据《中华人民共和国环境保护法》中所称“环境”的含义，下列环境因素中属于经过人工改造的自然因素是（　　）。

A. 天然河流　　B. 野生生物　　C. 古建筑遗迹　　D. 火山遗迹

2）环境相关基本概念

环境是由环境要素构成的。根据《建设项目环境影响评价技术导则 总纲》(1994 年实施，2016 年第二次修订)，环境要素是指构成环境整体的各个独立的、性质各异而又服从总体演化规律的基本物质组成，也叫环境基质，通常是指大气、水、声、振动、生物、土壤、放射性、电磁等。

环境质量是表征环境对人类生存和社会发展适宜程度的标志，是在某具体环境中，环境总体或其中某些要素对人群健康、生存或繁衍以及社会经济发展适宜程度的量化表达。环境质量包括环境的整体质量（或综合质量）和各要素的质量。例如，城市环境质量属于环境的整体质量，大气环境质量、水环境质量、土壤环境质量等则属于各要素的质量。

环境质量参数是表征环境质量的优劣或变化趋势时常采用的一组参数，又称环境指标。例如，采用 pH、化学需氧量（chemical oxygen demand，COD）、溶解氧（dissolved oxygen，DO）、悬浮物（suspended solid，SS）等参数来表征水环境质量的优劣。

3）环境的基本特性

（1）整体性与区域性。

环境的整体性体现在环境系统的结构和功能方面。环境系统的各要素或各组成部分之间通过物质、能量流动网络而彼此关联，互相联动，在不同的时刻呈现出不同的状态。环境系统的功能也不是各组成要素功能的简单叠加，而是由各要素通过一定的联系方式所形成的与结构紧密相关的功能整体。

正因为环境具有整体性，在对待环境问题时不能采用孤立片面的观点。任何一种环境因素的变化，都可能影响环境整体质量和环境系统，并最终影响人类的生存和发展。例如，燃煤排放 SO_2 使大气环境质量恶化，酸沉降酸化水体和土壤，进而导致水生生态系统和农业生态环境质量恶化，减少了农业产量并降低了农产品的品质。

同时，环境又具有明显的区域差异，这一点生态环境表现得尤为突出。内陆的季风和逆温、滨海的海陆风，就是地理区域不同导致的大气环境差异。海南岛是热带生态系统，西北内陆却是荒漠生态系统，这是气候不同造成的生态环境差异。因此，研究环境问题又必须注意其区域差异造成的差别和特殊性，不能一味地搬用其他区域的环境理论和方法。

（2）变动性和稳定性。

环境的变动性是指在自然的、人为的或两者共同的作用下，环境的内部结构和外在状态始终处于动态变化过程中。环境的稳定性是相对于变动性而言的。所谓稳定性是指环境系统具有一定的自我调节功能的特性，即环境结构与状态在自然和人类社会行为的作用下，所发生的变化不超过一定限度，环境可以借助于自身的调节功能使这些变化逐渐消失，环境结构和状态可以基本恢复到变化前的状态。例如，生态系统的自我恢复、水体自净作用等，都是这种调节功能的体现。

环境的变动性与稳定性是相辅相成的。变动是绝对的，稳定是相对的。前述的“限度”是决定能否稳定的条件，而这种“限度”由环境本身的结构和自我调节能力决定。目前的问题是由于社会经济的迅速发展，人类无止境的需求和对环境的干扰超出了自然环境的供给和恢复能力，各种污染物与日俱增，自然资源日趋枯竭，从而使环境发生剧烈变化，不可恢复，破坏了其稳定性。

（3）资源性与价值性。

环境为人类提供了生存发展的空间，同时也提供了必需的物质和能量，这就是环境的资源性。环境既包括物质性方面的资源，如空气资源、生物资源、矿产资源、淡水资源、海洋资源、土地资源、森林资源等；也包括精神需求方面的资源，如环境提供的美好景观、广阔的空间等。环境也提供给人类多方面的服务，尤其是生态系统的环境服务功能，如涵养水源、防风固沙、保持水土等。

环境具有资源性，当然就具有价值性。人类的生存与发展，社会的进步，一刻都离不开环境。随着人类社会的发展进步，特别是自工业革命以来，环境污染的产生，危害人群健康；环境资源的短缺，阻碍社会经济的可持续发展，人们开始认识到环境价值的存在。但不同地区，由于文化传统、道德观念以及社会经济水平等的不同，所认为的环境价值往往有差异。环境价值是一个动态的概念，随着社会的发展，环境资源日趋稀缺，人们对环境价值的认识在不断深入，环境的价值正在迅速增加。有些原先并没有价值的东西，也变得十分珍贵了。

【课程思政】习近平总书记在党的十九大报告中指出，建设生态文明是中华民族永续发展的千年大计①。人与自然是生命共同体，人类对大自然的伤害最终会伤及人类自身，这是无法抗拒的规律。中华民族要实现永续发展和伟大复兴，必须尊重自然、顺应自然、保护自然，认识和把握生态兴则文明兴、生态衰则文明衰的文明发展规律，不断夯实中华民族永续发展和伟大复兴的生态环境基石。绿色发展是构建高质量现代化经济体系的必然要求，是解决污染问题的根本之策。必须树立和践行“绿水青山就是金山银山”理念，贯彻创新、协调、绿色、开放、共享的新发展理念。

【延伸阅读】《习近平关于社会主义生态文明建设论述摘编》。

2. 环境影响

1）环境影响的概念

环境影响是指人类活动（经济活动、社会活动和政治活动）对环境的作用和导致环境的

---

①习近平：决胜全面建成小康社会 夺取新时代中国特色社会主义伟大胜利——在中国共产党第十九次全国代表大会上的报告. https://www.gov.cn/zhuanti/2017-10/27/content_5234876.htm?eqid=f4eb9581000609c8000000036472f0e2 [2018-12-13].

变化以及由此引起的对人类社会和经济的效应。可见，环境影响概念包括人类活动对环境作用以及环境变化对人类的反作用两个方面。例如，城市污水处理厂尾水排入河流，其环境影响不仅表现在使排污口附近水域污染物浓度的显著升高，影响河流的水质和生态环境，还包括水环境质量的变化对人类健康的影响。

2）环境影响的分类

（1）按影响来源分类。

按影响来源可分为直接影响、间接影响和累积影响。直接影响与人类活动在时间上同时，在空间上同地；而间接影响在时间上推迟，在空间上延伸，但是在可合理预见的范围内。例如，工业生产中排入大气中的 SO_2、NO_x、烟尘等污染物，它们直接作用于人体、动植物、建筑物、器物等而产生的危害属于直接作用。而当排入大气中的碳氢化合物和氮氧化物等一次污染物达到某一数量时，在阳光（紫外线）作用下会发生光化学反应，生成二次污染物，即产生所谓的光化学烟雾，对人体、动植物、建筑物和器物等产生的影响则属于间接影响。直接影响往往较容易识别，而间接影响容易被忽视，而且间接影响产生的后果往往更大、更严重，不容易控制和消除。累积影响是指当一种活动的影响与过去、现在及将来可预见活动的影响叠加时，造成环境影响的后果。当建设项目的环境影响在时间上过于频繁或在空间上过于密集，以至于各项目的影响得不到及时消除时，都会产生累积影响。

（2）按影响效果分类。

按影响效果可分为有利影响和不利影响。有利影响是指对人群健康、社会经济发展或其他环境的状况和功能有积极促进作用的影响。反之，对人群健康有害或对社会经济发展或其他环境状况有消极阻碍或破坏作用的影响，则为不利影响。根据不同的受体，不利与有利是相对的，是可以相互转化的，而且不同的个人、团体、组织等由于价值观念、利益需要等的不同，对同一环境的评价会不尽相同。对环境影响有利和不利的确定，要综合考虑多方面的因素，是一个比较困难的问题，也是环境影响评价工作中经常需要认真考虑、调研和权衡的问题。

（3）按影响性质分类。

按影响性质可分为可恢复影响和不可恢复影响。可恢复影响是指人类活动造成的环境某特性改变或某价值丧失后可能恢复的影响。例如，油轮泄油事件，造成大面积海域污染，但经过一段时间后，在人为努力和环境自净作用下，又可恢复到污染以前的状态，这是可恢复影响。不可恢复影响是指人类活动造成的环境某特性改变或某价值丧失后不能恢复的影响。例如，开发建设活动使某自然风景区改变成为工业区，造成其观赏价值或舒适性价值的完全丧失，是不可恢复影响。一般认为，在环境承载力范围内对环境造成的影响是可恢复的；超出了环境承载力范围的，则为不可恢复影响。另外，环境影响还可分为短期影响和长期影响，地方、区域影响或国家和全球影响，建设阶段影响和运行阶段影响等。

3. 环境影响评价

环境影响评价是指对拟议中的人类重要决策和开发建设活动可能对环境产生的物理性、化学性或生物性的作用及其造成的环境变化和对人类健康与福利的影响，进行系统地分析和评估，并提出减少这些影响的对策措施，以及进行跟踪监测的方法与制度。

【内涵解析】这一概念明确了环境影响评价的对象有两个：人类的重要决策和开发建设

活动，我国当前开发建设活动主要表现为建设项目，人类的重要决策主要表现为规划，所以《中华人民共和国环境影响评价法》(2002年通过，2016年第一次修正，2018年第二次修正)第二条规定：“本法所称环境影响评价，是指对规划和建设项目实施后可能造成的环境影响进行分析、预测和评估，提出预防或者减轻不良环境影响的对策和措施，进行跟踪监测的方法与制度。”这一概念还明确了环境影响评价的主要工作包括环境影响预测与评价、环境保护对策和措施及环境管理与监测计划三个方面。

1.1.2 环境影响评价的目的和作用

1. 目的

环境影响评价的根本目的是鼓励在规划和决策中考虑环境因素，最终达到更具环境可容性和友善性的人类活动。在人类社会经济发展的同时，维护和改善环境，使其更有利于人类社会的可持续发展。

2. 作用

1）保证建设项目选址和布局的合理性

合理的布局是保证环境与经济持续发展的前提条件，而不合理的布局则是造成环境污染的重要原因。环境影响评价从规划或建设项目所在地区的整体出发，考察项目的不同方案对区域整体的不同影响，并进行比较和取舍，选择最有利的方案，保证规划或项目选址的合理性，从而起到污染预防的作用。

2）指导环境保护设计，强化环境管理

环境影响评价针对具体的开发建设活动或生产活动，综合考虑开发活动特征和环境特征，通过对污染治理设施的技术、经济和环境论证，可以得到相对最合理的环境保护对策和措施，把因人类活动而产生的环境污染或生态破坏限制在最小范围。因此，环境影响评价不仅为项目可行性论证提供依据，还能指导工程的设计、施工和运行，依据环境管理与监测计划强化环境管理，为项目建成后实现科学管理提供必要的数据和重点监督对象。

3）为区域的社会经济发展提供导向

环境影响评价可以通过对区域的自然条件、资源条件、社会条件和经济发展等进行综合分析，掌握该地区的资源、环境和社会等状况，从而对该地区的发展方向、发展规模、产业结构和产业布局等做出科学的决策和规划，指导区域活动，实现可持续发展。

4）促进相关环境科学技术的发展

环境影响评价涉及自然科学和社会科学的广泛领域，包括基础理论研究和应用技术开发。环境影响评价工作中遇到的问题，必然会对相关环境科学技术提出挑战，进而推动相关环境科学技术的发展。

【研讨话题】为什么要开展环境影响评价工作？由8·12天津滨海新区爆炸事故等案例导入，分析环境影响评价工作的必要性，理解环评从源头预防污染和生态破坏的作用。

1.1.3 环境影响评价课程知识体系

环境影响评价课程涉及的知识点多、内容广，其知识体系见图1-1。由图1-1可见，环境影响评价课程知识体系由工作依据、核心环节、技术方法和案例分析四个部分组成。其中，环境影响评价的核心环节包括工程分析、环境现状调查、环境影响预测与评价、环境保护对策与措施、环境管理与监测计划、环境影响评价结论六个知识单元，环境影响评价的工作依据包括法律法规体系、技术导则体系、环境标准体系。将环境影响评价相关知识、技术方法应用到一个项目中，则构成了案例分析。本教材依据环境影响评价课程知识体系，先介绍环境影响评价的基本概念、相关法律法规、环境标准和管理制度等工作依据，再介绍工程分析的内容与方法，重点对地表水、地下水、大气、噪声、生态、固废、环境风险评价、规划环境影响评价等不同环境要素和专题评价进行详细论述，最后探讨案例分析，将技术方法融入其中。

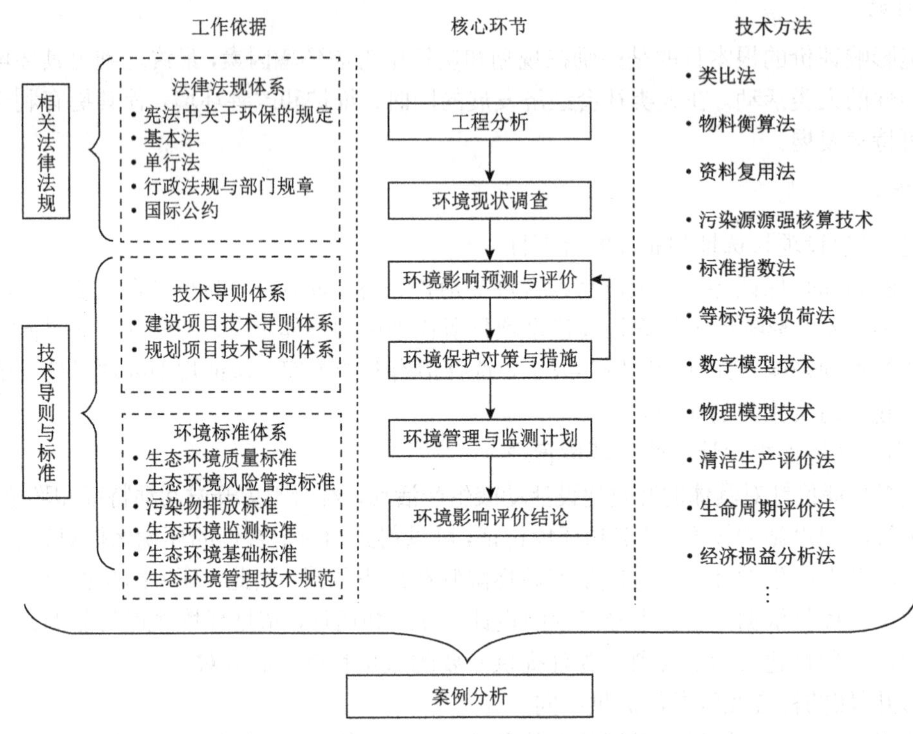

图 1-1　环境影响评价课程知识体系

【研讨话题】环境影响评价课程知识体系与当前国家注册环境影响评价工程师考试科目之间有何联系？通过一个案例解析环评所需开展的核心工作，理解环境影响评价课程知识体系，介绍国家注册环境影响评价工程师考试科目与内容，建立两者之间的联系。

1.1.4　环境影响评价课程的特点

环境影响评价课程相对于其他课程，具有以下特点。

1）综合性

环境影响评价是一门综合性很强的学科，涉及的学科多、领域广，是基于多学科交叉的一门学科。评价往往要从大气、地表水、地下水、噪声、土壤、生态等多个环境要素同时展开，不仅要掌握各要素环境影响预测与评价的模型与方法，还要对大气污染与控制、土壤环境学、生态学以及环境规划、环境经济学、环境监测等环境学科的主干课程有扎实的基础。

另外，还需要对社会经济、文化美学、地理信息系统甚至建筑学等学科有一定的了解。

2）时效性

随着科学技术的发展，人们对环境认识的深入和重视，环境影响评价依据的国家环境法律、法规、标准等在不断地完善、加强和发展。环境影响评价课程需要紧跟生态环境保护发展动态，及时补充更新课程内容，做到与时俱进。相比于中国快速发展的环评制度，环境影响评价教材与参考书常存在严重的滞后性。现在的环境影响评价课程教材大部分以讲述环境影响评价技术方法为主，很多新的条例、标准、技术导则等未能及时在教材中得以体现。因此课程学习时不应仅仅依靠教材等参考书，更应充分利用中国环境影响评价网、生态环境部网站、慕课等线上资源，紧密跟踪最新的技术导则、规范、环境标准等信息。

3）实践性

环境影响评价是一门紧密联系实际的学科，在实践中诞生并在实践中不断发展，所以只有通过具体的实践活动，如案例分析，才能熟练地掌握相关理论和方法。同时，环境影响评价课程内容与当前国家注册环境影响评价工程师考试、环境保护咨询与管理工作密切相关，不仅从事环境影响评价工作需要掌握该课程知识，开展环境影响评价报告技术评估、环境监理、污染治理方案编制、环境风险应急预案编制、建设项目竣工环境保护验收、清洁生产评估、环境影响后评价、环保技术培训、环保管家等工作均需要用到该课程知识。

【研讨话题】相对于其他课程，你觉得环境影响评价课程的最大特点是什么？

1.2 环境影响评价制度的发展历程

1.2.1 国外环境影响评价制度的发展

环境质量评价始于20世纪50年代。20世纪50～60年代，工业发达的国家出现了严重的环境污染，酿成了不少公害事件，促使人们认识到不能再走“先污染、后治理”的老路，应寻求更为积极的途径来保护环境。1964年在加拿大召开的国际环境质量评价会议，首次提出“环境影响评价”的概念，表明人们认识到环境质量的优劣取决于人们对之产生的影响，仅仅进行事后评价无法保证其质量。

环境影响评价是在环境监测技术、污染物扩散规律、环境质量对人体健康影响、自然界自净能力等学科研究分析基础上发展起来的一门科学技术。20世纪50年代初期，针对核设施已开始评价环境影响辐射状况，20世纪60年代英国总结出环境影响评价“三关键”（关键要素、关键途径、关键居民区），已有较明确的污染源—污染途径（扩散迁移方式）—受影响人群的环境影响评价模式。

环境影响评价最初作为一种科学方法和技术手段，任何个人和组织都可应用，为人类开发活动提供指导依据，但并没有约束力，直到环境影响评价制度的建立。环境影响评价制度与环境影响评价不同，是指把环境影响评价工作以法律、法规或行政规章形式确定下来从而必须遵守的制度。美国是世界上第一个把环境影响评价用法律固定下来并建立环境影响评价制度的国家，在1969年美国国会通过了《国家环境政策法》（National Environmental Policy Act，NEPA），强调政府行为特别是重大联邦行为对环境的影响必须进行评价和审查。

继美国建立环境影响评价制度后，先后有瑞典（1970年）、新西兰（1973年）、加拿大（1973

年)、澳大利亚（1974年)、马来西亚（1974年)、德国（1976年)、菲律宾（1979年)、印度（1978年)、泰国（1979年)、中国（1979年)、印度尼西亚（1979年)、斯里兰卡（1979年）等国家相继建立了环境影响评价制度。与此同时，国际上也设立了许多有关环境影响评价的机构，召开了一系列有关环境影响评价的会议，开展了环境影响评价的研究和交流，进一步促进了各国环境影响评价的应用与发展。1970年世界银行设立环境与健康事务办公室，对其每一个投资项目的环境影响作出审查和评价。1974年联合国环境规划署与加拿大联合召开了第一次环境影响评价会议。1984年5月联合国环境规划署理事会第12届会议建议组织各国环境影响评价专家进行环境影响评价研究，为各国开展环境影响评价提供了方法和理论基础。1992年联合国环境与发展大会在里约热内卢召开，会议通过的《里约环境与发展宣言》和《21世纪议程》中都写入了有关环境影响评价的内容。《里约环境与发展宣言》原则上宣告：对于拟议中可能对环境产生重大不利影响的活动，应进行环境影响评价，作为一项国家手段，并应由国家主管当局作出决定。

1994年由加拿大环境评价办公室（FERO）和国际影响评估学会（IAIA）在魁北克市联合召开了第一届国际环境影响评价部长级会议，有52个国家和组织机构参加了会议，会议作出了“进行环境评价有效性研究”的决议。

经过50余年的发展，已有100多个国家建立了环境影响评价制度。环境影响评价的内涵不断扩大，从对自然环境影响评价发展到社会环境影响评价。自然环境的影响不仅考虑环境污染，还注重生态影响，开展风险评价，关注累积性影响，并开始对环境影响进行后评估。环境影响评价从最初单纯的工程项目环境影响评价发展到规划环境影响评价和战略影响评价，环境影响技术方法和程序也在发展中不断地得以完善。

【随堂测验】

1. 1964年在（　　）召开国际环境质量评价会议，首次提出“环境影响评价”的概念。

A. 加拿大　　B. 美国　　C. 英国　　D. 南非

2. 首个通过立法建立了环境影响评价制度的国家是（　　）。

A. 加拿大　　B. 美国　　C. 英国　　D. 南非

1.2.2 中国环境影响评价制度的发展

1. 建立过程

从1973年第一次全国环境保护会议后，环境影响评价的概念开始引入我国。高等院校和科研单位的一些专家、学者在报刊及学术会议上宣传和倡导环境影响评价，并参与了环境质量评价及其方法的研究。

1973年，“北京西郊环境质量评价研究”协作组成立，开始进行环境质量评价的研究。随后，官厅流域、南京市、茂名市也开展了环境质量评价。1977年中国科学院召开“区域环境保护学术讨论会”，推动了大中城市环境质量现状评价。同时，也开展了松花江、图们江、白洋淀、湘江及杭州西湖等重要水域的环境质量现状评价。1979年11月在南京召开的中国环境科学学会环境质量评价专业委员会学术座谈会上，总结了这一阶段环境质量评价的工作经验，编写了《环境质量评价参考提纲》，为各地进行环境质量现状评价研究提供了方法。

1978 年 12 月 31 日，国务院环境保护领导小组在《环境保护工作汇报要点》中，首先提出了环境影响评价的意向；1979 年 4 月，国务院环境保护领导小组在《关于全国环境保护工作会议情况的报告》中，把环境影响评价作为一项方针政策再次提出。在国家支持下，北京师范大学等单位率先在江西永平铜矿开展了我国第一个建设项目的环境影响评价工作。

1979 年 9 月颁布的《中华人民共和国环境保护法（试行）》规定："一切企业、事业单位的选址、设计、建设和生产，都必须充分注意防止对环境的污染和破坏。在进行新建、改建和扩建工程时，必须提出对环境影响的报告书，经环境保护部门和其他有关部门审查批准后才能进行设计"，标志着我国的环境影响评价制度正式建立起来。

2. 发展历程

1）规范和建设阶段（1979～1989 年）

1979 年《中华人民共和国环境保护法（试行）》确立了环境影响评价制度后，在以后颁布的各种环境保护法律、法规中，不断对环境影响评价进行规范，通过行政规章，逐步规范环境影响评价的内容、范围、程序，环境影响评价的技术方法也不断完善。

《中华人民共和国海洋环境保护法》（1982 年）、《中华人民共和国水污染防治法》（1984 年）、《中华人民共和国大气污染防治法》（1987 年）、《中华人民共和国野生动物保护法》（1988 年）、《中华人民共和国环境噪声污染防治条例》（1989 年）、《中华人民共和国环境保护法》（1989 年）等法律法规和条例办法的颁布实施，进一步明确了"建设污染环境的项目，必须遵守国家有关建设项目环境管理的规定"，"建设项目环境影响报告书，必须对建设项目产生的污染和对环境的影响作出评价，规定防治措施，经项目主管部门预审，并依照规定的程序报环境保护行政主管部门批准。环境影响报告书经批准后，计划部门方可批准建设项目设计任务书"，"新建、扩建、改建向大气排放污染物的项目，必须遵守国家有关建设项目环境保护管理的规定"等。

同时，国家行政部门协力合作，分别出台了《基本建设项目环境保护管理办法》（1981 年）、《建设项目环境保护管理办法》（1986 年）、《建设项目环境影响评价证书管理办法（试行）》（1986 年）、《关于建设项目环境影响报告书审批权限问题的通知》（1986 年）、《关于建设项目环境管理问题的若干意见》（1988 年）、《建设项目环境影响评价证书管理办法》（1989 年）、《建设项目环境影响评价收费标准的原则与方法（试行）》（1989 年）等办法和意见，明确把环境影响评价制度纳入基本建设项目审批程序中，并对建设项目环境影响评价的范围、程序、审批和报告书（表）编制格式都作了明确规定，同时对评价单位和评价人员及评价费用管理等提出了具体的要求。

2）强化和完善阶段（1989～2002 年）

进入 20 世纪 90 年代，随着我国改革开放的深入发展和社会主义计划经济向市场经济转轨，建设项目的环境保护管理制度得到强化。1992 年国家环境保护局成立了"环境工程评估中心"作为建设项目环境保护管理的技术支持单位，对环境影响报告书进行技术审查。国家加强了对评价队伍的管理，进行了环境影响评价人员的持证上岗培训，提高了环境影响评价人员的业务素质。

1993 年国家环境保护局发布了《环境影响评价技术导则》（总纲、大气环境、地面水环境）；1995 年发布了《环境影响评价技术导则 声环境》；1996 年发布《辐射环境保护管理导则 电磁辐射环境影响评价方法与标准》。

1998 年 11 月，国务院令第 253 号发布实施《建设项目环境保护管理条例》（简称《条例》），这是建设项目环境管理的第一个行政法规，环境影响评价作为《条例》中的一章作了详细明确的规定。

1999 年 3 月，国家环境保护总局公布《建设项目环境影响评价资格证书管理办法》对评价单位的资质进行了规定，4 月公布《建设项目环境保护分类管理名录（试行）》。

3）提高和拓展阶段（2002～2014 年）

2002 年第九届全国人民代表大会常务委员会第三十次会议通过了《中华人民共和国环境影响评价法》，并于 2003 年 9 月 1 日起实施，标志着我国的环境影响评价工作正式进入法治完善阶段。该法增加了规划环评的内容，对评价单位的资质、评价的审批及法律责任等相关内容作了详细的规定，是环境影响评价工作的纲领性文件。

2003 年颁布《开发区区域环境影响评价技术导则》和《规划环境影响评价技术导则（试行）》。2004 年出台《环境影响评价工程师职业资格制度暂行规定》《建设项目环境风险评价技术导则》等文件进一步规范了环境影响评价编制工作，完善了我国的环境影响评价制度。

4）改革和优化阶段（2014 年至今）

2014 年 4 月 24 日修订了《中华人民共和国环境保护法》，自 2015 年 1 月 1 日起开始实施。条文从 47 条增加到 70 条，主要包括以下十二个方面：加强环境保护宣传，提高公民环保意识；明确生态保护红线；对雾霾等大气污染的治理和应对；明确环境监察机构的法律地位；完善行政强制措施；鼓励和组织环境质量对公众健康影响的研究；排污费和环境保护税的衔接；完善区域限批制度；完善排污许可管理制度；对相关举报人的保护；扩大环境公益诉讼的主体；加大环境违法责任。

2015 年 8 月 29 日修订了《中华人民共和国大气污染防治法》，2016 年 1 月 1 日正式实施，2018 年 10 月 26 日进行修正。从内容上看，新法不仅与 2014 年 4 月 24 日修订的《中华人民共和国环境保护法》衔接，也将“大气十条”中的有效政策转化为法律制度，除总则、法律责任和附则外，分别对大气污染防治标准和限期达标规划、大气污染防治的监督管理、大气防治措施、重点区域大气污染联合防治、重污染天气应对等内容作了规定。

进入“十三五”以来，环境保护部于 2016 年 7 月 15 日印发了《“十三五”环境影响评价改革实施方案》，为在新时期发挥环境影响评价源头预防环境污染和生态破坏的作用，推动实现“十三五”绿色发展和改善生态环境质量总体目标，制定了实施方案。在全面深化“放管服”改革的新形势下，随着环评技术校核等事中事后监管的力度越来越大，放开事前准入的条件逐步成熟。

2016 年 7 月 2 日修正了《中华人民共和国环境影响评价法》，环评审批不再作为建设项目审批、核准的前置条件。

2018 年 8 月 31 日第十三届全国人民代表大会常务委员会第五次会议通过《中华人民共和国土壤污染防治法》，这是我国首次制定专门的法律来规范防治土壤污染。

2018 年 12 月 29 日，第二次修正《中华人民共和国环境影响评价法》，取消环评单位资质要求。

2019 年 9 月，生态环境部发布《建设项目环境影响报告书（表）编制监督管理办法》，标志着环境影响评价改革后的相关监督管理要求正式落地。

【课程思政】中国特色社会主义进入了新时代，在习近平生态文明思想的指引下，举例说明当前环评改革的新内容、新方向。

1.3　我国环境保护法律法规体系

我国的环境影响评价制度融汇于环境保护法律法规体系中，是开展环境影响评价工作的重要依据。我国的环境保护法律法规体系以宪法中关于环境保护的规定为基础，以环境保护基本法为核心，以环境保护相关法律为补充，是由若干相互联系协调的环境保护法律、法规、规章、标准及国际条约组成的一个完整而又相互独立的法律法规体系（图 1-2）（生态环境部环境工程评估中心，2022a）。

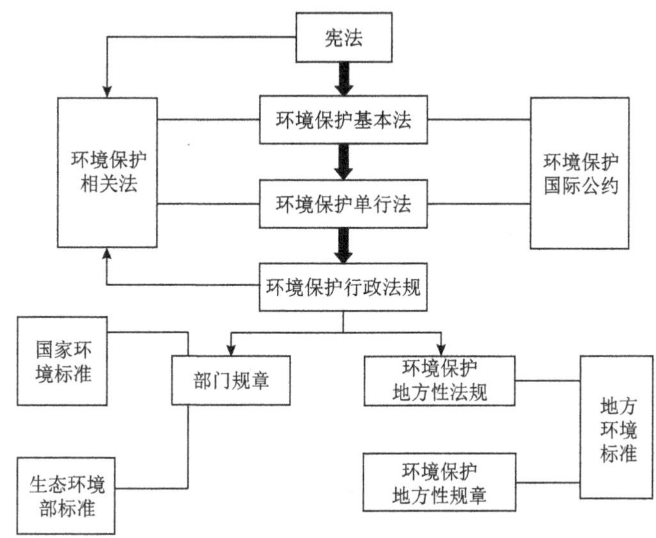

图 1-2　环境保护法律法规体系框架

1.3.1　宪法中的环境保护规范

《中华人民共和国宪法》在一个国家法律体系中处于最高位阶，是国家的根本大法。

《中华人民共和国宪法》第二十六条规定："国家保护和改善生活环境和生态环境，防治污染和其他公害。国家组织和鼓励植树造林，保护林木。"这一规定是国家对环境保护的总政策，说明了环境保护是国家的一项基本职责。此外，《中华人民共和国宪法》第九条、第十条中对自然资源和一些重要的环境要素的所有权及其保护也作出了许多的规定。《中华人民共和国宪法》的这些规定为我国的环境保护活动和环境立法提供了指导原则和立法依据。

1.3.2　环境保护基本法

1979 年 9 月 13 日，《中华人民共和国环境保护法（试行）》颁布，标志着我国环境保护工作进入法治轨道，带动了我国环境立法的全面开展。1989 年颁布的《中华人民共和国环境保护法》（2014 年修订，2015 年 1 月 1 日起施行）是我国环境保护基本法，在环境保护法律法规体系中占核心地位，是其他单行法立法的依据。该法共 70 条，分为总则、监督管理、保护和改善环境、防治污染和其他公害、信息公开和公众参与、法律责任及附则七章。这部综合性环境基本法在环境保护的重要问题上都作了相应的规定，进一步用法律确立和规范了我国的环境影响评价制度。

【延伸阅读】《中华人民共和国环境保护法》（2015 年 1 月 1 日起施行）。

【研讨话题】2014 年修订通过的《中华人民共和国环境保护法》为什么被称为“史上最严的环保法”？

1.3.3 环境保护单行法

环境保护单行法是针对某一特定的环境要素或特定的环境社会关系进行调整的专门法律法规。

目前，我国已颁布的环境保护单行法有九部，包括：1982 年颁布的《中华人民共和国海洋环境保护法》（1999 年第一次修订，2013 年第一次修正，2016 年第二次修正，2017 年第三次修正，2023 年第二次修订）；1984 年颁布的《中华人民共和国水污染防治法》（1996 年第一次修正，2008 年修订，2017 年第二次修正）；1987 年颁布的《中华人民共和国大气污染防治法》（1995 年第一次修正，2000 年第一次修订，2015 年第二次修订，2018 年第二次修正）；1995 年颁布的《中华人民共和国固体废物污染环境防治法》（2004 年第一次修订，2013 年第一次修正，2015 年第二次修正，2016 年第三次修正，2020 年第二次修订）；1996 年颁布的《中华人民共和国环境噪声污染防治法》（2018 年修正）；2002 年颁布的《中华人民共和国清洁生产促进法》（2012 年修正）；2002 年颁布的《中华人民共和国环境影响评价法》（2016 年第一次修正，2018 年第二次修正）；2003 年颁布的《中华人民共和国放射性污染防治法》；2018 年颁布的《中华人民共和国土壤污染防治法》。

【延伸阅读】《中华人民共和国环境影响评价法》（2016 年 9 月 1 日起施行）。

1.3.4 环境保护相关法

环境保护相关法是指自然资源保护和其他环境保护相关法律，如《中华人民共和国土地管理法》《中华人民共和国草原法》《中华人民共和国渔业法》《中华人民共和国城乡规划法》《中华人民共和国野生动物保护法》《中华人民共和国水土保持法》等。国家其他相关法律有关环境保护的规定也是我国环境保护法律法规体系的重要组成部分。

1）刑法

《中华人民共和国刑法》第六章第六节专门规定了破坏环境资源保护罪，对惩治破坏环境资源犯罪作了全面规定。

2）行政法

依照宪法原则而制定的并涉及环境管理范畴的行政法律，如《中华人民共和国民法通则》《中华人民共和国农业法》《中华人民共和国乡镇企业法》《中华人民共和国对外贸易法》《中华人民共和国标准化法》《中华人民共和国行政处罚法》《中华人民共和国文物保护法》《中华人民共和国食品卫生法》等中有关环境保护的条款。

1.3.5 环境保护行政法规与部门规章

环境保护行政法规是由国务院制定并公布或经国务院批准有关主管部门公布的环境保护规范性文件。它分为两类，一类是法律授权制定的环境保护法的实施细则，如《中华人民共和国水污染防治法实施细则》；另一类是针对环境保护工作中尚无相应单行法律的某个领域而制定的条例、规定和办法，如《建设项目环境保护管理条例》《规划环境影响评价条例》。

环境保护部门规章是由国务院环境保护行政主管部门单独发布或者与国务院有关部门联合发布的环境保护规范性文件。它以有关的环境保护法律为依据制定，或针对某些尚无法律法规调整的领域作出相应的规定，如《建设项目环境影响评价文件分级审批规定》等。

1.3.6 环境保护地方性法规和地方性规章

环境保护地方性法规和地方性规章是享有立法权的地方权力机关和地方政府机关依据《中华人民共和国宪法》和相关法律制定的环境保护规范性文件。这些规范性文件是依据本地实际情况和特定环境问题制定的，并在本地实施，有较强的可操作性。环境保护地方性法规和地方性规章不能和法律、国务院行政法规相抵触。

环境保护地方性法规和地方性规章突出了环境管理的区域性特征，有利于因地制宜地加强环境管理，是我国环境保护法规体系的组成部分。

1.3.7 环境保护国际公约

环境保护国际公约是指我国缔结和参加的环境保护国际公约、条约和议定书。国际公约与我国环境法有不同规定时，优先适用国际公约的规定，但我国声明保留的条款除外。我国政府已签署并批准的国际环境保护公约主要有《保护臭氧层维也纳公约》（1989年加入）、《关于消耗臭氧层物质的蒙特利尔议定书》（1991年加入）、《气候变化框架公约》、《生物多样性公约》、《关于特别是作为水禽栖息地的国际重要湿地公约》、《关于持久性有机污染物的斯德哥尔摩公约》、《控制危险废物越境转移及其处置巴塞尔公约》（1989年签订）、《防止倾倒废物及其他物质污染海洋的公约》等，并在全球、区域和双边环境合作中不断取得进展。

1.3.8 生态环境标准

生态环境标准是环境法律法规体系的一个组成部分，是环境执法和环境管理部门工作的技术依据，具体内容将在1.4节详细论述。

综上所述，我国环境保护法律法规体系如图1-3所示，就法律效力而言，宪法具有最高的法律效力，其他法律法规都不得同宪法相抵触，基本法、单行法、相关法中有关环境保护的要求具有同等的法律效力，法律的效力高于行政法规与规章、地方性法规与规章，行政法规的效力高于部门规章、地方性法规与规章。如果不同法律就同一事项有规定不一致的地方，应按颁布时间先后，后法的法律效力高于前法。

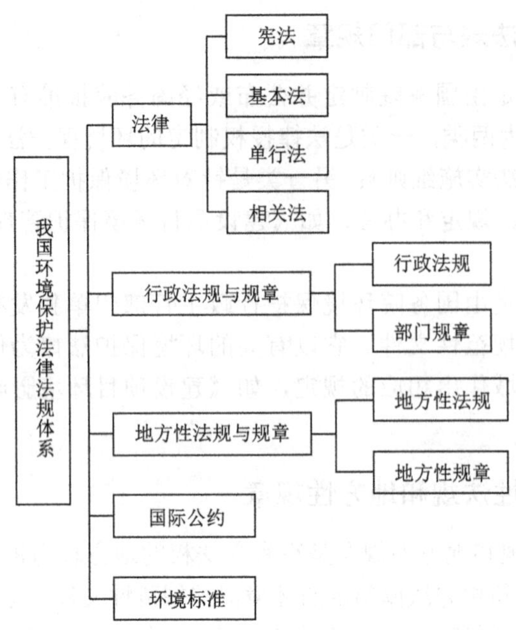

图 1-3　我国环境保护法律法规体系

【研讨话题】不同环境保护法律法规的比较。从制定/批准主体、命名特点等方面对法律法规体系组成类别进行比较分析，见表 1-1。

表 1-1　我国环境保护法律法规制定/批准主体及命名特点

<table>
<tr><th>类别</th><th>制定/批准主体</th><th>命名特点</th></tr>
<tr><td>宪法</td><td>全国人大</td><td rowspan="4">××法</td></tr>
<tr><td>基本法</td><td rowspan="3">全国人大及其常委会</td></tr>
<tr><td>单行法</td></tr>
<tr><td>相关法</td></tr>
<tr><td>行政法规</td><td>国务院或国务院批准有关主管部门</td><td>××实施细则
××条例</td></tr>
<tr><td>部门规章</td><td>国务院环保行政主管
部门单独或联合其他部门</td><td>××办法
××规定</td></tr>
<tr><td>地方性法规</td><td>省级或经批准较大市的人大及其常委会</td><td>××省××条例</td></tr>
<tr><td>地方性规章</td><td>省级或经批准较大市的市级人民政府</td><td>××省××办法
××省××规定</td></tr>
<tr><td>国际公约</td><td>相关国际组织</td><td>××公约</td></tr>
<tr><td>环境标准</td><td></td><td>××标准</td></tr>
</table>

【随堂测验】

1.《中华人民共和国环境影响评价法》在环境保护法律体系中属于（　　）。

A. 环境保护基本法

B. 环境保护单行法
C. 环境保护行政法规
D. 环境保护部门规章

2. 下列文件属于政府部门规章的是（　　）。
A.《中华人民共和国水污染防治法》
B.《建设项目环境影响评价文件分级审批规定》
C.《中华人民共和国环境影响评价法》
D.《危险化学品安全管理条例》

1.4 生态环境标准

1.4.1 生态环境标准概念

生态环境标准是环境保护法规体系中一个独立的、特殊的和重要的组成部分。生态环境标准是指国务院生态环境主管部门和省级人民政府依法制定的生态环境保护工作中需要统一的各项技术要求。具体而言，生态环境标准是国家为了保障公众健康，促进生态良性循环，实现社会经济发展目标，根据国家的环境政策和法规，在综合考虑本国自然环境特征、社会经济条件和科学技术水平的基础上，规定的环境中污染物及其他有害因素的允许含量（浓度）和污染源排放污染物或其他有害因素的种类、数量、浓度、排放方式，以及监测方法和其他有关技术要求。

1.4.2 生态环境标准性质

生态环境标准不同于产品质量标准，生态环境标准有其独特的法规属性，具有强制性，必须执行。生态环境标准属于技术规范，其制定与法律法规一样，要经授权由有关国家机关按照法定程序制定和颁发。

1.4.3 生态环境标准分类

根据《生态环境标准管理办法》，我国的生态环境标准由两级六类组成，见图1-4，两级是指国家生态环境标准和地方生态环境标准，国家级环境标准是指由国务院有关部门依法制定和颁发的在全国范围内或者在特定区域、特定行业内适用的环境标准。六类是指国家生态环境标准分为国家生态环境质量标准、国家生态环境风险管控标准、国家污染物排放标准、国家生态环境监测标准、国家生态环境基础标准和国家生态环境管理技术规范六大类。

地方生态环境标准是由省、自治区、直辖市人民政府制定颁发的在其行政区域内适用的环境标准，包括地方生态环境质量标准、地方生态环境风险管控标准、地方污染物排放标准和地方其他生态环境标准。

国家和地方生态环境质量标准、生态环境风险管控标准、污染物排放标准和法律法规规定强制执行的其他生态环境标准，以强制性标准的形式发布。法律法规未规定强制执行的国家和地方生态环境标准，以推荐性标准的形式发布。其中，有关强制性国家环境标准的代号用“GB”表示；推荐性国家环境标准的代号用“GB/T”表示；强制性行业环境标准代号用“HJ”表示；推荐性行业环境标准代号用“HJ/T”表示。地方环境标准编号由四部分组成，

DB（地方标准代号）行政区代码前两位/顺序号—年号，如江苏省地方标准《化学工业水污染物排放标准》（DB 32/939—2020）。

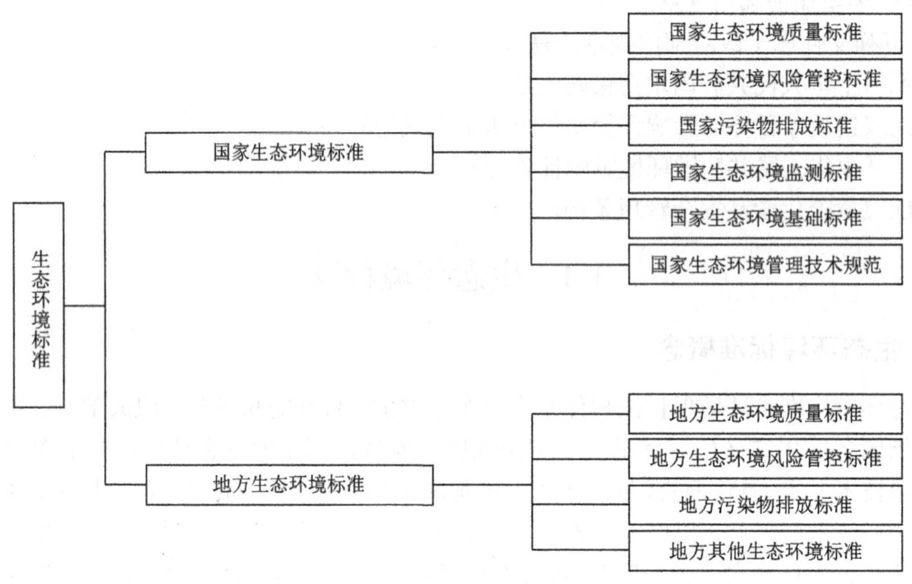

图 1-4　生态环境标准体系框图

1. 生态环境质量标准

生态环境质量标准是指为保护生态环境，保障公众健康，增进民生福祉，促进经济社会可持续发展，对环境中有害物质和因素所做的限制性规定。生态环境质量标准包括大气环境质量标准、水环境质量标准、海洋环境质量标准、声环境质量标准、核与辐射安全基本标准。生态环境质量标准应当包括下列内容：功能分类；控制项目及限值规定；监测要求；生态环境质量评价方法；标准实施与监督等。我国现行的部分生态环境质量标准见表 1-2。

表 1-2　部分生态环境质量标准

标准名称	标准编号	发布时间	实施时间
《环境空气质量标准》第 1 号修改单	GB 3095—2012/XG1—2018	2012-06-29	2018-09-01
《地表水环境质量标准》	GB 3838—2002	2002-04-02	2002-06-01
《地下水质量标准》	GB/T 14848—2017	1993 年首次发布，2017 年第一次修订	2018-05-01
《声环境质量标准》	GB 3096—2008	2008-08-19	2008-10-01

2. 生态环境风险管控标准

生态环境风险管控标准是为保护生态环境，保障公众健康，推进生态环境风险筛查与分类管理，维护生态环境安全，控制生态环境中的有害物质和因素而制定的标准。生态环境风险管控标准包括土壤污染风险管控标准以及法律法规规定的其他环境风险管控标准。生态环境风险管控标准应当包括下列内容：功能分类；控制项目及风险管控值规定；监测要求；风险管控值使用规则；标准实施与监督等。我国现行的生态环境风险管控标准见表1-3。

表1-3 部分生态环境风险管控标准

标准名称	标准编号	发布时间	实施时间
《土壤环境质量 农用地土壤污染风险管控标准（试行）》	GB 15618—2018	2018-06-22	2018-08-01
《土壤环境质量 建设用地土壤污染风险管控标准（试行）》	GB 36600—2018	2018-06-22	2018-08-01

3. 污染物排放标准

污染物排放标准是为改善生态环境质量，控制排入环境中的污染物或者其他有害因素，根据生态环境质量标准和经济、技术条件而制定的标准，是对污染源控制的标准。污染物排放标准包括大气污染物排放标准、水污染物排放标准、固体废物污染控制标准、环境噪声排放控制标准和放射性污染防治标准等。污染物排放标准应当包括下列内容：适用的排放控制对象、排放方式、排放去向等情形；排放控制项目、指标、限值和监测位置等要求，以及必要的技术和管理措施要求；适用的监测技术规范、监测分析方法、核算方法及其记录要求；达标判定要求；标准实施与监督等。我国现行的部分污染物排放标准见表1-4。

表1-4 部分污染物排放标准

标准名称	标准编号	发布时间	实施时间
《大气污染物综合排放标准》	GB 16297—1996	1996-04-12	1997-01-01
《恶臭污染物排放标准》	GB 14554—1993	1993-08-06	1994-01-15
《污水海洋处置工程污染控制标准》	GB 18486—2001	2001-11-12	2002-01-01
《污水综合排放标准》	GB 8978—1996	1996-10-04	1998-01-01
《建筑施工场界环境噪声排放标准》	GB 12523—2011	2011-12-30	2012-07-01
《工业企业厂界环境噪声排放标准》	GB 12348—2008	2008-08-19	2008-10-01
《铁路边界噪声限值及其测量方法》	GB 12525—1990	1990-11-09	1991-03-01
《一般工业固体废物贮存和填埋污染控制标准》	GB 18599—2020	2020-11-26	2021-07-01
《农用污泥污染物控制标准》	GB 4284—2018	2018-05-14	2019-06-01

4. 生态环境监测标准

生态环境监测标准是为监测生态环境质量和污染物排放情况，开展达标评定和风险筛查与管控，规范布点采样、分析测试、监测仪器、卫星遥感影像质量、量值传递、质量控制、数据处理等监测技术要求而制定的标准。生态环境监测标准包括生态环境监测技术规范、生态环境监测分析方法标准、生态环境监测仪器及系统技术要求、生态环境标准样品等。制定生态环境质量标准、生态环境风险管控标准和污染物排放标准时，应当采用国务院生态环境主管部门制定的生态环境监测分析方法标准；国务院生态环境主管部门尚未制定适用的生态环境监测分析方法标准的，可以采用其他部门制定的监测分析方法标准。

5. 生态环境基础标准

生态环境基础标准是为统一规范生态环境标准的制定技术工作和生态环境管理工作中具有通用指导意义的技术要求而制定的标准，包括生态环境标准制定技术导则，生态环境通用术语、图形符号、编码和代号（代码）及其相应的编制规则等。我国现行的部分生态环境基础标准见表 1-5。

表 1-5　部分生态环境基础标准

标准名称	标准编号	实施时间
《环境污染类别代码》	GB/T 16705—1996	1997-07-01
《制定地方大气污染物排放标准的技术方法》	GB/T 3840—1991	1992-06-01
《制订地方水污染物排放标准的技术原则与方法》	GB/T 3839—1983	1984-04-01

6. 生态环境管理技术规范

生态环境管理技术规范是为规范各类生态环境保护管理工作的技术要求而制定的技术规范，包括大气、水、海洋、土壤、固体废物、化学品、核与辐射安全、声与振动、自然生态、应对气候变化等领域的管理技术指南、导则、规程、规范等。生态环境管理技术规范为推荐性标准，在相关领域环境管理中实施。

7. 各环境标准之间的关系

1）国家环境标准与地方环境标准的关系

国务院生态环境主管部门依法制定并组织实施国家生态环境标准，评估国家生态环境标准实施情况，开展地方生态环境标准备案，指导地方生态环境标准管理工作。省级人民政府依法制定地方生态环境质量标准、地方生态环境风险管控标准和地方污染物排放标准，并报国务院生态环境主管部门备案。地方环境标准是对国家环境标准的补充和完善；地方环境标准优先于国家环境标准执行。对国家环境质量标准和污染物排放标准中未作规定的项目，可以制定地方环境质量标准和污染物排放标准。对国家环境质量标准和污染物排放标准中已作规定的项目，可以制定严于国家标准的地方环境质量标准和污染物排放标准。

2）污染物排放标准之间的关系

水和大气污染物排放标准按照适用对象又可分为行业型、综合型、通用型、流域（海域）或者区域型四种类型。行业型污染物排放标准适用于特定行业或者产品污染源的排放控制；综合型污染物排放标准适用于行业型污染物排放标准适用范围以外的其他行业污染源的排放控制；通用型污染物排放标准适用于跨行业通用生产工艺、设备、操作过程或者特定污染物、特定排放方式的排放控制；流域（海域）或者区域型污染物排放标准适用于特定流域（海域）或者区域范围内的污染源排放控制。流域（海域）或者区域型污染物排放标准优先于行业型污染物排放标准，行业型污染物排放标准优先于综合型、通用型标准。

3）生态环境标准体系的体系要素

一方面，环境的复杂多样性，使得在环境保护领域中需要建立针对不同对象的生态环境标准，因而它们各具有不同的内容用途、性质特点等；另一方面，为使不同种类的生态环境标准有效地完成环境管理的总体目标，又需要科学地从环境管理的目的对象、作用方式出发，合理地组织协调各种标准，使其互相支持、相互匹配以发挥标准系统的综合作用。

生态环境质量标准、生态环境风险管控标准和污染物排放标准是生态环境标准体系的主体，它们是生态环境标准体系的核心内容，从环境监督管理的要求上集中体现了生态环境标准体系的基本功能，是实现生态环境标准体系目标的基本途径和表现。

生态环境基础标准是生态环境标准体系的基础，是生态环境标准的“标准”，它对统一、规范生态环境标准的制定、执行具有指导的作用，是生态环境标准体系的基石。

生态环境监测标准、环境管理技术规范构成生态环境标准体系的支持系统。它们直接服务于环境质量标准、生态环境风险管控标准和污染物排放标准，是生态环境质量标准、生态环境风险管控标准与污染物排放标准内容上的配套补充以及有效执行的技术保证。

【研讨话题】为加强生态环境标准管理工作，2020 年 12 月 15 日，生态环境部发布了《生态环境标准管理办法》（生态环境部部令第 17 号，2021 年 2 月 1 日起施行），对生态环境标准的内涵、分类、制定和实施等作出了详细规定。引导学生学习“生态环境部法规与标准司有关负责人就《生态环境标准管理办法》答记者问”，了解《生态环境标准管理办法》出台的背景、意义、作用和主要修订内容。

【随堂测验】

1. 按我国环境标准体系构成的分类，环境标准可分为（　　）。
   A. 综合类标准与行业类标准　　B. 海洋标准与陆地标准
   C. 国家级标准与地方级标准　　D. 质量标准与污染物排放标准
2. 执行国家综合性污染物排放标准和行业性污染物排放标准应遵循的原则是（　　）。
   A. 优先执行综合性污染物排放标准　　B. 优先执行行业性污染物排放标准
   C. 执行两者中排放控制要求较严格的　　D. 按标准实施时间先后顺序取后者执行
3. 根据《生态环境标准管理办法》，应对气候变化领域标准属于（　　）。
   A. 生态环境质量标准　　B. 污染物排放标准
   C. 生态环境风险管控标准　　D. 生态环境管理技术规范

1.5 环境影响评价技术导则体系

环境影响评价技术导则由建设项目环境影响评价技术导则和规划环境影响评价技术导则组成。

1.5.1 建设项目环境影响评价技术导则体系

建设项目环境影响评价技术导则体系是由总纲、专项环境影响评价技术导则、行业建设项目环境影响评价技术导则、污染源源强核算技术指南构成，见图 1-5。

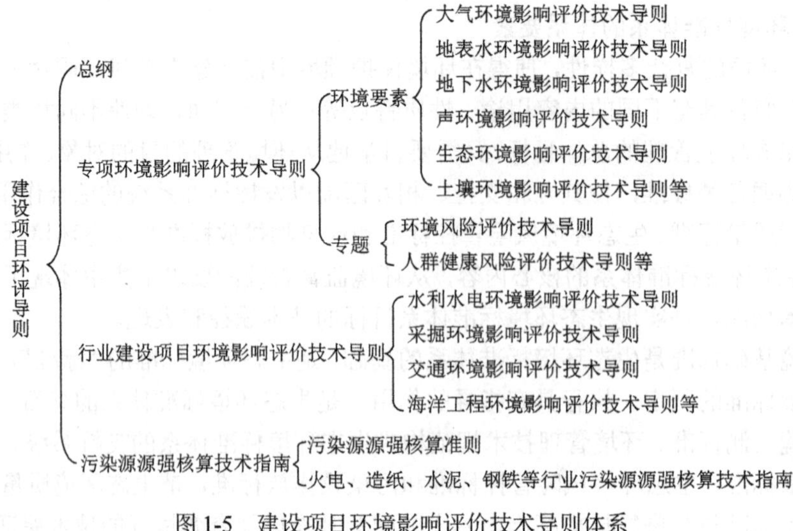

图 1-5　建设项目环境影响评价技术导则体系

污染源源强核算技术指南和其他环境影响评价技术导则遵循总纲确定的原则和相关要求。

污染源源强核算技术指南包括污染源源强核算准则和火电、造纸、水泥、钢铁等行业污染源源强核算技术指南；环境要素环境影响评价技术导则指大气、地表水、地下水、声环境、生态、土壤等环境影响评价技术导则；专题环境影响评价技术导则指环境风险评价、人群健康风险评价、环境影响经济损益分析、固体废物等环境影响评价技术导则；行业建设项目环境影响评价技术导则指水利水电、采掘、交通、海洋工程等建设项目环境影响评价技术导则。

1.5.2　规划环境影响评价技术导则体系

规划环境影响评价技术导则由总纲、综合性规划环境影响评价技术导则和专项规划环境影响评价技术导则构成，总纲对后两项导则有指导作用，后两项导则的制定要遵循总纲总体要求。目前发布的规划环境影响评价技术导则主要有《规划环境影响评价技术导则　总纲》和《规划环境影响评价技术导则　煤炭工业矿区总体规划》。

【随堂测验】

1.《环境影响评价技术导则　地下水环境》属于导则体系里的（　　）。

A. 环境要素环境影响评价技术导则

B. 专题环境影响评价技术导则

C. 行业建设项目环境影响评价技术导则

D. 污染源源强核算技术指南

2. 下列导则不属于规划环境影响评价技术导则体系的是（　　）。

A. 规划环境影响评价技术导则总纲

B. 综合性规划环境影响评价技术导则

C. 专项规划环境影响评价技术导则

D. 专题规划环境影响评价技术导则

【延伸阅读】由于环境影响评价工作相关法律法规、导则、标准等内容庞杂，且更新快，给本章的学习带来了较大困难。学习时可以借鉴相关软件，如《环境手册》。

思考题

1. 简述环境、环境影响和环境影响评价的概念。
2. 试阐述环境影响评价的目的和作用。
3. 简述我国环境影响评价制度发展经历了哪几个阶段。
4. 我国环境保护法律法规体系组成有哪些？
5. 简述建设项目环境影响评价技术导则体系。
6. 简述我国生态环境标准分类体系。

第2章 建设项目环境影响评价管理及工作程序

【目标导学】

1. 知识要点

环境影响评价的原则、类别、分类管理、监督管理，环境影响评价的工作程序。

2. 重点难点

重点：理解环境影响评价的分类管理及环境影响评价文件的分级审批。

难点：掌握新形势下环评管理制度改革的总体思路和具体政策。

3. 基本要求

掌握环境影响评价的分类管理；理解环境影响评价人员的资格管理及环境影响评价文件的分级审批；掌握环境影响评价的工作程序与内容；了解新形势下环评制度改革的总体思路和具体政策。

4. 教学方法

学生自学预习，线上观看教学视频，教师线下课堂围绕环评资质取消等改革措施展开小组讨论，把握环评管理制度改革的动向，课后布置习题练习，集中答疑讲解习题。建议2～4个学时。

2.1 建设项目环境影响评价的管理

2.1.1 建设项目环境影响评价的分类管理

1. 环境影响评价分类管理的原则规定

建设项目对环境的影响千差万别，不仅不同的行业、不同的产品、不同的规模、不同的工艺对环境的影响不同，而且相同的企业处于不同的地点、不同的区域时，其对环境的影响也不一样。根据《中华人民共和国环境影响评价法》(2002年通过，2016年第一次修正，2018年第二次修正）第十六条和《建设项目环境保护管理条例》（1998年发布，2017年修订）第七条的有关规定，国家根据建设项目对环境的影响程度，对建设项目的环境影响评价实行分类管理。建设单位应当按照下列规定组织编制环境影响报告书、环境影响报告表或者填报环境影响登记表（统称环境影响评价文件）。

(1)环境影响报告书。建设项目对环境可能造成重大影响的，应当编制环境影响报告书，对建设项目产生的污染和对环境的影响进行全面、详细的评价。

(2)环境影响报告表。建设项目对环境可能造成轻度影响的，应当编制环境影响报告表，对建设项目产生的污染和对环境的影响进行分析或者专项评价。

(3）环境影响登记表。建设项目对环境影响很小，不需要进行环境影响评价，应当填报环境影响登记表。

分类管理体现了环境保护工作既要促进经济发展，又要保护好环境的“双赢”理念。对环境影响大的建设项目从严把关，坚决防治对环境的污染和生态的破坏；对环境影响小的建设项目适当简化评价内容和审批程序，促进经济的快速发展。

2. 环境影响评价分类管理的具体要求

关于建设项目环境影响评价分类管理的具体要求依据生态环境部颁布的相关部门规章。2002 年 10 月国家环境保护总局发布《建设项目环境保护分类管理名录》，之后于 2008 年 9 月修订更名为《建设项目环境影响评价分类管理名录》（2015 年 4 月、2017 年 6 月对其进行修订）。2020 年 11 月 5 日，生态环境部部务会议审议通过《建设项目环境影响评价分类管理名录（2021 年版）》（以下简称本名录），自 2021 年 1 月 1 日起施行。

1）建设项目环境影响评价分类管理类别确定

根据建设项目特征和所在区域的环境敏感程度，综合考虑建设项目可能对环境产生的影响，对建设项目的环境影响评价实行分类管理。

建设单位应当按照本名录的规定，分别组织编制建设项目环境影响报告书、环境影响报告表或者填报环境影响登记表。

建设单位应当严格按照本名录确定建设项目环境影响评价类别，不得擅自改变环境影响评价类别。

环境影响报告书、环境影响报告表应当就建设项目对环境敏感区的影响做重点分析。

建设内容涉及本名录中两个及以上项目类别的建设项目，其环境影响评价类别按照其中单项等级最高的确定。

本名录未作规定的建设项目，不纳入建设项目环境影响评价管理；省级生态环境主管部门对本名录未作规定的建设项目，认为确有必要纳入建设项目环境影响评价管理的，可以根据建设项目的污染因子、生态影响因子特征及其所处环境的敏感性质和敏感程度等，提出环境影响评价分类管理的建议，报生态环境部认定后实施。

2）环境敏感区的界定

《建设项目环境影响评价分类管理名录（2021 年版）》第三条规定：本名录所称环境敏感区是指依法设立的各级各类保护区域和对建设项目产生的环境影响特别敏感的区域，主要包括下列区域：

（一）国家公园、自然保护区、风景名胜区、世界文化和自然遗产地、海洋特别保护区、饮用水水源保护区；

（二）除（一）外的生态保护红线管控范围，永久基本农田、基本草原、自然公园（森林公园、地质公园、海洋公园等）、重要湿地、天然林，重点保护野生动物栖息地，重点保护野生植物生长繁殖地，重要水生生物的自然产卵场、索饵场、越冬场和洄游通道，天然渔场，水土流失重点预防区和重点治理区、沙化土地封禁保护区、封闭及半封闭海域；

（三）以居住、医疗卫生、文化教育、科研、行政办公为主要功能的区域，以及文物保护单位。

【研讨话题】对照《建设项目环境影响评价分类管理名录（2021 年版）》，以水库工程为例，研讨建设项目环评分类的主要依据有哪些？

2.1.2 建设项目环境影响评价文件编制的监督管理

2019 年 9 月 20 日生态环境部公布第 9 号令《建设项目环境影响报告书（表）编制监督管理办法》，自 2019 年 11 月 1 日起施行。该办法对规范建设项目环境影响报告书（表）编制行为，保障环评工作质量，维护资质许可事项取消后的环评技术服务市场秩序，具有十分重要的意义。2015 年 9 月 28 日环境保护部发布的《建设项目环境影响评价资质管理办法》同时废止。

1. 编制要求

1）编制主体要求

建设单位可以委托技术单位对其建设项目开展环境影响评价，编制环境影响报告书（表）；建设单位具备环境影响评价技术能力的，可以自行对其建设项目开展环境影响评价，编制环境影响报告书（表）。建设单位应当对环境影响报告书（表）的内容和结论负责；技术单位对其编制的环境影响报告书（表）承担相应责任。

编制单位应当是能够依法独立承担法律责任的单位。个体工商户、农村承包经营户不得主持编制环境影响报告书（表）。

编制环境影响报告书（表）的技术单位不得与负责审批环境影响报告书（表）的生态环境主管部门或者其他有关审批部门存在任何利益关系。任何单位和个人不得为建设单位指定编制环境影响报告书（表）的技术单位。生态环境主管部门或者其他负责审批环境影响报告书（表）的审批部门相关单位（事业单位、社会组织或出资的单位）、开展环境影响报告书（表）技术评估的相关单位（包括出资的单位等）不得作为技术单位编制环境影响报告书（表）。

环境影响报告书（表）应当由一个单位主持编制，并由该单位中的一名编制人员作为编制主持人。环境影响报告书（表）的编制主持人和主要编制人员应当为编制单位中的全职人员，环境影响报告书（表）的编制主持人还应当为取得环境影响评价工程师职业资格证书的人员，应当全过程组织参与环境影响报告书（表）编制工作，并加强统筹协调。

2）编制过程要求

主持编制：环境影响报告书（表）应当由一个单位主持编制，并由该单位中的一名编制人员作为编制主持人。

委托合同：建设单位委托技术单位编制环境影响报告书（表）的，应当与主持编制的技术单位签订委托合同，约定双方的权利、义务和费用。

质量控制：编制单位应当建立和实施覆盖环境影响评价全过程的质量控制制度，落实环境影响评价工作程序，形成可追溯的质量管理机制。编制主持人应当全过程组织参与环境影响报告书（表）编制工作，并加强统筹协调。委托技术单位编制环境影响报告书（表）的建设单位，应当如实提供相关基础资料，落实环境保护投入和资金来源，加强环境影响评价过程管理，并对环境影响报告书（表）的内容和结论进行审核。

信息公开：除涉及国家秘密的建设项目外，编制单位和编制人员应当在建设单位报批环境影响报告书（表）前，通过环境影响评价信用平台（以下简称信用平台）提交编制完成的环境影响报告书（表）基本情况信息，并对提交信息的真实性、准确性和完整性负责。信用平台生成项目编号，并公开环境影响报告书（表）相关建设项目名称、类别以及建设单位、编制单位和编制人员等基础信息。

档案管理：建设单位应当将环境影响报告书（表）及其审批文件存档。编制单位应当建立环境影响报告书（表）编制工作完整档案。档案中应当包括项目基础资料、现场踏勘记录和影像资料、质量控制记录、环境影响报告书（表）以及其他相关资料。开展环境质量现状监测和调查、环境影响预测或者科学试验的，还应当将相关监测报告和数据资料、预测过程文件或者试验报告等一并存档。建设单位委托技术单位主持编制环境影响报告书（表）的，建设单位和受委托的技术单位应当分别将委托合同存档。

2. 监督检查

1）监督主体

设区的市级以上生态环境主管部门应当加强对编制单位的监督管理和质量考核，开展环境影响报告书（表）编制行为监督检查和编制质量问题查处，并对编制单位和编制人员实施信用管理。

2）检查内容

环境影响报告书（表）编制行为监督检查包括编制规范性检查、编制质量检查以及编制单位和编制人员情况检查。

环境影响报告书（表）编制质量检查的内容包括环境影响报告书（表）是否符合有关环境影响评价法律法规、标准和技术规范等规定，以及环境影响报告书（表）的基础资料是否明显不实，内容是否存在重大缺陷、遗漏或者虚假，环境影响评价结论是否正确、合理。

编制单位和编制人员情况检查包括下列内容：

（1）编制单位和编制人员在信用平台提交的相关情况信息是否真实、准确、完整；

（2）编制单位建立和实施环境影响评价质量控制制度情况；

（3）编制单位环境影响报告书（表）相关档案管理情况；

（4）其他应当检查的内容。

3. 信用管理

1）实施主体

设区的市级以上生态环境主管部门应当将编制单位和编制人员作为环境影响评价信用管理对象（以下简称信用管理对象）纳入信用管理；在环境影响报告书（表）编制行为监督检查过程中，发现信用管理对象存在失信行为的，应当实施失信记分。

2）管理办法

生态环境部负责建设全国统一的环境影响评价信用平台，组织建立编制单位和编制人员诚信档案管理体系。生态环境部另行制定《建设项目环境影响报告书（表）编制单位和编制人员失信行为记分办法》，对信用管理对象失信行为的记分规则、记分周期、警示分数和限制分数等作出规定。

信用管理对象在一个记分周期内的失信记分实时累计达到限制分数的，信用平台将其列入限期整改名单，并将相关情况记入其诚信档案。限期整改期限为六个月，自达到限制分数之日起计算。列入重点监督检查名单的期限为两年，自列入“黑名单”单位达到限制分数之日起计算。信用管理对象列入本办法规定的守信名单、重点监督检查名单、限期整改名单和“黑名单”的相关情况在信用平台的公开期限为五年。

【研讨话题】建设项目环境影响评价资质取消的利与弊。环评资质取消后，环评的监督管理出现了很大的变化，生态环境部颁布《建设项目环境影响报告书（表）编制监督管理办法》，对环评文件管理提出了新要求。登录生态环境部环境影响评价信用平台网站，引导学生开展创新性研讨或小组辩论。

2.1.3 建设项目环境影响评价人员的资质管理

从 1990 年开始，国家对环境影响评价人员开始进行环境影响评价政策法规和技术的业务培训，颁发岗位培训证书。随着人事制度的改革，根据我国对专业技术人员“淡化职称，强化岗位管理，在关系公众利益和国家安全的关键技术岗位大力推行职业资格”的总体要求，国家对从事环境影响评价工作的专业技术人员实行了职业资格制度。

1）环境影响评价工程师职业资格制度的实施目的

为了加强对环境影响评价专业技术人员的管理，规范环境影响评价行为，强化环境影响评价责任，提高环境影响评价专业技术人员的素质和业务水平，维护国家环境安全和公众利益，人事部、国家环境保护总局于 2004 年 2 月 16 日联合发布了《关于印发〈环境影响评价工程师职业资格制度暂行规定〉、〈环境影响评价工程师职业资格考试实施办法〉和〈环境影响评价工程师职业资格考核认定办法〉的通知》（国人部发〔2004〕13 号），规定从 2004 年 4 月 1 日起在全国实施环境影响评价工程师职业资格制度。

环境影响评价工程师职业资格制度适用于从事规划和建设项目环境影响评价、技术评估和竣工环境保护验收等工作的专业技术人员，凡从事环境影响评价、技术评估和竣工环境保护验收的单位，应配备环境影响评价工程师。环境影响评价工程师职业资格制度纳入全国专业技术人员职业资格证书制度统一管理。

2）环境影响评价工程师职业资格考试

环境影响评价工程师考试设“环境影响评价相关法律法规”“环境影响评价技术导则与标准”“环境影响评价技术方法”“环境影响评价案例分析”4 个科目，各科目的考试时间均为 3h，采用闭卷笔答方式，考试时间为每年的第二季度。

申请报名参加环境影响评价工程师职业资格考试，必须满足以下条件。

（1）环境保护相关专业的技术人员：大专学历需要 7 年的环境影响评价工作经历；本科学历或学士学位，需要 5 年的环境影响评价工作经历；硕士研究生学历或硕士学位，需要 2 年的环境影响评价工作经历；博士研究生学历或博士学位，需要 1 年的环境影响评价工作经历。

（2）其他专业的技术人员：大专学历需要 8 年的环境影响评价工作经历；本科学历或学士学位，需要 6 年的环境影响评价工作经历；硕士研究生学历或硕士学位，需要 3 年的环境影响评价工作经历；博士研究生学历或博士学位，需要 2 年的环境影响评价工作经历。

考试成绩实行两年为一个周期的滚动管理办法。参加全部 4 个科目考试的人员，必须在连续的两个考试年度内通过全部科目；免试部分科目的人员必须在一个考试年度内通过应试科目考试。

2.1.4 建设项目环境影响评价文件的审批

1. 环境影响评价文件的审批程序和时限

2014 年 12 月 10 日，国务院办公厅以国办发〔2014〕59 号发布《国务院办公厅关于印发精简审批事项规范中介服务实行企业投资项目网上并联核准制度工作方案的通知》，其中对精简前置审批提出了要求："只保留规划选址、用地预审（用海预审）两项前置审批，其他审批事项实行并联办理。对重特大项目，也应将环评（海洋环评）审批作为前置条件，由发展改革委商环境保护部、海洋局于 2014 年底前研究提出重特大项目的具体范围。"

2016 年 9 月 1 日起施行的修正后的《中华人民共和国环境影响评价法》取消了环评审批的前置要求，提出在开工建设前环评需要依法经审批部门审查批准，第二十五条规定：建设项目的环境影响评价文件未依法经审批部门审查或者审查后未予批准的，建设单位不得开工建设。

《中华人民共和国环境影响评价法》第二十二条规定：

建设项目的环境影响报告书、报告表，由建设单位按照国务院的规定报有审批权的生态环境主管部门审批。

海洋工程建设项目的海洋环境影响报告书的审批，依照《中华人民共和国海洋环境保护法》的规定办理。

审批部门应当自收到环境影响报告书之日起六十日内，收到环境影响报告表之日起三十日内，分别作出审批决定并书面通知建设单位。

国家对环境影响登记表实行备案管理。

审核、审批建设项目环境影响报告书、报告表以及备案环境影响登记表，不得收取任何费用。

修正后的《中华人民共和国环境影响评价法》针对不同的环境影响评价文件，其审批的时限要求不同，环境影响报告书是六十日内，环境影响报告表是三十日内。不仅要作出审批决定，而且要书面通知建设单位。对生态环境主管部门环境影响评价文件审批时限作出规定，能有效地履行政府职责，加快审批时间，提高工作效率。

此外，修正后的《中华人民共和国环境影响评价法》将原属于审批范围的环境影响登记表改为备案管理，进一步简化了对环境影响很小、不需要进行环境影响评价的建设项目的环境影响评价管理。为此，2016 年 11 月 16 日，环境保护部令第 41 号颁布了《建设项目环境影响登记表备案管理办法》，自 2017 年 1 月 1 日起施行建设项目环境影响登记表的备案管理。

2. 环境影响评价文件重新报批和重新审核

《中华人民共和国环境影响评价法》第二十四条规定：

建设项目的环境影响评价文件经批准后，建设项目的性质、规模、地点、采用的生产工艺或者防治污染、防止生态破坏的措施发生重大变动的，建设单位应当重新报批建设项目的环境影响评价文件。

建设项目的环境影响评价文件自批准之日起超过五年，方决定该项目开工建设的，其环境影响评价文件应当报原审批部门重新审核；原审批部门应当自收到建设项目环境影响评价文件之日起十日内，将审核意见书面通知建设单位。

重新报批环境影响评价文件的，主要针对"环境影响评价文件经批准后，建设项目的性质、规模、地点、采用的生产工艺或者防治污染、防止生态破坏的措施发生重大变动的"建设项目，审批程序和时限执行《中华人民共和国环境影响评价法》第二十二条第一款、第三款和《建设项目环境保护管理条例》第九条第一款、第二款。

重新审核环境影响评价文件的，主要针对"环境影响评价文件自批准之日起超过五年，方决定该项目开工建设的"建设项目，若建设项目的性质、规模、地点、采用的生产工艺或者防治污染、防止生态破坏的措施未发生重大变动，由原审核部门提出审核意见，并要求在十日内书面通知建设单位。若建设项目的性质、规模、地点、采用的生产工艺或者防治污染、防止生态破坏的措施发生重大变动，则应执行重新报批程序。

为界定环评管理中建设项目的重大变动，2015 年 6 月 4 日，环境保护部办公厅发布《关于印发环评管理中部分行业建设项目重大变动清单的通知》（环办〔2015〕52 号），制定了水电、水利、火电、煤炭、油气管道、铁路、高速公路、港口、石油炼制与石油化工建设项目重大变动清单（试行），并提出将根据情况进一步补充、调整、完善；通知同时指出，省级环保部门可结合本地区实际，制定本行政区特殊行业重大变动清单，报环境保护部备案。2018 年 1 月 29 日，环境保护部办公厅发布了《关于印发制浆造纸等十四个行业建设项目重大变动清单的通知》（环办环评〔2018〕6 号），进一步制定了制浆造纸、制药、农药、化肥（氮肥）、纺织印染、制革、制糖、电镀、钢铁、炼焦化学、平板玻璃、水泥、铜铅锌冶炼、铝冶炼建设项目重大变动清单（试行）。

关于重大变动的界定，《关于印发环评管理中部分行业建设项目重大变动清单的通知》（环办〔2015〕52 号）规定：根据《中华人民共和国环境影响评价法》和《建设项目环境保护管理条例》有关规定，建设项目的性质、规模、地点、生产工艺和环境保护措施五个因素中的一项或一项以上发生重大变动，且可能导致环境影响显著变化（特别是不利环境影响加重）的，界定为重大变动。属于重大变动的应当重新报批环境影响评价文件，不属于重大变动的纳入竣工环境保护验收管理。

【研讨话题】重新审核与重新报批环境影响评价文件有何异同？

3. 环境影响评价文件的分级审批

《中华人民共和国环境影响评价法》第二十三条的规定：

国务院生态环境主管部门负责审批下列建设项目的环境影响评价文件：

（一）核设施、绝密工程等特殊性质的建设项目；

（二）跨省、自治区、直辖市行政区域的建设项目；

（三）由国务院审批的或者由国务院授权有关部门审批的建设项目。

前款规定以外的建设项目的环境影响评价文件的审批权限，由省、自治区、直辖市人民政府规定。

建设项目可能造成跨行政区域的不良环境影响，有关生态环境主管部门对该项目的环境影响评价结论有争议的，其环境影响评价文件由共同的上一级生态环境主管部门审批。

《建设项目环境保护管理条例》第十条也有相同规定。《中华人民共和国环境影响评价法》第二十五条还进一步规定了我国的环境影响审批制度：建设项目的环境影响评价文件未依法经审批部门审查或者审查后未予批准的，建设单位不得开工建设。

为进一步加强和规范建设项目环境影响评价文件审批，提高审批效率，明确审批权责，2009 年 1 月 16 日，环境保护部修订并公布了《建设项目环境影响评价文件分级审批规定》（环境保护部令第 5 号）。其中规定：

第二条　建设对环境有影响的项目，不论投资主体、资金来源、项目性质和投资规模，其环境影响评价文件均应按照本规定确定分级审批权限。

有关海洋工程和军事设施建设项目的环境影响评价文件的分级审批，依据有关法律和行政法规执行。

第三条　各级环境保护部门负责建设项目环境影响评价文件的审批工作。

第四条　建设项目环境影响评价文件的分级审批权限，原则上按照建设项目的审批、核准和备案权限及建设项目对环境的影响性质和程度确定。

第五条　环境保护部负责审批下列类型的建设项目环境影响评价文件：

（一）核设施、绝密工程等特殊性质的建设项目；

（二）跨省、自治区、直辖市行政区域的建设项目；

（三）由国务院审批或核准的建设项目，由国务院授权有关部门审批或核准的建设项目，由国务院有关部门备案的对环境可能造成重大影响的特殊性质的建设项目。

随着精简审批事项、规范中介服务的推进，环境保护部委托和下放了部分审批权限，于 2015 年 3 月 13 日发布了《关于发布〈环境保护部审批环境影响评价文件的建设项目目录（2015 年本）〉的公告》（公告 2015 年第 17 号），对审批环境影响评价文件的建设项目进行了规范；并要求省级环境保护部门应根据本公告，及时调整公告目录以外的建设项目环境影响评价文件审批权限，报省级人民政府批准并公告实施。其中，火电站、热电站、炼铁炼钢、有色冶炼、国家高速公路、汽车、大型主题公园等项目的环境影响评价文件由省级环境保护部门审批。

4. 环境影响报告文件的审批原则

《建设项目环境保护管理条例》对生态环境主管部门审批环境影响报告书、环境影响报告表重点审查的内容以及不予批准的情形作了原则规定：

第九条（前文略）环境保护行政主管部门审批环境影响报告书、环境影响报告表，应当重点审查建设项目的环境可行性、环境影响分析预测评估的可靠性、环境保护措施的有效性、环境影响评价结论的科学性等，并分别自收到环境影响报告书之日起 60 日内、收到环境影响报告表之日起 30 日内，作出审批决定并书面通知建设单位（后文略）。

第十一条　建设项目有下列情形之一的，环境保护行政主管部门应当对环境影响报告书、环境影响报告表作出不予批准的决定：

（一）建设项目类型及其选址、布局、规模等不符合环境保护法律法规和相关法定规划；

（二）所在区域环境质量未达到国家或者地方环境质量标准，且建设项目拟采取的措施不能满足区域环境质量改善目标管理要求；

（三）建设项目采取的污染防治措施无法确保污染物排放达到国家和地方排放标准，或者未采取必要措施预防和控制生态破坏；

（四）改建、扩建和技术改造项目，未针对项目原有环境污染和生态破坏提出有效防治措施；

（五）建设项目的环境影响报告书、环境影响报告表的基础资料数据明显不实，内容存在重大缺陷、遗漏，或者环境影响评价结论不明确、不合理。

5. “未批先建”建设项目环境影响评价管理

为了明确对于建设单位“未批先建”违法行为的法律适用、追溯期限以及后续办理环境影响评价手续等方面的管理要求，2018 年 2 月 22 日与 2 月 24 日，环境保护部分别发布了《关于建设项目“未批先建”违法行为法律适用问题的意见》（环政法函〔2018〕31 号）、《关于加强“未批先建”建设项目环境影响评价管理工作的通知》（环办环评〔2018〕18 号）。

关于“未批先建”违法行为的界定，《关于加强“未批先建”建设项目环境影响评价管理工作的通知》（环办环评〔2018〕18 号）规定：

“未批先建”违法行为是指，建设单位未依法报批建设项目环境影响报告书（表），或者未按照环境影响评价法第二十四条的规定重新报批或者重新审核环境影响报告书（表），擅自开工建设的违法行为，以及建设项目环境影响报告书（表）未经批准或者未经原审批部门重新审核同意，建设单位擅自开工建设的违法行为。

关于“未批先建”违法行为的行政处罚追溯期限，《关于建设项目“未批先建”违法行为法律适用问题的意见》（环政法函〔2018〕31 号）（节选）规定：

二、关于“未批先建”违法行为的行政处罚追溯期限

（一）相关法律规定

行政处罚法第二十九条规定：“违法行为在二年内未被发现的，不再给予行政处罚。法律另有规定的除外。前款规定的期限，从违法行为发生之日起计算；违法行为有连续或者继续状态的，从行为终了之日起计算。”

（二）追溯期限的起算时间

根据上述法律规定，“未批先建”违法行为的行政处罚追溯期限应当自建设行为终了之日起计算。因此，“未批先建”违法行为自建设行为终了之日起二年内未被发现的，环保部门应当遵守行政处罚法第二十九条的规定，不予行政处罚。

关于“未批先建”建设项目建设单位可否主动补交环境影响报告书、报告表报送审批，《关于建设项目“未批先建”违法行为法律适用问题的意见》（环政法函〔2018〕31 号）（节选）规定：

（二）建设单位主动补交环境影响报告书、报告表并报送环保部门审查的，有权审批的环保部门应当受理

因“未批先建”违法行为受到环保部门依据新环境保护法和新环境影响评价法作出的处罚，或者“未批先建”违法行为自建设行为终了之日起二年内未被发现而未予行政处罚的，建设单位主动补交环境影响报告书、报告表并报送环保部门审查的，有权审批的环保部门应当受理，并根据不同情形分别作出相应处理：

1. 对符合环境影响评价审批要求的，依法作出批准决定。

2. 对不符合环境影响评价审批要求的，依法不予批准，并可以依法责令恢复原状。

建设单位同时存在违反“三同时”验收制度、超过污染物排放标准排污等违法行为的，应当依法予以处罚。

【研讨话题】对“未批先建”违法行为，2014 年修订的环境保护法有何新的管理要求？

【随堂测验】

1. 建设项目对环境影响很小，应当（　　）。

A. 编制环境影响报告书　　B. 编制环境影响报告表

C. 编制环境影响报告表 + 专项评价　　D. 填报环境影响登记表

2. 根据《建设项目环境影响报告书（表）编制监督管理办法》，下列关于编制要求的说

法中，正确的是（　　）。

A. 环境影响报告书可以由两个技术单位共同主持编制

B. 编制主持人员应当全过程组织参与环境影响报告书（表）编制工作，并加强统筹协调

C. 建设单位必须委托其他技术单位编制环境影响报告书（表）

D. 环评审批部门可以为建设单位指定或推荐编制环境影响报告书（表）的技术单位

2.2　建设项目环境影响评价的工作程序与内容

2.2.1　环境影响评价的基本步骤

环境影响评价工作一般分为三个阶段：调查分析和工作方案制定阶段、分析和预测评价阶段、环境影响报告书（表）编制阶段。具体流程见图 2-1。

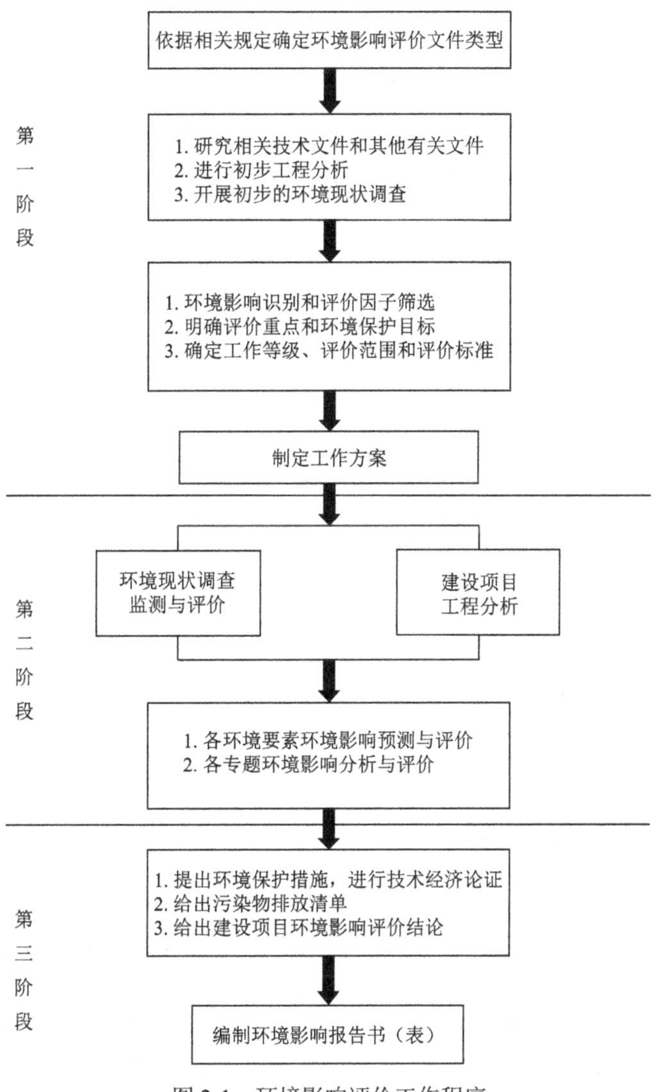

图 2-1　环境影响评价工作程序

第一阶段为调查分析和工作方案制定阶段：主要工作为研究有关文件，进行初步的工程分析和环境现状调查，筛选重点评价内容，确定各单项环境影响评价的工作等级，编制评价工作大纲。该阶段主要是针对项目的性质和特征，查阅国家和地方相关政策、文件、法律法规、标准等，了解该项目的发展前景，同时要认真踏勘现场，掌握现场第一手资料。

第二阶段为分析和预测评价阶段：其主要工作为进一步做工程分析和环境现状调查，并进行环境影响预测和评价。该阶段主要是详细做好项目的工程分析，确定工艺、产污环节、污染源源强、排污工况、排污去向等；结合现场踏勘情况，掌握项目周边敏感目标和生态环境状况。收集评价范围内各环境要素的现状甚至是历史资料，进行环境现状评价，以工程分析和环境现状为基础，针对拟建项目可能的排污工况进行环境影响预测评价，得出各种工况下排污对保护目标的影响情况。

第三阶段为环境影响报告书（表）编制阶段：其主要工作为汇总、分析第二阶段工作所得到的各种资料、数据，得出结论，完成环境影响报告书（表）的编制。该阶段针对第二阶段预测结果进行评估，切实提出有效减缓该项目建设后对环境影响的对策措施，确保保护目标或敏感点的功能要求。

如果通过环境影响评价对原选厂址给出否定结论时，对新选厂址的评价应重新进行。如需进行多个厂址的优选，则应对各个厂址分别进行预测和评价。

从环评人员视角看，编制环境影响报告书（表）的工作程序如下：①接受委托，签订合同；②收集资料，现场踏勘；③工程分析，编制方案；④委托监测，现状评价；⑤预测评价，环保措施；⑥环评结论，完成编制；⑦专家评审，修改完善；⑧技术评估，文件报批；⑨批复下达，工作完成。

【研讨话题】从不同的视角分析环境影响评价的各相关（利益）方的职责。具体参考图 2-2。

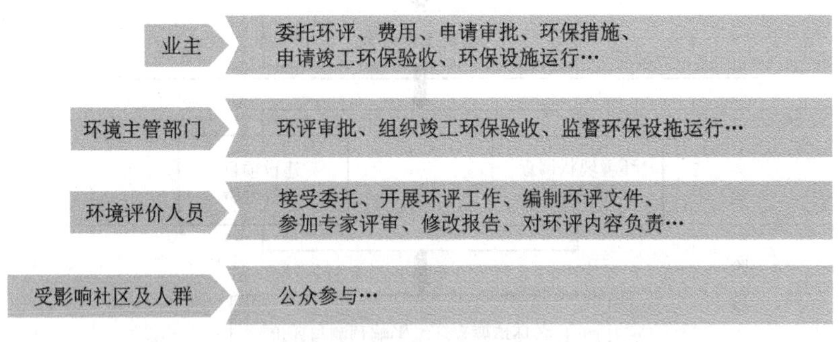

图 2-2 环境影响评价的相关（利益）方的职责

2.2.2 环境影响报告书的编制

1. 《建设项目环境影响评价技术导则 总纲》的修订

《环境影响评价技术导则 总纲》（HJ 2.1—2011）是环境保护部于 2011 年修订、发布并于 2012 年 1 月 1 日起实施的。2016 年由环境保护部修订并发布，名称修改为《建设项目环境影响评价技术导则 总纲》（HJ 2.1—2016），并于 2017 年 1 月 1 日起实施。

《建设项目环境影响评价技术导则 总纲》（HJ 2.1—2016）规定了建设项目环境影响评价

的一般性原则、通用规定、工作程序、工作内容及相关要求，适用于需编制环境影响报告书和环境影响报告表的建设项目环境影响评价。

主要修订内容：

（1）标准名称修改为《建设项目环境影响评价技术导则 总纲》；

（2）在环境影响评价工作程序中，将公众参与和环境影响评价文件编制工作分离；

（3）简化了建设项目与资源能源利用政策、国家产业政策相符性和资源利用合理性分析内容；

（4）简化了清洁生产与循环经济、污染物总量控制相关评价要求；

（5）删除了社会环境现状调查与评价相关内容。

【研讨话题】新旧导则主要有哪些变化？变化的原因是什么？研讨新旧导则的主要变化。介绍环评“三线一单”制度，在优布局、控规模、调结构、促转型中发挥的巨大作用；介绍排污许可内容与环评管理内容全面对接，改革环境管理制度，提高生态环境管理水平，形成“大系统、大平台、大数据”，掌握环评改革的动态。

2. *报告书编写的总体原则和要求*

报告书一般包括概述、总则、建设项目工程分析、环境现状调查与评价、环境影响预测与评价、环境保护措施及其可行性论证、环境影响经济损益分析、环境管理与监测计划、环境影响评价结论和附录附件等内容。

报告书应概括地反映环境影响评价的全部工作成果，突出重点。工程分析应体现工程特点，环境现状调查应反映环境特征，主要环境问题应阐述清楚，环境影响预测方法应科学，预测结果应可信，环境保护措施应可行、有效，评价结论应明确。

文字应简洁、准确，文本应规范，计量单位应标准化，数据应真实、可信，资料应翔实，应强化先进信息技术的应用，图表信息应满足环境质量现状评价和环境影响预测评价的要求。

3. *环境影响报告书的主要内容*

1）概述

概述可简要说明建设项目的特点、环境影响评价的工作过程、分析判定相关情况、关注主要环境问题及环境影响、环境影响评价的主要结论等。

2）总则

总则应包括编制依据、评价因子与评价标准、评价工作等级和评价范围、相关规划及环境功能区划、主要环境保护目标等。

3）建设项目工程分析

建设项目工程分析包括建设项目概况、影响因素分析和污染源源强核算。

4）环境现状调查与评价

（1）基本要求。

对与建设项目有密切关系的环境要素应全面、详细调查，给出定量的数据并作出分析或评价。对于自然环境的现状调查，可根据建设项目情况进行必要说明。

充分收集和利用评价范围内各例行监测点、断面或站位的近三年环境监测资料或背景值调查资料，当现有资料不能满足要求时，应进行现场调查和测试，现状监测和观测网点应根据各环境要素环境影响评价技术导则要求布设，兼顾均布性和代表性原则。符合相关规划环境影响评价结论及审查意见的建设项目，可直接引用符合时效的相关规划环境影响评价的环境调查资料及有关结论。

（2）环境现状调查方法。

环境现状调查方法由各环境要素环境影响评价技术导则具体规定。

（3）环境现状调查与评价内容。

根据环境影响因素识别结果，开展相应的现状调查与评价。

第一，自然环境现状调查与评价。自然环境现状调查与评价包括地形地貌、气候与气象、地质、水文、大气、地表水、地下水、声、生态、土壤、海洋、放射性及辐射（如必要）等调查内容。根据环境要素和专题设置情况选择相应内容进行详细调查。

第二，环境保护目标调查。调查评价范围内的环境功能区划和主要的环境敏感区，详细了解环境保护目标的地理位置、服务功能、四至范围、保护对象和保护要求等。

第三，环境质量现状调查与评价。根据建设项目特点、可能产生的环境影响和当地环境特征选择环境要素进行调查与评价；评价区域环境质量现状。说明环境质量的变化趋势，分析区域存在的环境问题及产生的原因。

第四，区域污染源调查。选择建设项目常规污染因子和特征污染因子、影响评价区环境质量的主要污染因子和特殊污染因子作为主要调查对象，注意不同污染源的分类调查。

5）环境影响预测与评价

（1）基本要求。

环境影响预测与评价的时段、内容及方法均应根据工程特点与环境特性、评价工作等级、当地的环境保护要求确定。

预测和评价的因子应包括反映建设项目特点的常规污染因子、特征污染因子和生态因子，以及反映区域环境质量状况的主要污染因子、特殊污染因子和生态因子。

须考虑环境质量背景与环境影响评价范围内在建项目同类污染物环境影响的叠加。

对于环境质量不符合环境功能要求或环境质量改善目标的，应结合区域限期达标规划对环境质量变化进行预测。

（2）环境影响预测与评价方法。

预测与评价方法主要有数学模式法、物理模型法、类比调查法等，由各环境要素或专题环境影响评价技术导则具体规定。

（3）环境影响预测与评价内容。

应重点预测建设项目生产运行阶段正常工况和非正常工况等情况的环境影响。

当建设阶段的大气、地表水、地下水、噪声、振动、生态及土壤等影响程度较重、影响时间较长时，应进行建设阶段的环境影响预测和评价。

可根据工程特点、规模、环境敏感程度、影响特征等选择开展建设项目服务期满后的环境影响预测和评价。

当建设项目排放污染物对环境存在累积影响时，应明确累积影响的影响源，分析项目实施可能发生累积影响的条件、方式和途径，预测项目实施在时间和空间上的累积环境影响。

对以生态影响为主的建设项目，应预测生态系统组成和服务功能的变化趋势，重点分析项目建设和生产运行对环境保护目标的影响。

对存在环境风险的建设项目，应分析环境风险源项，计算环境风险后果，开展环境风险评价。对存在较大潜在人群健康风险的建设项目，应分析人群主要暴露途径。

6）环境保护措施及其可行性论证

明确提出建设项目建设阶段、生产运行阶段和服务期满后（可根据项目情况选择）拟采取的具体污染防治、生态保护、环境风险防范等环境保护措施；分析论证拟采取措施的技术可行性、经济合理性、长期稳定运行和达标排放的可靠性、满足环境质量改善和排污许可要求的可行性、生态保护和恢复效果的可达性。

各类措施的有效性判定应以同类或相同措施的实际运行效果为依据，没有实际运行经验的，可提供工程化实验数据。

环境质量不达标的区域，应采取国内外先进可行的环境保护措施，结合区域限期达标规划及实施情况，分析建设项目实施对区域环境质量改善目标的贡献和影响。

给出各项污染防治、生态保护等环境保护措施和环境风险防范措施的具体内容、责任主体、实施时段，估算环境保护投入，明确资金来源。

7）环境影响经济损益分析

将建设项目实施后的环境影响预测与环境质量现状进行比较，从环境影响的正负两方面，以定性与定量相结合的方式，对建设项目的环境影响后果（包括直接和间接影响、不利和有利影响）进行货币化经济损益核算，估算建设项目环境影响的经济价值。

8）环境管理与监测计划

按建设项目建设阶段、生产运行、服务期满后（可根据项目情况选择）等不同阶段，针对不同工况、不同环境影响和环境风险特征，提出具体环境管理要求。

给出污染物排放清单，明确污染物排放的管理要求。包括工程组成及原辅材料组分要求，建设项目拟采取的环境保护措施及主要运行参数，排放的污染物种类、排放浓度和总量指标，污染物排放的分时段要求，排污口信息，执行的环境标准，环境风险防范措施以及环境监测等。提出应向社会公开的信息内容。

提出建立日常环境管理制度、组织机构和环境管理台账相关要求，明确各项环境保护设施和措施的建设、运行及维护费用保障计划。

环境监测计划应包括污染源监测计划和环境质量监测计划，内容包括监测因子、监测网点布设、监测频次、监测数据采集与处理、采样分析方法等，明确自行监测计划内容。污染源监测包括对污染源（包括废气、废水、噪声、固体废物等）以及各类污染治理设施的运转进行定期或不定期监测，明确在线监测设备的布设和监测因子。根据建设项目环境影响特征、影响范围和影响程度，结合环境保护目标分布，制定环境质量定点监测或定期跟踪监测方案。对以生态影响为主的建设项目应提出生态监测方案。对存在较大潜在人群健康风险的建设项目，应提出环境跟踪监测计划。

9）环境影响评价结论

对建设项目的建设概况、环境质量现状、污染物排放情况、主要环境影响、公众意见采纳情况、环境保护措施、环境影响经济损益分析、环境管理与监测计划等内容进行概括总结，结合环境质量目标要求，明确给出建设项目的环境影响可行性结论。

对存在重大环境制约因素、环境影响不可接受或环境风险不可控、环境保护措施经济技术不满足长期稳定达标及生态保护要求、区域环境问题突出且整治计划不落实或不能满足环境质量改善目标的建设项目，应提出环境影响不可行的结论。

10）附录附件

附录附件应包括项目依据文件、相关技术资料、引用文献等。

【随堂测验】

1. 根据《建设项目环境影响评价技术导则 总纲》（HJ 2.1—2016），不属于建设项目环境影响报告书主要内容的是（　　）。

A. 工程分析　　B. 社会环境现状调查与评价

C. 建设项目环境影响经济损益分析　　D. 建设项目环境保护措施及其可行性论证

2. 根据环境影响评价工作程序，下列工作属于第二阶段的是（　　）。

A. 环境影响预测与评价　　B. 初步工程分析

C. 提出环境保护措施　　D. 确定评价工作等级

思考题

1. 简述环境影响评价的分类管理。

2. 简述环境影响评价的工作程序。

3. 简述环境影响报告书的主要内容。

4.《建设项目环境影响评价技术导则 总纲》（HJ 2.1—2016）对《环境影响评价技术导则 总纲》（HJ 2.1—2011）做了哪些修订？

第3章 工 程 分 析

【目标导学】

1. 知识要点

工程分析在环境影响评价过程中的地位，工程分析的作用，建设项目工程分析的内容，工程分析的主要方法。

2. 重点难点

污染源源强核算、物料衡算法。

3. 基本要求

了解工程分析在环境影响评价过程的作用，熟悉污染源源强核算的总体要求、程序，熟悉污染源类型和识别要求，熟悉污染源源强核算中改扩建项目现有工程污染物排放量统计的有关要求。掌握污染源源强核算中的物料衡算法、类比法、实测法、产污系数法、排污系数法、实验法。

4. 教学方法

学生自学预习，线上观看教学视频，教师课堂讲授，通过典型实例分析掌握工程分析的方法，课后布置习题练习。建议2～4个学时。

3.1 工程分析概述

3.1.1 工程分析的概念

工程分析是对项目的建设内容、设计、施工、布局、生产工艺、生产设备、原辅材料利用及能源消耗等方面的系统分析，找出项目中的环境问题及污染因素，从资源、能源的使用过程，分析污染因子的产生、来源及强度。

工程分析是环境影响预测和评价的基础，并且贯穿于整个评价工作的全过程，常作为环境影响评价工作的独立专题。

3.1.2 工程分析的作用

1. 为项目决策提供依据

工程分析是项目决策的重要依据之一。在一般情况下，工程分析从环境保护角度对项目建设性质、产品结构、生产规模、原料路线、工艺技术、设备选型、能源结构、技术经济指标、总图布置方案、占地面积等做出分析意见。但是，在下列情况下，通过工程分析可直接做出结论。

（1）在特定或敏感的环境保护地区，如生活居住区、文教区、水源保护区、名胜古迹与风景游览区、疗养区、自然保护区等法定界区内，布置有污染影响并且足以构成危害的建设项目时，可以直接做出否定的结论。

（2）通过工程分析发现改、扩建项目与技术改造项目实施后，污染状况比现状有明显改善时，一般可做出肯定的结论。

（3）在水资源紧缺的地区布置大量耗水建设项目，若无妥善解决供水的措施，可以做出改变产品结构和限制生产规模，或否定建设项目的结论。

（4）对于在自净能力差或环境容量接近饱和的地区安排建设项目，通过该项目的污染物排放可增大现状负荷，而且又无法从区域进行调整控制的，原则上可做出否定的结论。

2. 为各专题预测评价提供基础数据

工程分析专题是环境影响评价的基础，工程分析给出的产污节点、污染源坐标、源强、污染物排放方式和排放去向等技术参数是大气环境、水环境、噪声环境影响预测计算的依据，为定量评价建设项目对环境影响的程度和范围提供了可靠的保证，为评价污染防治对策的可行性提出完善改进建议，从而为实现污染物排放总量控制创造了条件。

3. 为环保设计提供优化建议

项目的环境保护设计是在已知生产工艺过程中产生污染物的环节和数量的基础上，采用必要的治理措施，实现达标排放，一般很少考虑对环境质量的影响，对于改扩建项目则更少考虑原有生产装置环保“欠账”问题以及环境承载能力。环境影响评价中的工程分析需要对治理措施进行优化论证，提出满足清洁生产要求的清洁生产方案，使环境质量得以改善或不使环境质量恶化，起到对环保设计优化的作用。

4. 为项目的环境管理提供依据

工程分析筛选的主要污染因子是项目运营单位和环境管理部门日常管理的对象，所提出的环境保护措施是工程验收的重要依据，为保护环境所核定的污染物排放总量是开发建设活动进行污染控制的目标。

工程分析也是建设项目环境管理的基础，工程分析对建设项目污染物排放情况的核算，将成为排污许可证的主要内容，也是排污许可证申领的基础。我国实施的固定污染源环境管理的核心制度——排污许可制，向企事业单位核发排污许可证，作为生产运营期排污行为的唯一行政许可。根据排污许可证管理的相关要求，排污许可制与环境影响评价制度有机衔接，污染物总量控制由行政区域向企事业单位转变，新建项目申领排污许可证时，环境影响评价文件及批复中与污染物排放相关的主要内容会纳入排污许可证。

【研讨话题】结合环境影响评价的工作程序，讨论工程分析在环评中的作用与地位。

3.2 工程分析的主要内容

3.2.1 建设项目概况

工程分析是环境影响评价中分析项目建设影响环境内在因素的重要环节。由于建设项目对环境影响的表现不同，可以分为以污染影响为主的污染影响型建设项目和以生态破坏为主的生态影响型建设项目。

以污染影响为主的污染影响型建设项目应明确项目组成、建设地点、原辅料、生产工艺、主要生产设备、产品（包括主产品和副产品）方案、平面布置、建设周期、总投资及环境保护投资等。

以生态破坏为主的生态影响型建设项目应明确项目组成、建设地点、占地规模、总平面及现场布置、施工方式、施工时序、建设周期和运行方式、总投资及环境保护投资等。

可见，污染影响型建设项目和生态影响型建设项目均包含的内容包括项目组成、建设地点、平面布置、建设周期、总投资及环境保护投资等，但污染影响型建设项目更关注原辅料、生产工艺、主要生产设备、产品方案，生态影响型建设项目更关注占地规模、施工方式、施工时序和运行方式。其中，项目组成包括主体工程、辅助工程、公用工程、环保工程、储运工程及依托工程等。

【研讨话题】如何区分污染影响型项目和生态影响型项目？

相对于新建项目，改扩建及异地搬迁建设项目还应包括现有工程的基本情况、污染物排放及达标情况、存在的环境保护问题及拟采取的整改方案等内容。建设项目概况的主要内容框架见图3-1。

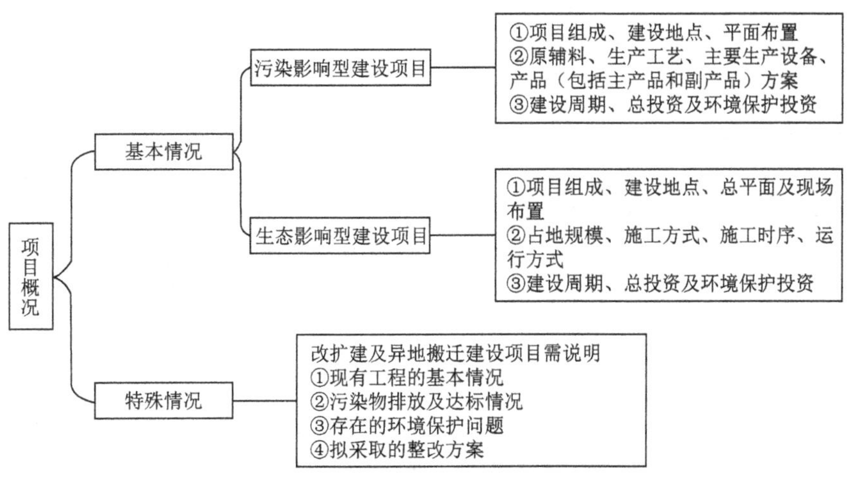

图3-1 建设项目概况的主要内容框架

【研讨话题】试比较污染影响型建设项目和生态影响型建设项目、新建项目与改扩建项目在论述建设项目概况时有何异同？

3.2.2 影响因素分析

1. 污染影响因素分析

污染影响因素分析包括清洁生产分析、产污环节分析、原辅材料分析和风险因素识别四个部分。

1）清洁生产分析

清洁生产是我国工业可持续发展的重要战略，是由末端控制向生产全过程转变的重要措施。联合国环境规划署1989年提出了清洁生产的最初定义，并得到国际社会的普遍认可和接受，1996年又将该定义进一步完善为“清洁生产指将整体预防的环境战略应用于生产过程、产品和服务中，以增加生态效益和减少人类及环境的风险”。《中华人民共和国清洁生产促进法》中将清洁生产定义为“指不断采取改进设计、使用清洁的能源和原料、采用先进的工艺技术与设备、改善管理、综合利用等措施，从源头削减污染，提高资源利用效率，减少或者避免生产、服务和产品使用过程中污染物的产生和排放，以减轻或者消除对人类健康和环境的危害”。

根据《清洁生产标准制订技术导则》（HJ/T 425—2008），从污染预防思想出发，考虑产品的生命周期，原则上将清洁生产指标分为六个大类，即生产工艺与装备要求、资源能源利用指标、产品指标、污染物产生指标（末端处理前）、废物回收利用指标和环境管理要求。各行业可根据实际情况予以必要调整。

（1）生产工艺与装备要求。

指产品生产中采用的生产工艺和装备的种类、自动化水平、生产规模等方面的要求，为定性指标。

（2）资源能源利用指标。

指正常的生产工艺中，生产单位产品所需的新水量、能耗和物耗，以及水、能源和物质利用的效率、重复利用率等反映资源能源利用效率的指标。该类指标为定量指标，如综合能耗、单位产品取水量、水的重复利用率等。

（3）产品指标。

指影响污染物种类和数量的产品性能、种类和包装，以及反映产品贮存、运输、使用和废弃后可能造成的环境影响等的指标。该类指标为定量指标，如产品一次合格率。

（4）污染物产生指标（末端处理前）。

即产污系数，指单位产品生产（或加工）过程中产生污染物的量（末端处理前）。该类指标为定量指标，包括废水产生量、废气产生量和固体废物产生量等指标。

（5）废物回收利用指标。

指生产过程中所产生废物可回收利用特征及废物回收利用情况的指标，如废物利用的比例、途径和技术，以及利用废物生产高附加值产品的利用比例等。该类指标为定量指标，如工业废水重复利用率、工艺气体重复利用率、固体废物回用率等。

（6）环境管理要求。

指对企业制定的和实施的各类环境管理相关规章、制度和措施的要求。该类指标为定性指标，包括执行环保法规情况、企业生产过程管理、环境管理、清洁生产审核、相关环境管理等方面。

根据当前的行业技术、装备水平和管理水平，原则上将各项指标分为三个等级：一级为国际清洁生产先进水平；二级为国内清洁生产先进水平；三级为国内清洁生产基本水平。对于我国特有的行业，三个等级可定义如下：一级为国内清洁生产领先水平；二级为国内清洁生产先进水平；三级为国内清洁生产基本水平。

根据《建设项目环境影响评价技术导则 总纲》（HJ 2.1—2016），建设项目工程分析应遵循清洁生产的理念，从工艺的环境友好性、工艺过程的主要产污节点以及末端治理措施的协同性等方面，选择可能对环境产生较大影响的主要因素进行深入分析。

2）产污环节分析

首先，要绘制包含产污环节的生产工艺流程图。一般情况下，工艺流程应在可研或设计文件中工艺流程图基础上进行绘制。所不同的是，环境影响评价关心的是工艺过程中产污的具体部位、污染物的种类和数量。所以绘制污染工艺流程应包括涉及产污的装置和工艺过程，其他过程和装置可以简化，有化学反应发生的工序列出主要反应式，并在流程上标出污染源准确位置、污染物的类型，以便为其他专题评价提供可靠资料。图3-2为漂白碱法麦草制浆生产典型工艺流程及产污环节。

其次，按照生产、装卸、储存、运输等环节分析包括常规污染物、特征污染物在内的污染物产生、排放情况（包括正常工况和开停工及维修等非正常工况）；存在具有致癌、致畸、致突变的物质，以及持久性有机污染物或重金属的，应明确其来源、转移途径和流向；给出噪声、振动、放射性及电磁辐射等污染的来源、特性及强度等。

最后，说明各种源头防控、过程控制、末端治理、回收利用等环境影响减缓措施状况。建设项目产污环节分析的主要流程见图3-3。

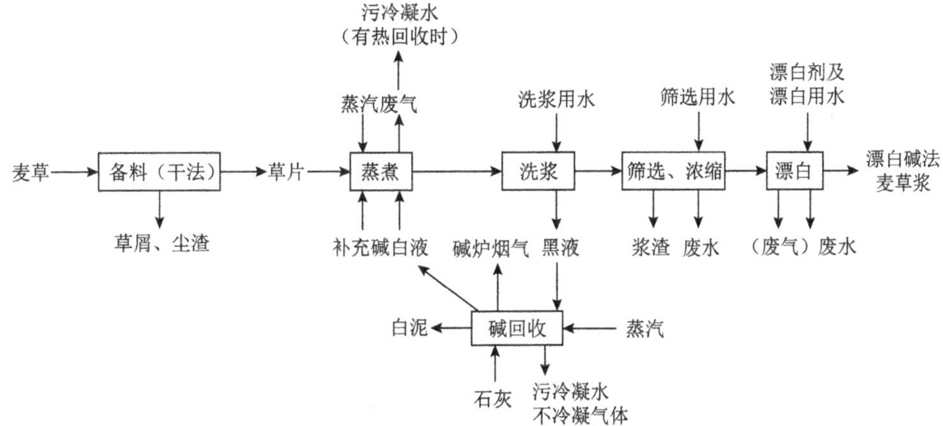

图3-2 漂白碱法麦草制浆生产典型工艺流程及产污环节（李勇等，2012）

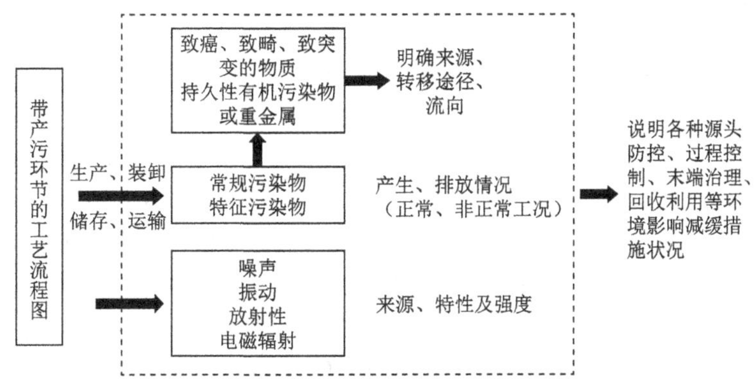

图3-3 建设项目产污环节分析的主要流程

3）原辅材料分析

明确项目消耗的原料、辅料、燃料、水资源等的种类、构成和数量，给出主要原辅材料及其他物料的理化性质、毒理特征，产品及中间体的性质、数量等。

4）风险因素识别

对建设阶段和生产运行期间，可能发生突发性事件或事故，引起有毒有害、易燃易爆等物质泄漏，对环境及人身造成影响和损害的建设项目，应开展建设和生产运行过程的风险因素识别。存在较大潜在人群健康风险的建设项目，应开展影响人群健康的潜在环境风险因素识别。

2. 生态影响因素分析

生态影响型建设项目主要包括交通运输、采掘、农林水利、海洋工程等类别，其他建设项目也可能需要分析生态影响因素。根据《建设项目环境影响评价技术导则 总纲》（HJ 2.1—2016），生态影响因素分析应结合建设项目特点和区域环境特征，分析建设项目建设和运行过程（包括施工方式、施工时序、运行方式、调度调节方式等）对生态环境的作用因素、影响源、影响方式、影响范围和影响程度。重点为影响程度大、范围广、历时长或涉及环境敏感区的作用因素和影响源；关注间接性影响、区域性影响、长期性影响以及累积性影响等特有生态影响因素的分析（图 3-4）。

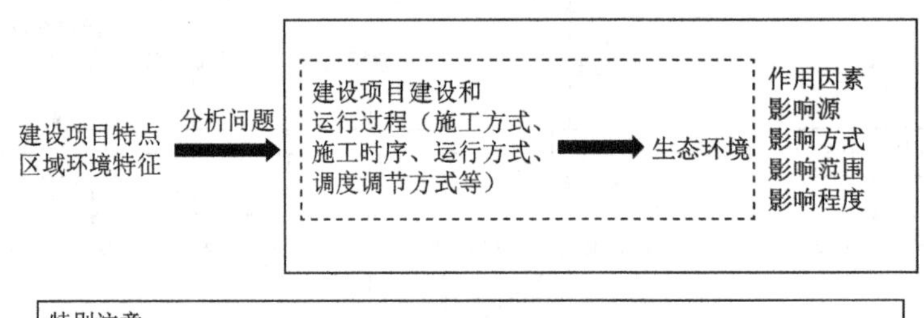

特别注意：
①重点为影响程度大、范围广、历时长或涉及环境敏感区的作用因素和影响源
②关注间接性影响、区域性影响、长期性影响以及累积性影响等特有生态影响因素的分析

图 3-4 生态影响因素分析

3.2.3 污染源源强核算

1. 总体要求

根据《污染源源强核算技术指南 准则》，应按照污染源源强核算技术指南体系规定的工作程序、核算方法、技术要求进行污染源源强核算，识别所有涉及的污染源和规定的污染物，按照规定的优先级别选取核算方法，给出完整的源强核算结果和相关参数。

核算方法所需参数的测定应满足国家或地方相关技术标准、规范的要求。通过资料收集方式获取参数时，选用的参数依据（如可研报告、设计文本、台账记录等）应规范有效。

位于环境质量不达标区域的新（改、扩）建工程污染源，应采用具备最优排放水平的污染防治可行技术，并选取对应的参数进行源强核算；位于环境质量达标区域的新（改、扩）建工程污染源，应采用污染防治可行技术，并选取对应的参数进行源强核算。

污染物排放量的核算应包括正常排放和非正常排放两种情况，并分别明确正常排放量和非正常排放量。

废水污染源源强核算应考虑生产装置运行时间与污染治理措施运行时间的差异，分别确定废水污染物的产生量核算时段和排放量核算时段。

2. 源强核算程序

污染源源强核算程序包括污染源识别和污染物确定、核算方法及参数选定、源强核算、核算结果等阶段。源强核算程序见图 3-5。

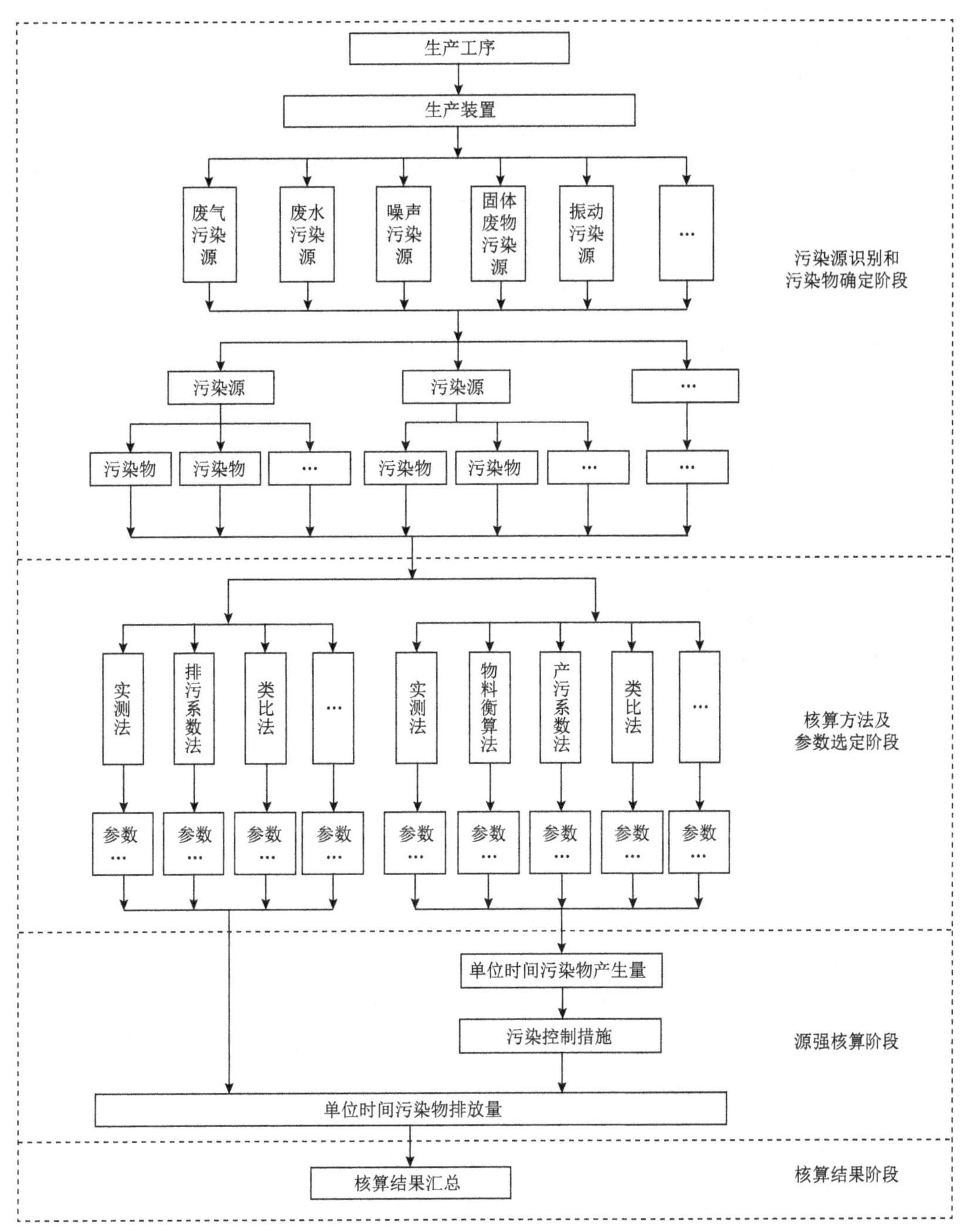

图 3-5 源强核算程序

1）污染源识别与污染物确定

结合工艺流程，识别产生废气、废水、噪声、固体废物、振动等的污染源，确定污染源类型和数量，针对每个污染源识别所有规定的污染物及其治理措施。

（1）污染源的识别。

污染源的识别应结合行业特点，涵盖所有工艺和装备类型，明确所有可能产生废气、废水、噪声、振动、固体废物等污染物的场所、设备或装置，包括可能对水环境和土壤环境产生不利影响的“跑冒滴漏”等环节。

应分别对废气、废水、噪声、振动等污染源进行分类。

废气污染源类型：按照污染源形式可划分为点源、面源、线源、体源；按照排放方式可划分为有组织排放源、无组织排放源；按照排放特性可划分为连续排放源、间歇排放源；按照排放状态可划分为正常排放源、非正常排放源。

废水污染源类型：按照排放形式可划分为点源、非点源；按照排放特性可划分为连续排放、间歇排放；按照排放状态可划分为正常排放源、非正常排放源。

噪声源类型：按照声源位置可划分为固定声源、流动声源；按照发声时间可划分为频发噪声源、偶发噪声源；按照发声形式可划分为点声源、线声源和面声源。

振动源类型：按照振动变化情况可划分为稳态振动源、冲击振动源、无规振动源、轨道振动源。

地下水排放类型：按照排放状态可划分为正常状况及非正常状况下的排放。

（2）污染物的确定。

行业指南应根据国家、地方颁布的行业污染物排放标准，确定污染源废气、废水相关污染物。没有行业污染物排放标准的，可结合国家、地方颁布的综合排放标准，或参照具有类似产排污特性的相关行业的排放标准，确定污染源废气、废水相关污染物。也可依据原辅料及燃料使用和生产工艺情况，分析确定污染源废气、废水污染物。

行业指南应按照固体废物的属性，即第Ⅰ类一般工业固体废物、第Ⅱ类一般工业固体废物、危险废物（按照《国家危险废物名录》划分）、生活垃圾等，分别确定固体废物名称。

2）核算方法及参数选定

污染源源强核算可采用实测法、物料衡算法、产污系数法、排污系数法、类比法、实验法等方法。按照行业指南规定的优先级别选取适当的核算方法，合理选取或科学确定相关参数。核算方法优先级别的确定应遵循简便高效、科学准确、统一规范的原则。新（改、扩）建工程污染源源强的核算，应依据污染源和污染物特性确定核算方法的优先级别，不断提高产污系数法、排污系数法的适用性和准确性。现有工程污染源源强的核算应优先采用实测法，各行业指南也可根据行业特点确定其他核算方法。行业指南应明确产污系数和排污系数的选取原则。

3）源强核算

根据选定的核算方法和参数，结合核算时段确定污染物源强，一般为污染物年排放量和小时排放量等。

4）核算结果

列表给出源强核算结果及相关参数，具体可参照《污染源源强核算技术指南 准则》附录A。

3. 新建项目的污染源源强核算

根据《建设项目环境影响评价技术导则 总纲》(HJ 2.1—2016),污染源源强核算的基本要求:根据污染物产生环节、产生方式和治理措施,核算建设项目有组织与无组织、正常工况与非正常工况下的污染物产生和排放强度,给出污染因子及其产生和排放的方式、浓度、数量等。

无组织排放是对应于有组织排放而言的,主要针对废气排放,表现为生产工艺过程中产生的污染物没有进入收集和排气系统,而通过厂房天窗或直接弥散到环境中。工程分析中将没有排气筒、排气筒高度低于 15m 排放源定为无组织排放。例如,储罐的“大小呼吸”,属于无组织排放,且为间隙排放。

非正常工况包括两种情况:①生产设施非正常工况,②污染防治(控制)设施非正常状况。其中生产设施非正常工况指开停炉(机)、设备检修、工艺设备运转异常等工况,污染防治(控制)设施非正常状况指达不到应有治理效率或同步运转率等情况。此类异常排污分析都应重点说明异常情况产生的原因、发生频率和处置措施。

【研讨话题】无组织排放、非正常排放与事故排放的差异。

对于废气可按点源、面源、线源进行核算,说明源强、排放方式和排放高度及存在的有关问题。废水应说明种类、成分、浓度、排放方式、排放去向。按《中华人民共和国固体废物污染环境防治法》对废物进行分类,废液应说明种类、成分、浓度、是否属于危险废物、处置方式和去向等有关问题;废渣应说明有害成分、溶出物浓度、是否属于危险废物、排放量、处理和处置方式和贮存方法。噪声和放射性物质应列表说明源强、剂量及分布。

新建项目污染物源强应算清“两本账”,即生产过程中的污染物产生量和实现污染防治措施后的污染物削减量,二者之差为污染物最终排放量,见表 3-1。统计时应以车间或工段为核算单元,对于泄漏和放散量部分,原则上要求实测,实测有困难时,可以利用年均消耗定额的数据进行物料平衡推算。

表 3-1 新建项目污染物排放量统计

类别	污染物名称	产生量	治理削减量	排放量
废气				
废水				
固体废物				

4. 改扩建项目的污染源源强核算

对改扩建项目的污染物排放量的统计,应分别按现有、在建、改扩建项目实施后等几种情形汇总污染物产生量、排放量及其变化量，核算改扩建项目建成后最终的污染物排放量，见表 3-2。算清新老污染源“三本账”，即改扩建前污染物排放量、改扩建项目污染物排放量、改扩建完成后（包括“以新带老”削减量）污染物排放量，其相互的关系可表示：改扩建前污染物排放量+改扩建项目污染物排放量−“以新带老”削减量=扩建工程完成后总排放量。

表 3-2　改扩建项目污染物排放量统计

类别	污染物	现有工程排放量	拟建工程排放量	“以新带老”削减量	扩建工程完成后总排放量	增减变化量
废气						
废水						
固体废物						

【研讨话题】新建项目与改扩建或技术改造项目污染源源强核算的差异。

例题：某污水处理厂收集处理生活污水，原水中 COD 设计浓度为 300mg/L，已建有一期工程 2 万 m^3/d，污水排放执行《污水综合排放标准》（GB 8978—1996）一级标准，现需要扩建二期工程 3 万 m^3/d，污水排放执行尾水排放标准《城镇污水处理厂污染物排放标准》（GB 18918—2002）一级 A 标准。试核算污染物排放“三本账”。

建设项目污染源源强核算基本流程小结见图 3-6。污染源源强核算方法可由污染源源强核算技术指南具体规定。

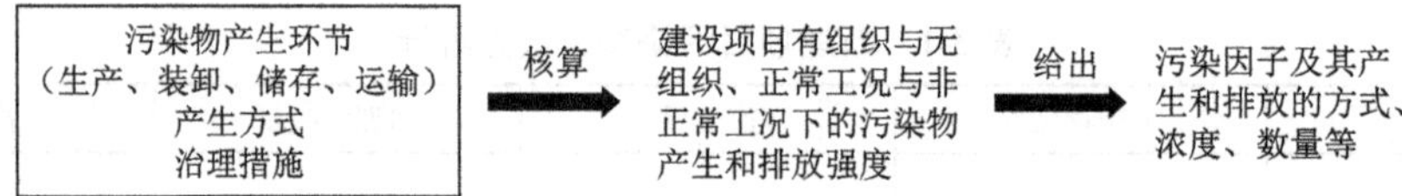

图 3-6　污染源源强核算基本流程小结

【随堂测验】

1. 环境影响报告中用的工艺流程图与项目可行性研究报告中所用的工艺流程图最重要的区别是（　　）。

A. 必须用形象流程图　　B. 必须标明所有工艺控制点

C. 必须标明污染源位置　　D. 必须标明所有设备

2. 技改扩建项目工程分析中应按（　　）统计技改扩建完成后污染物排放量。

A. 技改扩建前排放量+技改扩建项目排放量

B. 现有装置排放量+扩建项目设计排放量

C. 技改扩建前排放量-“以新带老”削减量+技改扩建新增排放量

D. 技改后产生量-技改后排放量

3.3 工程分析的主要方法

工程分析的方法主要包括：物料衡算法、类比法、实测法、产污系数法、排污系数法、实验法等，每种方法各有其适用条件。

3.3.1 物料衡算法

物料衡算法指根据质量守恒定律，利用物料数量或元素数量在输入端与输出端之间的平衡关系，计算确定污染物单位时间产生量或排放量的方法。在工程分析中，根据分析对象的不同，常用的物料衡算有总物料衡算、有毒有害物料衡算及有毒有害元素物料衡算。其中总物料衡算公式如下：

$$\sum G_{投入}=\sum G_{产品}+\sum G_{流失}$$

式中，$\sum G_{投入}$——投入物料中的某污染物总量；

$\sum G_{产品}$——进入产品中的某污染物总量；

$\sum G_{流失}$——生产过程中流失的某污染物总量。

当投入的物料在生产过程中发生化学反应时，可按下列总量法公式进行衡算：

$$\sum G_{排放}=\sum G_{投入}-\sum G_{回收}-\sum G_{处理}-\sum G_{转化}-\sum G_{产品}$$

式中，$\sum G_{投入}$——投入物料中的某污染物总量；

$\sum G_{产品}$——进入产品中的某污染物总量；

$\sum G_{回收}$——进入回收产品中的某污染物总量；

$\sum G_{处理}$——经净化处理掉的某污染物总量；

$\sum G_{转化}$——生产过程中被分解、转化的某污染物总量；

$\sum G_{排放}$——某污染物的排放量。

在可研文件提供的基础资料比较翔实或对生产工艺熟悉的条件下，应优先采用物料衡算法计算污染物排放量，理论上讲，该方法是最精确的。但须对生产工艺、化学反应、副反应和管理等情况进行全面了解，掌握原料、辅助材料、燃烧的成分和消耗定额，此法的计算工作量较大。

3.3.2 类比法

类比法指对比分析在原辅料及燃料成分、产品、工艺、规模、污染控制措施、管理水平等方面具有相同或类似特征的污染源，利用其相关资料，确定污染物浓度、废气量、废水量等相关参数进而核算污染物单位时间产生量或排放量，或者直接确定污染物单位时间产生量或排放量的方法。为提高类比数据的准确性，应充分注意分析对象与类比对象间的相似性和可比性。如：

（1）工程一般特征的相似性。建设项目的性质、建设项目的规模、车间组成、产品结构、工艺路线、生产方法、原料、燃料成分与消耗量、用水量和设备类型等。

（2）污染物排放特征的相似性。污染物排放类型、浓度、强度与数量，排放方式与去向以及污染方式与途径等。

（3）环境特征的相似性。气象条件、地貌状况、生态特点、环境功能、区域污染情况。因为在生产建设中常会遇到这种情况，即某污染物在甲地是主要污染因素，在乙地可能是次要因素，甚至可能是可被忽略的因素。

3.3.3 实测法

指通过现场测定得到的污染物产生或排放相关数据，进而核算出污染物单位时间产生量或排放量的方法，包括自动监测实测法和手工监测实测法。采用实测法核算时，对于排污单位自行监测技术指南及排污许可证等要求采用自动监测的污染因子，仅可采用有效的自动监测数据进行核算；对于排污单位自行监测技术指南及排污许可证等未要求采用自动监测的污染因子，核算源强时优先采用自动监测数据，其次采用手工监测数据。采用实测法进行源强核算时，应同步记录监测期间生产装置的运行工况参数，如物料投加量、产品产量、燃料消耗量、副产物产生量等；进行废水污染源源强核算时，还应分别记录调质前废水的来源、水量、污染物浓度等情况。

3.3.4 产污系数法

指根据不同的原辅料及燃料、产品、工艺、规模，选取相关行业污染源源强核算技术指南给定的产污系数，依据单位时间产品产量计算出污染物产生量，并结合所采用治理措施情况，核算污染物单位时间排放量的方法。

3.3.5 排污系数法

指根据不同的原辅料及燃料、产品、工艺、规模和治理措施，选取相关行业污染源源强核算技术指南给定的排污系数，结合单位时间产品产量直接计算确定污染物单位时间排放量的方法。

排污系数法公式：

$$A = \mathrm{AD} \times M$$
$$\mathrm{AD} = \mathrm{BD} - (\mathrm{aD} + \mathrm{bD} + \mathrm{cD} + \mathrm{dD})$$

式中，A——污染物的排放总量；

AD——单位产品某污染物的排放定额；

M——产品总产量；

BD——单位产品投入或生成的污染物量；

aD——单位产品中某污染物的量；

bD——单位产品所生成的副产物，回收品中某污染物的量；

cD——单位产品分解转化的污染物量；

dD——单位产品被净化处理掉的污染物量。

3.3.6 实验法

指模拟实验确定相关参数，核算污染物单位时间产生量或排放量的方法。

【研讨话题】工程分析方法优缺点的比较与适用条件。不同方法的适用性比较见表3-3。

表3-3 工程分析主要方法比较

工程分析的方法	应用条件	特点
物料衡算法	建设项目基础资料翔实，可开展总物料衡算、有毒有害物料衡算、有毒有害元素物料衡算	基于质量守恒定律，理论上最精确，计算工作量大
类比法	已有具有相同或相似特征的污染源相关资料	使用广泛，精度取决于类比对象的相似性和可比性
实测法	有已建成相同或类似项目	精确，现有工程污染源源强的核算应优先采用实测法
产污系数法	已有相关行业污染源源强核算技术指南给定的产污系数	适用于成熟产业，精度取决于产污系数法的适用性和准确性
排污系数法	已有相关行业污染源源强核算技术指南给定的排污系数	适用于成熟产业，精度取决于排污系数法的适用性和准确性
实验法	创新型项目，无相同或类似生产线	与实验精度有关

【随堂测验】

1. 某企业新鲜水补充量400m^3/h，循环水量10000m^3/h，外排废水量300m^3/h，损失量50m^3/h，产品带走量50m^3/h，原料带入水忽略不计，该企业水的循环利用率为（　　）。

A. 89.2%　　B. 90.2%　　C. 94.2%　　D. 96.2%

2. 某污水处理站采用“物化+生化”处理工艺。已知废水进入COD浓度为800mg/L、出口COD浓度不高于80mg/L，如“物化”处理单元COD去除率是60%，则“生化”处理单元COD去除率至少应达到（　　）。

A. 70%　　B. 75%　　C. 80%　　D. 83.3%

思考题

1. 简述工程分析的基本概念和在环境影响评价中的作用。
2. 简述工程分析的三大主要内容。
3. 简述工程分析的主要方法及其适用性。
4. 简述改扩建项目污染源源强核算的内容。

第 4 章　地表水环境影响评价

【目标导学】

1. 知识要点

地表水环境影响评价等级的划分、现状调查与评价、水环境模型、水环境影响预测、水环境影响评价等。

2. 重点难点

水环境影响预测模式。

3. 基本要求

掌握地表水环境影响评价等级的划分，熟悉地表水环境现状调查与评价的内容和方法，在理解水环境预测模型基本原理的基础上，能够熟练开展地表水环境影响预测与评价，了解水污染防治措施的确定方法等。

4. 教学方法

水环境预测模型是本章难点，一方面通过环境水力学基础知识学习打好水质模型基础，另一方面引入水环境模拟软件，结合具体案例，深入讲解模型及其应用的要点难点，使抽象知识形象化，提升教学效果。建议 6～8 个学时。

4.1　概　　述

《环境影响评价技术导则 地表水环境》（HJ 2.3—2018）规定了地表水环境影响评价的一般性原则、工作程序、内容、方法及要求。本标准适用于建设项目的地表水环境影响评价。规划环境影响评价中的地表水环境影响评价工作参照本标准执行。这里的地表水指存在于陆地表面的河流（江河、运河及渠道）、湖泊、水库等地表水体以及入海河口和近岸海域。

【研讨话题】《环境影响评价技术导则 地面水环境》（HJ/T 2.3—1993）于 1993 年首次发布，2018 年进行了第一次修订，为什么需要对地面水导则进行修订？可以从七个方面了解修订的背景：新思想——生态文明思想；新目标——以改善环境质量为核心，打好污染防治攻坚战；新标准——水环境质量标准、水污染物排放标准及相关标准规范；新衔接——控制污染物排放许可制、生态环境系统深化“放管服”改革、实施以控制单元为基础的水环境质量目标管理；新体系——环境影响评价技术导则体系重构；新扩展——增加水文要素影响型、间接排放项目；新技术——环境影响评价技术新进展，如环境影响预测模型技术、水文要素影响与生态流量确定技术、水生态环境监测评价技术、基于水质的排污许可总量核算技术。

【延伸阅读】《生态文明体制改革总体方案》、《中共中央 国务院关于全面加强生态环境保护 坚决打好污染防治攻坚战的意见》（中发〔2018〕17 号）、《水污染防治行动计划》、《“十三五”生态环境保护规划》、《国务院办公厅关于印发控制污染物排放许可制实施方案的通知》（国办发〔2016〕81 号）、《“十三五”环境影响评价改革实施方案》等。

4.1.1　基本任务

在调查、分析评价范围地表水环境质量现状与水环境保护目标的基础上，预测和评价建设项目对地表水环境质量、水环境功能区、水功能区、水环境保护目标及水环境控制单元的影响范围与影响程度，提出相应的环境保护措施和环境管理与监测计划，明确给出地表水环境影响是否可接受的结论。

4.1.2　基本要求

建设项目地表水环境影响主要包括水污染影响与水文要素影响两种类型。根据其主要影响，建设项目地表水环境影响评价分为水污染影响型、水文要素影响型以及两者兼有的复合影响型。

地表水环境影响评价应按评价等级开展相应的评价工作。建设项目评价等级分为三级。复合影响型建设项目的评价工作，应按类别分别确定评价等级并开展评价工作。

建设项目排放水污染物应符合国家或地方水污染物排放标准要求，同时应满足受纳水体环境质量管理要求，并与排污许可管理制度相关要求衔接。水文要素影响型建设项目，还应满足生态流量的相关要求。

4.1.3　工作程序

地表水环境影响评价的工作程序见图 4-1，一般分为三个阶段。

第一阶段，研究有关文件，进行项目工程方案和环境影响初步分析，开展区域环境状况初步调查，明确水环境功能区、水功能区管理要求，识别主要环境影响，确定评价类别。根据不同评价类别进一步筛选评价因子、确定评价等级、评价范围，明确评价标准、评价重点和水环境保护目标。

第二阶段，根据评价类别、评价等级及评价范围等，开展与项目评价相关的区域水污染源、水环境质量、水文水资源及水环境保护目标调查与评价，必要时开展补充监测；选择适合的预测模型，开展地表水环境影响预测分析，预测建设项目对地表水体环境质量、水环境保护目标的影响范围与程度，评价建设项目对地表水环境质量、水文要素的影响，在此基础上核定建设项目的允许排污量、生态流量等。

第三阶段，根据建设项目环境影响预测分析结果，制定地表水环境保护措施，编制地表水环境监测计划，给出建设项目污染物排放清单和地表水环境影响评价的结论，完成环境影响评价文件的编写。

【随堂测验】

关于地表水环境影响评价，下列说法错误的是（　　）。

A. 建设项目地表水环境影响主要包括水污染影响与水文要素影响两种类型

B. 建设项目评价等级分为三级

C. 地表水环境影响评价工作程序一般分为三个阶段

D. 排放水污染物符合国家或地方水污染物排放标准要求即可，无须考虑生态流量

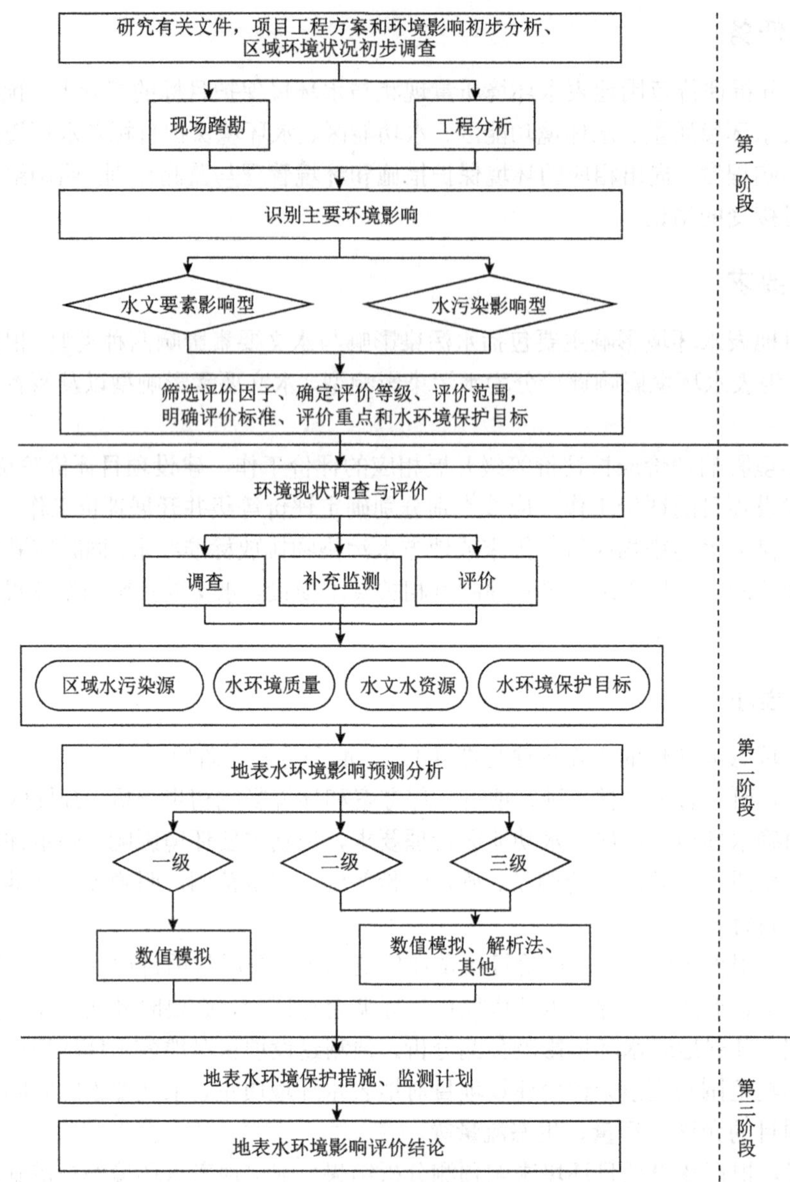

图 4-1　地表水环境影响评价工作程序

4.2　评价等级与评价范围

4.2.1　环境影响因素识别与评价因子筛选

地表水环境影响因素识别应按照 HJ 2.1 的要求，分析建设项目建设阶段、生产运行阶段和服务期满后（可根据项目情况选择，下同）各阶段对地表水环境质量、水文要素的影响行为。

1. 水污染影响型建设项目

水污染影响型建设项目评价因子的筛选应符合以下要求：

（1）按照污染源源强核算技术指南，开展建设项目污染源与水污染因子识别，结合建设项目所在水环境控制单元或区域水环境质量现状，筛选出水环境现状调查评价与影响预测评价的因子；

（2）行业水污染物排放标准中涉及的污染物应作为评价因子；

（3）在车间或车间处理设施排放口排放的第一类污染物应作为评价因子；

（4）引起受纳水体水温变化超过水环境质量标准要求的应将水温作为评价因子；

（5）面源污染所含的主要污染物应作为评价因子；

（6）建设项目排放的且为建设项目所在控制单元的水质超标因子或潜在因子（指近三年来水质浓度值呈上升趋势的水污染物），应作为评价因子。

【课程思政】介绍我国排污口管理的技术要求，重点水污染源必须安装在线自动监控系统，体现个人和企业诚信的重要性。

2. 水文要素影响型建设项目

水文要素影响型建设项目评价因子应根据建设项目对地表水体水文要素影响的特征确定。

河流、湖泊及水库主要评价水面面积、水量、水温、径流过程、水位、水深、流速、水面宽、冲淤变化等因子，湖泊和水库需要重点关注湖底水域面积或蓄水量及水力停留时间等因子。

感潮河段、入海河口及近岸海域主要评价流量、流向、潮区界、潮流界、纳潮量、水位、流速、水面宽、水深、冲淤变化等因子。

建设项目可能导致受纳水体富营养化的，评价因子还应包括与富营养化有关的因子（如总磷、总氮、叶绿素 a、高锰酸盐指数和透明度等。其中，叶绿素 a 为必须评价的因子）。

【研讨话题】在《环境影响评价技术导则 地表水环境》（HJ 2.3—2018）中，将地表水体划分为哪几类水体？为什么？引导学生掌握河流、湖泊与水库、感潮河段、入海河口及近岸海域不同水体的水文水动力特征差异，理解其对污染物输运分布的影响。

4.2.2　评价工作等级的划分

【研讨话题】为什么要划分评价工作等级？引导学生掌握：不同类型的项目环境影响程度不同，有的影响大，有的影响小，所以进行分类管理。但同一类型的项目，有的主要是水环境影响，有的主要是大气环境影响，为了解决根据同一项目不同环境要素影响程度不同确定专项环评的工作深度的问题，需要开展评价工作等级的划分。

建设项目地表水环境影响评价等级按照影响类别、排放方式、排放量或影响情况、受纳水体环境质量现状、水环境保护目标等综合确定。评价工作等级分为三级，一级评价最详细，二级次之，三级较简略。

1. 水污染影响型建设项目

水污染影响型建设项目评价工作等级划分的判据见表 4-1。

表 4-1　水污染影响型建设项目评价工作等级划分判据

评价等级	判定依据	
	排放方式	废水日排放量 $Q/(m^3/d)$ 水污染物当量数 W(量纲一)
一级	直接排放	$Q\geqslant 20000$ 或 $W\geqslant 600000$
二级	直接排放	其他
三级 A	直接排放	$Q<200$ 且 $W<6000$
三级 B	间接排放	—

注：

①水污染物当量数等于该污染物的年排放量除以该污染物的污染当量值，计算排放污染物的污染物当量数，应区分第一类水污染物和其他类水污染物，统计第一类水污染物当量数总和，然后与其他类水污染物按照污染物当量数从大到小排序，取最大当量数作为建设项目评价等级确定的依据。

②废水排放量按行业排放标准中规定的废水种类统计，没有相关行业排放标准要求的通过工程分析合理确定，应统计含热量大的冷却水的排放量，可不统计间接冷却水、循环水以及其他含污染物极少的清净下水的排放量。

③厂区存在堆积物（露天堆放的原料、燃料、废渣等以及垃圾堆放场）、降尘污染的，应将初期雨污水纳入废水排放量，相应的主要污染物纳入水污染当量计算。

④建设项目直接排放第一类污染物的，其评价等级为一级；建设项目直接排放的污染物为受纳水体超标因子的，评价等级不低于二级。

⑤直接排放受纳水体影响范围涉及饮用水水源保护区、饮用水取水口、重点保护与珍稀水生生物的栖息地、重要水生生物的自然产卵场等保护目标时，评价等级不低于二级。

⑥建设项目向河流、湖库排放温排水引起受纳水体水温变化超过水环境质量标准要求，且评价范围有水温敏感目标时，评价等级为一级。

⑦建设项目利用海水作为调节温度介质，排水量≥500 万 m^3/d，评价等级为一级；排水量<500 万 m^3/d，评价等级为二级。

⑧仅涉及清净下水排放的，如其排放水质满足受纳水体水环境质量标准要求，评价等级为三级 A。

⑨依托现有排放口，且对外环境未新增排放污染物的直接排放建设项目，评价等级参照间接排放，定为三级 B。

⑩建设项目生产工艺中有废水产生，但作为回水利用，不排放到外环境的，按三级 B 评价。

由表 4-1 可见，对于水污染影响型建设项目，评价工作等级划分可以分为三步。

第一步：区分排放方式，包括直接排放和间接排放两种方式。直接排放是指排污单位直接向环境水体排放污染物的行为。间接排放是指排污单位直接向公共污水处理系统排放水污染物的行为。间接排放时评价等级定为三级 B，直接排放则需要进一步划分。

第二步：计算废水日排放量和水污染物当量数，根据表 4-1 将直接排放项目划分为一级、二级、三级 A。废水日排放量比较容易获得，关键是计算水污染物当量数。水污染物当量数等于该污染物的年排放量除以该污染物的污染当量值，计算水污染物当量值应区分第一类水污染物和其他类水污染物。在《污水综合排放标准》（GB 8978—1996）中将排放的污染物按其性质和控制方式分为两类，第一类要求在车间或车间处理设施排放口取样，第二类污染物在排污单位排污口取样。统计第一类水污染物当量数总和，然后与其他类水污染物按照水污染物当量数从大到小排序，取最大当量数作为建设项目评价等级确定的依据。水污染当量值采用《中华人民共和国环境保护税法》规定的应税污染物，是指根据污染物或者污染排放活动对地表水环境的有害程度以及处理的技术经济性，衡量不同污染物对地表水环境污染的综合性指标或者计量单位。各水污染物当量值见表 4-2～表 4-5。

第三步：根据水环境质量的管理要求对评价等级进行优化调整，具体见表 4-1 中的表注。

表 4-2　第一类水污染物污染当量值表

污染物	污染当量值/kg
1. 总汞	0.0005
2. 总镉	0.005
3. 总铬	0.04
4. 六价铬	0.02
5. 总砷	0.02
6. 总铅	0.025
7. 总镍	0.025
8. 苯并[*a*]芘	0.0000003
9. 总铍	0.01
10. 总银	0.02

表 4-3　第二类水污染物污染当量值表

污染物	污染当量值/kg
11. 悬浮物（SS）	4
12. 五日生化需氧量（BOD_5）	0.5
13. 化学需氧量（COD）	1
14. 总有机碳（TOC）	0.49
15. 石油类	0.1
16. 动植物油	0.16
17. 挥发酚	0.08
18. 总氰化物	0.05
19. 硫化物	0.125
20. 氨氮	0.8
21. 氟化物	0.5
22. 甲醛	0.125
23. 苯胺类	0.2
24. 硝基苯类	0.2
25. 阴离子表面活性剂（AS）	0.2
26. 总铜	0.1
27. 总锌	0.2
28. 总锰	0.2
29. 彩色显影剂（CD-2）	0.2
30. 总磷	0.25
31. 单质磷（以 P 计）	0.05

续表

污染物	污染当量值/kg
32. 有机磷农药（以P计）	0.05
33. 乐果	0.05
34. 甲基对硫磷	0.05
35. 马拉硫磷	0.05
36. 对硫磷	0.05
37. 五氯酚及五氯酚钠（以五氯酚计）	0.25
38. 三氯甲烷	0.04
39. 可吸附有机卤化物（AOH）（以Cl计）	0.25
40. 四氯化碳	0.04
41. 三氯乙烯	0.04
42. 四氯乙烯	0.04
43. 苯	0.02
44. 甲苯	0.02
45. 乙苯	0.02
46. 邻二甲苯	0.02
47. 对二甲苯	0.02
48. 间二甲苯	0.02
49. 氯苯	0.02
50. 邻二氯苯	0.02
51. 对二氯苯	0.02
52. 对硝基氯苯	0.02
53. 2, 4-二硝基氯苯	0.02
54. 苯酚	0.02
55. 间甲酚	0.02
56. 2, 4-二氯酚	0.02
57. 2, 4, 6-三氯酚	0.02
58. 邻苯二甲酸二丁酯	0.02
59. 邻苯二甲酸二辛酯	0.02
60. 苯烯腈	0.125
61. 总硒	0.02

表 4-4　pH、色度、大肠菌群数、余氯量水污染物污染当量值表

污染物		污染当量值	备注
1. pH	1. 0～1，13～14	0.06t 污水	pH 5～6 是大于或等于 5，小于 6；pH 9～10 是大于 9，小于或等于 10，其余类推
	2. 1～2，12～13	0.125t 污水	
	3. 2～3，11～12	0.25t 污水	
	4. 3～4，10～11	0.5t 污水	
	5. 4～5，9～10	1t 污水	
	6. 5～6	5t 污水	
2. 色度		5t 水·倍	
3. 大肠菌群数（超标）		3.3t 污水	
4. 余氯量（用氯消毒的医院废水）		3.3t 污水	

表 4-5　禽畜养殖业、小型企业和第三产业水污染物污染当量值表

类型			污染当量值
禽畜养殖场	1. 牛		0.1 头
	2. 猪		1 头
	3. 鸡、鸭等家禽		30 羽
	4. 小型企业		1.8t 污水
	5. 餐饮娱乐服务业		0.5t 污水
	6. 医院	消毒	0.14 床
			2.8t 污水
		不消毒	0.07 床
			1.4t 污水

2. 水文要素影响型建设项目

水文要素影响型建设项目评价工作等级划分的判据见表 4-6。

表 4-6　水文要素影响型建设项目评价工作等级划分判据

评价等级	水温	径流		受影响地表水域		
	年径流量与总库容占比 α/%	兴利库容与年径流量百分比 β/%	取水量占多年平均径流量百分比 γ/%	工程垂直投影面积及外扩范围 A_1/km^2；工程扰动水底面积 A_2/km^2；过水断面宽度占用比例或占用水域面积比例 R/%		工程垂直投影面积及外扩范围 A_1/km^2；工程扰动水底面积 A_2/km^2
				河流	湖库	入海河口、近岸海域
一级	$\alpha\leqslant10$；或稳定分层	$\beta\geqslant20$；或完全年调节与多年调节	$\gamma\geqslant30$	$A_1\geqslant0.3$；或 $A_2\geqslant1.5$；或 $R\geqslant10$	$A_1\geqslant0.3$；或 $A_2\geqslant1.5$；或 $R\geqslant20$	$A_1\geqslant0.5$；或 $A_2\geqslant3$
二级	$20>\alpha>10$；或不稳定分层	$20>\beta>2$；或季调节与不完全年调节	$30>\gamma>10$	$0.3>A_1>0.05$；或 $1.5>A_2>0.2$；或 $10>R>5$	$0.3>A_1>0.05$；或 $1.5>A_2>0.2$；或 $20>R>5$	$0.5>A_1>0.15$；或 $3>A_2>0.5$

续表

<table>
<tr><th rowspan="3">评价等级</th><th>水温</th><th colspan="2">径流</th><th colspan="3">受影响地表水域</th></tr>
<tr><th rowspan="2">年径流量与总库容占比 α/%</th><th rowspan="2">兴利库容与年径流流量百分比 β/%</th><th rowspan="2">取水量占多年平均径流量百分比 γ/%</th><th colspan="2">工程垂直投影面积及外扩范围 A_1/km^2；工程扰动水底面积 A_2/km^2；过水断面宽度占用比例或占用水域面积比例 R/%</th><th>工程垂直投影面积及外扩范围 A_1/km^2；工程扰动水底面积 A_2/km^2</th></tr>
<tr><th>河流</th><th>湖库</th><th>入海河口、近岸海域</th></tr>
<tr><td>三级</td><td>$\alpha \geqslant 20$；或混合型</td><td>$\beta \leqslant 2$；或无调节</td><td>$\gamma \leqslant 10$</td><td>$A_1 \leqslant 0.05$；或 $A_2 \leqslant 0.2$；或 $R \leqslant 5$</td><td>$A_1 \leqslant 0.05$；或 $A_2 \leqslant 0.2$；或 $R \leqslant 5$</td><td>$A_1 \leqslant 0.15$；或 $A_2 \leqslant 0.5$</td></tr>
</table>

注：

①影响范围涉及饮用水水源保护区、重点保护与珍稀水生生物的栖息地、重要水生生物的自然产卵场、自然保护区等保护目标，评价等级应不低于二级。

②跨流域调水、引水式电站、可能受到大型河流感潮河段影响的建设项目，评价等级不低于二级。

③造成入海河口（湾口）宽度束窄（束窄尺度达到原宽度的5%以上），评价等级应不低于二级。

④对不透水的单方向建筑尺度较长的水工建筑物（如防波堤、导流堤等），其与潮流或水流主流向切线垂直方向投影长度大于2km时，评价等级应不低于二级。

⑤允许在一类海域建设的项目，评价等级为一级。

⑥同时存在多个水文要素影响的建设项目，分别判定各水文要素影响评价等级，并取其中最高等级作为水文要素影响型建设项目评价等级。

由表4-6可见，对于水文要素影响型建设项目，评价工作等级划分可以分为三步。

第一步：区分影响水文要素，是水温、径流、地表水域中的一个或多个；

第二步：分别计算对应的指标，根据表4-6确定评价等级；

第三步：根据工程影响、水环境保护目标、水环境质量的管理要求对评价等级进行优化调整，具体见表4-6中的表注。

4.2.3 评价范围

建设项目地表水环境影响评价范围指建设项目整体实施后可能对地表水环境造成的影响范围。

1. 水污染影响型建设项目

根据评价等级、工程特点、影响方式及程度、地表水环境质量管理要求等确定。一级、二级及三级A，其评价范围应符合以下要求：

（1）应根据主要污染物迁移转化状况，至少需覆盖建设项目污染影响所及水域。

（2）受纳水体为河流时，应满足覆盖对照断面、控制断面与削减断面等关心断面的要求。

（3）受纳水体为湖泊、水库时，一级评价，评价范围宜不小于以入湖（库）排放口为中心、半径为5km的扇形区域；二级评价，评价范围宜不小于以入湖（库）排放口为中心、半径为3km的扇形区域；三级A评价，评价范围宜不小于以入湖（库）排放口为中心、半径为1km的扇形区域。

（4）受纳水体为入海河口和近岸海域时，评价范围按照《海洋工程环境影响评价技术导则》（GB/T 19485—2014）执行。

（5）影响范围涉及水环境保护目标的，评价范围至少应扩大到水环境保护目标内受到影响的水域。

（6）同一建设项目有两个及两个以上废水排放口，或排入不同地表水体时，按各排放口及所排入地表水体分别确定评价范围；有叠加影响的，叠加影响水域应作为重点评价范围。

三级 B，其评价范围应符合以下要求：

（1）应满足其依托污水处理设施环境可行性分析的要求；

（2）涉及地表水环境风险的，应覆盖环境风险影响范围所及的水环境保护目标水域。

2. 水文要素影响型建设项目

根据评价等级、水文要素影响类别、影响及恢复程度确定，评价范围应符合以下要求：

（1）水文要素影响评价范围为建设项目形成水文分层水域，以及下游未恢复到天然（或建设项目建设前）水文的水域；

（2）径流要素影响评价范围为水体天然性状发生变化的水域，以及下游增减水影响水域；

（3）地表水域影响评价范围为相对建设项目建设前日均或潮均流速及水深，或高（累积频率 5%）低（累积频率 90%）水位（潮位）变化幅度超过±5%的水域；

（4）建设项目影响范围涉及水环境保护目标的，评价范围至少应扩大到水环境保护目标内受影响的水域；

（5）存在多类水文要素影响的建设项目，应分别确定各水文要素影响评价范围，取各水文要素评价范围的外包线作为水文要素的评价范围。

评价范围应以平面图的方式表示，并明确起、止位置等控制点坐标。

4.2.4　评价时期

评价时期根据受影响地表水体类型、评价等级等确定，见表 4-7。三级 B 评价，可不考虑评价时期。

表 4-7　评价时期确定表

受影响地表水体类型	评价等级		
	一级	二级	污染影响型（三级 A）/水文要素影响型（三级）
河流、湖库	丰水期、平水期、枯水期；至少丰水期和枯水期	丰水期和枯水期；至少枯水期	至少枯水期
入海河口（感潮河段）	河流：丰水期、平水期和枯水期；河口：春季、夏季和秋季；至少丰水期和枯水期，春季和秋季	河流：丰水期和枯水期；河口：春、秋 2 个季节；至少枯水期或 1 个季节	至少枯水期或 1 个季节
近岸海域	春季、夏季和秋季；至少春、秋 2 个季节	春季或秋季；至少 1 个季节	至少 1 次调查

注：

①感潮河段、入海河口、近岸海域在丰、枯水期（或春夏秋冬四季）均应选择大潮期或小潮期中一个潮期开展评价（无特殊要求时，可不考虑一个潮期内高潮期、低潮期的差别）。选择原则：依据调查监测海域的环境特征，以影响范围较大或影响程度较重为目标，定性判别和选择大潮期或小潮期作为调查潮期。

②冰封期较长且作为生活饮用水与食品加工用水的水源或有渔业用水需求的水域，应将冰封期纳入评价时期。

③具有季节性排水特点的建设项目，根据建设项目排水期对应的水期或季节确定评价时期。

④水文要素影响型建设项目对评价范围内的水生生物生长、繁殖与洄游有明显影响的时期，需将对应的时期作为评价时期。

⑤复合影响型建设项目分别确定评价时期，按照覆盖所有评价时期的原则综合确定。

4.2.5 水环境保护目标

依据环境影响因素识别结果，调查评价范围内水环境保护目标，确定主要水环境保护目标。水环境保护目标包括：饮用水水源保护区、饮用水取水口，涉水的自然保护区、风景名胜区，重要湿地、重点保护与珍稀水生生物的栖息地、重要水生生物的自然产卵场及索饵场、越冬场和洄游通道，天然渔场等渔业水体，以及水产种质资源保护区等。

应在地图中标注各水环境保护目标的地理位置、四至范围，并列表给出水环境保护目标内主要保护对象和保护要求，以及与建设项目占地区域的相对距离、坐标、高差，与排放口的相对距离、坐标等信息，同时说明与建设项目的水力联系。

【随堂测验】

1. 依托现有排放口，且对外环境未新增排放污染物的直接排放建设项目，评价等级应为（　　）。

A. 一级　　B. 二级　　C. 三级 A　　D. 三级 B

2. 某建设项目排放口位于一水库，评价工作等级为二级，其地表水评价范围应至少包括（　　）。

A. 排放口为中心，半径 1km 的扇形区域

B. 排放口为中心，半径 3km 的扇形区域

C. 排放口为中心，半径 5km 的扇形区域

D. 整个水库区域

4.3 评 价 标 准

4.3.1 评价标准的确定

建设项目地表水环境影响评价标准根据评价范围内水环境质量管理要求确定各评价因子适用的水环境质量标准及相应的污染物排放标准。

根据《海水水质标准》（GB 3097—1997）、《地表水环境质量标准》（GB 3838—2002）、《农田灌溉水质标准》（GB 5084—2021）、《渔业水质标准》（GB 11607—1989）、《海洋生物质量》（GB 18421—2001）、《海洋沉积物质量》（GB 18668—2002）等及相应的地方标准，结合受纳水体水环境功能区、水功能区、近岸海域环境功能区、水环境保护目标、生态流量等水环境质量管理要求，确定地表水环境质量评价标准。

根据现行国家和地方排放标准的相关规定，结合项目所属行业、地理位置，确定建设项目污染物排放评价标准。对于间接排放建设项目，若建设项目与污水处理厂在满足排放标准允许范围内，签订纳管协议和排放浓度限值，并报相关生态环境主管部门备案，可将此浓度限值作为污染物排放评价的依据。

未划定水环境功能区或水功能区、近岸海域环境功能区的水域，或未明确水环境质量标准的评价因子，由地方人民政府环境保护主管部门确认应执行的环境质量要求；在国家及地方污染物排放标准中未包括的评价因子，由地方人民政府环境保护主管部门确认应执行的污染物排放要求。

4.3.2　主要的水环境标准

1.《地表水环境质量标准》

1）主要内容与适用范围

（1）主要内容。

《地表水环境质量标准》（GB 3838—2002）于 2002 年 4 月 2 日发布，2002 年 6 月 1 日实施，该标准将评价项目分为基本项目、集中式生活饮用水地表水源地补充项目和集中式生活饮用水地表水源地特定项目。按照地表水环境功能分类和保护目标，规定了水环境质量应控制的项目、限值以及水质评价、水质项目的分析方法和标准的实施与监督。

本标准项目共计 109 项，其中地表水环境质量标准基本项目 24 项，集中式生活饮用水地表水源地补充项目 5 项，集中式生活饮用水地表水源地特定项目 80 项。

（2）适用范围。

本标准适用于中华人民共和国领域内江河、湖泊、运河、渠道、水库等具有使用功能的地表水水域。具有特定功能的水域，执行相应的专业用水水质标准。

地表水环境质量标准基本项目适用于全国江河、湖泊、运河、渠道、水库等具有使用功能的地表水水域。

集中式生活饮用水地表水源地补充项目和特定项目适用于集中式生活饮用水地表水源地一级保护区和二级保护区。

与近海水域相连的地表水河口水域根据水环境功能按本标准相应类别标准值进行管理，近海水功能区水域根据使用功能按《海水水质标准》（GB 3097—1997）相应类别标准值进行管理。批准划定的单一渔业水域按《渔业水质标准》（GB 11607—1989）进行管理；处理后的城市污水及与城市污水水质相近的工业废水用于农田灌溉用水的水质按《农田灌溉水质标准》（GB 5084—2021）进行管理。

【研讨话题】是不是所有的地表水体管理都适用《地表水环境质量标准》（GB 3838—2002）？

2）水域环境功能和标准分类

水域环境功能：依据地表水水域环境功能和保护目标，按功能高低依次划分为五类（表 4-8）。

表 4-8　地表水环境质量标准

水质标准类别	适用水域
Ⅰ类	主要适用于源头水、国家自然保护区
Ⅱ类	主要适用于集中式生活饮用水地表水源地一级保护区、珍稀水生生物栖息地、鱼虾类产卵场、仔稚幼鱼的索饵场等
Ⅲ类	主要适用于集中式生活饮用水地表水源地二级保护区、鱼虾类越冬场、洄游通道、水产养殖区等渔业水域及游泳区
Ⅳ类	主要适用于一般工业用水区及人体非直接接触的娱乐用水区
Ⅴ类	主要适用于农业用水区及一般景观要求水域

水域环境功能与水质标准：对应地表水上述五类水域功能，将地表水环境质量标准基本

项目标准值分为五类，不同功能类别分别执行相应类别的标准值。水域功能类别高的标准值严于水域功能类别低的标准值。同一水域兼有多类使用功能的，执行最高功能类别对应的标准值。实现水域功能与达功能类别标准为同一含义。

【研讨话题】如何快速理解和掌握《地表水环境质量标准》的类别划分？

建议从水域环境功能对水质类别的要求之间建立对应关系角度来理解和掌握五类划分，具体参考表 4-9。

表 4-9 地表水环境功能与标准类别之间对应关系

功能类别	饮用	生态	娱乐	工业	农业	景观
Ⅰ类	源头水	国家保护区				
Ⅱ类	一级保护区	特殊生物保护				
Ⅲ类	二级保护区	一般生物保护	直接接触			
Ⅳ类			非直接接触	工业用水		
Ⅴ类					农业用水	一般景观要求

3）基本项目中的常用项目标准限值

基本项目中的常用项目标准限值见表 4-10。

表 4-10 基本项目中的常用项目标准限值

序号	标准值 项目	水质标准类别				
		Ⅰ	Ⅱ	Ⅲ	Ⅳ	Ⅴ
1	水温	人为造成的环境水温变化应限制在： 周平均最大温升≤1℃ 周平均最大温降≤2℃				
2	pH（量纲一）	6～9				
3	溶解氧≥	饱和率 90%（或 7.5）	6	5	3	2
4	高锰酸盐指数≤	2	4	6	10	15
5	化学需氧量（COD）≤	15	15	20	30	40
6	五日生化需氧量（BOD_5）≤	3	3	4	6	10
7	氨氮（NH_3-N）≤	0.15	0.5	1.0	1.5	2.0
8	总磷（以 P 计）≤	0.02（湖、库 0.01）	0.1（湖、库 0.0025）	0.2（湖、库 0.05）	0.3（湖、库 0.1）	0.4（湖、库 0.2）
9	总氮（湖、库，以 N 计）≤	0.2	0.5	1.0	1.5	2.0

2. 《海水水质标准》

1）主要内容与适用范围

《海水水质标准》（GB 3097—1997）规定了海域各类适用功能的水质要求，包括水质分类与水质标准、水质监测方法以及混合区的规定。

本标准适用于中华人民共和国管辖的海域。

2）水质分类

按照海域的不同适用功能和保护目标，海水水质分为四类（表 4-11）。

表 4-11　海水水质分类

海水水质类别	适用海域
第一类	适用于海洋渔业水域、海上自然保护区和珍稀濒危海洋生物保护区
第二类	适用于水产养殖区、海水浴场、人体直接接触海上运动或娱乐区、与人类食用直接有关的工业用水区
第三类	适用于一般工业用水区、滨海风景旅游区
第四类	适用于海洋港口水域、海洋开发作业区

3）混合区规定

污水集中排放形成的混合区，不得影响邻近功能区的水质和鱼类洄游通道。

3.《污水综合排放标准》

1）主要内容与适用范围

（1）主要内容。

《污水综合排放标准》（GB 8978—1996）按照污水排放去向，分年限规定了 69 种水污染物最高允许排放浓度和部分行业最高允许排水量。

（2）适用范围。

本标准适用于现有单位水污染物的排放管理，以及建设项目的环境影响评价、建设项目环境保护设施设计、竣工验收及其投产后的排放管理。

按照国家综合排放标准与国家行业排放标准不交叉执行的原则，下列行业执行各自的排放标准：造纸工业，船舶，船舶工业，海洋石油开发工业，纺织染整工业，肉类加工工业，合成氨工业，钢铁工业，航天推进剂使用，兵器工业，磷肥工业，烧碱、聚氯乙烯工业。其他水污染物排放均执行本标准。

本标准颁布后，新增加国家行业水污染物排放标准的行业，按其适用范围执行相应的国家水污染物行业标准，不再执行本标准。

2）标准分级

（1）排入 GB 3838 中Ⅲ类水域（划定的保护区和游泳区除外）和排入 GB 3097 中二类海域的污水，执行一级标准。

（2）排入 GB 3838 中Ⅳ、Ⅴ类水域和排入 GB 3097 中三类海域的污水，执行二级标准。

（3）排入设置二级污水处理厂的城镇排水系统的污水，执行三级标准。

（4）排入未设置二级污水处理厂的城镇排水系统的污水，必须根据排水系统出水受纳水域的功能要求，分别执行（1）和（2）的规定。

（5）GB 3838 中Ⅰ、Ⅱ类水域和Ⅲ类水域中划定的保护区和游泳区，GB 3097 中一类海域，禁止新建排污口，现有排污口按水体功能要求实行污染物总量控制以保证受纳水体水质符合规定用途的水质标准。

3）污染物分类

本标准将排放的污染物按其性质及控制方式分为两类。

第一类污染物，不分行业和污水排放方式，也不分受纳水体的功能类别，一律在车间或车间处理设施排放口采样，其最高允许排放浓度必须达到本标准要求（采矿业的尾矿坝出水口不得视为车间排放口）。

第二类污染物，在排放单位排放口采样，其最高允许排放浓度必须达到本标准要求。

本标准按年限规定了第一类污染物和第二类污染物最高允许排放浓度及部分行业最高允许排水量。

4）执行标准

在本标准中，以 1997 年 12 月 31 日之前和 1998 年 1 月 1 日起为时限，对第二类污染物最高允许排放浓度和部分行业最高允许排水量规定了不同的限值。

对于 1997 年 12 月 31 日之前建设（包括改扩建）的单位，水污染物的排放必须同时执行标准中规定的第一类污染物最高允许排放浓度限值，第二类污染物最高允许排放浓度（1997 年 12 月 31 日之前建设的单位）和部分行业最高允许排水量（1997 年 12 月 31 日之前建设的单位）。

1998 年 1 月 1 日起建设（包括改扩建）的单位，水污染物的排放必须同时执行标准中规定的第一类污染物最高允许排放浓度限值，第二类污染物最高允许排放浓度（1998 年 1 月 1 日后建设的单位）和部分行业最高允许排水量（1998 年 1 月 1 日后建设的单位）。

建设（包括改扩建）单位的建设时间，以环境影响评价报告书（表）批准日期划分。对于排放含有放射性物质的污水，除执行本标准外，还须符合辐射防护的有关规定。

5）有关排放口的规定

（1）同一排放口排放两种和两种以上不同类别的污水，且每种污水的排放标准又不相同时，其混合污水的排放标准按本标准附录 A 规定的方法计算；

（2）工业污水污染物的最高允许排放负荷量按本标准附录 B 规定的方法计算；

（3）污染物最高允许年排放总量按本标准附录 C 规定的方法计算。

6）监测频率要求

工业污水按生产周期确定监测频率。生产周期在 8h 以内的，每 2h 采样一次；生产周期大于 8h 的，每 4h 采样一次。24h 不少于 2 次。最高允许排放浓度按日均值计算。

7）第一类污染物最高允许浓度限值

表 4-12 列出了本标准中规定的第一类污染物最高允许排放浓度限值。不论是 1997 年 12 月 31 日之前建设的单位，还是 1998 年 1 月 1 日之后建设的单位，均执行该表中的限值。

表 4-12　第一类污染物最高允许排放浓度限值

序号	污染物	最高允许排放浓度限值
1	总汞	0.05mg/L
2	烷基汞	不得检出
3	总镉	0.1mg/L
4	总铬	1.5mg/L

续表

序号	污染物	最高允许排放浓度限值
5	六价铬	0.5mg/L
6	总砷	0.5mg/L
7	总铅	1mg/L
8	总镍	1mg/L
9	苯并[*a*]芘	0.00003mg/L
10	总铍	0.005mg/L
11	总银	0.5mg/L
12	总 α 放射性	1Bq/L
13	总 β 放射性	1Bq/L

【随堂测验】

1. 根据我国《地表水环境质量标准》(GB 3838—2002)，集中式生活饮用水地表水源地一级保护区应执行（　　）标准。

A. Ⅰ类　　B. Ⅱ类　　C. Ⅲ类

D. Ⅳ类　　E. Ⅴ类

2. 根据《污水综合排放标准》(GB 8978—1996)，关于按污染物性质及控制方式进行的分类，下列说法错误的是（　　）。

A. 含铜废水一律在车间或车间处理设施排放口采样

B. 含镍废水一律在车间或车间处理设施排放口采样

C. 含银废水一律在车间或车间处理设施排放口采样

D. 含锰废水在排污单位排放口采样

4.4　地表水环境现状调查与评价

4.4.1　调查范围

地表水环境的现状调查范围应覆盖评价范围，应以平面图方式表示，并明确起止断面的位置与涉及范围。

对于水污染影响型建设项目，除覆盖评价范围外，受纳水体为河流时，在不受回水影响的河流段，排放口上游调查范围宜不小于 500m，受回水影响河段的上游调查范围原则上与下游调查的河段长度相等；受纳水体为湖库时，以排放口为圆心，调查半径在评价范围基础上外延 20%～50%。

对于水文要素影响型建设项目，受影响水体为河流、湖库时，除覆盖评价范围外，一级、二级评价时，还应包括库区及支流回水影响区、坝下至下一个梯级或河口、受水区、退水影响区。

对于水污染影响型建设项目，建设项目排放污染物中包括氮、磷或有毒污染物且受纳水体为湖泊、水库时，一级评价的调查范围应包括整个湖泊、水库，二级、三级 A 评价时，调查范围应包括排放口所在水环境功能区、水功能区或湖（库）湾区。

4.4.2 调查时期

调查时期和评价时期一致。

4.4.3 调查内容与调查方法

地表水环境现状调查内容包括建设项目及区域水污染源调查，受纳或受影响水体水环境质量现状调查，区域水资源与开发利用状况、水文情势与相关水文特征值调查，以及水环境保护目标、水环境功能区或水功能区、近岸海域环境功能区及其相关的水环境质量管理要求等调查。涉及涉水工程的，还应调查涉水工程运行规则和调度情况。详细调查内容见《环境影响评价技术导则 地表水环境》（HJ 2.3—2018）附录 B。

1. 建设项目污染源

根据建设项目工程分析、污染源源强核算技术指南，结合排污许可技术规范等相关要求，分析确定建设项目所有排放口（包括涉及一类污染物的车间排放口、企业总排口、雨水排放口、清净下水排放口、温排水排放口等）的污染物源强，明确排放口的相对位置并附图件、地理位置（经纬度）、排放规律等。改建、扩建项目还应调查现有企业所有废水排放口。

2. 区域水污染源调查

点污染源调查内容，主要包括：①基本信息，主要包括污染源名称、排污许可证编号等；②排放特点，主要包括排放形式，分散排放还是集中排放，连续排放还是间歇排放；③排放口的平面位置（附污染源平面位置图）及排放方向，排放口在断面上的位置；④排污数据，主要包括污水排放量、排放浓度、主要污染物等数据；⑤用排水状况，主要调查取水量、用水量、循环水量、重复利用率、排水总量等；⑥污水处理状况主要调查各排污单位生产工艺流程中的产污环节、污水处理工艺、处理效率、处理水量、中水回用量、再生水量、污水处理设施的运转情况等。

根据评价等级及评价工作需要，选择上述全部或部分内容进行调查。

面污染源调查内容，按照农村生活污染源、农田污染源、分散式畜禽养殖污染源、城镇地面径流污染源、堆积物污染源、大气沉降源等分类，采用源强系数法、面源模型法等，估算面源源强、流失量与入河量等。①农村生活污染源。调查人口数量、人均用水量指标、供水方式、污水排放方式、去向和排污负荷量等。②农田污染源。调查农药和化肥的施用种类、施用量、流失量及入河系数、去向及受纳水体等情况（包括水土流失、农药和化肥流失强度、流失面积、土壤养分含量等调查分析）。③分散式畜禽养殖污染源。调查畜禽养殖的种类、数量、养殖方式、粪便污水收集与处置情况、主要污染物浓度、污水排放方式和排污负荷量、去向及受纳水体等。畜禽粪便污水作为肥水进行农田利用的，需考虑畜禽粪便污水土地承载力。④城镇地面径流污染源。调查城镇土地利用类型及面积、地面径流收集方式与处理情况、主要污染物浓度、排放方式和排污负荷量、去向及受纳水体等。⑤堆积物污染源。调查矿山、冶金、火电、建材、化工等单位的原料、燃料、废料、固体废物（包括生活垃圾）的堆放位置、堆放面积、堆放形式及防护情况、污水收集与处置情况、主要污染物和特征污染物浓度、污水排放方式和排污负荷量、去向及受纳水体等。⑥大气沉降源。调查区域大气沉降（湿沉降、干沉降）的类型、污染物种类、污染物沉降负荷量等。

内源污染。底泥物理指标包括力学性质、质地、含水率、粒径等；化学指标包括水域超标因子、与本建设项目排放污染物相关的项目。

3. 水文情势调查

水文情势调查内容见表 4-13。

表 4-13　水文情势调查内容表

水体类型	水污染影响型	水文要素影响型
河流	水文年及水期划分、不利水文条件及特征水文参数、水动力学参数等	水文系列及其特征参数；水文年及水期的划分；河流物理形态参数；河流水沙参数、丰枯水期水流及水位变化特征等
湖库	湖库物理形态参数；水库调节性能与运行调度方式；水文年及水期划分；不利水文条件特征及水文参数；出入湖（库）水量过程；湖流动力学参数；水温分层结构等	
入海河口（感潮河段）	潮汐特征、感潮河段的范围、潮区界与潮流界的划分；潮位及潮流；不利水文条件组合及特征水文参数；水流分层特征等	
近岸海域	水温、盐度、泥沙、潮位、流向、流速、水深等；潮汐性质及类型；潮流、余流性质及类型；海岸线、海床、滩涂、海岸蚀淤变化趋势等	

4. 水资源与开发利用状况调查

1）水资源现状

调查水资源总量、水资源可利用量、水资源时空分布特征、人类活动对水资源量的影响等。主要涉水工程概况调查，包括数量、等级、位置、规模，主要开发任务、开发方式、运行调度及其对水文情势、水环境的影响。应涵盖大型、中型、小型等各类涉水工程，绘制涉水工程分布示意图。

2）水资源利用状况

调查城市、工业、农业、渔业、水产养殖业、水域景观等各类用水现状与规划（包括用水时间、取水地点、取用水量等），各类用水的供需关系（包括水权等）、水质要求和渔业、水产养殖业等所需的水面面积。

调查方法主要采用资料收集、现场监测、无人机或卫星遥感遥测等方法。以下简要介绍无人机或卫星遥感遥测。

“遥感”（remote sensing）是指不接触物体本身，而从远处通过探测仪器接收来自目标物体的电磁信息，经过数据处理、分析进而识别目标物体的技术方法；获取目标物体信息的探测仪器，称为“传感器”（sensor）。装置传感器的运载工具，称为“遥感平台”（platform）。根据不同的高度遥感平台上装置的传感器所测得的环境信息数据（以图像或数字表现的形式），通过一定的数据处理、分析、解译来识别目标物体的技术和方式，称为环境遥感技术。根据遥感手段的不同，可以分为卫星遥感技术、无人机遥感技术等。

无人机遥感，即利用先进的无人驾驶飞行器技术、遥感传感器技术、遥测遥控技术、通信技术、全球定位系统（global positioning system，GPS）差分定位技术和遥感应用技术，能够实现自动化、智能化、专用化快速获取国土资源、自然环境、地震灾区等空间遥感信息，且完成遥感数据处理、建模和应用分析的应用技术。无人机遥感系统具有机动、快速、经济等优势。

4.4.4 调查要求

建设项目污染源调查应在工程分析基础上，确定水污染物的排放量及进入受纳水体的污染负荷量。

1. 区域水污染源调查

应详细调查与建设项目排放污染物同类的或有关联关系的已建项目、在建项目、拟建项目（已批复环境影响评价文件，下同）等污染源。

一级评价，以收集利用排污许可证登记数据、环评与环保验收数据及既有实测数据为主，并辅以现场调查及现场监测。二级评价，主要收集利用排污许可证登记数据、环评与环保验收数据及既有实测数据，必要时补充现场监测。水污染影响型三级 A 评价与水文要素影响型三级评价，主要收集利用与建设项目排放口的空间位置和所排污染物的性质关系密切的污染源资料，可不进行现场调查及现场监测。水污染影响型三级 B 评价，可不开展区域污染源调查，主要调查依托污水处理设施的日处理能力、处理工艺、设计进水水质、处理后的废水稳定达标排放情况，同时应调查依托污水处理设施执行的排放标准是否涵盖建设项目排放的有毒有害的特征水污染物。

一级、二级评价，建设项目直接导致受纳水体内源污染变化，或存在与建设项目排放污染物同类的且内源污染影响受纳水体水环境质量时，应开展内源污染调查，必要时应开展底泥污染补充监测。

具有已审批入河排放口的主要污染物种类及其排放浓度和总量数据，以及国家或地方发布的入河排放口数据的，可不对入河排放口汇水区域的污染源开展调查。

面污染源调查主要采用收集利用既有数据资料的调查方法，可不进行实测。

建设项目的污染物排放指标需要等量替代或减量替代时，还应对替代项目开展污染源调查。

2. 水环境质量现状调查

应根据不同评价等级对应的评价时期要求开展水环境质量现状调查。应优先采用国务院生态环境主管部门统一发布的水环境状况信息。当现有资料不能满足要求时，应按照不同等级对应的评价时期要求开展现状监测。污染影响型建设项目一级、二级评价时，应调查受纳水体近三年的水环境质量数据，分析其变化趋势。

（1）水环境保护目标调查。应主要采用国家及地方人民政府颁布的各相关名录中的统计资料。

（2）水资源与开发利用状况调查。水文要素影响型建设项目一级、二级评价时，应开展建设项目所在流域、区域的水资源与开发利用状况调查。

3. 水文情势调查

应尽量收集邻近水文站既有水文年鉴资料和其他相关的有效水文观测资料。当上述资料不足时，应进行现场水文调查与水文测量，水文调查与水文测量宜与水质调查同步。

水文调查与水文测量宜在枯水期进行。必要时，可根据水环境影响预测需要、生态环境保护要求，在其他时期（丰水期、平水期、冰封期等）进行。

水文测量的内容应满足拟采用的水环境影响预测模型对水文参数的要求。在采用水环境数学模型时，应根据所选用的预测模型需输入的水文特征值及环境水力学参数决定水文测量内容；在采用物理模型法模拟水环境影响时，水文测量应提供模型制作及模型试验所需的水文特征值及环境水力学参数。

水污染影响型建设项目开展与水质调查同步进行的水文测量，原则上可只在一个时期（水期）内进行。在水文测量的时间、频次和断面与水质调查不完全相同时，应保证满足水环境影响预测所需的水文特征值及环境水力学参数的要求。

4.4.5　补充监测

1. 河流监测断面设置

1）水质监测断面布设

应布设对照断面、控制断面。水污染影响型建设项目在拟建排放口上游应布置对照断面（宜在 500m 以内），根据受纳水域水环境质量控制管理要求设定控制断面。控制断面可结合水环境功能区或水功能区、水环境控制单元区划情况，直接采用国家及地方确定的水质控制断面。评价范围内不同水质类别区、水环境功能区或水功能区、水环境敏感区及需要进行水质预测的水域，应布设水质监测断面。评价范围以外的调查或预测范围，可以根据预测工作需要增设相应的水质监测断面。

2）水质取样断面上取样垂线的布设

按照 HJ/T 91 的规定执行。

3）采样频次

每个水期可监测一次，每次同步连续调查取样 3～4d；每个水质取样点每天至少取一组水样，但在水质变化较大时，每间隔一定时间取样一次。水温观测频次，应每间隔 6h 观测一次水温，统计计算日平均水温。

2. 湖库监测点位设置与采样频次

1）水质取样垂线的布设

对于水污染影响型建设项目，水质取样垂线的设置可采用以排放口为中心、沿放射线布设或网格布设的方法，按照下列原则及方法设置：一级评价在评价范围内布设的水质取样垂线数宜不少于 20 条；二级评价在评价范围内布设的水质取样垂线数宜不少于 16 条。评价范围内不同水质类别区、水环境功能区或水功能区、水环境敏感区、排放口和需要进行水质预测的水域，应布设取样垂线。

对于水文要素影响型建设项目，在取水口、主要入湖（库）断面、坝前、湖（库）中心水域、不同水质类别区、水环境敏感区和需要进行水质预测的水域，应布设取样垂线。对于复合影响型建设项目，应兼顾进行取样垂线的布设。

2）水质取样垂线上取样点的布设

按照 HJ/T 91 的规定执行。

3）采样频次

每个水期可监测一次，每次同步连续取样 2～4d；每个水质取样点每天至少取一组水样，但在水质变化较大时，每间隔一定时间取样一次。溶解氧和水温监测频次，应每间隔 6h 取样监测一次，在调查取样期内适当监测藻类。

3. 入海河口、近岸海域监测点位设置与采样频次

1）水质取样断面和取样垂线的设置

一级评价可布设 5～7 个取样断面；二级评价可布设 3～5 个取样断面。

2）水质取样点的布设

根据垂向水质分布特点，参照 GB/T 12763 和 HJ 442 执行。排放口位于感潮河段内的，其上游设置的水质取样断面，应根据实际情况参照河流决定，其下游断面的布设与近岸海域相同。

3）采样频次

原则上一个水期在一个潮周期内采集水样，明确所采样品所处潮时，必要时对潮周日内的高潮和低潮采样。当上、下层水质变幅较大时，应分层取样。入海河口上游水质取样频次参照感潮河段相关要求执行，下游水质取样频次参照近岸海域相关要求执行。对于近岸海域，一个水期宜在半个太阴月内的大潮期或小潮期分别采样，明确所采样品所处潮时；对所有选取的水质监测因子，在同一潮次取样。

4.4.6　地表水环境现状评价内容与要求

根据建设项目水环境影响特点与水环境质量管理要求，选择以下全部或部分内容开展评价。

（1）水环境功能区、水功能区、近岸海域环境功能区水质达标状况。评价建设项目评价范围内水环境功能区、水功能区、近岸海域环境功能区各评价时期的水质状况与变化特征，给出功能区达标评价结论，明确功能区水质超标因子、超标程度，分析超标原因。

（2）水环境控制单元或断面水质达标状况。评价建设项目所在控制单元各评价时期的水质现状与时空变化特征，评价控制单元或断面的水质达标状况，明确控制单元或断面的水质超标因子、超标程度，分析超标原因。

（3）水环境保护目标质量状况。评价涉及水环境保护目标水域各评价时期的水质状况与变化特征，明确水质超标因子、超标程度，分析超标原因。

（4）对照断面、控制断面等代表性断面的水质状况。评价对照断面水质状况，分析对照断面水质水量变化特征，给出水环境影响预测的设计水文条件；评价控制断面水质现状、达标状况，分析控制断面来水水质水量状况，识别上游来水不利组合状况，分析不利条件下的水质达标问题。评价其他监测断面的水质状况，根据断面所在水域的水环境保护目标水质要求，评价水质达标状况与超标因子。

（5）底泥污染评价。评价底泥污染项目及污染程度，识别超标因子，结合底泥处置排放去向，评价退水水质与超标情况。

（6）水资源与开发利用程度与水文情势评价。根据建设项目水文要素影响特点，评价所在流域（区域）水资源与开发利用程度、生态流量满足程度、水域岸线空间占用状况等。

（7）水环境质量回顾评价。结合历史监测数据与国家及地方环境保护主管部门公开发布的环境状况信息，评价建设项目所在水环境控制单元或断面、水环境功能区、水功能区、近岸海域环境功能区的水质变化趋势，评价主要超标因子变化状况，分析建设项目所在区

域或水域的水质问题，从水污染、水文要素等方面，综合分析水环境质量现状问题的原因。

（8）流域（区域）水资源（包括水能资源）与开发利用总体状况、生态流量管理要求与现状满足程度、建设项目占用水域空间的水流状况与河湖演变状况。

4.4.7　地表水环境现状评价方法

1. 水质指数法

（1）一般性水质因子（随着浓度增加而水质变差的水质因子）的指数计算公式见式（4-1）：

$$S_{i,j}=C_{i,j}/C_{si} \tag{4-1}$$

式中，$S_{i,j}$——评价因子 i 在 j 点的水质指数，大于 1 表明该水质因子超标；

$C_{i,j}$——评价因子 i 在 j 点的实测统计代表值，mg/L；

C_{si}——评价因子 i 的水质评价标准限值，mg/L。

（2）溶解氧（DO）的标准指数计算公式见式（4-2）：

$$\begin{aligned} S_{\mathrm{DO},j}&=\mathrm{DO_s}/\mathrm{DO}_j,\quad \mathrm{DO}_j\leqslant \mathrm{DO_f} \\ S_{\mathrm{DO},j}&=\frac{|\mathrm{DO_f}-\mathrm{DO}_j|}{\mathrm{DO_f}-\mathrm{DO_s}},\quad \mathrm{DO}_j>\mathrm{DO_f} \end{aligned} \tag{4-2}$$

式中，$S_{\mathrm{DO},j}$——溶解氧的标准指数，大于 1 表明该水质因子超标；

DO_j——溶解氧在 j 点的实测统计代表值，mg/L；

$\mathrm{DO_s}$——溶解氧的水质评价标准限值，mg/L；

$\mathrm{DO_f}$——饱和溶解氧浓度，mg/L，对于河流，$\mathrm{DO_f}=468/(31.6+T)$；对于盐度比较高的湖泊、水库及入海河口、近岸海域，$\mathrm{DO_f}=(491-2.65S)/(33.5+T)$，$S$ 为实用盐度符号，量纲为 1；T 为水温，℃。

（3）pH 的指数计算公式见式（4-3）：

$$\begin{aligned} S_{\mathrm{pH},j}&=\frac{7.0-\mathrm{pH}_j}{7.0-\mathrm{pH_{sd}}},\quad \mathrm{pH}_j\leqslant 7.0 \\ S_{\mathrm{pH},j}&=\frac{\mathrm{pH}_j-7.0}{\mathrm{pH_{su}}-7.0},\quad \mathrm{pH}_j>7.0 \end{aligned} \tag{4-3}$$

式中，$S_{\mathrm{pH},j}$——pH 的标准指数，大于 1 表明该水质因子超标；

pH_j——pH 在 j 点的实测统计代表值；

$\mathrm{pH_{sd}}$——评价标准中 pH 的下限值；

$\mathrm{pH_{su}}$——评价标准中 pH 的上限值。

2. 底泥污染指数法

（1）底泥污染指数计算公式见式（4-4）：

$$P_{i,j}=C_{i,j}/C_{si} \tag{4-4}$$

式中，$P_{i,j}$——底泥污染因子 i 的单项污染指数，大于 1 表明该污染因子超标；

$C_{i,j}$——评价因子 i 在 j 点的实测统计代表值，mg/L；

C_{si}——评价因子 i 的底泥评价标准限值，mg/L。

（2）底泥污染评价标准值或参考值。可以根据土壤环境质量标准或所在水域底泥的背景值，确定底泥污染评价标准值或参考值。

【随堂测验】

1. 某水样 pH 为 6.5，若采用单项指数法评价，其指数为（　　）。

A. 0.5　　B. 0.93　　C. 0.2　　D. 1.08

2. 气温为 23℃时，某河段溶解氧浓度为 4.5mg/L，已知该河段属于Ⅱ类水体，如采用单项指数法评价其指数为（　　）。（根据 GB 3838—2002，Ⅱ类水体溶解氧标准为≥6mg/L）

A. 3.25　　B. 1.33　　C. 1.58　　D. 2.25

3. 根据《环境影响评价技术导则 地表水环境》（HJ 2.3—2018），对于水污染影响型建设项目，除覆盖评价范围外，受纳水体为河流时，在不受回水影响的河流段，排放口上游调查范围宜不小于（　　）m。

A. 500　　B. 1000　　C. 1500　　D. 2000

4.5　水质模型基础

4.5.1　水体中污染物的输运扩散过程

1. 物理过程

1）随流输移

当环境水体处于流动状态时，污染物质随水质点一起迁移到新的位置，这是污染物迁移最常见的形式，如图 4-2 所示。随流输移所导致的物质通量与该方向上的流速成比例，用数学表达为

$$\begin{cases} q_x = uC \\ q_y = vC \\ q_z = wC \end{cases}$$

式中，u, v, w——流速的三个分量；

q_x, q_y, q_z——对应的质量通量；

C——污染物浓度，其量纲为 ML^{-3}。

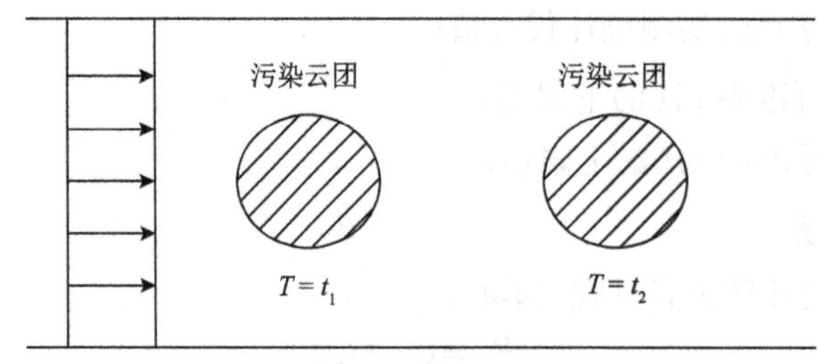

图 4-2　随流输移

2）扩散作用

在自然界中还广泛存在着物质扩散现象，污染物质会发生扩散，这是自然规律。浓度梯

度引起的扩散是最直观的传质现象。扩散作为物理学名词，其是由物理量梯度引起的使该物理量平均化的物质迁移现象。

自然水体中，污染物扩散作用包括分子扩散（molecular diffusion）、紊动扩散（turbulent diffusion）、剪切分散（shear dispersion）。分子扩散：在静止或流动的水体中，由于分子随机运动（布朗运动）引起的物质迁移。当水体内污染物浓度不均匀时，即存在浓度差梯度时，污染物将从浓度高的地方向浓度低的地方迁移或扩散。紊动扩散：在紊动水流中由于流体质团的紊动而产生的扩散现象，紊动扩散比分子扩散快而且强烈。剪切分散：实际水流在横断面或垂向流速分布不均匀，即在横向或垂向有流速梯度存在，这种流动可称为剪切流。在剪切流横向断面或垂向上的不同点处，污染物质随流输移的速度各不相同，横向或垂向平均的污染物浓度会因此而随流改变。这种剪切流作空间平均的简化处理而引起的附加的物质离散现象，称为剪切分散。

首先提出分子扩散理论的是德国的一位生理学家菲克（Fick）。他从热传导理论得到启发，认为热在导体中的传导规律可以适用于盐分在溶液中的扩散现象。

菲克定律可表述如下，单位时间内通过单位面积的溶解物质（扩散质）与溶质浓度在该面积的法线方向的梯度成比例。用数学表达为

$$F_x = -D\frac{\partial C}{\partial x} \tag{4-5}$$

式中，F_x——溶质在 x 方向的单位通量，x 是法线方向；

C——溶质浓度；

D——分子扩散系数，具有$[\mathrm{L}^2\mathrm{T}^{-1}]$的量纲；

$\frac{\partial C}{\partial x}$——溶质浓度在 x 方向的梯度。

式（4-5）一般称为菲克第一定律。

【研讨话题】菲克定律表达式中等式右边为什么为负号？

菲克定律虽脱胎于热传导的定律，是经验性的对宏观现象的描述，现在一般称它为经典的扩散理论，但分子扩散的实验证明它是正确的，基本上描述了分子的扩散现象，并且可以用近代分子运动理论来论证它的正确性。

对于分子扩散，式（4-5）中 D 一般称为分子扩散系数，影响分子扩散系数的因素有温度、浓度、浓度梯度、压力等，其中温度是最主要的因素，例如，NaCl 在水中的扩散系数，25℃时 $D = 1.61\times10^{-5}\mathrm{cm}^2/\mathrm{s}$，0℃时 $D = 0.784\times10^{-5}\mathrm{cm}^2/\mathrm{s}$。

从菲克定律我们注意到，只要存在浓度梯度，必然发生物质扩散。人们把符合梯度型菲克定律的扩散现象统称为菲克型扩散。

对于紊动扩散和剪切分散，式（4-5）中 D 则为相应的紊动扩散系数和离散系数，相关理论可参考《环境水力学》教材。需要注意：分子扩散是各向同性的，而紊动扩散和剪切分散是各向异性的。

2. 化学过程

化学过程主要指污染物在水体中发生的理化性质变化等化学反应。氧化-还原反应对水体化学净化起重要作用。流动的水流通过水面波浪不断将大气中的氧气溶入，这些溶解氧与水中的污染物将发生氧化反应，如某些重金属离子可因氧化生成难溶物（如铁、锰等）而沉

降析出；硫化物可氧化为硫代硫酸盐或硫而被净化。还原作用对水体净化也有作用，但这类反应多在微生物作用下进行。天然水体接近中性，酸碱反应在水体中的作用不大。天然水体中含有各种各样的胶体，如硅、铝、铁等的氢氧化物，黏土颗粒和腐殖质等，由于有些微粒具有较大的表面积，另有一些物质本身就是凝聚剂，这就是天然水体所具有的混凝沉淀作用和吸附作用，从而使有些污染物随着这些作用从水中去除。

3. 生物过程

生物自净的基本过程是水中微生物（尤其是细菌）在溶解氧充分的情况下，将一部分有机污染物当作食饵消耗掉，将另一部分有机污染物氧化分解成无害的简单无机物。影响生物自净作用的关键有溶解氧的含量，有机污染物的性质、浓度以及微生物的种类、数量等。生物自净的快慢与有机污染物的数量和性质有关。生活污水、食品工业废水中的蛋白质、脂肪类等极易分解，但大多数有机物分解缓慢，更有少数有机物难分解，如造纸废水中的木质素、纤维素等，须经数月才能分解，另有不少人工合成的有机物极难分解并有剧毒，如滴滴涕、六六六等有机氯农药和用作热传导体的多氯联苯等。水生物的状况与生物自净有密切关系，它们担负着分解绝大多数有机物的任务。蠕虫能分解河底有机污泥，并以之为食饵。原生动物除了因以有机物为食饵对自净有作用，还和轮虫、甲壳虫等一起维持着河道的生态平衡。藻类虽不能分解有机物，但与其他绿色植物一起在阳光下进行光合作用，将空气中的二氧化碳转化为氧，从而成为水中氧气的重要补给源。其他如水体温度、水流状态、天气、风力等物理和水文条件以及水面有无影响复氧作用的油膜、泡沫等均对生物自净有影响。

4.5.2 水质模型的基本方程

污染物质在受纳水体中的物理运动主要受随流与扩散作用控制，相应方程称为随流扩散方程，是用欧拉法描述物质输运的基本方程。

现建立物质扩散方程，在层流条件下只考虑分子扩散。在流场空间同时叠加有一浓度场，三个流速分量和浓度都是空间位置和时间的函数。

$$u = u(x, y, z, t), \quad v = v(x, y, z, t), \quad w = w(x, y, z, t)$$
$$C = C(x, y, z, t)$$

在场内取微小六面体作为控制体积，边长分别为 $\mathrm{d}x, \mathrm{d}y, \mathrm{d}z$，见图 4-3。对控制体积作质量平衡研究，导出扩散方程。

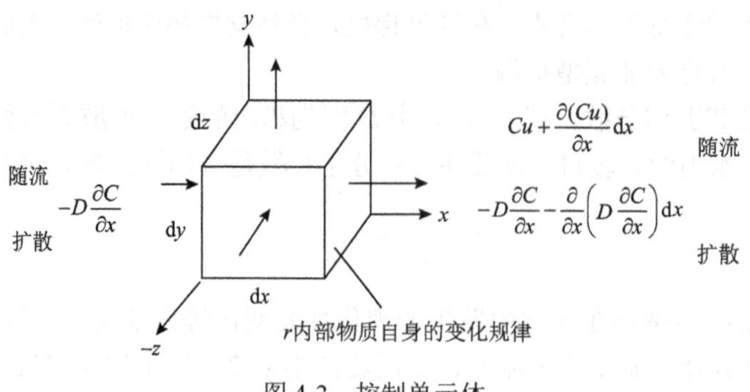

图 4-3 控制单元体

在 dt 时段，沿 x 轴方向从左面流入控制体的扩散质有两部分。

随流输入：$Cu\mathrm{d}y\mathrm{d}z\mathrm{d}t$

扩散输入：$-D\dfrac{\partial C}{\partial x}\mathrm{d}y\mathrm{d}z\mathrm{d}t$

从右面流出的随流输出：$\left[Cu+\dfrac{\partial (Cu)}{\partial x}\mathrm{d}x\right]\mathrm{d}y\mathrm{d}z\mathrm{d}t$

扩散输出：$-\left[D\dfrac{\partial C}{\partial x}+\dfrac{\partial}{\partial x}\left(D\dfrac{\partial C}{\partial x}\right)\mathrm{d}x\right]\mathrm{d}y\mathrm{d}z\mathrm{d}t$

x 向进出量之差为　$\dfrac{\partial}{\partial x}\left(Cu-D\dfrac{\partial C}{\partial x}\right)\mathrm{d}x\mathrm{d}y\mathrm{d}z\mathrm{d}t$

同理得 y 方向进出量之差为　$\dfrac{\partial}{\partial y}\left(Cv-D\dfrac{\partial C}{\partial y}\right)\mathrm{d}x\mathrm{d}y\mathrm{d}z\mathrm{d}t$

z 方向进出量之差为　$\dfrac{\partial}{\partial z}\left(Cw-D\dfrac{\partial C}{\partial z}\right)\mathrm{d}x\mathrm{d}y\mathrm{d}z\mathrm{d}t$

控制体内由于浓度 C 的变化，扩散质的增加量为

$$\frac{\partial C}{\partial t}\mathrm{d}x\mathrm{d}y\mathrm{d}z\mathrm{d}t$$

根据质量守恒定律写出控制体的质量平衡式：

$$\frac{\partial C}{\partial t}=-\frac{\partial}{\partial x}\left(Cu-D\frac{\partial C}{\partial x}\right)-\frac{\partial}{\partial y}\left(Cv-D\frac{\partial C}{\partial y}\right)-\frac{\partial}{\partial z}\left(Cw-D\frac{\partial C}{\partial z}\right)$$

$$\frac{\partial C}{\partial t}+\frac{\partial (Cu)}{\partial x}+\frac{\partial (Cv)}{\partial y}+\frac{\partial (Cw)}{\partial z}=D\left(\frac{\partial^2 C}{\partial x^2}+\frac{\partial^2 C}{\partial y^2}+\frac{\partial^2 C}{\partial z^2}\right) \tag{4-6}$$

此式即随流扩散方程。

因为

$$\frac{\partial (Cu)}{\partial x}=C\frac{\partial u}{\partial x}+u\frac{\partial C}{\partial x}$$

$$\frac{\partial (Cv)}{\partial y}=C\frac{\partial v}{\partial y}+v\frac{\partial C}{\partial y}$$

$$\frac{\partial (Cw)}{\partial z}=C\frac{\partial w}{\partial z}+w\frac{\partial C}{\partial z}$$

所以 $\dfrac{\partial (Cu)}{\partial x}+\dfrac{\partial (Cv)}{\partial y}+\dfrac{\partial (Cw)}{\partial z}=C\left(\dfrac{\partial u}{\partial x}+\dfrac{\partial v}{\partial y}+\dfrac{\partial w}{\partial z}\right)+u\dfrac{\partial C}{\partial x}+v\dfrac{\partial C}{\partial y}+w\dfrac{\partial C}{\partial z}$，考虑到连续方程 $\dfrac{\partial u}{\partial x}+\dfrac{\partial v}{\partial y}+\dfrac{\partial w}{\partial z}=0$，所以式（4-6）可以写成：

$$\frac{\partial C}{\partial t}+u\frac{\partial C}{\partial x}+v\frac{\partial C}{\partial y}+w\frac{\partial C}{\partial z}=D\left(\frac{\partial^2 C}{\partial x^2}+\frac{\partial^2 C}{\partial y^2}+\frac{\partial^2 C}{\partial z^2}\right) \tag{4-7}$$

这是通常应用的形式。

在紊流条件下，紊动扩散作用远远大于分子扩散作用，忽略分子扩散系数，考虑污染物的源与汇、污染物生化反应，水质数学模型的基本方程为

$$\frac{\partial C}{\partial t}+\frac{\partial(uC)}{\partial x}+\frac{\partial(vC)}{\partial y}+\frac{\partial(wC)}{\partial z}=\frac{\partial}{\partial x}\left(E_x\frac{\partial C}{\partial x}\right)+\frac{\partial}{\partial y}\left(E_y\frac{\partial C}{\partial y}\right)+\frac{\partial}{\partial z}\left(E_z\frac{\partial C}{\partial z}\right)+S+f(C) \quad (4\text{-}8)$$

式中，C——污染物浓度，mg/L；

E_x——x 方向上的污染物紊动扩散系数，m^2/s；

E_y——y 方向上的污染物紊动扩散系数，m^2/s；

E_z——z 方向上的污染物紊动扩散系数，m^2/s；

S——污染物的源（汇）项，$g/(m^2 \cdot s)$；

$f(C)$——污染物生化反应项，$g/(m^3 \cdot s)$。

污染物在水体中的几种输移方式往往交织在一起，通过这些输移方式，污染物与周围水体不断混合，其浓度不断降低。

4.5.3　常见污染物转化过程的一般描述

对于不同种类的污染物，基本方程中的 $f(C)$ 有相应的数学表达式，本章列出了常见污染物转化过程的一般性描述方法，评价过程中可以根据评价水域的实际情况进行选取或者进行一定的调整。对于不同空间维数的数学模型，这些表达式中与某些系数相关的空间变量应有相应的变化。

（1）持久性污染物。

如果污染物在水体中难以通过物理、化学及生物作用进行转化，并且污染物在水体中是溶解状态，可以作为非降解物质进行处理。

$$f(C)=0 \quad (4\text{-}9)$$

（2）化学需氧量（COD）。

$$f(C_{\mathrm{COD}})=-k_{\mathrm{COD}}C_{\mathrm{COD}} \quad (4\text{-}10)$$

式中，C_{COD}——化学需氧量浓度，mg/L；

k_{COD}——化学需氧量降解系数，s^{-1}。

（3）五日生化需氧量（BOD_5）。

$$f(C_{\mathrm{BOD}_5})=-k_1C_{\mathrm{BOD}_5} \quad (4\text{-}11)$$

式中，C_{BOD_5}——五日生化需氧量浓度，mg/L；

k_1——耗氧系数，s^{-1}。

（4）溶解氧（DO）。

$$f(C_{\mathrm{DO}})=-k_1C_{\mathrm{b}}+k_2(C_{\mathrm{s}}-C_{\mathrm{DO}})-\frac{S_{\mathrm{o}}}{h} \quad (4\text{-}12)$$

式中，C_{DO}——溶解氧浓度，mg/L；

k_1——耗氧系数，s^{-1}；

k_2——复氧系数，s^{-1}；

C_{b}——生化需氧量的浓度，mg/L；

C_{s}——饱和溶解氧的浓度，mg/L；

S_{o}——底泥耗氧系数，$g/(m^2 \cdot s)$；

h——水深，m。

（5）氮循环。

水体中的氮包括氨氮、亚硝酸盐氮、硝酸盐氮三种形态，三种形态之间的转换关系可以表示为

$$f(N_{\mathrm{NH}}) = -b_1 N_{\mathrm{NH}} + \frac{S_{\mathrm{NH}}}{h} \tag{4-13}$$

$$f(N_{\mathrm{NO_2}}) = b_1 N_{\mathrm{NH}} - b_2 N_{\mathrm{NO_2}} \tag{4-14}$$

$$f(N_{\mathrm{NO_3}}) = b_2 N_{\mathrm{NO_2}} \tag{4-15}$$

式中，N_{NH}——氨氮浓度，mg/L；

$N_{\mathrm{NO_2}}$——亚硝酸盐氮浓度，mg/L；

$N_{\mathrm{NO_3}}$——硝酸盐氮浓度，mg/L；

b_1——氨氮氧化成亚硝酸盐氮的反速率，s^{-1}；

b_2——亚硝酸盐氮氧化成硝酸盐氮的反速率，s^{-1}；

S_{NH}——氨氮的底泥（沉积）释放率，$g/(m^2 \cdot s)$。

（6）总氮（TN）。

$$f(C_{\mathrm{TN}}) = -k_{\mathrm{TN}} C_{\mathrm{TN}} + \frac{S_{\mathrm{TN}}}{h} \tag{4-16}$$

式中，C_{TN}——总氮浓度，mg/L；

k_{TN}——总氮的综合沉降系数，s^{-1}；

S_{TN}——总氮的底泥释放（沉积）系数，$g/(m^2 \cdot s)$。

（7）磷循环。

水体中的磷可以分为无机磷和有机磷两种形态，两种形态之间的转换关系可以表示为

$$f(C_{\mathrm{PS}}) = -G_{\mathrm{P}} C_{\mathrm{PS}} A_{\mathrm{P}} + c_{\mathrm{P}} C_{\mathrm{PD}} + \frac{S_{\mathrm{PS}}}{h} \tag{4-17}$$

$$f(C_{\mathrm{PD}}) = D_{\mathrm{P}} C_{\mathrm{PD}} A_{\mathrm{P}} - c_{\mathrm{P}} C_{\mathrm{PD}} + \frac{S_{\mathrm{PD}}}{h} \tag{4-18}$$

式中，C_{PS}——无机磷浓度，mg/L；

C_{PD}——有机磷浓度，mg/L；

G_{P}——浮游植物生长速率，s^{-1}；

A_{P}——浮游植物磷含量系数；

c_{P}——有机磷氧化成无机磷的反应速率，s^{-1}；

D_{P}——浮游植物死亡速率，s^{-1}；

S_{PS}——无机磷的底泥释放（沉积）系数，$g/(m^2 \cdot s)$；

S_{PD}——有机磷的底泥释放（沉积）系数，$g/(m^2 \cdot s)$。

（8）总磷（TP）。

$$f(C_{\mathrm{TP}}) = -k_{\mathrm{TP}} C_{\mathrm{TP}} + \frac{S_{\mathrm{TP}}}{h} \tag{4-19}$$

式中，C_{TP}——总磷浓度，mg/L；

k_{TP}——总磷的综合沉降系数，s^{-1}；

S_{TP} ——总磷的底泥释放（沉积）系数，$g/(m^2·s)$。

（9）叶绿素 a（Chl-a）。

$$f(C_{Chl\text{-}a}) = (G_P - D_P)C_{Chl\text{-}a} \tag{4-20}$$

$$G_P = \mu_{max} f(T) \cdot f(L) \cdot f(TP) \cdot f(TN) \tag{4-21}$$

式中，$C_{Chl\text{-}a}$ ——叶绿素 a 浓度，mg/L；

G_P ——浮游植物生长速率，s^{-1}；

D_P ——浮游植物死亡速率，s^{-1}；

μ_{max} ——浮游植物最大生长速率，s^{-1}；

$f(T)$、$f(L)$、$f(TP)$、$f(TN)$ ——水温、光照、总磷、总氮的影响函数，可以根据评价水域的实际情况以及基础资料条件选择适合的函数形式。

（10）重金属。

泥沙对水体重金属污染物具有显著的吸附和解吸作用，因此重金属污染物的模拟需要考虑泥沙冲淤、吸附解吸的影响。一般情况下，泥沙淤积时，吸附在泥沙上的重金属由悬浮相转化为底泥相，对水相浓度影响不大；泥沙冲刷时，水体中重金属浓度会发生一定的变化。吸附解吸作用可以采用动力学方程进行描述，由于吸附作用一般历时较短，也可以采用吸附热力学方程描述。

目前重金属污染物数学模型还在发展当中，可以根据评价工作的实际情况，查阅相关文献，选择适宜的模型。

（11）热排放。

$$f(C_T) = -\frac{k_T C_T}{\rho C_P} + qT_0 \tag{4-22}$$

式中，C_T ——水体温升，℃；

k_T ——水面综合散热系数，$J/(s·m^2·℃)$；

ρ ——水的密度，kg/m^3；

C_P ——水的比热，J/(kg·℃)；

q ——温排水的源强，m/s；

T_0 ——温排水的温升，℃。

（12）余氯。

$$f(C_{Cl}) = -k_{Cl}C_{Cl} \tag{4-23}$$

式中，C_{Cl} ——余氯浓度，mg/L；

k_{Cl} ——余氯衰减系数，s^{-1}。

（13）泥沙。

挟沙力法：

$$f(C) = \alpha\omega(S_* - S_S) \tag{4-24}$$

式中，α ——恢复饱和系数；

ω ——泥沙颗粒沉速，m/s；

S_* ——水流挟沙能力，kg/m^3；

S_S ——泥沙含量，kg/m^3。

切应力方法：

当 $\tau \leqslant \tau_d$ 时，水中泥沙处于落淤状态，则

$$f(C)=\alpha\omega S\left(1-\frac{\tau}{\tau_d}\right) \tag{4-25}$$

当 $\tau_d < \tau < \tau_e$ 时，床面处于不冲不淤状态，水中泥沙既不减少，也不增加。

当 $\tau \geqslant \tau_e$ 时，床面泥沙发生冲刷

$$f(C)=-M\left(\frac{\tau_d}{\tau_e}-1\right) \tag{4-26}$$

式中，τ_d——临界淤积切应力，可由实验确定，也可由验证计算确定；

τ_e——临界冲刷切应力，可由实验确定，也可由验证计算确定；

M——冲刷系数，由实验确定，也可由验证计算确定。

4.5.4　污染物进入河流后的混合过程及模型选取

河流水质模型是地表水环境影响预测的重要工具，常分为一维模型、二维模型和三维模型，如何合理选取河流水质模型非常重要，这与污染物进入河流后混合工程的三阶段理论密切相关。工业或城市生活污水通过排放口排入河流以后，逐渐与环境水体混合、稀释并向下游输移扩散。从环境水力学计算的角度来看，以河流为例，自排放口开始，向河流下游可以分为三个阶段，各对应于混合过程的不同状态。

【研讨话题】为什么是三个阶段？不是两个阶段或四个阶段？通过师生研讨引入河流的三维几何特性：河长$\gg$河宽$\gg$水深。

第一阶段：自污水出口到污染物的浓度分布在整个水深都适当均匀为止，即垂向混合完成。该段的混合过程由于所排放污染物不同和排放方式与排放口形式的差异而不同。

当出流的污水具有初始动量（射流）或浮力（热喷流）时，污水将和河水发生掺混作用，河水掺入污水之中，加强了稀释效果，同时使初始动量和浮力的作用减弱，直至消失，这一过程称为初始稀释。出流污水的初始动量和浮力以及出水口的形式决定着稀释率及掺混区的大小，是射流研究的领域，见图 4-4。初始稀释终了，污水的流动和河水不再存有区别，污染物质将跟随河水一起运动，遵循随流扩散规律。也还有另外一些废水排放口，废水提供的流量、动量或是浮力，对于受纳河流来讲是微不足道的，对于这种情况，排放口实际上可看成集中点源，一开始就进入随流扩散阶段。

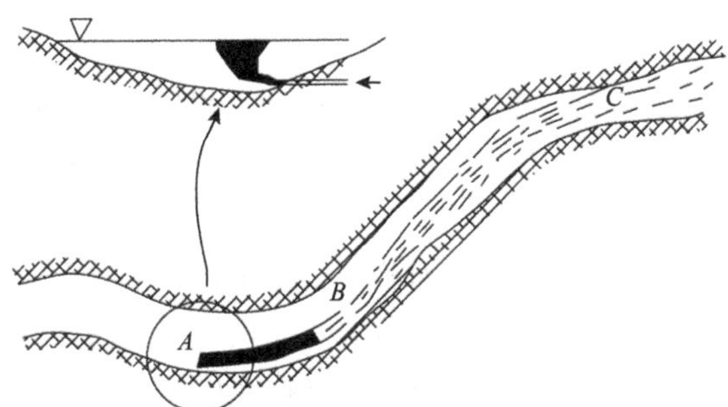

图 4-4　污水流入河流后混合的三个阶段

A-第一阶段　*B*-第二阶段　*C*-第三阶段

由于通常河流垂向深度比横宽小很多，废水在垂向上较快地达到均匀混合状态，此时称河流混合的第一阶段完成。在这一阶段，污染物质混合具有三维特征，混合过程比较复杂，需要用三维基本方程来描述，人们常称这一阶段为初始段或近区，相对应以后的混合阶段称为远区。

对于初始动量较小的随流污水来说，这一区域的尺度是相当短的。而污水的密度与周围水体比较属较轻或较重的时候，它的区域也可能较大。

【研讨话题】影响第一阶段长短的主要因素有哪些?

第二阶段：在垂向混合均匀以后，向下游伸延到很远，直至污染物质浓度在全断面适当均匀为止。河流混合第一阶段完成以后，废物质的混合作用主要在横向和纵向二维继续，河流平面上显示出一条沿河流淌的污水带，污水带向下游不断展宽。在污水带扩展到河流两岸以后，还要再过一段距离，废水才会在断面内混合均匀，至此河流混合的第二阶段完成。第二阶段的主要特征是污染带在横向展宽，横向浓度均化，因而也称为横向混合阶段。这一阶段的长度与河宽关系很大，大致随河宽的平方增长，可以是几千米到几百千米不等。

【研讨话题】影响第二阶段长短的主要因素有哪些?

第三阶段：第二阶段末了就是第三阶段开始，一直向下游伸延到污水浓度可检测到的地方。污染物质在断面上充分混合以后，剪切流的纵向分散继续消除浓度纵向分布的不均匀。这一阶段污染物质的混合符合一维纵向分散过程。

上面叙述了在一般情况下河流混合过程的三个阶段，但它不是绝对的，要视污染源和河流的相对状况而定。这里第一阶段要用三维的基本方程来计算；第二阶段需要用垂向平均的二维混合方程来描述；第三阶段则要用一维纵向分散方程来描述。相应地在开展水环境模拟时，不难得出：一维水质模型适用于纵向混合段；二维水质模型适用于横向混合段；三维水质模型适用于垂向混合段（图 4-5）。

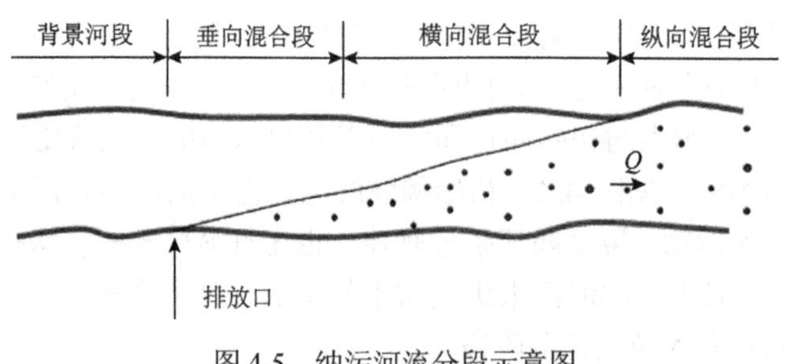

图 4-5　纳污河流分段示意图

Q 表示流量

【研讨话题】在开展地表水环境影响预测工作时，能否直接按照“河流纵向混合段采用一维水质模型、横向混合段采用二维水质模型、垂向混合段采用三维水质模型”来进行模拟预测?

以上理论分析在实际应用中存在两大难点：三个阶段难以区分；实际模拟不可能采用三个模型，工作量太大且没有必要。在工程实际中往往是根据纳污水体的混合特征，选用一种模型来开展预测。例如，当污水排入河流后，很快就能达到断面均匀混合时，可以忽略第一阶段和第二阶段，假定污染物在排入瞬时达到了断面均匀混合，直接进入第三阶段，近似采用一维水质模型来模拟。一般污水排入河宽、水深均很小的小型河流可以满足这一条件，直接选用河流一维模型来开展水环境影响预测工作。按照同样的思路可以获得河流二维水质模型与三维水质模型的适用范围。

【研讨话题】河流二维水质模型和三维水质模型的适用范围是什么？

使学生用类似的方法自主获得河流二维水质模型和三维水质模型的适用范围，加深理解的同时能够举一反三，探讨什么样的水体能够满足这一要求。

【随堂测验】

1. 污染物质进入河流后的混合过程可以分为三个阶段，其中垂向混合阶段适合采用（　　）来描述和模拟。

A. 零维模型　B. 一维模型　C. 二维模型　D. 三维模型

2. 污染物进入河流后哪个方向最快混合均匀？（　　）

A. 垂向　B. 横向　C. 纵向　D. 垂向和横向

3. 影响污染物混合的第二阶段长度的主要因素是（　　）。

A. 水下地形　B. 流速　C. 水深　D. 河宽

4.5.5　水质模型概述及分类

水质模型是指对水体含有物因水动力和生物化学作用而发生物理的、化学的和生物学的各种反应，形成错综复杂的迁移转化过程所作的数学描述与模拟。水质模型是通过深入研究水体中污染物相互作用规律，并将这种规律转化为数学表达的关于水质体系的数学模型，水质模型的目的是模拟污染物浓度在环境中的时空变化过程。

水质模型根据不同的标准有不同分类，分类如下（陈凯麒和江春波，2018）。

（1）按照水质组分的空间分布特性，分为零维、一维、二维、三维水质模型。零维水质模型又称为均匀混合水质模型，将整个环境单元看成处于完全均匀的混合状态，不涉及任何有关水动力学方面的信息，模型中不存在空间环境质量上的差异，此类模型主要用于对湖泊、水库等水体的简化水质模拟计算；一维水质模型是假设污染物排放河流中，会在横向和垂向立刻混合均匀，污染物浓度只会随着纵向变化，适用于河流长度远远大于宽度和深度的情况，主要适用于中小河流的水质模拟计算；二维水质模型分为平面二维模型和立面二维模型，考虑污染物随着纵向与横向或纵向与垂向的变化，其中平面二维适用于宽浅型江河湖泊水域，垂向二维适用于较深的湖泊和水库；三维水质模型考虑污染物的横向、纵向、垂向的三维变化，适用于河口、海湾和感潮河段等较为复杂的区域。

在 HJ 2.3—2018 中给出了判定河流中达到横向均匀混合的计算公式。在混合过程段下游河段($x>L_m$)，可以采用一维模型；在混合过程段($x\leqslant L_m$)，应采用二维或三维模型。

混合过程段长度的计算公式：

$$L_m=\left\{0.11+0.7\left[0.5-\frac{a}{B}-1.1\left(0.5-\frac{a}{B}\right)^2\right]^{1/2}\right\}\frac{uB^2}{E_y}$$

式中，L_m——混合段长度，m；

B——水面宽度，m；

a——排放口到岸边的距离，m；

u——断面流速，m/s；

E_y——污染物横向扩散系数，m^2/s。

（2）按照模型变量的多少，可分为单变量水质模型、多变量水质模型和水生生态模型。简单的水质模拟一般采用单一变量或是少数变量，随着变量的增加，模拟难度也会相应增加。模型变量及其数目的选择，主要取决于模型应用的目的以及对于实际资料和实测数据的拥有程度等。

（3）按反应动力学的性质分类，分为纯输移模型、纯反应模型、输移和反应模型、生态模型。纯输移模型只考虑污染物在水体中发生的迁移、扩散规律，而不考虑其随时间的衰减规律；纯反应模型只考虑污染物发生的化学、生物化学等反应，而不考虑污染物的迁移、扩散规律；输移和反应模型则是将纯输移模型和纯反应模型结合起来，既考虑污染物随水流的迁移、扩散规律，又考虑污染物所发生的衰减反应；生态模型综合描述污染物在水体中发生的生物过程、输移过程和水质要素变化过程。

（4）按照水质组分的时间变化特性，可分为稳态水质模型和动态水质模型。水质组分不随时间变化的是稳态水质模型，反之则是动态水质模型。当水流运动为恒定状态时，水质组分可能不随时间变化，也可能随时间变化；而当水流运动为非恒定状态时，水质组分是随着时间而变化的。在实际应用过程中，稳态水质模型常应用于水污染控制规划，而动态水质模型则常应用于分析污染事故、预测水质变化。

（5）根据研究对象是固定的流场还是流场中连续运动的质点，可以分为欧拉模型和拉格朗日模型。

（6）根据模型的性质分为黑箱模型、白箱模型、灰箱模型。白箱模型是对污染物质的迁移、转化，即水体中各组分的物理、化学、生物作用机理完全透彻地了解，并在其基础上建立的模型，也称为机理模型；黑箱模型对污染物质的迁移、转化等机理不清楚，由经验和数理统计所建立起来的参数和变量数学关系式，也称为经验模型或统计模型；灰箱模型介于黑箱模型与白箱模型之间，大多数水质模型都在此列。

（7）从模拟对象的角度，水质模型可分为河流模型、河口模型、湖泊或水库模型、海湾模型等。一般河流、河口的模型相对于湖泊、海洋模型较为成熟。

（8）按变量的特点，可以分为确定性模型和随机性模型。确定性模型是给定一组输入参数、变量和条件，就会计算出一个确定的解；随机性模型中输入的变量、参数和各个条件都具有随机性，计算出的解不稳定，也不是唯一的解。

本章重点介绍 5 类最重要的水质解析解模型：零维水质模型、连续源一维稳态水质模型、瞬时源一维水质模型、连续源二维稳态水质模型和瞬时源二维水质模型。

【随堂测验】

1. 河口水质模型的解析解如下：

$$C(x)=C_0\exp\left\{\frac{\overline{u_f}}{2E_x}\left[1\pm\left(1+\frac{4KE_x}{u_f^2}\right)^{1/2}\right]x\right\}$$

该模型的类型是（　　）。

A. 零维稳态模型　　B. 一维动态模型

C. 零维动态模型　　D. 一维稳态模型

2.下列水体水环境影响预测问题中适合用平面二维水质模型来进行的是（　　）。

A. 河宽和水深均较小的小型河流的水质预测

B. 宽浅型水域的污染带范围预测

C. 排污口近区混合

D. 深水分层水库

4.5.6　零维水质模型

零维是一种理想状态，把所研究的水体如一条河或一个水库看成一个完整的体系，当污染物进入这个体系后，立即完全均匀地分散到这个体系中，污染物的浓度不会随空间的变化而变化。

零维模型描述在研究的空间范围内不产生环境质量差异的模型，这个空间范围类似于一个完全混合反应器。零维模型适用于研究小型湖泊、水库或小河段（图 4-6）。

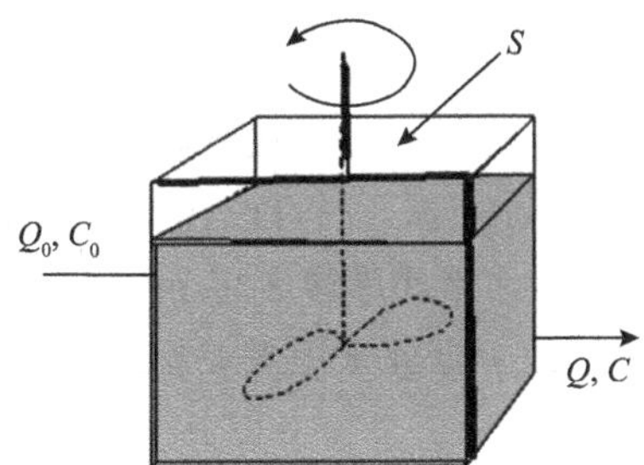

图 4-6　零维模型

根据水量平衡方程可以写出：

$$\frac{\mathrm{d}V}{\mathrm{d}t} = Q_0 - Q \tag{4-27}$$

由此得到零维水质模型基本方程：

$$V\frac{\mathrm{d}C}{\mathrm{d}t} = QC_0 - QC + S \tag{4-28}$$

式中，V——反应器的容积，m^3；

Q——流入与流出反应器的物质流量，m^3/s；

C_0——输入反应器的污染物浓度，mg/L；

C——输出反应器的污染物浓度，即反应器中的污染物浓度，mg/L；

S——污染物的源（汇）项，g/s。

若只考虑污染物的一级降解，零维模型的基本方程为

$$V\frac{\mathrm{d}C}{\mathrm{d}t} = Q(C_0 - C) - kVC \tag{4-29}$$

式中，k——污染物综合衰减系数，s^{-1}。其他符号说明同式（4-27）和式（4-28）。

在非稳定排放条件下，$\frac{\mathrm{d}C}{\mathrm{d}t}\neq 0$，给定初始条件：$t=0$，$C=C_0$，求解有：

$$C=\frac{QC_0}{Q+kV}+\frac{kVC_0}{Q+kV}\exp\left[-\left(\frac{Q}{V}+k\right)t\right] \tag{4-30}$$

令 $r=Q/V=1/t_{\mathrm{w}}$ 并称为冲刷速度常数，t_{w} 称为理论停留时间，则式（4-30）可以写成：

$$C=\frac{rC_0}{r+k}+\frac{kC_0}{r+k}\exp[-(r+k)t] \tag{4-31}$$

$$C=\frac{C_0}{1+t_{\mathrm{w}}k}+\frac{kC_0}{\frac{1}{t_{\mathrm{w}}}+k}\exp\left[-\left(\frac{1}{t_{\mathrm{w}}}+k\right)t\right] \tag{4-32}$$

在稳定的条件下：$t\rightarrow\infty$，可以达到平衡浓度：

$$C=\frac{QC_0}{Q+kV}=\frac{C_0}{1+t_{\mathrm{w}}k} \tag{4-33}$$

【随堂测验】

1. 常用湖泊稳态水质模型 $C=C_{\mathrm{g}}\left(\frac{1}{1+kt}\right)$ 中 t 为滞留时间，t 的含义是（　　）。

A. 年出湖径流量/湖泊容积　　B. 年入湖径流量/湖泊容积

C. 湖泊容积/年入湖径流量　　D. 污染物滞留时间

2. 已知湖泊出湖水量 2 亿 $\mathrm{m^3/a}$，年均库容 3 亿 $\mathrm{m^3}$，入库总磷负荷量为 50 t/a，出湖总磷量 20 t/a，湖泊年平均浓度 0.1mg/L，据此采用湖泊稳态零维模型率定的总磷综合衰减系数为（　　）。

A. 1/a　　B. 2/a　　C. 3/a　　D. 5/a

4.5.7 一维水质模型

一维水质模型是目前应用最广的水质模型，其通式为

$$\frac{\partial C}{\partial t}+u\frac{\partial C}{\partial x}=\frac{\partial}{\partial x}\left(E_x\frac{\partial C}{\partial x}\right)+S \tag{4-34}$$

式中，E_x——污染物纵向混合系数，$\mathrm{m^2/s}$；

u——河水的流速，m/s；

S——污染物的源（汇）项，$\mathrm{g/(m^3\cdot s)}$；

t——时间，s；

x——纵向坐标。

1. 连续稳定排放条件下的解析解

在均匀河段上连续稳定排污条件下，河段横截面、流速、流量、污染物的输入量和弥散系数都不随时间变化，即为稳态条件。同时污染物按一级化学反应，不考虑源和汇，则有如下计算式：

$$\frac{\partial C}{\partial t}+u\frac{\partial C}{\partial x}=\frac{\partial}{\partial x}\left(E_x\frac{\partial C}{\partial x}\right)-kC \tag{4-35}$$

当 $x=0$ 时，$C=C_0$，稳态时水质方程简化为

$$\frac{\mathrm{d}^2C}{\mathrm{d}x^2}-\frac{u}{E_x}\frac{\mathrm{d}C}{\mathrm{d}x}-\frac{k}{E_x}C=0$$

边界条件为$\begin{cases}x=0\text{时}, & C=C_0\\ x=\infty\text{时}, & C=0\end{cases}$。

用解特征多项式的方法求解上式。其特征多项式为

$$\lambda^2-\frac{u}{E_x}\lambda-\frac{k}{E_x}=0$$

其特征值：

$$\lambda=\frac{\dfrac{u}{E_x}\pm\sqrt{\left(\dfrac{u}{E_x}\right)^2+4\dfrac{k}{E_x}}}{2}=\frac{u}{2E_x}(1\pm m)$$

式中，

$$m=\sqrt{1+\frac{4kE_x}{u^2}}$$

于是通解为

$$c=A\mathrm{e}^{\lambda_1 x}+B\mathrm{e}^{\lambda_2 x}$$

式中，A、B——待定常数。

由于（$1-m$）相应于排污口的下游区（即 $x>0$），而（$1+m$）则相应于排污口以上的区域（即 $x<0$），后者无意义。故应舍去 λ_1，即 $A=0$。又 $x=0$ 时，$C=C_0$，故 $B=C_0$。从而解得

$$C=C_0\exp\left[\frac{ux}{2E_x}\left(1-\sqrt{1+\frac{4kE_x}{u^2}}\right)\right] \tag{4-36}$$

式（4-36）不随时间变化而变化，故称为考虑纵向离散系数的一维稳态水质模型解析解。

当河流较小，流速不大，弥散系数影响很小的情况下，微分方程[式（4-35）]可以简化为

$$u\frac{\mathrm{d}C}{\mathrm{d}x}=-kC \tag{4-37}$$

在 $x=0$，$C=C_0$ 初始条件下，其解为

$$C=C_0\exp\left(-\frac{kx}{u}\right)$$

被称为忽略纵向离散作用的解析解。由于在实际应用中，式（4-36）与式（4-37）的计算结果相差不大，因而式（4-37）应用更为广泛。

两式中 C_0 的确定也很关键，应当是一维模型模拟初始断面的浓度。根据污染物进入河流后的混合过程理论，即为第三阶段起始断面处的浓度。在该断面，污水与河水完全混合，

根据质量守恒定律，可以得到河流排放口初始断面浓度 C_0 的计算公式：

$$C_0 = (C_p Q_p + C_h Q_h) / (Q_p + Q_h)$$

式中，C_p——污染物排放浓度，mg/L；

Q_p——污水排放量，m^3/s；

C_h——河流污染物浓度，mg/L；

Q_h——河流流量，m^3/s。

2. 瞬时源条件时河流一维水质模型解析解

对于瞬时突然排污的情况，此时水质方程仍为式（4-35）：

$$\frac{\partial C}{\partial t} + u\frac{\partial C}{\partial x} = E_x \frac{\partial^2 C}{\partial x^2} - kC$$

边界条件：

$$\begin{cases} C(x,0) = 0 \\ C(0,t) = C_0 \delta(t) \\ C(\infty,t) = 0 \end{cases}$$

式中，$C_0 = \frac{M}{Q}$，M 为突然排放的污染物质量。

经傅里叶变换求解，上述定解问题的解析解为

$$C(x,t) = \frac{M}{A\sqrt{4E_x \pi t}} \exp(-kt) \cdot \exp\left[-\frac{(x-ut)^2}{4E_x t}\right]$$

上式表示了线性平面污染源的运动规律。根据试验结果，对于均匀河段，只要离排放点的距离 L 大于以下计算值时，方程具有较高的预报精度：

$$L \geqslant \frac{1.8B^2 u}{4Hu_*}$$

令 $\sigma_x = \sqrt{2E_x t}$，上式可以写成：$C(x,t) = \frac{M}{A\sigma_x \sqrt{2\pi}} \exp\left[-\frac{(x-ut)^2}{4E_x t}\right] \exp(-kt)$

如果随机变量 x 的概率密度为

$$p(x) = \frac{1}{\sqrt{2\pi\sigma}} \exp\left[-\frac{(x-\mu)^2}{2\sigma^2}\right]$$

则称随机变量 x 服从参数为（μ, σ^2）的正态分布。其中 μ 为总体平均数（反映随机变量分布的重心位置）；σ^2 为总体方差，是随机变量离散程度的反映；服从正态分布的随机变量 x 的取值落在区间（$\mu - 2\sigma$，$\mu + 2\sigma$）内的概率为 95.45%（图 4-7）。根据正态分布规律，在最大浓度发生点附近 $\pm 2\sigma$ 的范围内，包含了大约 95%的污染物总量。

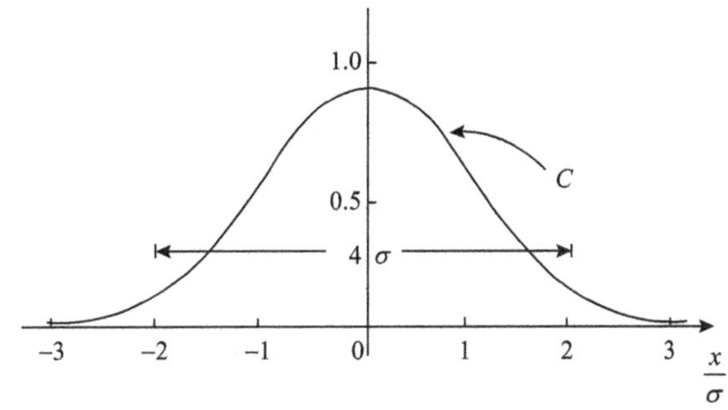

图 4-7　随机变量离散程度

【随堂测验】

1. 某河流上游发生可溶性化学品泄漏事故，假设河流流量恒定，化学品一阶衰减系数 $k = 0.2/\mathrm{d}$，其下游 x 处的该化学品浓度峰值可用 $C_{\max}(x) = \dfrac{M}{2A_C(\pi D_L t)^{1/2}}\exp\left(-\dfrac{kx}{u}\right)$ 估算，事故发生 24h 后下游某处实测得到浓度峰值为 1000mg/L，再经 72h 到达下游某断面峰值浓度为（　　）。

A. 254mg/L　　B. 264mg/L　　C. 274mg/L　　D. 284mg/L

2. 已知某排放口 BOD_5 排放浓度为 30mg/L，排入河流与河水完全混合后的 BOD_5 浓度为 10.0mg/L。BOD_5 耗氧系数 0.1（1/d），河流流速 0.1m/s，充分混合后经 12km 河段衰减，河流 BOD_5 浓度为（　　）。

A. 8.7mg/L　　B. 8.3mg/L　　C. 7.5mg/L　　D. 8.5mg/L

3. 单一河段处于恒定均匀流动条件下，假定某种可降解污染物符合一阶降解规律，降解速率 k_1 沿程不变，排污口下游 20km 处的该污染物浓度较排放点下降 50%，在排放口下游 40km 范围内无其他污染源，则在下游 40km 处的污染物浓度较排放点浓度下降（　　）。

A. 70%　　B. 75%　　C. 80%　　D. 85%

4. 上游来水 $COD_{Cr(u)} = 14.5\mathrm{mg/L}$，$Q_u = 8.7\mathrm{m^3/s}$；污水排放源强 $COD_{Cr(e)} = 58\mathrm{mg/L}$，$Q_e = 1.0\mathrm{m^3/s}$。如忽略排污口至起始断面间的水质变化，且起始断面的水质分布均匀，则采用完全混合模式计算得到其浓度为（　　）。

A. 20.48mg/L　　B. 17.98mg/L　　C. 18.98mg/L　　D. 19.98mg/L

4.5.8　平面二维水质模型

平面二维水质模型的基本方程为

$$\frac{\partial(hC)}{\partial t} + \frac{\partial(uhC)}{\partial x} + \frac{\partial(vhC)}{\partial y} = \frac{\partial}{\partial x}\left(D_x h\frac{\partial C}{\partial x}\right) + \frac{\partial}{\partial y}\left(D_y h\frac{\partial C}{\partial y}\right) + hf(C) + S \tag{4-38}$$

式中，C——污染物浓度，mg/L；

D_x——污染物纵向紊动扩散系数，$\mathrm{m^2/s}$；

D_y——污染物横向紊动扩散系数，$\mathrm{m^2/s}$；

S——污染物的源（汇）项，g/(m^2·s)；

$f(C)$——污染物生化反应项，g/(m^3·s)；

如果生化过程用一级动力学反应表示，则 $f(C)=-kC$ 。

1. 连续稳定排放

对于无边界水域边界点源稳定排放，在均匀流场中，基本方程为

$$C(x,y)=C_{\mathrm{h}}+\frac{m}{4\pi h(x/u_x)^2\sqrt{D_yD_x}}\exp\left(-\frac{(y-u_yx/u_x)}{4D_yx/u_x}\right)\exp\left(-k\frac{x}{u_x}\right) \quad (4\text{-}39)$$

式中，$C(x,y)$——纵向距离 x、横向距离 y 点的污染物浓度，mg/L；

C_{h}——污染物背景浓度，mg/L；

m——污染物排放速率，g/s；

h——平均水深，m；

x——笛卡儿坐标系 x 向的坐标，m；

y——笛卡儿坐标系 y 向的坐标，m；

u_x——x 向平均流速，m/s；

u_y——y 向平均流速，m/s；

k——污染物综合衰减系数，s^{-1}。

对于平直河段，水体可以概化为恒定均匀流，岸边排放，不考虑对岸影响，基本方程为

$$C(x,y)=C_{\mathrm{h}}+\frac{m}{h\sqrt{4\pi D_yu_xx}}\exp\left(-\frac{u_xy^2}{4D_yx}\right)\exp\left(-k\frac{x}{u_x}\right) \quad (4\text{-}40)$$

考虑对岸影响，基本方程为

$$C(x,y)=C_{\mathrm{h}}+\frac{2m}{h\sqrt{4\pi D_yu_xx}}\left\{\exp\left(-\frac{u_xy^2}{4D_yx}\right)+\exp\left[-\frac{u(2B-y)^2}{4D_yx}\right]\right\}\exp\left(-k\frac{x}{u_x}\right) \quad (4\text{-}41)$$

式中，B——河流宽度，m。

考虑两岸影响，基本方程为

$$C(x,y)=C_{\mathrm{h}}+\frac{m}{h\sqrt{4\pi D_yu_xx}}\left\{\begin{array}{l}\exp\left(-\frac{u_xy^2}{4D_yx}\right)+\exp\left[-\frac{u_x(2a+y)^2}{4D_yx}\right]\\+\exp\left[-\frac{u_x(2B-2a-y)^2}{4D_yx}\right]\end{array}\right\}\exp\left(-k\frac{x}{u_x}\right) \quad (4\text{-}42)$$

式中，a——排放口到岸边的距离，m。

2. 瞬时排放

岸边排放，不考虑对岸影响，基本方程为

$$C(x,y,t)=C_{\mathrm{h}}+\frac{M}{4\pi ht\sqrt{D_xD_y}}\left\{\begin{aligned}&\exp\left[-\frac{(x-ut)^2}{4D_xt}-\frac{y^2}{4D_yt}\right]\\&+\exp\left[-\frac{(x-ut)^2}{4D_xt}-\frac{(2B-y)^2}{4D_yt}\right]\end{aligned}\right\}\exp(-kt) \tag{4-43}$$

【随堂测验】

1. 采用二维稳态模式 $C(x,y)=\dfrac{C_{\mathrm{p}}Q_{\mathrm{p}}}{H\sqrt{\pi M_yxu}}\exp\left(-\dfrac{uy^2}{4M_yx}\right)$ 进行水质预测。已知岸边恒定排放条件下，排放口下游 100m 处断面污染物最大浓度增量为 10mg/L，则可推算排放口下游 900m 处断面最大浓度增量为（　　）。

A. 1.11mg/L　　B. 2.22mg/L　　C. 3.33mg/L　　D. 4.44mg/L

2. 采用河流平面二维稳态水质模型预测水质，可以获得的水质特征值为（　　）。

A. 预测点处的浓度　　B. 预测点处的横向平均浓度

C. 预测点处的断面平均浓度　　D. 预测点处的垂向平均浓度

4.6　地表水环境影响预测

4.6.1　总体要求

地表水环境影响预测应遵循 HJ 2.1 中规定的原则。

一级、二级、水污染影响型三级 A 及水文要素影响型三级评价应定量预测建设项目水环境影响，水污染影响型三级 B 评价可不进行水环境影响预测。

影响预测应考虑评价范围内已建、在建和拟建项目中，与建设项目排放同类（种）污染物、对相同水文要素产生的叠加影响。

建设项目分期规划实施的，应估算规划水平年进入评价范围的污染负荷，预测分析规划水平年评价范围内地表水体环境质量变化趋势。

4.6.2　预测因子与预测范围

预测因子应根据评价因子确定。

预测范围应覆盖评价范围，并根据受影响地表水体水文要素与水质特点合理拓展。

筛选出的水质预测因子，应能反映拟建项目废水排放对地表水体的主要影响和纳污水体受到污染影响的特征。建设期、运行期、服务期满后各阶段可以根据具体情况确定各自的水质预测因子。

4.6.3　预测时期

水环境影响预测的时期应满足不同评价等级的评价时期要求（表 4-7）。水污染影响型建设项目，水体自净能力最不利以及水质状况较差的不利时期、水环境现状补充监测时期应作为重点预测时期；水文要素影响型建设项目，以水质状况较差或对评价范围内水生生物影响最大的不利时期为重点预测时期。一般情况下，河流枯水期流量小，自净能力相对较弱，可能是水质状况较差的时期。

4.6.4 预测情景

根据建设项目特点分别选择建设期、生产运行期和服务期满后三个阶段进行预测。

生产运行期应预测正常排放、非正常排放两种工况对水环境的影响，如果建设项目具有充足的调节容量，可只预测正常排放对水环境的影响。

应对建设项目污染控制和减缓措施方案进行水环境影响模拟预测。

对受纳水体环境质量不达标区域，应考虑区（流）域环境质量改善目标要求情景下的模拟预测。

4.6.5 预测内容

预测分析内容根据评价类别、预测因子、预测情景、预测范围地表水体类别、所选用的预测模型及评价要求确定（表 4-14）。

表 4-14　预测分析内容

建设项目类型	主要预测内容
水污染影响型建设项目	①各断面（控制断面、关心断面等）水质预测因子浓度及变化； ②到达水环境保护目标处的污染物浓度； ③各污染物最大影响范围； ④湖泊、水库及半封闭海湾等，还需关注富营养化状况与水华、赤潮等； ⑤排放口混合区范围
水文要素影响型建设项目	①河流、湖泊及水库的水文情势预测分析主要包括水域形态、径流条件、水力条件以及冲淤变化等内容，具体包括水面面积、水量、水温、径流过程、水位、水深、流速、水面宽、冲淤变化等，湖泊和水库需要重点关注湖库水域面积或蓄水量及水力停留时间等因子； ②感潮河段、入海河口及近岸海域水动力条件预测分析主要包括流量、流向、潮区界、潮流界、纳潮量、水位、流速、水面宽、水深、冲淤变化等因子

4.6.6 预测模型

地表水环境影响预测模型包括数学模型、物理模型。地表水环境影响预测宜选用数学模型。评价等级为一级且有特殊要求时选用物理模型，物理模型应遵循水工模型试验规程等要求。

数学模型包括面源污染负荷估算模型、水动力模型、水质（包括水温及富营养化）模型等，可根据地表水环境影响预测的需要选择。

1）面源污染负荷估算模型

根据污染源类型分别选择适用的污染源负荷估算或模拟方法，预测污染源排放量与入河量。面源污染负荷预测可根据评价要求与数据条件，采用源强系数法、水文分析法以及面源模型法等，有条件的地方可以综合采用多种方法进行比对分析确定，各方法适用条件如下。

（1）源强系数法。当评价区域有可采用的源强产生、流失及入河系数等面源污染负荷估算参数时，可采用源强系数法。

（2）水文分析法。当评价区域具备一定数量的同步水质水量监测资料时，可基于基流分割确定暴雨径流污染物浓度、基流污染物浓度，采用通量法估算面源的负荷量。

（3）面源模型法。面源模型选择应结合污染特点、模型适用条件、基础资料等综合确定。

2）水动力模型及水质模型

按照时间分为稳态模型与非稳态模型，按照空间分为零维、一维（包括纵向一维、河网模型等）、二维（包括平面二维及立面二维模型）以及三维模型，按照是否需要采用数值离散方法分为解析解模型与数值解模型。水动力模型及水质模型的选取可根据建设项目的污染源特性、受纳水体类型、水力学特征、水环境特点及评价等级的要求，选取适宜的预测模型。各地表水体适用的数学模型选择要求如下。

（1）河流数学模型。河流数学模型选择要求见表 4-15。优先采用数值解模型，在模拟河流顺直、水流均匀且排污稳定时可以采用解析解模型。

表 4-15　河流数学模型适用条件

	模型空间分类						模型时间分类	
	零维模型	纵向一维模型	河网模型	平面二维模型	立面二维模型	三维模型	稳态模型	非稳态模型
适用条件	水域基本均匀混合	沿程横断面均匀混合	多条河道相互连通，使得水流运动和污染物交换相互影响的河网地区	垂向均匀混合	垂向分层	垂向及平面分布差异明显	水流恒定、排污稳定	水流不恒定，或排污不稳定

（2）湖库数学模型。湖库数学模型选择要求见表 4-16。优先采用数值解模型，在模拟湖库水域形态规则、水流均匀且排污稳定时可以采用解析解模型。

表 4-16　湖库数学模型适用条件

	模型空间分类						模型时间分类	
	零维模型	纵向一维模型	平面二维模型	垂向一维模型	立面二维模型	三维模型	稳态模型	非稳态模型
适用条件	水流交换作用较充分、污染物质分布基本均匀	污染物在断面上均匀混合的河道型水库	浅水湖库，垂向分层不明显	深水湖库，水平分布差异不明显，存在垂向分层	深水湖库，横向分布差异不明显，存在垂向分层	垂向及平面分布差异明显	流场恒定、源强稳定	流场不恒定，或源强不稳定

（3）感潮河段、入海河口数学模型。污染物在断面上均匀混合的感潮河段、入海河口，可采用纵向一维非恒定数学模型，感潮河网区宜采用一维河网数学模型。浅水感潮河段和入海河口宜采用平面二维非恒定数学模型。如感潮河段、入海河口的下边界难以确定，宜采用一、二维连接数学模型。

（4）近岸海域数学模型。近岸海域宜采用平面二维非恒定模型。如果评价海域的水流和水质分布在垂向上存在较大的差异（如排放口附近水域），宜采用三维数学模型。

4.6.7　模型概化

当选用解析解方法进行水环境影响预测时，可对预测水域进行合理的概化。

河流水域概化要求：预测河段及代表性断面的宽深比≥20 时，可视为矩形河段；河段弯曲系数＞1.3 时，可视为弯曲河段，其余可概化为平直河段；对于河流水文特征值、水质急剧变化的河段，应分段概化，并分别进行水环境影响预测；河网应分段概化，分别进行水环境影响预测。

湖库水域概化：根据湖库的入流条件、水力停留时间、水质及水温分布等情况，分别概化为稳定分层型、混合型和不稳定分层型。

受人工控制的河流，根据涉水工程（如水利水电工程）的运行调度方案及蓄水、泄流情况，分别视其为水库或河流进行水环境影响预测。

入海河口、近岸海域概化要求：可将潮区界作为感潮河段的边界；采用解析解方法进行水环境影响预测时，可按潮周平均、高潮平均和低潮平均三种情况，概化为稳态进行预测；预测近岸海域可溶性物质水质分布时，可只考虑潮汐作用，不考虑波浪作用；预测不可溶物质时应同时考虑潮汐和波浪的作用；注入近岸海域的小型河流可视为点源，可忽略其对近岸海域流场的影响。

4.6.8 基础数据要求

水文气象、水下地形等基础数据原则上应与工程设计保持一致，采用其他数据时，应说明数据来源、有效性及数据预处理方案。获取的基础数据应能够支持模型参数率定、模型验证的基本需求。

水文数据应采用水文站点实测数据或根据站点实测数据进行推算，数据精度应与模拟预测结果精度要求匹配。河流、湖库建设项目水文数据时间精度应根据建设项目调控影响的时空特征，分析典型时段的水文情势与过程变化影响，涉及日调度影响的，时间精度不得低于日均水平。感潮河段、入海河口及近岸海域建设项目应考虑盐度对污染物运移扩散的影响，一级评价时间精度不得低于 1h。

气象数据应根据模拟范围内或附近的常规气象监测站点数据进行合理确定。气象数据应采用多年平均气象资料或典型年实测气象资料数据。气象数据指标应包括气温、相对湿度、日照时数、降水量、云量、风向、风速等。

水下地形数据，采用数值解模型时，原则上应采用最新的现有或补充测绘成果，水下地形数据精度原则上应与工程设计保持一致。建设项目实施后可能导致河道地形改变的，如疏浚及堤防建设以及水底泥沙淤积造成的库底、河底高程发生的变化，应考虑地形变化的影响。

涉水工程资料，包括预测范围内的已建、在建及拟建涉水工程，其取水量或工程调度情况、运行规则应与国家或地方发布的统计数据、环评及环保验收数据保持一致。

一致性及可靠性分析。对评价范围调查收集的水文资料（流速、流量、水位、蓄水量等）、水质资料、排放口资料（污水排放量与水质浓度）、支流资料（支流水量与水质浓度）、取水口资料（取水量、取水方式、水质数据）、污染源资料（排污量、排污去向与排放方式、污染物种类及排放浓度）等进行数据一致性分析。应明确模型采用基础数据的来源，保证基础数据的可靠性。

4.6.9 初始条件

初始条件（水文、水质、水温等）设定应满足所选用数学模型的基本要求，须合理确定初始条件，控制预测结果不受初始条件的影响。

当初始条件对计算结果的影响在短时间内无法有效消除时，应延长模拟计算的初始时间，必要时应开展初始条件敏感性分析。

4.6.10　边界条件

1. 设计水文条件确定要求

1）河流、湖库设计水文条件要求

河流不利枯水条件宜采用 90%保证率最枯月流量或近十年最枯月平均流量；流向不定的河网地区和潮汐河段，宜采用 90%保证率流速为零时的低水位相应水量作为不利枯水水量；湖库不利枯水条件应采用近十年最低月平均水位或 90%保证率最枯月平均水位相应的蓄水量，水库也可采用死库容相应的蓄水量。其他水期的设计水量则应根据水环境影响预测需求确定。受人工调控的河段，可采用最小下泄流量或河道内生态流量作为设计流量。根据设计流量，采用水力学、水文学等方法确定水位、流速、河宽、水深等其他水力学数据。

2）入海河口、近岸海域设计水文条件要求

感潮河段、入海河口的上游水文边界条件参照河流的要求确定，下游水位边界的确定，应选择对应时段潮周期作为基本水文条件进行计算，可取用保证率为 10%、50%和 90%潮差，或上游计算流量条件下相应的实测潮位过程。

近岸海域的潮位边界条件界定，应选择一个潮周期作为基本水文条件，选用历史实测潮位过程或人工构造潮型作为设计水文条件。

河流、湖库设计水文条件的计算可按《水利水电工程水文计算规范》（SL/T 278—2020）的规定执行。

2. 污染负荷的确定要求

根据预测情景，确定各情景下建设项目排放的污染负荷量，应包括建设项目所有排放口（包括涉及一类污染物的车间或车间处理设施排放口、企业总排口、雨水排放口、温排水排放口等）的污染物源强。应覆盖预测范围内的所有与建设项目排放污染物相关的污染源，或污染源负荷占预测范围总污染负荷的比例超过 95%。

规划水平年污染源负荷预测要求如下。

（1）点源及面源污染源负荷预测要求。应包括已建、在建及拟建的污染源排放，综合考虑区域经济社会发展及水污染防治规划、区（流）域环境质量改善目标要求，按照点源、面源分别确定预测范围内的污染源的排放量与入河量。采用面源模型预测规划水平年污染负荷时，面源模型的构建、率定、验证等要求参照 HJ 2.3—2018 相关规定执行。

（2）内源负荷预测要求。内源负荷估算可采用释放系数法，必要时可采用释放动力学模型方法。内源释放系数可采用静水试验、动水试验进行测定或者参考类似工程资料确定；水环境影响敏感且资料缺乏区域需开展静水试验、动水试验确定释放系数；类比时需结合施工工艺、沉积物类型、水动力等因素进行修正。

4.6.11　参数确定与验证要求

水动力及水质模型参数包括水文及水力学参数、水质（包括水温及富营养化）参数等。

其中水文及水力学参数包括流量、流速、坡度、糙率等；水质参数包括污染物综合衰减系数、扩散系数、耗氧系数、复氧系数、蒸发散热系数等。

模型参数确定可采用类比、经验公式、实验室测定、物理模型试验、现场实测及模型率定等方法，也可以采用多类方法比对确定模型参数。当采用数值解模型时，宜采用模型率定法核定模型参数。

在模型参数确定的基础上，通过模型计算结果与实测数据进行比较分析，验证模型的适用性。

选择模型率定法确定模型参数的，模型验证应采用与模型参数率定不同组实测资料数据进行。

应对模型参数确定与模型验证的过程和结果进行分析说明，并以河宽、水深、流速、流量以及主要预测因子的模拟结果作为分析的依据，当采用二维或三维模型时，应开展流场分析。模型验证应分析模拟结果与实测结果的拟合情况，阐明模型参数率定取值的合理性。

4.6.12　预测点位设置及模型结果合理性分析要求

预测点位设置要求。应将常规监测点、补充监测点、水环境保护目标、水质水量突变处及控制断面等作为预测重点。当需要预测排放口所在水域形成的混合区范围时，应适当加密预测点位。

模型结果合理性分析。模型计算成果的内容、精度和深度应满足环境影响评价要求。采用数值解模型进行影响预测时，应说明模型时间步长、空间步长设定的合理性，在必要的情况下应对模拟结果开展质量或热量守恒分析。应对模型计算的关键影响区域和重要影响时段的流场、关键断面流速分布、水质（水温）等模拟结果进行分析，并给出相关图件。区域水环境影响较大的建设项目，宜采用不同模型进行比对分析。

【随堂测验】

1. 采用河流一维水质模型进行水质预测，至少需要调查（　　）等水文、水力等特征值。

A. 流量、水面宽、粗糙系数　　B. 流量、水深、坡度

C. 水面宽、水深、坡度　　D. 流量、水面宽、水深

2. 某流域枯水期为 12 月到次年 2 月，4 月河流水质有机物浓度全年最高，8 月 DO 全年最低，6 月盐度最低。拟建项目废水排入该河道，常年排放污染物有 BOD_5、氨氮等。有机污染物水质影响预测需选择的评价时段为（　　）。

A. 枯水期、6 月、8 月　　B. 枯水期、4 月、6 月

C. 枯水期、4 月、8 月　　D. 4 月、6 月、8 月

4.7　地表水环境影响评价

4.7.1　评价内容

一级、二级、水污染影响型三级 A 及水文要素影响型三级评价，主要评价内容包括：水污染控制和水环境影响减缓措施有效性评价；水环境影响评价。

三级 B 评价，主要评价内容包括：水污染控制和水环境影响减缓措施有效性评价；依托污水处理设施的环境可行性评价。

4.7.2　评价要求

（1）水污染控制和水环境影响减缓措施有效性评价应满足以下要求：

第一，污染控制措施及各类排放口排放浓度限值等均应满足国家和地方相关排放标准及符合有关标准规定的排水协议关于水污染物排放的条款要求；

第二，水动力影响、生态流量、水温影响减缓措施应满足水环境保护目标的要求；

第三，涉及面源污染的，应满足国家和地方有关面源污染控制治理要求；

第四，受纳水体环境质量达标区建设项目选择废水处理措施或多方案比选时，应满足行业污染防治可行技术指南中可行技术要求，确保废水稳定达标排放且环境影响可以接受；

第五，受纳水体环境质量不达标区建设项目选择废水处理措施或多方案比选时，应满足区（流）域水环境质量限期达标规划和替代源的削减方案要求、区（流）域环境质量改善目标要求及行业污染防治可行技术指南中最佳可行技术要求，确保废水污染物达到最低排放强度和排放浓度，且环境影响可以接受。

（2）水环境影响评价应满足以下要求：

第一，排污口所在水域形成的混合区，应限制在达标控制（考核）断面以外水域，且不得与已有排污口形成的混合区叠加，混合区外水域应满足水环境功能区、水功能区水质要求。

第二，水环境功能区、水功能区、近岸海域环境功能区水质达标。说明建设项目对评价范围内的水环境功能区、水功能区、近岸海域环境功能区的水质影响特征，分析水环境功能区、水功能区、近岸海域环境功能区水质变化状况，在考虑叠加影响的情况下，评价建设项目建成以后各预测时期水环境功能区、水功能区、近岸海域环境功能区达标状况。涉及富营养化问题的，还应评价水温、水文要素、营养盐等变化特征与趋势，分析判断富营养化演变趋势。

第三，满足水环境保护目标水域水环境质量要求。评价水环境保护目标水域各预测时期的水质（包括水温）变化特征、影响程度与达标状况。

第四，水环境控制单元或断面水质达标。说明建设项目污染排放或水文要素变化对所在控制单元各预测时期的水质影响特征，在考虑叠加影响的情况下，分析水环境控制单元或断面的水质变化状况，评价建设项目建成以后水环境控制单元或断面在各预测时期下的水质达标状况。

第五，满足重点水污染物排放总量控制指标要求。

第六，满足区（流）域水环境质量改善目标要求。

第七，水文要素影响型建设项目同时应包括水文情势变化评价、主要水文特征值影响评价、生态流量符合性评价。

第八，对于新设或调整入河（湖库、近岸海域）排放口的建设项目，应包括排放口设置的环境合理性评价。

第九，满足生态保护红线、环境质量底线、资源利用上线和环境准入负面清单管理要求。

（3）依托污水处理设施的环境可行性评价，主要从污水处理设施的日处理能力、处理工艺、设计进水水质、处理后的废水稳定达标排放情况及排放标准是否涵盖建设项目排放的有毒有害的特征水污染物等方面分析评价，满足依托的环境可行性要求。

4.7.3 污染源排放量核算

1. 一般要求

（1）污染源排放量是新（改、扩）建项目申请污染物排放许可的依据。

（2）对改建、扩建项目，除应核算新增源的污染物排放量外，还应核算项目建成后全厂的污染物排放量，污染源排放量为污染物的年排放量。

（3）建设项目在批复的区域或水环境控制单元达标方案的许可排放量分配方案中有规定的，按规定执行。

（4）污染源排放量核算，应在满足地表水环境影响评价要求前提下进行核算。

（5）规划环评污染源排放量核算与分配应遵循水陆统筹、河海兼顾、满足“三线一单”（生态保护红线、环境质量底线、资源利用上线、环境准入负面清单）约束要求的原则，综合考虑水环境质量改善目标要求、水环境功能区或水功能区、近岸海域环境功能区管理要求、经济社会发展、行业排污绩效等因素，确保发展不超载，底线不突破。

【研讨话题】污染源排放量核算如何与排污许可证衔接？

2. 间接排放建设项目污染源排放量核算

间接排放建设项目污染源排放量核算根据依托污水处理设施的控制要求核算确定。

3. 直接排放建设项目污染源排放量核算

直接排放建设项目污染源排放量核算，根据建设项目达标排放的地表水环境影响及相应行业排污许可证申请与核发技术规范进行核算，并从严要求。

（1）直接排放建设项目污染源排放量核算应在满足地表水环境影响评价要求的基础上，遵循以下原则要求。

第一，污染源排放量的核算水体为有水环境功能的水体。

第二，建设项目排放的污染物属于现状水质不达标的，包括本项目在内的区（流）域污染源排放量应调减至满足区（流）域水环境质量改善目标要求。

第三，当受纳水体为河流时，不受回水影响的河段，建设项目污染源排放量核算断面位于排放口下游，与排放口的距离应小于 2km；受回水影响河段，应在排放口的上下游设置建设项目污染源排放量核算断面，与排放口的距离应小于 1km。建设项目污染源排放量核算断面应根据区间水环境保护目标位置、水环境功能区或水功能区及控制单元断面等情况调整。当排放口污染物进入受纳水体在断面混合不均匀时，应以污染源排放量核算断面污染物最大浓度作为评价依据。

第四，当受纳水体为湖库时，建设项目污染源排放量核算点位应布置在以排放口为中心、半径不超过 50m 的扇形水域内，且扇形面积占湖库面积比例不超过 5%，核算点位应不少于 3 个。建设项目污染源排放量核算点应根据区间水环境保护目标位置、水环境功能区或水功能区及控制单元断面等情况调整。

第五，遵循地表水环境质量底线要求，主要污染物（化学需氧量、氨氮、总磷、总氮）需预留必要的安全余量。安全余量可按地表水环境质量标准、受纳水体环境敏感性等确定：

受纳水体为 GB 3838 Ⅲ类水域，以及涉及水环境保护目标的水域，安全余量按照不低于建设项目污染源排放量核算断面（点位）处环境质量标准的 10%确定（安全余量≥环境质量标准×10%）；受纳水体水环境质量标准为 GB 3838 Ⅳ、Ⅴ类水域，安全余量按照不低于建设项目污染源排放量核算断面（点位）处环境质量标准的 8%确定（安全余量≥环境质量标准×8%）；地方如有更严格的环境管理要求，按地方要求执行。

第六，当受纳水体为近岸海域时，参照 GB18486 执行。

（2）按照 HJ 2.3—2018 规定要求预测评价范围的水质状况，如预测的水质因子满足地表水环境质量管理及安全余量要求，污染源排放量即水污染控制措施有效性评价确定的排污量。如果不满足地表水环境质量管理及安全余量要求，则进一步根据水质目标核算污染源排放量。

【研讨话题】安全余量是指考虑污染负荷和受纳水体水环境质量之间关系的不确定因素，为保障受纳水体水环境质量改善目标安全而预留的负荷量。安全余量的提出有何重要意义？

4.7.4　生态流量确定

1. 一般要求

生态流量是指满足河流、湖库生态保护要求、维持生态系统结构和功能所需要的流量（水位）与过程。根据河流、湖泊生态环境保护目标的流量（水位）及过程需求确定生态流量（水位）。河流应确定生态流量，湖泊应确定生态水位。

根据河流、湖泊的形态、水文特征及生物重要生境分布，选取代表性的控制断面综合分析、评价河流和湖泊的生态环境状况、主要生态环境问题等。生态流量控制断面或点位选择应结合重要生境、重要环境保护对象等保护目标的分布、水文站网分布以及重要水利工程位置等统筹考虑。

依据评价范围内各水环境保护目标的生态环境需水确定生态流量，生态环境需水的计算方法可参考有关标准规定执行。

2. 河湖生态环境需水计算要求

1）河流生态环境需水

河流生态环境需水包括水生生态需水、水环境需水、湿地需水、景观需水、河口压咸需水等。应根据河流生态环境保护目标要求，选择合适方法计算河流生态环境需水及其过程，符合以下要求：

（1）水生生态需水计算中，应采用水力学法、生态水力学法、水文学法等方法计算水生生态流量。水生生态流量最少采用两种方法计算，基于不同计算方法成果对比分析，合理选择水生生态流量成果；鱼类繁殖期的水生生态需水宜采用生境分析法计算，确定繁殖期所需的水文过程，并取外包线作为计算成果，鱼类繁殖期所需水文过程应与天然水文过程相似。水生生态需水应为水生生态流量与鱼类繁殖期所需水文过程的外包线。

（2）水环境需水应根据水环境功能区、水功能区确定控制断面水质目标，结合计算范围内的河段特征和控制断面与概化后污染源的位置关系，采用数学模型方法计算水环境需水。

（3）湿地需水应综合考虑湿地水文特征和生态保护目标需水特征，综合不同方法合理确定湿地需水。河岸植被需水量采用单位面积用水量法、潜水蒸发法、间接计算法、彭曼公式法等计算；河道内湿地补给水量采用水量平衡法计算。保护目标在繁育生长关键期对水文过程有特殊需求时，应计算湿地关键期需水量及过程。

（4）景观需水应综合考虑水文特征和景观保护目标要求，确定景观需水。

（5）河口压咸需水应根据调查成果，确定河口类型，可采用 HJ 2.3—2018 附录 E 中的相关数学模型计算河口压咸需水。

（6）其他需水应根据评价区域实际情况进行计算，主要包括冲沙需水、河道蒸发和渗漏需水等。多泥沙河流，需考虑河流冲沙的需水计算。

2）湖库生态环境需水

湖库生态环境需水计算要求：

（1）湖库生态环境需水包括维持湖库生态水位的生态环境需水及入（出）湖河流生态环境需水。湖库生态环境需水可采用最小值、年内不同时段值和全年值表示。

（2）湖库生态环境需水计算中，可采用不同频率最枯月平均值法或近十年最枯月平均水位法确定湖库生态环境需水最小值。年内不同时段值应根据湖库生态环境保护目标所对应的生态环境功能，分别计算各项生态环境功能敏感期要求的需水量。维持湖库形态功能的水量，可采用湖库形态分析法计算。维持生物栖息地功能的需水量，可采用生物空间法计算。

（3）入（出）湖库河流的生态环境需水应根据河流生态需水计算确定，计算成果应与湖库生态水位计算成果相协调。

3. 河湖生态流量综合分析与确定

河流应根据水生生态需水、水环境需水、湿地需水、景观需水、河口压咸需水和其他需水等计算成果，考虑各项需水的外包关系和叠加关系，综合分析需水目标要求，确定生态流量。湖泊应根据湖泊生态环境需水确定最低生态水位及不同时段内的水位。

应根据国家或地方政府批复的综合规划、水资源规划、水环境保护规划等成果中相关的生态流量控制等要求，综合分析生态流量成果的合理性。

4.7.5 环境保护措施与监测计划

在建设项目污染控制治理措施与废水排放满足排放标准与环境管理要求的基础上，针对建设项目实施可能造成地表水环境不利影响的阶段、范围和程度，提出预防、治理、控制、补偿等环保措施或替代方案等内容，并制订监测计划。

水环境保护对策措施的论证应包括水环境保护措施的内容、规模及工艺、相应投资、实施计划，所采取措施的预期效果、达标可行性、经济技术可行性及可靠性分析等内容。

对水文要素影响型建设项目，应提出减缓水文情势影响，保障生态需水的环保措施。

4.7.6 地表水环境影响评价结论

（1）根据水污染控制和水环境影响减缓措施有效性评价、地表水环境影响评价的结果，明确给出地表水环境影响是否可接受的结论。

（2）达标区，同时满足水污染控制和水环境影响减缓措施有效性评价、水环境影响评价的情况下，认为地表水环境影响可以接受，否则认为地表水环境影响不可接受。

（3）不达标区，在考虑区（流）域环境质量改善目标要求、削减替代源的基础上，同时满足水污染控制和水环境影响减缓措施有效性评价、水环境影响评价的情况下，认为地表水环境影响可以接受，否则认为地表水环境影响不可接受。

【随堂测验】

1. 根据《环境影响评价技术导则 地表水环境》(HJ 2.3—2018)，河流不利枯水条件下，河流设计水文条件宜采用（　　）保证率最枯月流量。

A. 75%　　B. 90%　　C. 95%　　D. 98%

2. 某建设项目废水排入某河流（Ⅴ类水域），该项目污染源排放量核算断面（点位）所在水环境功能区 COD 水环境质量标准限值为 40mg/L，根据《环境影响评价技术导则 地表水环境》(HJ 2.3—2018)，至少需预留必要的安全余量为（　　）。

A. 6mg/L　　B. 4mg/L　　C. 3.2mg/L　　D. 2mg/L

解析：安全余量依据受纳水体的水域类别不同而有所不同，Ⅲ类水域以及涉及水环境保护目标的水域，安全余量≥10%环境质量标准；Ⅳ、Ⅴ类水体，安全余量≥8%环境质量标准。

3. 下列关于污染源排放量核算说法，错误的是（　　）。

A. 直接排放建设项目污染源排放量核算，根据建设项目达标排放的地表水环境影响及相应行业排污许可证申请与核发技术规范进行核算，并从严要求

B. 间接排放建设项目污染源排放量核算，根据依托污水处理设施的控制要求核算确定

C. 预测的水质因子不满足地表水环境质量管理及安全余量要求，污染源排放量即水污染控制措施有效性评价确定的排污量

D. 排放口进入所在水域快速均匀混合或形成混合区的，可参照《水域纳污能力计算规程》(GB/T 25173—2010) 选择数学模型核算污染源排放量

思考题

1. 简述地表水环境影响评价等级确定的依据。
2. 简述地表水环境现状评价内容。
3. 简述《地表水环境质量标准》(GB 3838—2002) 中五类水质标准的适用范围。
4. 污染物在水体内输运、混合的主要物理方式有哪些？
5. 简述地表水环境影响预测的总体要求。
6. 简述不同评价等级建设项目地表水环境影响评价的主要评价内容。

第5章　地下水环境影响评价

【目标导学】

1. 知识要点

地下水环境影响评价等级的划分、地下水现状调查与评价、地下水环境影响预测模型、地下水环境保护措施与对策等。

2. 重点难点

地下水现状调查与评价、地下水环境影响预测。

3. 基本要求

掌握地下水环境影响评价等级的划分，学会地下水环境现状调查与评价的内容和方法，在理解污染物在地下水中运移基本原理的基础上，能够熟练开展地下水环境影响预测与评价，了解地下水水污染防治措施的制定方法等。

4. 教学方法

学生自学预习，线上观看教学视频，课堂上通过与地表水环境影响评价的异同比较掌握地下水环评的特点，通过典型案例分析培养学生创新能力。建议4个学时。

5.1　概　　述

《环境影响评价技术导则 地下水环境》（HJ 610—2016）规定了地下水环境影响评价的一般性原则、内容、工作程序、方法和要求。本标准适用于对地下水环境可能产生影响的建设项目的环境影响评价。规划环境影响评价中的地下水环境影响评价可参照执行。

5.1.1　基本任务

地下水环境影响评价应按划分的评价工作等级开展相应评价工作，基本任务包括：识别地下水环境影响，确定地下水环境影响评价工作等级；开展地下水环境现状调查，完成地下水环境现状监测与评价；预测和评价建设项目对地下水水质可能造成的直接影响，提出有针对性的地下水污染防控措施与对策，制定地下水环境影响跟踪监测计划和应急预案。

5.1.2　一般性原则

地下水环境影响评价应对建设项目在建设期、运营期和服务期满后对地下水水质可能造成的直接影响进行分析、预测和评估，提出预防或者减轻不良影响的对策和措施，制定地下水环境影响跟踪监测计划，为建设项目地下水环境保护提供科学依据。

根据建设项目对地下水环境影响的程度，结合《建设项目环境影响评价分类管理名录（2021年版）》，将建设项目分为四类（HJ 610—2016附录A），Ⅰ类、Ⅱ类、Ⅲ类建设项目的地下水环境影响评价应执行本标准，Ⅳ类建设项目不开展地下水环境影响评价。

5.1.3　工作程序

地下水环境影响评价工作可划分为准备阶段、现状调查与评价阶段、影响预测与评价阶段和结论阶段。地下水环境影响评价工作程序见图 5-1。

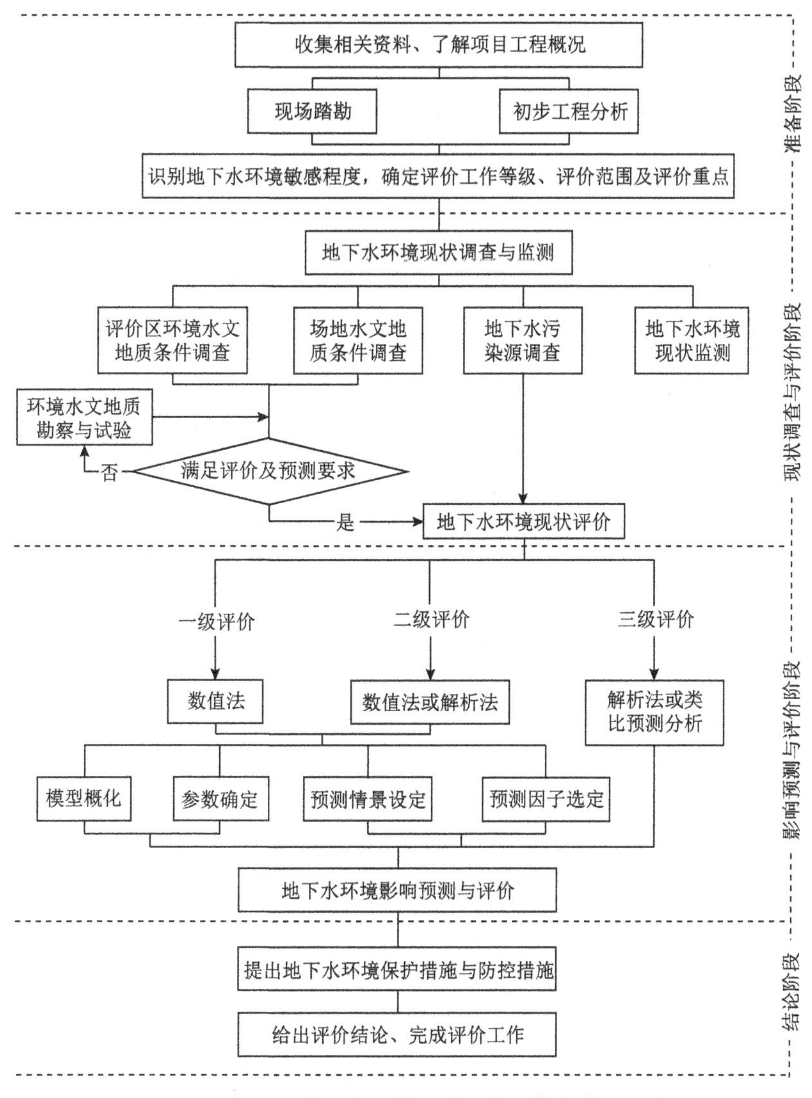

图 5-1　地下水环境影响评价工作程序

1）准备阶段

搜集和分析国家和地方有关地下水环境保护的法律、法规、政策、标准及相关规划等资料，了解建设项目工程概况，进行初步工程分析，识别建设项目对地下水环境可能造成的直接影响，开展现场踏勘工作，识别地下水环境敏感程度，确定评价工作等级、评价范围及评价重点。

2）现状调查与评价阶段

开展现场调查、勘探、地下水监测、取样、分析、室内外试验和室内资料分析等工作，进行现状评价。

3）影响预测与评价阶段

进行地下水环境影响预测，依据国家、地方有关地下水环境的法规及标准，评价建设项目对地下水环境可能造成的直接影响。

4）结论阶段

综合分析各阶段成果，提出地下水环境保护措施与污染防控措施，制定地下水环境影响跟踪监测计划，给出地下水环境影响评价结论。

5.1.4　相关术语与定义

1）地下水

地下水是指地面以下饱和含水层中的重力水，包括上层滞水、潜水和承压水，见图 5-2。

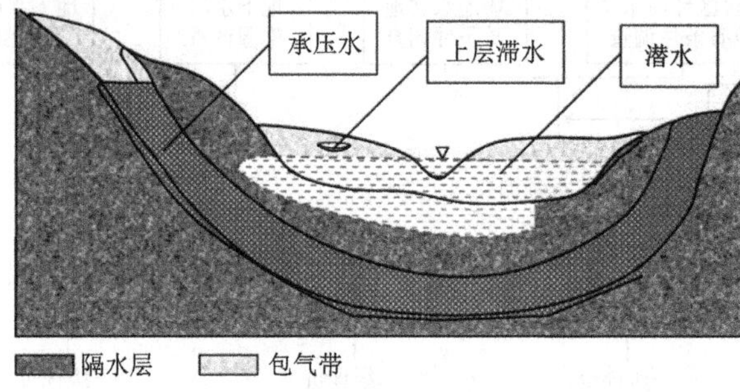

图 5-2　地下水层组成

2）上层滞水

上层滞水是指赋存于包气带中局部隔水层或弱透水层上面的重力水。

3）潜水

潜水是指地面以下，第一个稳定隔水层以上具有自由水面的地下水。

4）承压水

承压水是指充满于上下两个相对隔水层间的具有承压性质的地下水。

5）包气带

包气带是指地面与地下水面之间与大气相通的、含有气体的地带，见图 5-3。

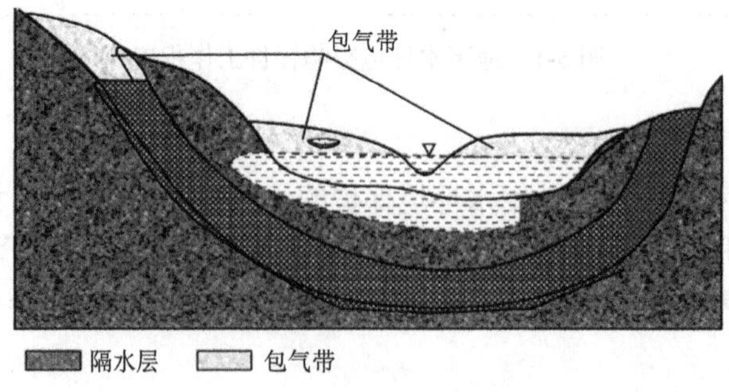

图 5-3　包气带

6）饱水带

饱水带是指地下水面以下，岩层的空隙全部被水充满的地带（图 5-4）。

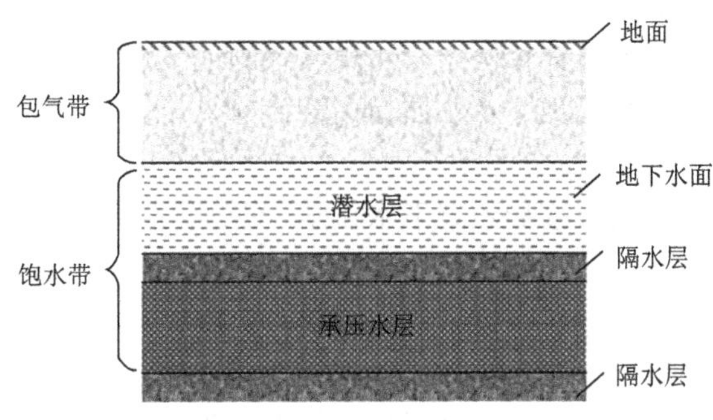

图 5-4　地下水垂直分层示意图

7）水文地质条件

水文地质条件是地下水埋藏和分布、含水介质和含水构造等条件的总称。

8）地下水补给区

地下水径流循环分区包括补给区、排泄区和径流区，见图 5-5。地下水补给区是指含水层出露或接近地表接受大气降水和地表水等入渗补给的地区。

9）地下水排泄区

地下水排泄区是指含水层的地下水向外部排泄的范围，见图 5-5。

10）地下水径流区

地下水径流区是指含水层的地下水从补给区至排泄区的流经范围，见图 5-5。

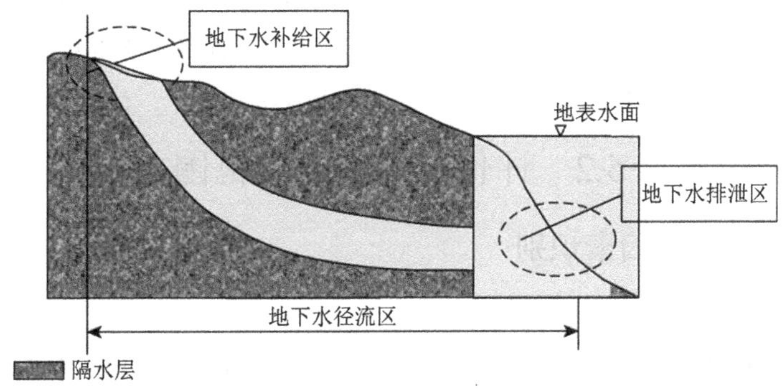

图 5-5　地下水径流循环分区

11）集中式饮用水水源

集中式饮用水水源是指进入输水管网送到用户的且具有一定供水规模（供水人口一般不小于 1000 人）的现用、备用和规划的地下水饮用水水源。

12）分散式饮用水水源地

分散式饮用水水源地是指供水小于一定规模（供水人口一般小于 1000 人）的地下水饮用水水源地。

13）地下水环境现状值

地下水环境现状值是指建设项目实施前的地下水环境质量监测值。

14）地下水污染对照值

地下水污染对照值是指调查评价区内有历史记录的地下水水质指标统计值，或调查评价区内受人类活动影响程度较小的地下水水质指标统计值。

15）地下水污染

地下水污染是指人为原因直接导致地下水化学、物理、生物性质改变，使地下水水质恶化的现象。

16）正常状况

正常状况是指建设项目的工艺设备和地下水环境保护措施均达到设计要求条件下的运行状况。例如，防渗系统的防渗能力达到了设计要求，防渗系统完好，验收合格。

17）非正常状况

非正常状况是指建设项目的工艺设备或地下水环境保护措施因系统老化、腐蚀等原因不能正常运行或保护效果达不到设计要求时的运行状况。

18）地下水环境保护目标

地下水环境保护目标是指潜水含水层和可能受建设项目影响且具有饮用水开发利用价值的含水层，集中式饮用水水源和分散式饮用水水源地，以及《建设项目环境影响评价分类管理名录（2021 年版）》中所界定的涉及地下水的环境敏感区。

【随堂测验】

1. 地下水是指地面以下饱和含水层中的（　　）。

A. 淡水　　B. 咸水　　C. 重力水　　D. 下渗水

2. 潜水，是指地面以下，第一个稳定（　　）以上具有自由水面的地下水。

A. 透水层　　B. 包气带　　C. 弱透水层　　D. 隔水层

5.2　评价等级与评价范围

5.2.1　地下水环境影响因素识别

1. 基本要求

（1）地下水环境影响的识别应在初步工程分析和确定地下水环境保护目标的基础上进行，根据建设项目建设期、运营期和服务期满后三个阶段的工程特征，识别其“正常状况”和“非正常状况”下的地下水环境影响。

（2）对于随着生产运行时间推移对地下水环境影响有可能加剧的建设项目，还应按运营期的变化特征分为初期、中期和后期分别进行环境影响识别。

2. 识别方法

（1）根据 HJ 610—2016 附录 A，识别建设项目所属的行业类别。

（2）根据建设项目的地下水环境敏感特征，识别建设项目的地下水环境敏感程度。

3. 识别内容

（1）识别可能造成地下水污染的装置和设施（位置、规模、材质等）及建设项目在建设期、运营期、服务期满后可能的地下水污染途径。

（2）识别建设项目可能导致地下水污染的特征因子。特征因子应根据建设项目污废水成分（可参照 HJ 2.3—2018）、液体物料成分、固废浸出液成分等确定。

5.2.2　评价工作等级的划分

1. 划分依据

评价工作等级的划分应依据建设项目行业分类和地下水环境敏感程度分级进行判定，可划分为一级、二级、三级。

（1）根据 HJ 610—2016 附录 A 确定建设项目所属的地下水环境影响评价项目类别。

（2）建设项目的地下水环境敏感程度可分为敏感、较敏感、不敏感三级，分级原则见表 5-1。

表 5-1　地下水环境敏感程度分级表

敏感程度	地下水环境敏感特征
敏感	集中式饮用水水源（包括已建成的在用、备用、应急水源，在建和规划的饮用水水源）准保护区；除集中式饮用水水源以外的国家或地方政府设定的与地下水环境相关的热水、矿泉水、温泉等特殊地下水资源保护区
较敏感	集中式饮用水水源（包括已建成的在用、备用、应急水源，在建和规划的饮用水水源）准保护区以外的补给径流区；未划定准保护区的集中式饮用水水源，其保护区以外的补给径流区；分散式饮用水水源地；特殊地下水资源（如热水、矿泉水、温泉等）保护区以外的分布区等其他未列入上述敏感分级的环境敏感区[a]
不敏感	上述地区之外的其他地区

a 环境敏感区是指《建设项目环境影响评价分类管理名录（2021 年版）》中所界定的涉及地下水的环境敏感区。

2. 建设项目评价工作等级

（1）建设项目地下水环境影响评价工作等级划分见表 5-2。

表 5-2　评价工作等级分级表

环境敏感程度项目类别	Ⅰ类项目	Ⅱ类项目	Ⅲ类项目
敏感	一级	一级	二级
较敏感	一级	二级	三级
不敏感	二级	二级	三级

（2）对于利用废弃盐岩矿井洞穴或人工专制盐岩洞穴、废弃矿井巷道加水幕系统、人工硬岩洞库加水幕系统，地质条件较好的含水层储油、枯竭的油气层储油等形式的地下储油库、危险废物填埋场应进行一级评价，不按表 5-2 划分评价工作等级。

（3）当同一建设项目涉及两个或两个以上场地时，各场地应分别判定评价工作等级，并按相应等级开展评价工作。

（4）线性工程应根据所涉地下水环境敏感程度和主要站场（如输油站、泵站、加油站、机务段、服务站等）位置进行分段判定评价工作等级，并按相应等级分别开展评价工作。

【研讨话题】试比较地下水评价工作等级划分与地表水划分的异同。

5.2.3　地下水环境影响评价的技术要求

1. *原则性要求*

地下水环境影响评价应充分利用已有资料和数据，当已有资料和数据不能满足评价工作要求时，应开展相应评价工作等级要求的补充调查，必要时进行勘查试验。

2. *一级评价要求*

（1）详细掌握调查评价区环境水文地质条件，主要包括含（隔）水层结构及其分布特征、地下水补径排条件、地下水流场、地下水动态变化特征、各含水层之间以及地表水与地下水之间的水力联系等，详细掌握调查评价区内地下水开发利用现状与规划。

（2）开展地下水环境现状监测，详细掌握调查评价区地下水环境质量现状和地下水动态监测信息，进行地下水环境现状评价。

（3）基本查清场地环境水文地质条件，有针对性地开展勘查试验，确定场地包气带特征及其防污性能。

（4）采用数值法进行地下水环境影响预测，对于不宜概化为等效多孔介质的地区，可根据自身特点选择适宜的预测方法。

（5）预测评价应结合相应环保措施，针对可能的污染情景，预测污染物运移趋势，评价建设项目对地下水环境保护目标的影响。

（6）根据预测评价结果和场地包气带特征及其防污性能，提出切实可行的地下水环境保护措施与地下水环境影响跟踪监测计划，制定应急预案。

3. *二级评价要求*

（1）基本掌握调查评价区的环境水文地质条件，主要包括含（隔）水层结构及其分布特征、地下水补径排条件、地下水流场等。了解调查评价区内地下水开发利用现状与规划。

（2）开展地下水环境现状监测，基本掌握调查评价区地下水环境质量现状，进行地下水环境现状评价。

（3）根据场地环境水文地质条件的掌握情况，有针对性地补充必要的勘查试验。

（4）根据建设项目特征、水文地质条件及资料掌握情况，采用数值法或解析法进行影响预测，评价对地下水环境保护目标的影响。

（5）提出切实可行的环境保护措施与地下水环境影响跟踪监测计划。

4. *三级评价要求*

（1）了解调查评价区和场地环境水文地质条件。

（2）基本掌握调查评价区的地下水补径排条件和地下水环境质量现状。

（3）采用解析法或类比分析法进行地下水环境影响分析与评价。

（4）提出切实可行的环境保护措施与地下水环境影响跟踪监测计划。

5. 其他技术要求

（1）一级评价要求场地环境水文地质资料的调查精度应不低于 1∶10000 比例尺，调查评价区的环境水文地质资料的调查精度应不低于 1∶50000 比例尺。

（2）二级评价环境水文地质资料的调查精度要求能够清晰反映建设项目与环境敏感区、地下水环境保护目标的位置关系，并根据建设项目特点和水文地质条件复杂程度确定调查精度，建议以不低于 1∶50000 比例尺为宜。

【随堂测验】

1. 下面哪些关于地下水环境影响识别的提法是错误的？（　　）

A. 应对建设项目“正常状况”和“非正常状况”下的地下水环境影响进行识别

B. 对于随着生产运行时间推移对地下水环境影响有可能加剧的建设项目，还应按运营期的变化特征分为早期和晚期分别进行环境影响识别

C. 应识别出可能造成地下水污染的装置和设施

D. 必须识别出建设项目可能导致地下水污染的特征因子

2. 地下水环境影响评价一级评价要求场地环境水文地质资料的调查精度应不低于（　　）。

A. 1∶50000　　B. 1∶20000　　C. 1∶10000　　D. 1∶15000

5.3 评价标准

5.3.1 标准适用范围

《地下水质量标准》于 1993 年首次发布，2017 第一次修订，自 2018 年 5 月 1 日起实施。随着经济社会的发展，一些人工合成物质进入地下水，使得地下水中各种化学组分发生了变化，为此新修订的《地下水质量标准》（GB/T 14848—2017）增加了水质指标项目，由 GB/T 14848—1993 的 39 项增加至 GB/T 14848—2017 的 93 项，根据国内外最新研究成果，调整了部分指标限值，修改了地下水质量评价的有关规定。该标准规定了地下水质量分类、指标及限值、地下水质量调查与监测、地下水质量评价等内容。标准适用于地下水质量调查、监测、评价与管理。

5.3.2 地下水质量分类

依据我国地下水质量状况和人体健康风险，参照生活饮用水、工业、农业等用水质量要求，依据各组分含量高低（pH 除外），分为五类。

Ⅰ类：地下水化学组分含量低，适用于各种用途；

Ⅱ类：地下水化学组分含量较低，适用于各种用途；

Ⅲ类：地下水化学组分含量中等，以《生活饮用水卫生标准》（GB 5749—2006）为依据，主要适用于集中式生活饮用水水源及工农业用水；

Ⅳ类：地下水化学组分含量较高，以农业和工业用水质量要求以及一定水平的人体健康风险为依据，适用于农业和部分工业用水，适当处理后可作生活饮用水；

Ⅴ类：地下水化学组分含量高，不宜作为生活饮用水水源，其他用水可根据使用目的选用。

5.3.3 地下水质量分类指标

地下水质量指标分为常规指标和非常规指标。常规指标有 39 项，包括感官性状及一般化学指标（20 项）、微生物指标（2 项）、毒理学指标（15 项）、放射性指标（2 项），非常规指标 54 项，全部为毒理学指标，详见表 5-3。

表 5-3 地下水质量指标

<table>
<tr><th colspan="2">常规指标</th><th colspan="2">非常规指标</th></tr>
<tr><td>感官性状及一般化学指标</td><td>色、嗅和味、浑浊度、肉眼可见物、pH、总硬度、溶解性总固体、硫酸盐、氯化物、铁、锰、铜、锌、铝、挥发性酚类、阴离子表面活性剂、耗氧量（COD_{Mn}）、氨氮、硫化物、钠</td><td rowspan="4">毒理学指标</td><td rowspan="4">铍、硼、锑、钡、镍、钴、钼、银、铊、二氯甲烷、1, 2-二氯乙烷、1, 1, 1-三氯乙烷、1, 1, 2-三氯乙烷、1, 2-二氯丙烷、三溴甲烷、氯乙烯、1, 1-二氯乙烯、1, 2-二氯乙烯、三氯乙烯、四氯乙烯、氯苯、邻二氯苯、对二氯苯、三氯苯、乙苯、二甲苯、苯乙烯、2, 4-二硝基甲苯、2, 6-二硝基甲苯、萘、蒽、荧蒽、苯并[b]荧蒽、苯并[a]芘、多氯联苯、邻苯二甲酸二（2-乙基己基）酯、2, 4, 6-三氯酚、五氯酚、六六六、γ-六六六（林丹）、滴滴涕、六氯苯、七氯、2, 4-滴、克百威、涕灭威、敌敌畏、甲基对硫磷、马拉硫磷、乐果、毒死蜱、百菌清、莠去津、草甘膦</td></tr>
<tr><td>微生物指标</td><td>总大肠菌群、菌落总数</td></tr>
<tr><td>毒理学指标</td><td>亚硝酸盐、硝酸盐、氰化物、氟化物、碘化物、汞、砷、硒、镉、铬（六价）、铅、三氯甲烷、四氯化碳、苯、甲苯</td></tr>
<tr><td>放射性指标</td><td>总 α 放射性、总 β 放射性</td></tr>
</table>

5.3.4 地下水质量调查与监测

地下水质量应定期监测。潜水监测频率应不少于每年两次（丰水期和枯水期各 1 次），承压水监测频率可以根据质量变化情况确定，宜每年 1 次。依据地下水质量的动态变化，应定期开展区域性地下水质量调查评价。

地下水质量调查与监测指标以常规指标为主，为便于水化学分析结果的审核，应补充钾、钙、镁、重碳酸根、碳酸根、游离二氧化碳指标；不同地区可在常规指标的基础上，根据当地实际情况补充选定非常规指标进行调查与监测。地下水样品的采集、保存和送检应符合相关要求，采用适用的分析方法。

5.3.5 地下水质量评价

地下水质量评价应以地下水质量监测资料为基础。

地下水质量单指标评价，按指标值所在的限值范围确定地下水质量类别，指标限值相同时，从优不从劣。示例：挥发性酚类Ⅰ类、Ⅱ类限值均为 0.001mg/L，若质量分析结果为 0.001mg/L 时，应定为Ⅰ类，不定为Ⅱ类。

地下水质量综合评价，按单指标评价结果最差的类别确定，并指出最差类别的指标。示例：某地下水样氯化物含量 400mg/L，四氯乙烯含量 350μg/L，这两个指标属Ⅴ类，其余指标均低于Ⅴ类，则该地下水质量综合类别定为Ⅴ类，Ⅴ类指标为氯离子和四氯乙烯。

【随堂测验】

一个Ⅱ类建设项目，建设地点位于集中式饮用水水源准保护区以外的补给径流区，其地下水环境影响评价应该执行（　　）。

A. 一级评价　　B. 二级评价　　C. 三级评价　　D. 四级评价

5.4　地下水环境现状调查与评价

5.4.1　调查范围

（1）建设项目（除线性工程外）地下水环境影响现状调查评价范围可采用公式计算法、查表法和自定义法确定。

当建设项目所在地水文地质条件相对简单，且所掌握的资料能够满足公式计算法的要求时，应采用公式计算法确定；当不满足公式计算法的要求时，可采用查表法确定。当计算或查表范围超出所处水文地质单元边界时，应以所处水文地质单元边界为宜。

第一，公式计算法：

$$L = \alpha \times K \times I \times T / n_e$$

式中，L——下游迁移距离，m；

α——变化系数，$\alpha \geqslant 1$，一般取 2；

K——渗透系数，m/d，常见渗透系数见 HJ 610—2016 附录 B 表 B.1；

I——水力坡度，无量纲；

T——质点迁移天数，取值不小于 5000d；

n_e——有效孔隙度，无量纲。

采用该方法时应包含重要的地下水环境保护目标，所得的调查评价范围如图 5-6 所示。

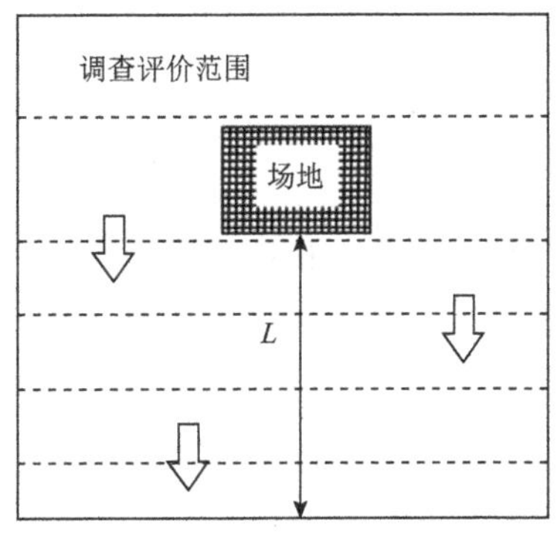

图 5-6　调查评价范围

虚线表示等水位线；空心箭头表示地下水流向；场地上游距离根据评价需求确定，场地两侧不小于 $L/2$

第二，查表法：参照表 5-4。

表 5-4　地下水环境现状调查评价范围参照表

评价等级	调查评价面积/km^2	备注
一级	≥20	应包括重要的地下水环境保护目标，必要时适当扩大范围
二级	6～20	
三级	≤6	

第三，自定义法：可根据建设项目所在地水文地质条件自行确定，须说明理由。

（2）线性工程应以工程边界两侧分别向外延伸 200m 作为调查评价范围；穿越饮用水源准保护区时，调查评价范围应至少包含水源保护区；线性工程站场的调查评价范围确定参照 5.4.1 节（1）中内容。

5.4.2 调查原则

（1）地下水环境现状调查与评价工作应遵循资料搜集与现场调查相结合、项目所在场地调查（勘查）与类比考察相结合、现状监测与长期动态资料分析相结合的原则。

（2）地下水环境现状调查与评价工作的深度应满足相应的工作级别要求。当现有资料不能满足要求时，应通过组织现场监测或环境水文地质勘查与试验等方法获取。

（3）对于一级、二级评价的改、扩建类建设项目，应开展现有工业场地的包气带污染现状调查。

（4）对于长输油品、化学品管线等线性工程，调查评价工作应重点针对场站、服务站等可能对地下水产生污染的地区开展。

5.4.3 基本要求

地下水环境现状调查评价范围应包括与建设项目相关的地下水环境保护目标，以能说明地下水环境的现状，反映调查评价区地下水基本流场特征，满足地下水环境影响预测和评价为基本原则。污染场地修复工程项目的地下水环境影响现状调查参照 HJ 25.1—2019 执行。

5.4.4 水文地质条件调查

在充分收集资料的基础上，根据建设项目特点和水文地质条件复杂程度，开展调查工作，主要内容包括：

（1）气象、水文、土壤和植被状况；

（2）地层岩性、地质构造、地貌特征与矿产资源；

（3）包气带岩性、结构、厚度、分布及垂向渗透系数等；

（4）含水层岩性、分布、结构、厚度、埋藏条件、渗透性、富水程度等；隔水层（弱透水层）的岩性、厚度、渗透性等；

（5）地下水类型、地下水补径排条件；

（6）地下水位、水质、水温、地下水化学类型；

（7）泉的成因类型，出露位置、形成条件及泉水流量、水质、水温，开发利用情况；

（8）集中供水水源地和水源井的分布情况（包括开采层的成井密度、水井结构、深度及开采历史）；

（9）地下水现状监测井的深度、结构以及成井历史、使用功能；

（10）地下水环境现状值（或地下水污染对照值）。

场地范围内应重点调查（3）。

5.4.5 地下水污染源调查

（1）调查评价区内具有与建设项目产生或排放同种特征因子的地下水污染源。

（2）对于一级、二级的改、扩建项目，应在可能造成地下水污染的主要装置或设施附近开展包气带污染现状调查，对包气带进行分层取样，一般在 0～20cm 埋深范围内取一个样品，其他取样深度应根据污染源特征和包气带岩性、结构特征等确定，并说明理由。样品进行浸溶试验，测试分析浸溶液成分。

5.4.6　地下水环境现状监测

建设项目地下水环境现状监测应通过对地下水水质、水位的监测，掌握或了解调查评价区地下水水质现状及地下水流场，为地下水环境现状评价提供基础资料。污染场地修复工程项目的地下水环境现状监测参照 HJ 25.2 执行。

1. *现状监测点的布设原则*

（1）地下水环境现状监测点采用控制性布点与功能性布点相结合的布设原则。

监测点应主要布设在建设项目场地、周围环境敏感点、地下水污染源以及对于确定边界条件有控制意义的地点。当现有监测点不能满足监测位置和监测深度要求时，应布设新的地下水现状监测井，现状监测井的布设应兼顾地下水环境影响跟踪监测计划。

（2）监测层位应包括潜水含水层、可能受建设项目影响且具有饮用水开发利用价值的含水层。

（3）一般情况下，地下水位监测点数以不小于相应评价级别地下水水质监测点数的 2 倍为宜。

（4）地下水水质监测点布设的具体要求如下：

第一，监测点布设应尽可能靠近建设项目场地或主体工程，监测点数应根据评价工作等级和水文地质条件确定。

第二，一级评价项目潜水含水层的水质监测点应不少于 7 个，可能受建设项目影响且具有饮用水开发利用价值的含水层 3～5 个。原则上建设项目场地上游和两侧的地下水水质监测点均不得少于 1 个，建设项目场地及其下游影响区的地下水水质监测点不得少于 3 个。

第三，二级评价项目潜水含水层的水质监测点应不少于 5 个，可能受建设项目影响且具有饮用水开发利用价值的含水层 2～4 个。原则上建设项目场地上游和两侧的地下水水质监测点均不得少于 1 个，建设项目场地及其下游影响区的地下水水质监测点不得少于 2 个。

第四，三级评价项目潜水含水层水质监测点应不少于 3 个，可能受建设项目影响且具有饮用水开发利用价值的含水层 1～2 个。原则上建设项目场地上游及下游影响区的地下水水质监测点各不得少于 1 个。

（5）管道型岩溶区等水文地质条件复杂的地区，地下水现状监测点应视情况确定，并说明布设理由。

（6）在包气带厚度超过 100m 的地区或监测井较难布置的基岩山区，当地下水质监测点数无法满足（4）的要求时，可视情况调整数量，并说明调整理由。一般情况下，该类地区一级、二级评价项目应至少设置 3 个监测点，三级评价项目可根据需要设置一定数量的监测点。

2. 地下水水质现状监测取样要求

（1）地下水水质取样应根据特征因子在地下水中的迁移特性选取适当的取样方法；

（2）一般情况下，只取一个水质样品，取样点深度宜在地下水位以下 1.0m 左右；

（3）建设项目为改、扩建项目，且特征因子为重质非水相液体（dense nonaqueous-phase liquids，DNAPLs）时，应至少在含水层底部取一个样品。

3. 地下水水质现状监测因子

（1）检测分析地下水中 K^+、Na^+、Ca^{2+}、Mg^{2+}、CO_3^{2-}、HCO_3^-、Cl^-、SO_4^{2-} 的浓度；

（2）地下水水质现状监测因子原则上应包括两类：一类是基本水质因子，另一类为特征因子。基本水质因子以 pH、氨氮、硝酸盐、亚硝酸盐、挥发性酚类、氰化物、砷、汞、铬（六价）、总硬度、铅、氟、镉、铁、锰、溶解性总固体、高锰酸盐指数、硫酸盐、氯化物、总大肠菌群、细菌总数等以及背景值超标的水质因子为基础，可根据区域地下水水质状况、污染源状况适当调整；特征因子可根据区域地下水水质状况、污染源状况适当调整。

4. 地下水环境现状监测频率要求

（1）水位监测频率要求。

第一，评价工作等级为一级的建设项目，若掌握近 3 年内至少一个连续水文年的枯、平、丰水期地下水位动态监测资料，评价期内应至少开展一期地下水位监测。

第二，评价工作等级为二级的建设项目，若掌握近 3 年内至少一个连续水文年的枯、丰水期地下水位动态监测资料，评价期可不再开展地下水位现状监测；若无上述资料，应依据表 5-5 开展水位监测。

表 5-5　地下水环境现状监测频率参照表

分布区	水位监测频率			水质监测频率		
	一级	二级	三级	一级	二级	三级
山前冲（洪）积	枯平丰	枯丰	一期	枯丰	枯	一期
滨海（含填海区）	二期[a]	一期	一期	一期	一期	一期
其他平原区	枯丰	一期	一期	枯	一期	一期
黄土地区	枯平丰	一期	一期	二期	一期	一期
沙漠地区	枯丰	一期	一期	一期	一期	一期
丘陵山区	枯丰	一期	一期	一期	一期	一期
岩溶裂隙	枯丰	一期	一期	枯丰	一期	一期
岩溶管道	二期	一期	一期	二期	一期	一期

a 二期的间隔有明显水位变化，其变化幅度接近年内变幅。

第三，评价工作等级为三级的建设项目，若掌握近 3 年内至少一期的监测资料，评价期内可不再进行地下水位现状监测；若无上述资料，应依据表 5-5 开展水位监测。

（2）基本水质因子的水质监测频率应参照表 5-5，若掌握近 3 年至少一期水质监测数据，基本水质因子可在评价期补充开展一期现状监测；特征因子在评价期内应至少开展一期现状监测。

（3）在包气带厚度超过 100m 的评价区或监测井较难布置的基岩山区，若掌握近 3 年内至少一期的监测资料，评价期内可不进行地下水位、水质现状监测；若无上述资料，至少开展一期现状水位、水质监测。

5. 地下水样品采集与现场测定

（1）地下水样品应采用自动式采样泵或人工活塞闭合式与敞口式定深采样器进行采集；

（2）样品采集前，应先测量井孔地下水位（或地下水位埋深）并做好记录，然后采用潜水泵或离心泵对采样井（孔）进行全井孔清洗，抽汲的水量不得小于 3 倍的井筒水（量）体积；

（3）地下水水质样品的管理、分析化验和质量控制按照《地下水环境监测技术规范》（HJ 164—2020）执行；pH、电导率（Eh）、DO、水温等不稳定项目应在现场测定。

5.4.7　环境水文地质勘查与试验

（1）环境水文地质勘查与试验是在充分收集已有资料和地下水环境现状调查的基础上，为进一步查明含水层特征和获取预测评价中必要的水文地质参数而进行的工作。

（2）除一级评价应进行必要的环境水文地质勘查与试验外，对环境水文地质条件复杂且资料缺少的地区，二级、三级评价也应在区域水文地质调查的基础上对场地进行必要的水文地质勘查。

（3）环境水文地质勘查可采用钻探、物探和水土化学分析以及室内外测试、试验等手段开展，具体参见相关标准与规范。

（4）环境水文地质试验项目通常有抽水试验、注水试验、渗水试验、浸溶试验及土柱淋滤试验等，有关试验原则与方法参见 HJ 610—2016 附录 C。在评价工作过程中可根据评价工作等级和资料掌握情况选用。

（5）进行环境水文地质勘查时，除采用常规方法外，还可采用其他辅助方法配合勘查。

5.4.8　地下水现状评价

1. 地下水水质评价

1）评价依据

GB/T 14848 和有关法规及当地的环保要求是地下水环境现状评价的基本依据。对属于 GB/T 14848 水质指标的评价因子，应按其规定的水质分类标准值进行评价；对于不属于 GB/T 14848 水质指标的评价因子，可参照国家（行业、地方）相关标准［如 GB 3838、GB 5749、《地下水水质标准》（DZ/T 0290—2016）等］进行评价。现状监测结果应进行统计分析，给出最大值、最小值、均值、标准差、检出率和超标率等。

2）评价方法

地下水水质现状评价应采用标准指数法。标准指数＞1，表明该水质因子已超标，标准指数越大，超标越严重。标准指数计算公式分为以下两种情况。

（1）对于评价标准为定值的水质因子，其标准指数计算方法见式（5-1）：

$$P_i = \frac{C_i}{C_{si}} \tag{5-1}$$

式中，P_i——第 i 个水质因子的标准指数，量纲一；

C_i——第 i 个水质因子的监测浓度值，mg/L；

C_{si}——第 i 个水质因子的标准浓度值，mg/L。

（2）对于评价标准为区间值的水质因子（如 pH），其标准指数计算方法见式（5-2）、式（5-3）：

$$P_{pH} = \frac{7.0 - pH}{7.0 - pH_{sd}}, \quad pH \leqslant 7 \tag{5-2}$$

$$P_{pH} = \frac{pH - 7.0}{pH_{su} - 7.0}, \quad pH > 7 \tag{5-3}$$

式中，P_{pH}——pH 的标准指数，量纲一；

pH——pH 的监测值；

pH_{sd}——标准中 pH 的下限值；

pH_{su}——标准中 pH 的上限值。

2. 包气带环境现状分析

对于污染场地修复工程项目和评价工作等级为一级、二级的改、扩建项目，应开展包气带污染现状调查，分析包气带污染状况。

【随堂测验】

1. 对于掌握近（　　）年内至少一期的地下水水质监测资料的基岩山区，评价期内可不进行现状水质监测。

A. 5 年　　B. 3 年　　C. 2 年　　D. 1 年

2. 对于二级评价项目，潜水含水层中应布设（　　）个地下水环境现状监测点位。

A. ≥7　　B. ≥5　　C. ≥3　　D. ≥9

5.5 地下水环境影响预测

5.5.1 预测原则

（1）建设项目地下水环境影响预测应遵循 HJ 2.1 中确定的原则。考虑到地下水环境污染的复杂性、隐蔽性和难恢复性，还应遵循保护优先、预防为主的原则，预测应为评价各方案的环境安全和环境保护措施的合理性提供依据。

（2）预测的范围、时段、内容和方法均应根据评价工作等级、工程特征与环境特征，结合当地环境功能和环保要求确定，应预测建设项目对地下水水质产生的直接影响，重点预测对地下水环境保护目标的影响。

（3）在结合地下水污染防控措施的基础上，对工程设计方案或可行性研究报告推荐的选址（选线）方案可能引起的地下水环境影响进行预测。

5.5.2　预测范围

（1）地下水环境影响预测范围一般与调查评价范围一致。

（2）预测层位应以潜水含水层或污染物直接进入的含水层为主，兼顾与其水力联系密切且具有饮用水开发利用价值的含水层。

（3）当建设项目场地天然包气带垂向渗透系数小于 1.0×10^{-6}cm/s 或厚度超过 100m 时，预测范围应扩展至包气带。

5.5.3　预测时段

地下水环境影响预测时段应选取可能产生地下水污染的关键时段，至少包括污染发生后 100d、1000d，服务年限或能反映特征因子迁移规律的其他重要的时间节点。

5.5.4　情景设置

（1）一般情况下，建设项目须对正常状况和非正常状况的情景分别进行预测。

（2）已依据《生活垃圾填埋场污染控制标准》（GB 16889—2008）、《危险废物贮存污染控制标准》（GB 18597—2023）、《危险废物填埋污染控制标准》（GB 18598—2019）、《一般工业固体废物贮存和填埋污染控制标准》（GB 18599—2020）、《石油化工工程防渗技术规范》（GB/T 50934—2013）等规范设计地下水污染防渗措施的建设项目，可不进行正常状况情景下的预测。

5.5.5　预测因子

（1）根据地下水环境影响识别内容识别出的特征因子，按照重金属、持久性有机污染物和其他类别进行分类，并对每一类别中的各项因子采用标准指数法进行排序，分别取标准指数最大的因子作为预测因子；

（2）现有工程已经产生的且改、扩建后将继续产生的特征因子，改、扩建后新增加的特征因子；

（3）污染场地已查明的主要污染物，按照（1）筛选预测因子；

（4）国家或地方要求控制的污染物。

5.5.6　预测源强

地下水环境影响预测源强的确定应充分结合工程分析。

（1）正常状况下，预测源强应结合建设项目工程分析和相关设计规范确定，如《给水排水构筑物工程施工及验收规范》（GB 50141—2008）、《给水排水管道工程施工及验收规范》（GB 50268—2008）等；

（2）非正常状况下，预测源强可根据地下水环境保护设施或工艺设备的系统老化或腐蚀程度等设定。

5.5.7　预测方法

（1）建设项目地下水环境影响预测方法包括数学模型法和类比分析法。其中，数学模型法包括数值法、解析法等。常用的地下水预测数学模型参见 HJ 610—2016 附录 D。

（2）预测方法的选取应根据建设项目工程特征、水文地质条件及资料掌握程度来确定，当数值法不适用时，可用解析法或其他方法预测。一般情况下，一级评价应采用数值法，不宜概化为等效多孔介质的地区除外；二级评价中水文地质条件复杂且适宜采用数值法时，建议优先采用数值法；三级评价可采用解析法或类比分析法。

（3）采用数值法预测前，应先进行参数识别和模型验证。

（4）采用解析模型预测污染物在含水层中的扩散时，一般应满足以下条件：①污染物的排放对地下水流场没有明显的影响；②调查评价区内含水层的基本参数（如渗透系数、有效孔隙度等）不变或变化很小。

（5）采用类比分析法时，应给出类比条件。类比分析对象与拟预测对象之间应满足以下要求：①二者的环境水文地质条件、水动力场条件相似；②二者的工程类型、规模及特征因子对地下水环境的影响具有相似性。

（6）地下水环境影响预测过程中，对于采用非 HJ 610—2016 推荐模式进行预测评价时，须明确所采用模式的适用条件，给出模型中的各参数物理意义及参数取值，并尽可能地采用 HJ 610—2016 中的相关模式进行验证。

【研讨话题】试讨论地下水评价预测模型分类及其适用范围。

5.5.8 预测模型概化

1）水文地质条件概化

根据调查评价区和场地环境水文地质条件，对边界性质、介质特征、水流特征和补径排等条件进行概化。

2）污染源概化

污染源概化包括排放形式与排放规律的概化。根据污染源的具体情况，排放形式可以概化为点源、线源、面源；排放规律可以概化为连续恒定排放或非连续恒定排放以及瞬时排放。

3）水文地质参数初始值的确定

包气带垂向渗透系数、含水层渗透系数、给水度等预测所需参数初始值的获取应以收集评价范围内已有水文地质资料为主，不满足预测要求时需通过现场试验获取。

5.5.9 预测内容

（1）给出特征因子不同时段的影响范围、程度、最大迁移距离。

（2）给出预测期内建设项目场地边界或地下水环境保护目标处特征因子随时间的变化规律。

（3）当建设项目场地天然包气带垂向渗透系数小于 1.0×10^{-6}cm/s 或厚度超过 100m 时，须考虑包气带阻滞作用，预测特征因子在包气带中的迁移规律。

（4）污染场地修复治理工程项目应给出污染物变化趋势或污染控制的范围。

【随堂测验】

下列关于地下水环境影响预测，说法错误的是（　　）。

A. 地下水环境影响预测范围一般与调查评价范围一致

B. 一般情况下，建设项目须对正常状况和非正常状况的情景分别进行预测

C. 一般情况下，一级评价预测方法应采用类比法，不宜概化为等效多孔介质的地区除外

D. 地下水环境影响预测源强的确定应充分结合工程分析

5.6　地下水环境影响评价

5.6.1　评价原则

（1）评价应以地下水环境现状调查和地下水环境影响预测结果为依据，对建设项目各实施阶段（建设期、运营期及服务期满后）不同环节及不同污染防控措施下的地下水环境影响进行评价。

（2）地下水环境影响预测未包括环境质量现状值时，应叠加环境质量现状值后再进行评价。

（3）应评价建设项目对地下水水质的直接影响，重点评价建设项目对地下水环境保护目标的影响。

5.6.2　评价范围

地下水环境影响评价范围一般与调查评价范围一致。

5.6.3　评价方法

（1）采用标准指数法对建设项目地下水水质影响进行评价，具体方法同地下水水质现状评价方法。

（2）对属于 GB/T 14848 水质指标的评价因子，应按其规定的水质分类标准值进行评价；对于不属于 GB/T 14848 水质指标的评价因子，可参照国家（行业、地方）相关标准的水质标准值（如 GB 3838、GB 5749、DZ/T 0290 等）进行评价。

5.6.4　评价结论

1）环境水文地质现状

概述调查评价区及场地环境水文地质条件和地下水环境现状。

2）地下水环境影响

根据地下水环境影响预测评价结果，给出建设项目对地下水环境和保护目标的直接影响。

3）地下水环境污染防控措施

根据地下水环境影响评价结论，提出建设项目地下水污染防控措施的优化调整建议或方案。

4）地下水环境影响评价结论

结合环境水文地质条件、地下水环境影响、地下水环境污染防控措施、建设项目总平面布置的合理性等方面进行综合评价，明确给出建设项目地下水环境影响是否可接受的结论。

【研讨话题】试比较污染影响型建设项目和生态影响型建设项目地下水环境影响评价内容的异同。

【随堂测验】

1. 根据《地下水质量标准》（GB/T 14848—2017），已知某污染物Ⅰ、Ⅱ、Ⅲ、Ⅳ类标准分别为 0.001mg/L、0.001mg/L、0.002mg/L、0.01mg/L，某处地下水该污染物分析测试结果为0.001mg/L，采用单指标评价，该地下水质量应为（　　）类。

A. Ⅰ　　B. Ⅱ　　C. Ⅲ　　D. Ⅳ

2. 某建设项目地下水环境影响评价项目类别为Ⅱ类项目，评级范围涉及矿泉水地下水资源保护区，根据《环境影响评价技术导则 地下水环境》（HJ 610—2016），该项目地下水环境影响评价等级为（　　）。

A. 一级　　B. 二级

C. 三级　　D. 条件不足，无法判定

5.7 地下水环境保护措施与对策

5.7.1 基本要求

（1）地下水环境保护措施与对策应符合《中华人民共和国水污染防治法》和《中华人民共和国环境影响评价法》的相关规定，按照“源头控制、分区防控、污染监控、应急响应”且重点突出饮用水水质安全的原则确定。

（2）根据建设项目特点、调查评价区和场地环境水文地质条件，在建设项目可行性研究提出的污染防控对策的基础上，根据环境影响预测与评价结果，提出需要增加或完善的地下水环境保护措施和对策。

（3）改、扩建项目应针对现有工程引起的地下水污染问题，提出“以新带老”措施，有效减轻污染程度或控制污染范围，防止地下水污染加剧。

（4）给出各项地下水环境保护措施与对策的实施效果，初步估算各措施的投资概算，列表给出并分析其技术、经济可行性。

（5）提出合理、可行、操作性强的地下水污染防控的环境管理体系，包括地下水环境跟踪监测方案和定期信息公开等。

5.7.2 建设项目污染防控对策

1. 源头控制措施

源头控制措施主要包括提出各类废物循环利用的具体方案，减少污染物的排放量；提出工艺、管道、设备、污水储存及处理构筑物应采取的污染防控措施，将污染物“跑、冒、滴、漏”降到最低限度。

2. 分区防控措施

（1）结合地下水环境影响评价结果，对工程设计或可行性研究报告提出的地下水污染防控方案提出优化调整建议，给出不同分区的具体防渗技术要求。一般情况下，应以水平防渗为主，防控措施应满足以下要求：①已颁布污染控制标准或防渗技术规范的行业，水平防渗技术要求按照相应标准或规范执行，如 GB 16889、GB 18597、GB 18598、GB 18599、GB/T 50934 等；②未颁布相关标准的行业，应根据预测结果和建设项目场地包气带特征及其防污性能，提出防渗技术要求；或根据建设项目场地天然包气带防污性能、污染控制难易程度和污染物特性，参照表 5-6 提出防渗技术要求。其中污染控制难易程度分级和天然包气带防污性能分级参照表 5-7 和表 5-8 进行相关等级的确定。

表 5-6　地下水污染防渗分区参照表

防渗分区	天然包气带防污性能	污染控制难易程度	污染物类型	防渗技术要求
重点防渗分区	弱	难	重金属、持久性有机污染物	等效黏防层 Mb≥6.0m，$K\leq 1.0\times10^{-7}$cm/s；或参照 GB 18598 执行
	中-强	难		
	弱	易		
一般防渗分区	弱	易-难	其他类型	等效黏防层 Mb≥1.5m，$K\leq 1.0\times10^{-7}$cm/s；或参照 GB 18598 执行
	中-强	难		
	中	易	重金属、持久性有机污染物	
	强	易		
简单防渗分区	中-强	易	其他类型	一般地面硬化

注：Mb 为岩土层单层厚度；K 为渗透系数。

表 5-7　污染控制难易程度分级参照表

污染控制难易程度	主要特征
难	对地下水环境有污染的物料或污染物泄漏后，不能及时发现和处理
易	对地下水环境有污染的物料或污染物泄漏后，可及时发现和处理

表 5-8　天然包气带防污性能分级参照表

分级	包气带岩土的渗透性能
强	Mb≥1.0m，$K\leq 1.0\times10^{-6}$cm/s，且分布连续、稳定
中	0.5m≤Mb＜1.0m，$K\leq 1.0\times10^{-6}$cm/s，且分布连续、稳定； Mb≥1.0m，1.0×10^{-6}cm/s$<K\leq 1.0\times10^{-4}$cm/s，且分布连续、稳定
弱	岩（土）层不满足上述“强”和“中”条件

（2）对难以采取水平防渗的建设项目场地，可采用垂向防渗为主、局部水平防渗为辅的防控措施。

（3）根据非正常状况下的预测评价结果，在建设项目服务年限内个别评价因子超标范围超出厂界时，应提出优化总图布置的建议或地基处理方案。

3. 地下水环境监测与管理

（1）建立地下水环境监测管理体系，包括制订地下水环境影响跟踪监测计划、建立地下水环境影响跟踪监测制度、配备先进的监测仪器和设备，以便及时发现问题，采取措施。

（2）跟踪监测计划应根据环境水文地质条件和建设项目特点设置跟踪监测点，跟踪监测点应明确与建设项目的位置关系，给出点位、坐标、井深、井结构、监测层位、监测因子及监测频率等相关参数。

第一，跟踪监测点数量要求：一级、二级评价的建设项目，一般不少于 3 个，应至少在建设项目场地及其上、下游各布设 1 个。一级评价的建设项目，应在建设项目总图布置基础上，结合预测评价结果和应急响应时间要求，在重点污染风险源处增设监测点；三级评价的建设项目，一般不少于 1 个，应至少在建设项目场地下游布置 1 个。

第二，明确跟踪监测点的基本功能，如背景值监测点、地下水环境影响跟踪监测点、污染扩散监测点等，必要时，明确跟踪监测点兼具的污染控制功能。

第三，根据环境管理对监测工作的需要，提出有关监测机构、人员及装备的建议。

（3）制订地下水环境跟踪监测与信息公开计划。

第一，编制跟踪监测报告，明确跟踪监测报告编制的责任主体。跟踪监测报告内容一般应包括：建设项目所在场地及其影响区地下水环境跟踪监测数据，排放污染物的种类、数量、浓度以及生产设备、管廊或管线、贮存与运输装置、污染物贮存与处理装置、事故应急装置等设施的运行状况、“跑、冒、滴、漏”记录、维护记录。

第二，信息公开计划应至少包括建设项目特征因子的地下水环境监测值。

4. *应急响应*

制定地下水污染应急响应预案，明确污染状况下应采取的控制污染源、切断污染途径等措施。

【随堂测验】

下列关于地下水环境监测与管理说法错误的是（　　）。

A. 应建立地下水环境监测管理体系，包括制订地下水环境影响跟踪监测计划、建立地下水环境影响跟踪监测制度、配备先进的监测仪器和设备

B. 跟踪监测点应明确与建设项目的位置关系，给出点位、坐标、井深、井结构、监测层位、监测因子及监测频率等相关参数

C. 一级评价，跟踪监测点数量一般不少于 3 个，二级评价不少于 1 个

D. 编制跟踪监测报告，应明确跟踪监测报告编制的责任主体

思考题

1. 简述地下水环境影响评价工作等级划分的步骤。
2. 比较不同评价工作等级地下水环境影响评价技术要求的异同。
3. 简述水文地质条件调查的主要内容。
4. 简述地下水环境现状监测点布设原则与具体要求。
5. 简述地下水评价预测方法分类及其适用范围。

第 6 章　大气环境影响评价

【目标导学】

1. 知识要点

大气环境污染基础知识（大气成分、大气层的垂直分布、主要气象要素、大气边界层的温度场和风场），大气环境影响评价工作程序、评价等级、评价范围、评价标准和规范，大气环境现状调查与评价（环境空气质量现状调查与评价、大气污染源调查）、大气环境影响预测与评价（预测与评价方法、导则推荐模型）。

2. 重点难点

温度层结与烟羽形状的关系，大气评价工作等级判定方法，污染物浓度百分位数计算方法，估算模型 AERSCREEN 使用方法。

3. 基本要求

了解大气环境污染基础知识，理解温度层结与烟羽形状的关系，学会使用估算模型 AERSCREEN 对大气评价工作等级进行划分，掌握环境空气质量现状调查与评价及大气污染源调查方法，掌握大气导则推荐模型的适用范围、二次污染物预测方法、预测与评价内容及评价方法。

4. 教学方法

以教师课堂讲授为主，配合线上观看教学视频。大气环境预测模型是本章的教学难点，通过讲解估算模型 AERSCREEN 用户手册，了解模型的输入条件、参数和结果输出，利用估算模型可执行文件，结合具体案例，深入讲解该模型应用的要点和难点。围绕我国大气环境质量状况演变的最新研究成果，说明大气环境质量持续改善，开展课程思政教学。针对雾霾成因及其影响因素开展课堂研讨。建议 8 个学时。

6.1　大气环境基础知识

6.1.1　大气成分及垂直分布

1. 大气成分

地球大气层，又称大气圈，是因重力关系而围绕着地球的一层混合气体，是地球最外部的气体圈层。大气圈没有确切的上界，在离地表 2000～16000km 高空仍有稀薄的气体和基本粒子。90%的大气圈质量都集中在海平面以上 16km 以内的空间里，但是与人类关系最直接的，对大气污染影响最大的是低层大气。低层大气由干洁空气、水汽、悬浮着的固体微粒和液体微粒以及人为排放的大气污染物组成。干洁空气的主要成分有氮气和氧气，次要成分有氩气和二氧化碳，此外还有含量较少的惰性气体，如氖、氦、氪、氙等。大气中还有很多痕量气体，如甲烷、氮氧化物、二氧化硫等。水在大气中的含量是一个可变化的数值，为

1%～3%。由于自然和人为等原因，大气中还存在大量的悬浮颗粒物和杂质，起到影响和决定大气质量的作用。

1）干洁空气

通常把除水汽、液体和固体杂质外的整个混合气体称为干洁空气，是大气的主体，标准状态下的密度为 1.239kg/m^3。干洁空气中的氮、氧、二氧化碳和臭氧等气体在动植物生长和人类生产活动中起着重要的作用。大气中氮气的性质不活泼，不易与其他物质发生化学作用，只有少量氮分子可被土壤微生物摄取，参加大气固氮作用。氧气是地球上一切生命所必需的，易与多种元素发生化合反应。二氧化碳主要来源于燃料燃烧、动植物呼吸及有机物腐败，它对太阳短波辐射吸收能力很弱，而对长波辐射吸收能力很强，同时还能发射长波辐射，是最重要的温室气体。臭氧的作用与其在大气层中所处的高度密切相关，对流层臭氧是一种短生命期的温室气体，主要通过大气光化学反应产生和耗损。自 1750 年以来，对流层臭氧总量增加了 36%，这主要是因为人为排放的一些化合物（如甲烷、氮氧化物、一氧化碳和挥发性有机物）增加，破坏了原有的光化学反应平衡，导致对流层臭氧浓度上升。

2）水汽

大气中的水汽来自江、河、湖、海以及潮湿物体表面、动植物表面蒸发（蒸腾），并借助空气的垂直运动向上输送。大气中水汽的含量不固定，可随时间、地域和气象条件的不同发生很大变化。沙漠或极地上空的水汽极少，热带洋面上的水汽含量可多达 4%（体积比）。但总的来说，水汽绝大部分集中在低层，有 1/2 的水汽集中在 2km 以下，3/4 的水汽集中在 4km 以下，10～12km 高度以下的水汽约占全部水汽总量的 99%。水汽在大气中的含量虽然不大，但对天气变化却起着重要的作用，因而也是大气中重要组分之一。水汽是大气成分中唯一可以发生相变的，在自然常温下具有三相变化，产生云、雾、雨、雪和霜等一系列大气现象，影响着天气变化。水汽凝结物以云雾形式悬浮空中，可影响视程。水汽能强烈地吸收地表发出的长波辐射，也能向周围放出长波辐射，水汽的蒸发和凝结又能吸收和放出潜热，这都直接影响地面和空气的温度，影响大气的运动和变化。

3）杂质

除了气体成分，大气中还有很多的液体和固体杂质、微粒。这些悬浮于大气中的固体和液体微粒，称为气溶胶粒子。气溶胶粒子除含有由水汽变成的水滴和结晶外，主要是大气尘埃和其他杂质。气溶胶粒子是低层大气的重要组成部分，是自然现象和人类活动的产物。这些杂质的天然来源有火山爆发、尘沙、物质燃烧的颗粒物、流星陨落所产生的细小微粒、海水飞溅扬入大气后而被蒸发的盐粒、细菌、微生物、植物的孢子和花粉等。大气中的杂质能够促进水汽的凝结和升华，能吸收部分太阳辐射和阻挡地面辐射，影响地面和空气温度。杂质还能反射、折射和散射太阳光，产生各种大气光化学现象，并降低大气的透明度。

2. 大气层垂直分布

地球旋转作用以及距离地面不同高度的各层次大气对太阳辐射吸收程度上的差异，使得描述大气状态的温度、密度等气象要素在垂直方向上呈不均匀分布。通常把静态大气的温度和密度在垂直方向上的分布，称为大气温度层结和大气密度层结。根据大气在垂直方向上的密度、温度和运动规律的差异，将大气分为对流层、平流层、中间层、热层和散逸层。

1）对流层

对流层是大气中距地面最低的一层，其底界为地面。对流层平均厚度为 10～16km，随季节和温度而变化。一般来说，夏季对流层的厚度大于冬季。在赤道附近对流层厚度最大，两极最小，原因在于热带的对流强度比寒带要强烈。其特点包括：

（1）气温随高度升高而降低。由于对流层和地面接触，从地面获得热量，使得大气温度随高度增加而降低。通常每升高 100m 大气温度降低 0.65℃。

（2）空气密度大。对流层集中了大气质量的 3/4 和几乎所有的水蒸气。

（3）空气垂直对流强烈。对流层受地球表面的影响最大。贴近地面的空气吸收热量后会发生膨胀而上升，上层的冷空气则会下降，故在垂直方向上形成强烈的对流。对流层中也有大规模的水平运动。

（4）天气现象复杂多变。云、雾、雨、雪、雹、霜等主要天气现象都发生在对流层。因而该层对人类生产、生活和生态平衡的影响最大。

2）平流层

自对流层顶向上，直至大约 50km 高度处的大气称为平流层。在距地球表面 30～35km 处至平流层顶，大气温度随高度降低变化减小，趋于稳定，所以又称为同温层。平流层的特点：

（1）气温随高度的升高先不变后升高。这主要是地面辐射的减少和氧气、臭氧对太阳辐射吸收的结果。在 15～35km 高度范围内存在着一层厚度约为 20km 的臭氧层。臭氧吸收来自太阳的紫外辐射而分解为氧原子和氧分子，当它们又重新化合为臭氧分子时，便可释放大量的热能，导致平流层温度升高。

（2）平流层大气稳定，空气的垂直运动微弱，以水平运动为主。

（3）平流层空气稀薄，水汽和尘埃含量少，空气比较干燥，透明度高，很少出现天气现象。

3）中间层

距地球表面 50～85km 这一区域称为大气的中间层。该层内水汽极少，几乎没有云层出现。平流层和中间层的大气质量共占整个大气质量的 1/5。此层中气温随高度的升高而降低，这是因为没有臭氧吸收紫外线的作用，来自太阳辐射的大量紫外线穿过这一层大气未被吸收，同时氮气和氧气能吸收的短波辐射又大部分被上层的大气吸收了。由于下层气温比上层高，空气垂直对流运动强烈。

4）热层

热层是指距地球表面 80km 到约 500km 的大气层，也叫电离层。热层空气密度小，气体含量只占大气总质量的 0.5%。由于太阳辐射中波长小于 170nm 的紫外线几乎全部被该层中的分子氧和原子氧吸收，并且吸收的能量大部分用于气层的增温，使得大气温度随高度的升高而迅速增加。在太阳辐射的作用下，大部分气体分子发生电离，产生较高密度的带电粒子，因此也称为电离层。电离层能反射无线电波，其波动对全球的无线通信有重要影响。

5）散逸层

热层以上大气层称为散逸层，是大气圈向星际空间的过渡地带。在那里空气极为稀薄，质点间距离很大。随着高度升高，地心引力减弱，导致距离地表越远，质点运动速度越快，以致一些空气质点不断向星际空间逃逸，故得名散逸层。散逸层的温度随高度升高略有增加。

3. 大气边界层

大气边界层（atmospheric boundary layer，ABL）是大气层中最接近地球表面的空气，其流动受到地表摩擦阻力、温度差异和地球自转的影响，风速垂向剖面为不均匀分布。大气边界层的厚度为1000～1500m，由于人类主要居住和活动于大气边界层之中，故大气边界层对人类十分重要。大气边界层之上的对流层受地表影响较小，受地球自转影响较大。其垂向结构如图6-1所示。

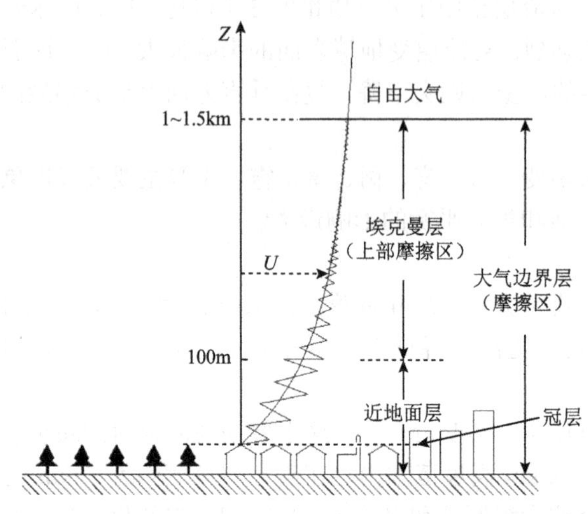

图6-1 大气边界层垂向结构示意图
U表示风速，Z表示海拔

大气边界层内的空气运动明显地受地面摩擦力的影响，其性质主要取决于地表面的热力和动力作用。该层厚度变化与外层气流的速度有关，也与其自身的气象条件有关，还与下垫面状况（如地形、地貌，建筑物、植被等）有关。通常，将大气边界层分为近地层和摩擦上层[即埃克曼层（Ekman layer）]。近地层为下垫面以上100m左右的大气，该层内湍流黏性力为主导力，风速随高度上升而增大；100m以上为埃克曼层，地球自转形成的科里奥利力在该层中起重要作用。了解大气边界层中的温度场、风场及湍流特征，对于研究大气扩散问题、进行大气环境影响评价具有重要意义。

6.1.2 主要气象要素

大气的物理状态和在其中发生的一切物理现象可以用一些物理量来加以描述。对大气状态和大气物理现象给予描述的物理量叫气象要素。气象要素的变化揭示了大气中的物理过程。气象要素主要有气温、气压、气湿、风向、风速、云况、云量、能见度、降水、蒸发量、日照时数、太阳辐射、地面及大气辐射等。

1. 气温、湿球温度与露点温度

气象学的气温是指离地面1.5m高度处的百叶箱中观测到的空气温度，也称为干球温度，一般用摄氏温度（℃）表示，理论计算常用热力学温度（K）表示。

湿球温度是指对一块空气进行加湿，其饱和（相对湿度达到100%）时所达到的温度。由于汽化潜热由空气块提供，故此温度低于干球温度，也是当前环境仅通过蒸发水所能达到的最低温度。湿球温度由实际空气温度（干球温度）和湿度决定。湿球温度可以用干湿球温度计测量。

露点温度指空气在水汽含量和气压都不改变的条件下，冷却到饱和时的温度，也就是空气中的水蒸气变为露珠时的温度。当空气中水汽达到饱和时，气温与露点温度相同；当水汽未达到饱和时，气温高于露点温度。所以露点温度与气温的差值可以表示空气中的水汽距离饱和的程度。

2. 气压

气压是指大气在单位面积上的作用力。度量大气压力的单位有毫米汞柱（mmHg）、标准大气压（atm）、巴（bar）、毫巴（mbar）、帕（Pa）；其中标准化单位帕（$1Pa = 1N/m^2$）作为气象上的法定计量单位。不同单位之间的关系是 1atm = 760mmHg = 101325Pa = 1013.25mbar。大气压力气压总是随着高度的增加而降低。根据实测，在近地层中高度每升高 100m，气压平均降低约 1240Pa。

3. 空气湿度

空气湿度是反映空气中水汽含量多少和空气潮湿程度的一个物理量，常用的表示方法有绝对湿度、水蒸气分压力、比湿、混合比、相对湿度、饱和差等。其中，以相对湿度应用最为普遍，它是空气中的水蒸气分压力与同温度下饱和水气压的比值，以百分数表示。

4. 风

气象学上把空气质点的水平运动称为风。风是一个矢量，用风向和风速描述其特征。

1）风向

风向指风的来向。风向的表示方法有两种：一种是方位表示法；另一种是角度表示法。风向的方位表示法可用 8 个方位或 16 个方位来表示。海洋和高空的风向较稳定，常用角度来表示。规定北风为 0°，正东风为 90°。统计所收集的长期地面气象资料中，各风向出现的频率，静风频率单独统计，在极坐标风向标出其频率的大小，这样绘制的图称为风向玫瑰图，如图 6-2 所示。一般应绘制一个地点各季及年平均风向玫瑰图。

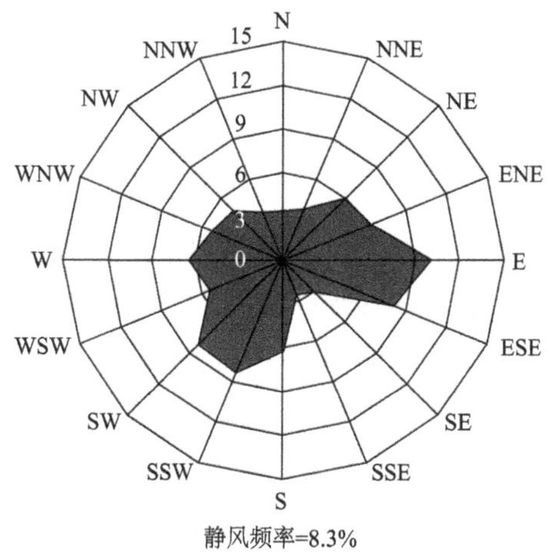

图 6-2　某地风向玫瑰图

主导风向是指风频最大的风向角的范围。风向角范围一般在连续 45°左右，对于以 16 方位角表示的风向，主导风向一般是指连续 2～3 个风向角的范围。某区域的主导风向应有明显的优势，其主导风向角风频之和应≥30%，否则可称该区域没有主导风向或主导风向不明显。

2）风速

风速是指空气在水平方向上移动的距离与所需时间的比值，风速的单位一般用 m/s 或 km/h 表示，地面气象站测定的风速为距地面高度 10m 处的风速。粗略估计风速，可依自然界的现象来判断它的大小，即以风力来表示。风力就是风作用到物体上的力，它的大小常以自然界的现象来表示。蒲福在 1805 年根据自然现象将风力分为 13 个等级（0～12 级），见表 6-1。根据蒲福制可粗略地由风级算出风速，计算公式为

$$u = 3.02\sqrt{F^3} \tag{6-1}$$

式中，u ——风速，km/h；

F ——蒲福风力等级。

表 6-1　蒲福风力等级

风级	名称	风速/(m/s)	风速/(km/h)	陆地地面物象	海面波浪	浪高/m	最高/m
0	无风	0.0～0.2	<1	静，烟直上	平静	0	0
1	软风	0.3～1.5	1～5	烟示风向	微波峰无飞沫	0.1	0.1
2	轻风	1.6～3.3	6～11	感觉有风	小波峰未破碎	0.2	0.3
3	微风	3.4～5.4	12～19	旌旗展开	小波峰顶破裂	0.6	1
4	和风	5.5～7.9	20～28	吹起尘土	小浪白沫波峰	1	1.5
5	清风	8.0～10.7	29～38	小树摇摆	中浪折沫峰群	2	2.5
6	强风	10.8～13.8	39～49	电线有声	大浪白沫离峰	3	4
7	劲风（疾风）	13.9～17.1	50～61	步行困难	破峰白沫成条	4	5.5
8	大风	17.2～20.7	62～74	折毁树枝	浪长高有浪花	5.5	7.5
9	烈风	20.8～24.4	75～88	小损房屋	浪峰倒卷	7	10
10	狂风	24.5～28.4	89～102	拔起树木	海浪翻滚咆哮	9	12.5
11	暴风	28.5～32.6	103～117	损毁重大	波峰全呈飞沫	11.5	16
12	台风（飓风）	>32.6	>117	摧毁极大	海浪滔天	14	—

注：本表所列风速是指平地上离地 10m 处的风速值。

中国气象局于 2001 年下发《台风业务和服务规定》，以蒲福风力等级将 12 级以上风级补充到 17 级，即 12 级台风为 32.7～36.9m/s，13 级为 37.0～41.4m/s，14 级为 41.5～46.1m/s，15 级为 46.2～50.9m/s，16 级为 51.0～56.0m/s，17 级为 56.1～61.2m/s。

5. 云量

云是大气中水汽凝结现象，它是由飘浮在空中的大量小水滴或小冰晶或两者的混合物构成的。云的生成、外形特征、量的多少、分布及其演变不仅反映了当时大气的运动状态，而且预示着天气演变的趋势。云量是云的多少，我国将视野能见的天空分为 10 等份，其中云

遮蔽了几份，云量就是几。例如，碧空无云，云量为零，阴天云量为 10。总云量是指不论云的高低或层次，所有的云遮蔽天空的分数，低云量是指低云遮蔽天空的分数。我国云量的记录规范规定以分数表示，分子为总云量，分母为低云量。低云量不应大于总云量，如总云量为 8，低云量为 3，记作 8/3，国外将天空分为 8 等份，其中云遮蔽了几份，云量就是几。

6. 能见度

在当时的天气条件下，正常人的眼睛所能见到的最大水平距离，称为能见度（即水平能见度）。所谓能见就是能把目标物的轮廓从它们的天空背景中分辨出来。为了知道能见距离的远近，事先必须选择若干固定的目标物，量出它们距离测点的距离，例如，山头、塔、建筑物等，作为能见度的标准。在夜间，必须以灯光作为目标物来确定能见度。能见度的单位常用米或千米。能见度的大小反映了大气的浑浊程度，指示大气中杂质的多少。

6.1.3　大气污染及其影响因素

大气污染是人类活动和自然过程使清洁大气中混入各种污染物，并达到一定程度，致使大气质量发生变化，自然的物理、化学和生态平衡体系遭到破坏，对人类生活、工作、健康造成急性和慢性危害，并对财产和器物造成损害的现象。其主要过程由污染源排放、大气传播、人与物受害这三个环节构成。

1. 大气污染分类

1）按存在形态分

大气污染按存在形态可分为颗粒态污染物和气态污染物。其中颗粒态污染物是大气中存在的各种固态和液态颗粒状物质的总称，其均匀地分散在空气中构成一个相对稳定的悬浮体系，即气溶胶体系，因此大气颗粒物也称为大气气溶胶（atmospheric aerosol）。由于大气颗粒物形状很不规则，为了便于对其大小进行描述，实际工作中通常采用空气动力学当量直径 D_p。D_p 定义为与实际大气颗粒物具有相同最终沉降速率的密度为 1g/cm^3 的球体直径。按照空气动力学当量直径的大小，通常将大气颗粒物分为总悬浮颗粒物（total suspended particulate，TSP，$D_p \leqslant 100\mu m$）、可吸入颗粒物（PM_{10}，$D_p \leqslant 10\mu m$）、细颗粒物（$PM_{2.5}$，$D_p \leqslant 2.5\mu m$）。

大气颗粒物对人体具有很大的危害性。飘浮在空气中的小粒子很容易被人吸入并沉积在支气管和肺部。粒子粒径越小，越容易通过呼吸道进入肺部，特别是粒径小于 1μm 的粒子可以直达肺泡。一般来说，粒径大于 10μm 的粒子大部分被阻留在鼻腔或口腔内，这些粒子大量沉积可导致上呼吸道疾病。而那些进入肺部的粒子，由于其本身可能具有毒性或携带有毒物质而对人体产生危害。近年来，流行病学、毒理学和有关呼吸道模式的研究表明，细颗粒物与臭氧的联合作用，是呼吸道发病率增多、心肺病死亡率日增的主要原因。

2）按生成机理分

大气污染按生成机理分为一次污染物和二次污染物。其中由人类或自然活动直接产生，由污染源直接排入环境的污染物称为一次污染物，如二氧化硫、二氧化氮、一氧化碳、颗粒物等，它们又可分为反应物和非反应物，前者不稳定，在大气环境中常与其他物质发生化学反应，或者作为催化剂促进其他污染物之间的反应，后者则不发生反应或反应速度缓慢。二次污染物是指排入环境中的一次污染物在物理、化学因素的作用下发生变化，或与环境中的其他物质发生反应所形成的新污染物。最常见的二次污染物如硫酸及硫酸盐气溶胶、硝酸及硝酸盐气溶胶、臭氧、光化学氧化剂。过氧乙酰硝酸酯（peroxyacetyl nitrate，PAN）是一种由光化学反应产生的重要二次污染物，其没有天然源，只有人为源，在光的参与下，乙醛与自由基通过 O_2 生成过氧乙酰基，再与 NO_2 反应而得。因此，大气中测得 PAN 即可作为发生光化学烟雾的依据。PAN 会对人体呼吸系统产生刺激作用，影响植物生长，降低植物对病虫害的抵抗力，导致农作物减产。属于同一类的污染物还有过氧苯酰硝酸酯、过氧丙酰硝酸酯和过氧丁酰硝酸酯，都是光化学烟雾的反应产物。

3）按性质分

大气污染按性质可分为化学污染物、物理污染物和生物污染物，具体包括硫化物、氮氧化物、碳氧化合物、碳氢化合物、含卤素化合物、放射性物质和其他有毒物质。其中硫化物的硫常以二氧化硫和硫化氢的形态进入大气，一部分以亚硫酸及硫酸（盐）微粒形式进入大气。氮氧化物（NO_x）种类很多，造成大气污染的 NO_x 主要是指 NO 和 NO_2，NO_x 是形成酸雨的主要物质之一，也是形成大气中光化学烟雾的重要物质和消耗臭氧的一个重要因子。碳氧化合物主要有 CO 和 CO_2 两种，CO 是无色、无臭的有毒气体，化学性质稳定，不易与其他物质发生化学反应，主要来自含碳物质不完全燃烧，天然源较少。碳氢化合物主要是由广泛应用石油和天然气作燃料和工业原料造成，包括脂肪族烃、脂环烃、芳香烃，脂肪族烃又包括烷、烯、炔烃，在常温下随碳原子多少而呈气态、液态和固态。碳氢化合物是形成光化学烟雾的主要成分，在活泼的氧化物如原子氧、臭氧、氢氧基等自由基的作用下，发生一系列链式反应，生成一系列的化合物，如醛、酮、烷、烯以及重要的中间产物——自由基。自由基进一步促进 NO 向 NO_2 转化，产生光化学烟雾的重要二次污染物——臭氧、醛、过氧乙酰硝酸酯。含卤素化合物可分为卤代烃、其他含氯化合物、氟化物三类。卤代烃包括卤代脂肪烃和卤代芳烃，如有机氯农药 DDT、六六六、多氯联苯（polychlorinated biphenyls，PCB）等以气溶胶形式存在。其他含氯化合物包括氯气和氯化氢。氟化物包括氟化氢和四氟化硅等生产废气。

4）其他

除了以上分类方法，大气污染按成因可分为自然污染源和人为污染源。按移动特性分为固定污染源、移（流）动污染源。按排放方式可分为点源、线源、面源。点源，如发电厂和供暖锅炉的排气筒；线源，如汽车、火车、飞机等大气污染源；面源，如石化区产生的大气污染。按排放时间分为连续源、间断源、瞬时源等。按排放高度分为地面源和高架源。

2. 大气污染影响因素

影响大气污染的主要因素有污染物排放情况、大气自净过程、污染物在大气中的转化情况、气象条件及地形条件等。

1）污染源排放情况

污染源排放情况会对大气污染状况产生直接影响。首先，污染源排放强度越大，即单位时间内排放的污染物越多，对大气污染影响越重。其次，大气污染还与污染源排放时间特征（连续排放或间断排放）、污染源排放高度（有组织排放与无组织排放）、生产工况（正常排放与非正常排放）等因素有关。

2）大气自净过程

大气自净是指大气中的污染物由于自然过程而从大气中除去或浓度降低的过程或现象。污染物进入大气后，通过稀释、扩散、转化等物理化学作用，使进入大气的污染物质浓度逐渐降低，并逐步恢复到自然浓度状态。大气自净作用有两种形式：其一是稀释作用，即污染物与大气混合而使污染物浓度降低，稀释能力强弱主要与大气边界层的温度场和风场等气象因素有关。其二是沉降和转化作用，即污染物因自重或雨水洗涤等原因或由于发生转化作用而从大气中被除去。例如，排入大气的一氧化碳，经稀释扩散，浓度降低，再经氧化变为二氧化碳，二氧化碳被绿色植物吸收后，空气成分恢复到原来的状态。

3）地形特征

地形特征也会影响大气污染的传输和扩散。按照排气筒附近的地形特征，可将地形划分为简单地形和复杂地形。距污染源中心点 5km 内的地形高度（不含建筑物）低于排气筒高度时，定义为简单地形，如图 6-3 所示。在此范围内地形高度不超过排气筒基底高度时，可认为地形高度为 0m。

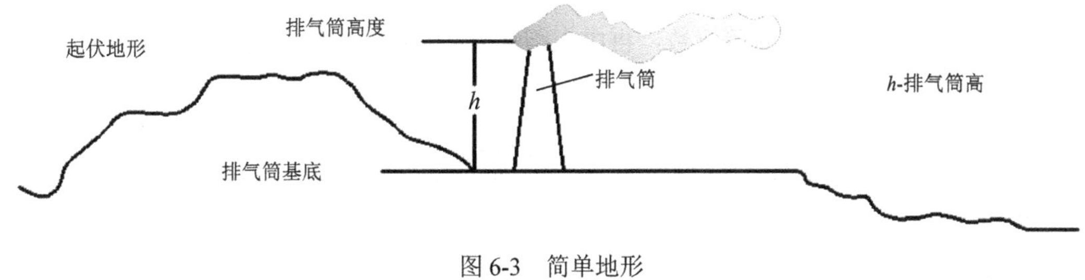

图 6-3　简单地形

距污染源中心点 5km 内的地形高度（不含建筑物）等于或超过排气筒高度时，定义为复杂地形，如图 6-4 所示。对于复杂地形下的污染物扩散模拟需要收集地形数据。

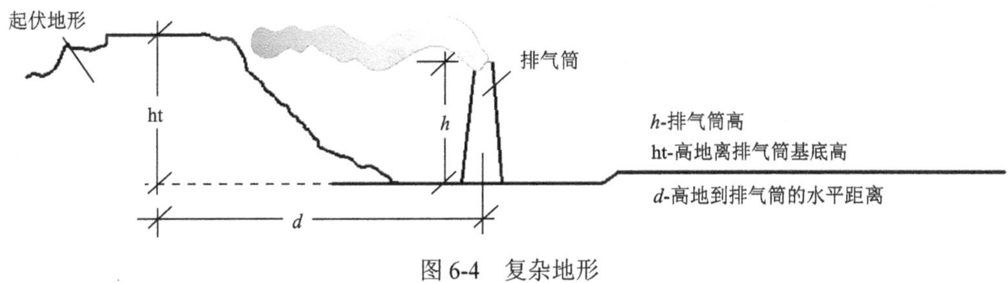

图 6-4　复杂地形

4）下垫面条件

下垫面是气流运动的下边界，对气流运动状态和气象条件都会产生热力和动力影响，从而影响空气污染物的扩散。山区地形、水陆界面和城市热岛效应是三个典型的下垫面对大气污染稀释扩散的影响情景。

3. 大气边界层温度场

1）大气稳定度

气温沿垂直高度的变化称为气温层结或层结。大气稳定度是指气团垂直运动的强弱程度。气温随高度变化的快慢可用气温垂直递减率来表达，它是指单位高差（通常取 100m）气温变化速率的负值，用 γ 表示，即 $\gamma = -\mathrm{d}T/\mathrm{d}Z$。如果气温随高度增高而降低，$\gamma$ 为正值；如果气温随高度增高而增高，γ 为负值。

大气中的气温层结有四种典型情况：其一，气温随高度的增高而递减，$\gamma > 0$，称为正常分布层结或递减层结；其二，气温随高度的增高而增加，$\gamma < 0$，称为气温逆转简称逆温；其三，气温垂直递减率等于或近似等于干绝热垂直递减率（常以 γ_d 表示），即 $\gamma = \gamma_d$，称为中性层结；其四，气温随铅直高度增加不变，$\gamma = 0$，称为等温层结。其中，干绝热垂直递减率 γ_d 是指干空气在绝热上升过程中每升高单位距离（通常取 100m）气温变化的负值，取 0.98K/100m。大气稳定度可以根据气温垂直递减率与干绝热垂直递减率的关系判断，即 $\gamma > \gamma_d$，大气不稳定；$\gamma < \gamma_d$，大气稳定；$\gamma = \gamma_d$，大气中性。

常用的大气稳定度分类方法有帕斯奎尔法（Pasquill）和国际原子能机构（international atomic energy agency，IAEA）推荐的方法。我国现有法规中推荐采用修订帕斯奎尔稳定度分类（Pasquill stability classes，P·S），将大气稳定度分为强不稳定、不稳定、弱不稳定、中性、较稳定和稳定，分别用 A、B、C、D、E、F 表示。确定大气稳定度时，首先计算太阳高度角 h_0，按表 6-2 查出太阳辐射等级数，再由太阳辐射等级数与地面风速，按表 6-3 查找大气稳定度等级。

表 6-2　太阳辐射等级数

云量，1/10	太阳辐射等级数				
总云量/低云量	夜间	$h_0 \leq 15°$	$15° < h_0 \leq 35°$	$35° < h_0 \leq 65°$	$h_0 > 65°$
≤4/≤4	−2	−1	+1	+2	+3
5～7/≤4	−1	0	+1	+2	+3
≥8/≤4	−1	0	0	+1	+1
≥5/5～7	0	0	0	0	+1
≥8/≥8	0	0	0	0	0

表 6-3　大气稳定度等级

地面风速/(m/s)	太阳辐射等级					
	+3	+2	+1	0	1	2
≤1.9	A	A-B	B	D	E	F
2～2.9	A-B	B	C	D	E	F
3～4.9	B	B-C	C	D	D	E
5～5.9	C	C-D	D	D	D	D
≥6	D	D	D	D	D	D

2）气温层结与烟流形状的关系

烟流扩散的形状与气温层结关系密切。气温层结不同，高架点源烟流扩散形状和特点也不相同，造成的大气污染状况差别很大。共包括五种典型的烟流形状，分别为波浪形（翻卷形）、锥形、扇形（长带形）、爬升形（上扬形）、漫烟形（熏烟形），如图 6-5 所示。

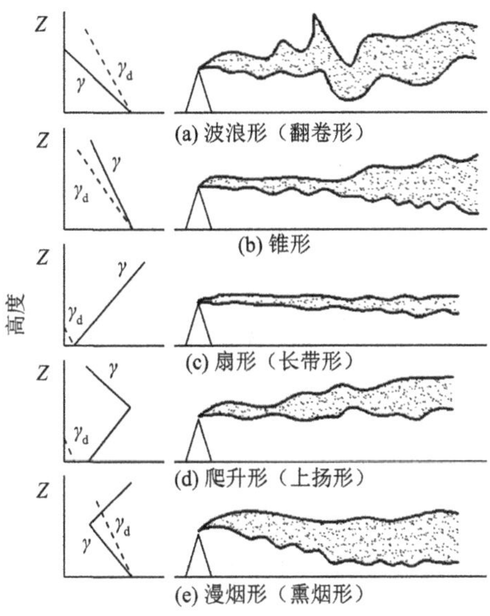

图 6-5　气温层结与烟流形状的关系

（1）波浪形（翻卷形）。

烟流上下摆动幅度很大，呈波浪状。大气处于不稳定状态，污染物扩散条件良好，发生在全层不稳定大气中，即 $\gamma > \gamma_d$。多发生在晴朗的白天，地面最大浓度落地点距烟囱较近，浓度较高。

（2）锥形。

烟云离开排放口一定距离后，云轴仍基本保持水平，外形似一个椭圆锥。烟云比波浪形规则，扩散能力比它弱，发生在大气处于中性和弱稳定状态，即 $\gamma \leqslant \gamma_d$。多出现于多云或阴天的白天，强风的夜晚或冬季夜间。

（3）扇形（长带形）。

烟流在垂直方向扩散速度很小，在水平方向缓慢扩散，像一条长带飘向远方，呈扇形展开。烟囱出口附近出现逆温层，大气处于稳定状态，即 $\gamma < 0$。污染情况随高度的不同而异。当烟囱很高时，近处地面上不会造成污染，在远方会造成污染，烟囱很低时，会造成近处地面上严重的污染。多出现于弱晴朗的夜晚和早晨。

（4）爬升形（上扬形）。

烟流的下侧边缘清晰，呈平直状，而其上部出现湍流扩散。即排气筒上方大气处于不稳定状态，$\gamma > \gamma_d$；排气筒下方大气处于稳定状态，$\gamma < 0$。一般在日落后出现，由于地面辐射冷却，底层形成逆温，而高空仍保持递减温度层结。它持续时间较短，对地面污染较小。

（5）漫烟形（熏烟形）。

与爬升形相反，烟流的上侧边缘清晰，呈平直状，而其下部出现较强的湍流扩散。烟云上方存在逆温层，烟云上升到一定高度，就受到逆温层的影响。即排气筒上方大气处于稳定状态，$\gamma < 0$；排气筒下方大气处于不稳定状态，$\gamma > \gamma_d$。通常发生于上午 8～10 点钟，日出后逆温从地面向上逐渐消失，即不稳定大气从地面向上逐渐扩展，当扩展到烟流的下边缘或更高时，烟流便发生了向下的强烈扩散，而上边缘仍处于逆温层中。当烟囱高度在上部逆温层以下时，烟云就好像被盖子盖住，只能向下部扩散。在污染源附近的污染物浓度很高，导致地面污染严重，这是最不利于扩散和稀释的气象条件。

4. 大气边界层风场

1）风速廓线

大气边界层中，由于摩擦力随着高度的增加而减小，风速将随高度的增加而增加，表示平均风速的值随高度变化的曲线称为风速廓线。风速廓线的数学表达式称为风速廓线模式。在大气扩散计算中，需要知道排气筒及其有效高度处的平均风速，但一般气象站只会观测地面风（10m 高处的风速）。因此，需要建立风速廓线模式，利用现有的地面风速资料，计算出不同高度的风速。一般情况下，可选用幂指数风速廓线模式来估算高空风速，即

$$u_2 = u_1\left(\frac{z_2}{z_1}\right)^p \tag{6-2}$$

式中，u_1、u_2——距地面 z_1 和 z_2 高度处的 10min 平均风速，m/s；

p——地面粗糙度和气温层结的函数。

在同一地区、相同稳定度情况下，幂指数 p 值为一常数；在不同地区或不同稳定度情况下，p 值取不同的值；大气越稳定，地面粗糙度越大，p 值越大，反之 p 值则越小，如表 6-4 所示。

表 6-4 不同稳定度下风速廓线幂指数 p 值

分类	稳定度					
	A	B	C	D	E	F
城市	0.1	0.15	0.20	0.25	0.30	0.30
乡村	0.07	0.07	0.10	0.15	0.25	0.25

2）地方性风场

山谷风：发生在山区的山风与谷风的总称，是以 24h 为周期的局地环流，由山坡和谷地受热不均匀产生。

海陆风：海风与陆风的总称，发生在海陆交界地带，是以 24h 为周期的局地环流。

城市热岛风：由城乡温度差引起的局地风。

【课程思政】介绍我国 2012 年出台的《环境空气质量标准》的背景，以及 2013 年国务院印发的《大气污染防治行动计划》对大气污染防治和控制所采取的具体措施。利用近年来我国大气环境质量状况变化的最新研究成果，说明我国大气环境质量持续改善，分析《大气污染防治行动计划》中提出的各项政策对空气质量改善和人群健康的贡献。体现党和政府对人民群众身体健康高度负责的态度。

【研讨话题】结合我国大气环境质量的演变过程，探讨雾霾形成原因及其影响因素，举例说明有哪些措施可以改善大气环境质量。

【随堂测验】

1. 可吸入颗粒物是指（　　）。

A. TSP　　B. PM_{10}　　C. $PM_{2.5}$　　D. $PM_{0.1}$

2. CO_2 对下列哪类电磁波的吸收能力较强（　　）。
A. 红外线　B. 可见光　C. 紫外线　D. X 射线
3. 当气温垂直递减率 γ 大于干绝热温度递减率 γ_d 时，排气筒烟流形状为（　　）。
A. 波浪形　B. 锥形　C. 扇形　D. 单向扩散型

6.2　大气环评概述

6.2.1　术语和定义

1）环境空气保护目标

环境空气保护目标（ambient air protection target）指评价范围内按《环境空气质量标准》（GB 3095—2012）规定划分为一类区的自然保护区、风景名胜区和其他需要特殊保护的区域，二类区中的居住区、文化区和农村地区中人群较集中的区域。

【延伸阅读】《环境空气质量标准》（GB 3095—2012）（2016 年 1 月 1 日起实施）。

2）基本污染物

基本污染物指 GB 3095—2012 中所规定的基本项目污染物。包括二氧化硫（SO_2）、二氧化氮（NO_2）、可吸入颗粒物（PM_{10}）、细颗粒物（$PM_{2.5}$）、一氧化碳（CO）、臭氧（O_3）。

3）其他污染物

其他污染物指除基本污染物以外的其他项目污染物。

4）非正常排放

非正常排放指生产过程中开停车（工、炉）、设备检修、工艺设备运转异常等非正常工况下的污染物排放，以及污染物排放控制措施达不到应有效率等情况下的排放。

5）空气质量模型

空气质量模型指采用数值方法模拟大气中污染物的物理扩散和化学反应的数学模型，包括高斯扩散模型和区域光化学网格模型。

高斯扩散模型，也称为高斯烟团或烟流模型，简称高斯模型。采用非网格、简化的输送扩散算法，没有复杂化学机理，一般用于模拟一次污染物的输送与扩散，或通过简单的化学反应机理模拟二次污染物。

区域光化学网格模型，简称网格模型。采用包含复杂大气物理（平流、扩散、边界层、云、降水、干沉降等）和大气化学（气、液、气溶胶、非均相）算法以及网格化的输送化学转化模型，一般用于模拟城市和区域尺度的大气污染物输送与化学转化。

6）推荐模型

推荐模型指生态环境主管部门按照一定的工作程序遴选，并以推荐名录形式公开发布的环境模型。列入推荐名录的环境模型简称推荐模型。当推荐模型适用性不能满足需要时，可采用替代模型。替代模型一般须经模型领域专家评审推荐，并经生态环境主管部门同意后方可使用。

7）短期浓度

短期浓度指某污染物的评价时段小于或等于 24h 的平均质量浓度，包括 1h 平均质量浓度、8h 平均质量浓度以及 24h 平均质量浓度（也称为日平均质量浓度）。

8）长期浓度

长期浓度指某污染物的评价时段大于等于 1 个月的平均质量浓度，包括月平均质量浓度、季平均质量浓度和年平均质量浓度。

6.2.2 工作任务

大气环境评价的工作任务是通过调查、预测等手段，对项目在建设阶段、生产运行和服务期满后（可根据项目情况选择）所排放的大气污染物对环境空气质量影响的程度、范围和频率进行分析、预测和评估，为项目的选址选线、排放方案、大气污染治理设施与预防措施制定、排放量核算，以及其他有关的工程设计、项目实施环境监测等提供科学依据或指导性意见。

6.2.3 工作分级

选择项目污染源正常排放的主要污染物及排放参数，采用《环境影响评价技术导则 大气环境》（HJ 2.2—2018）附录 A 推荐模型中的估算模型分别计算项目污染源的最大环境影响，然后按评价工作分级判据进行分级。

根据项目污染源初步调查结果，分别计算项目排放主要污染物的最大地面空气质量浓度占标率 P_i（第 i 个污染物，简称最大浓度占标率），以及第 i 个污染物的地面空气质量浓度达到标准值的 10%时所对应的最远距离 $D_{10\%}$。P_i 按式（6-3）计算：

$$P_i = \frac{c_i}{c_{oi}} \times 100\% \tag{6-3}$$

式中，P_i——第 i 个污染物的最大地面空气质量浓度占标率，%；

c_i——采用估算模型计算出的第 i 个污染物的最大 1h 地面空气质量浓度，$\mu g/m^3$；

c_{oi}——第 i 个污染物的环境空气质量浓度标准，$\mu g/m^3$。一般选用 GB 3095—2012 中 1h 平均质量浓度的二级浓度限值，如项目位于一类环境空气功能区，应选择相应的一级浓度限值；对该标准中未包含的污染物，使用各评价因子 1h 平均质量浓度限值。对仅有 8h 平均质量浓度限值、日平均质量浓度限值或年平均质量浓度限值的，可分别按 2 倍、3 倍、6 倍折算为 1h 平均质量浓度限值。

评价等级按表 6-5 的分级判据进行划分。最大地面空气质量浓度占标率 P_i 按式（6-3）计算，如污染物数 i 大于 1，取 P 值中最大者 P_{max}。

表 6-5 大气评价等级判别表

评价工作等级	评价工作分级判据
一级评价	$P_{max} \geqslant 10\%$
二级评价	$1\% \leqslant P_{max} < 10\%$
三级评价	$P_{max} < 1\%$

此外，评价等级的判定还应遵守以下规定。

（1）同一项目有多个污染源（两个及以上，下同）时，则按各污染源分别确定评价等级，并取评价等级最高者作为项目的评价等级。

（2）对电力、钢铁、水泥、石化、化工、平板玻璃、有色等高耗能行业的多源项目或以使用高污染燃料为主的多源项目，并且编制环境影响报告书的项目评价等级提高一级。

（3）对等级公路、铁路项目，分别按项目沿线主要集中式排放源（如服务区、车站大气污染源）排放的污染物计算其评价等级。

（4）对新建包含 1km 及以上隧道工程的城市快速路、主干路等城市道路项目，按项目隧道主要通风竖井及隧道出口排放的污染物计算其评价等级。

（5）对新建、迁建及飞行区扩建的枢纽及干线机场项目，应考虑机场飞机起降及相关辅助设施排放源对周边城市的环境影响，评价等级取一级。

（6）确定评价等级同时应说明估算模型计算参数和判定依据。

【研讨话题】大气环境影响评价的 2018 版新导则和 2008 版老导则在工作等级划分上有哪些变化，为什么要做相应调整。

6.2.4　工作程序

大气环境影响评价的工程程序可分为以下三个阶段。

第一阶段：主要工作包括研究有关文件，项目污染源调查，环境空气保护目标调查，评价因子筛选与评价标准确定，区域气象与地表特征调查，收集区域地形参数，确定评价等级和评价范围等。

第二阶段：主要工作依据评价等级要求开展，包括与项目评价相关污染源调查与核实，选择适合的预测模型，环境质量现状调查或补充监测，收集建立模型所需气象、地表参数等基础数据，确定预测内容与预测方案，开展大气环境影响预测与评价工作等。

第三阶段：主要工作包括制订环境监测计划，明确大气环境影响评价结论与建议，完成环境影响评价文件的编写等。

具体评价工作程序见图 6-6。

6.2.5　评价范围

一级评价项目根据建设项目排放污染物的最远影响距离（$D_{10\%}$）确定大气环境影响评价范围。即以项目厂址为中心区域，自厂界外延 $D_{10\%}$的矩形区域作为大气环境影响评价范围。当 $D_{10\%}$超过 25km 时，确定评价范围为边长 50km 的矩形区域；当 $D_{10\%}$小于 2.5km 时，评价范围边长取 5km。二级评价项目大气环境影响评价范围边长取 5km。三级评价项目不须设置大气环境影响评价范围。

此外，对于新建、迁建及飞行区扩建的枢纽及干线机场项目，评价范围还应考虑受影响的周边城市，最大边长取 50km。规划的大气环境影响评价范围为以规划区边界为起点，向外延伸污染物排放最远影响距离（$D_{10\%}$）形成的区域。

6.2.6　评价标准

《环境空气质量标准》首次发布于 1982 年，1996 年第一次修订，2000 年第二次修订，2012 年第三次修订。新修订的《环境空气质量标准》（GB 3895—2012）调整了环境空气功能区分类，将三类区并入二类区，增设了颗粒物（粒径小于或等于 2.5 μm）浓度限值和臭氧 8h 平均浓度限值，调整了颗粒物（粒径小于或等于 10 μm）、二氧化氮、铅和苯并[*a*]芘等的浓度限值，调整了数据统计的有效性规定。

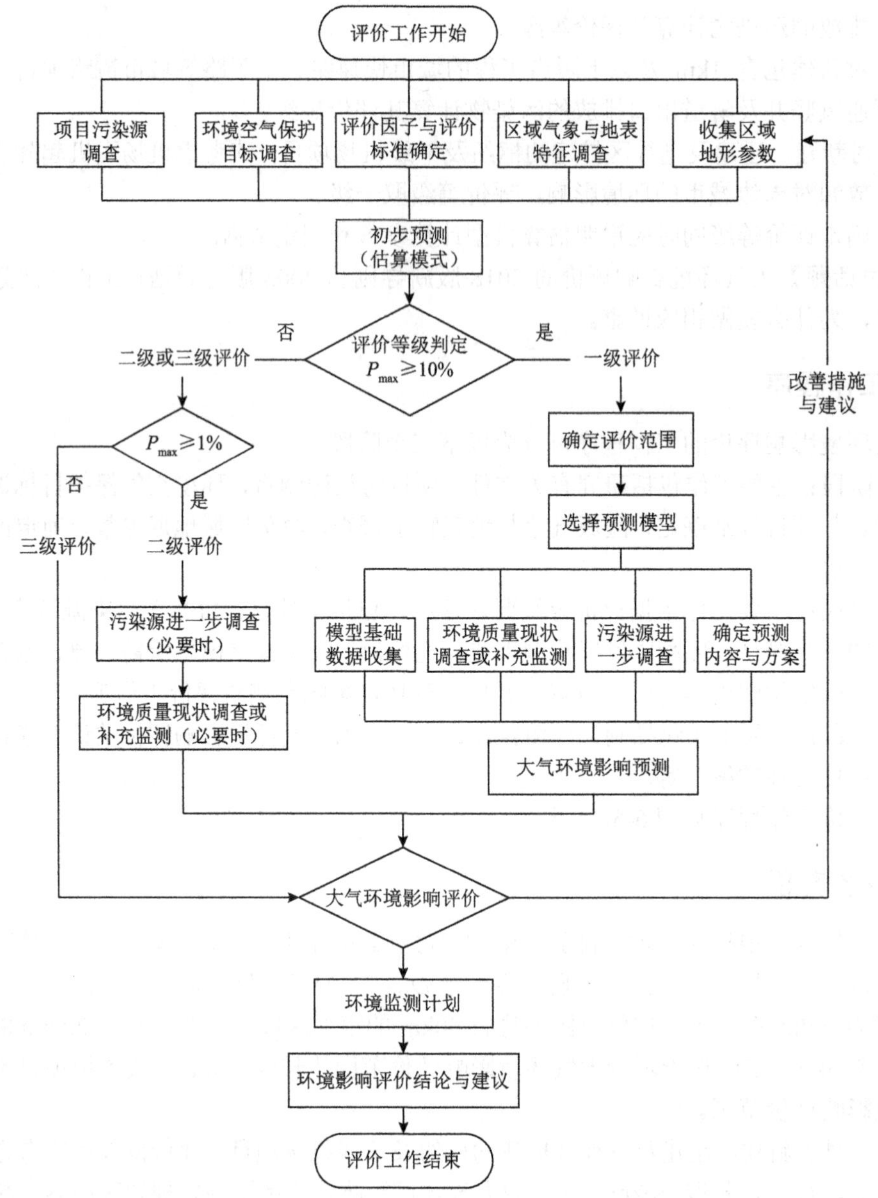

图 6-6　大气环境影响评价工作程序

1）主要内容与适用范围

（1）主要内容。

《环境空气质量标准》（GB 3895—2012）于 2012 年 2 月 29 日发布，为了加快推进我国大气污染治理，切实保障人民群众身体健康，自 2012 年起分期实施，2016 年 1 月 1 日在全国范围内实施。该标准将评价项目分为基本项目和其他项目，其中基本项目包括二氧化硫（SO_2）、二氧化氮（NO_2）、一氧化碳（CO）、臭氧（O_3）、可吸入颗粒物（粒径小于或等于 10 μm）、细颗粒物（粒径小于或等于 2.5 μm）6 项，其他项目包括总悬浮颗粒物（TSP）、氮氧化物（NO_x）、铅（Pb）、苯并[a]芘（BaP）4 项。

（2）适用范围。

本标准规定了环境空气功能区分类、标准分级、污染物项目、平均时间及浓度限值、监测方法、数据统计的有效性规定及实施与监督等内容，适用于环境空气质量评价与管理。

2）环境空气功能区和标准分类

环境空气功能区分为二类，一类区为自然保护区、风景名胜区和其他需要特殊保护的区域；二类区为居住区、商业交通居民混合区、文化区、工业区和农村地区。一类区适用一级浓度限值，二类区适用二级浓度限值。

3）基本项目浓度限值

基本项目浓度限值见表 6-6。

表 6-6　环境空气污染物基本项目浓度限值

序号	污染物项目	平均时间	浓度限值		单位
			一级	二级	
1	SO_2	年平均	20	60	μg/m³
		24 h 平均	50	150	
		1 h 平均	150	500	
2	NO_2	年平均	40	40	
		24 h 平均	80	80	
		1 h 平均	200	200	
3	CO	24 h 平均	4	4	mg/m³
		1 h 平均	10	10	
4	O_3	日最大 8 h 平均	100	160	μg/m³
		1 h 平均	160	200	
5	PM_{10}	年平均	40	70	
		24 h 平均	50	150	
6	$PM_{2.5}$	年平均	15	35	
		24 h 平均	35	75	

【延伸阅读】《环境空气质量指数（AQI）技术规定（试行）》（HJ 633—2012），与《环境空气质量标准》（GB 3895—2012）同步实施。

【随堂测验】

1. 大气环境评价工作等级的判定是根据（　　）确定。

   A. 最大地面浓度占标率 P_i

   B. 等标排放量

   C. 地面浓度占标率达标准限值 10%的最远距离 $D_{10\%}$

   D. 环境空气敏感区分布

2. 已知某项目大气污染源的最大地面浓度占标率 $P_{max} = 11\%$，该项目大气环境影响评价等级为（　　）。

A. 一级　　B. 二级　　C. 三级　　D. 四级

6.3　环境空气质量现状调查与评价

6.3.1　环境空气质量现状调查

1. 调查内容和目的

对于一级评价项目，需要调查项目所在区域环境质量达标情况，作为项目所在区域是否为达标区的判断依据。调查评价范围内有环境质量标准的评价因子的环境质量监测数据或进行补充监测，用于评价项目所在区域污染物环境质量现状，以及计算环境空气保护目标和网格点的环境质量现状浓度。

二级评价项目也需要调查项目所在区域环境质量达标情况。调查评价范围内有环境质量标准的评价因子的环境质量监测数据或进行补充监测，用于评价项目所在区域污染物环境质量现状。

三级评价项目只调查项目所在区域环境质量达标情况即可。

2. 数据来源

对于基本污染物环境质量现状数据，优先采用国家或地方生态环境主管部门公开发布的评价基准年环境质量公告或环境质量报告中的数据或结论，对项目所在区域进行达标判定。也可以采用评价范围内国家或地方环境空气质量监测网中评价基准年连续 1 年的监测数据，或采用生态环境主管部门公开发布的环境空气质量现状数据。如果评价范围内没有环境空气质量监测网数据或公开发布的环境空气质量现状数据，可选择符合《环境空气质量监测点位布设技术规范（试行）》（HJ 664—2013）规定，并且与评价范围地理位置邻近，地形、气候条件相近的环境空气质量城市点或区域点监测数据。对于位于环境空气质量一类区的环境空气保护目标或网格点，各污染物环境质量现状浓度可取符合 HJ 664—2013 规定，并且与评价范围地理位置邻近，地形、气候条件相近的环境空气质量区域点或背景点监测数据。

对于其他污染物环境质量现状数据，优先采用评价范围内国家或地方环境空气质量监测网中评价基准年连续 1 年的监测数据。评价范围内没有环境空气质量监测网数据或公开发布的环境空气质量现状数据的，可收集评价范围内近 3 年与项目排放的其他污染物有关的历史监测资料。在没有以上相关监测数据或监测数据不能满足评价要求时，应开展补充监测。

3. 补充监测

1）监测时段

根据监测因子的污染特征，选择污染较重的季节进行现状监测。补充监测应至少取得 7d 有效数据。对于部分无法进行连续监测的其他污染物，可监测其一次空气质量浓度，监测时次应满足所用评价标准的取值时间要求。

2）监测布点

以近 20 年统计的当地主导风向为轴向，在厂址及主导风向下风向 5km 范围内设置 1～2 个监测点。如需在一类区进行补充监测，监测点应设置在不受人为活动影响的区域。

3）监测方法

应选择符合监测因子对应环境质量标准或参考标准所推荐的监测方法，并在评价报告中注明。

4）监测采样

环境空气监测中的采样点、采样环境、采样高度及采样频率，按《环境空气质量监测点位布设技术规范（试行）》（HJ 664—2013）及相关评价标准规定的环境监测技术规范执行。

【研讨话题】与大气环境影响评价老导则相比，2018 版新导则为何增加了达标区与不达标区的大气环境影响评价要求，请谈谈你的看法。

6.3.2 监测结果分析与评价

1. 项目所在区域达标判断

环境空气质量达标情况的评价指标包括 SO_2、NO_2、PM_{10}、$PM_{2.5}$、CO 和 O_3，六项污染物全部达标即城市环境空气质量达标。此外，还可以根据国家或地方生态环境主管部门公开发布的城市环境空气质量达标情况，判断项目所在区域是否属于达标区。如果项目评价范围涉及多个行政区（县级或以上，下同），需分别评价各行政区的达标情况，若存在不达标行政区，则判定项目所在评价区域为不达标区。如果国家或地方生态环境主管部门未发布城市环境空气质量达标情况的，可按照《环境空气质量评价技术规范（试行）》（HJ 663—2013）中各评价项目的年评价指标进行判定。年评价指标中的年均浓度和相应百分位数 24h 平均或 8h 平均质量浓度满足《环境空气质量标准》（GB 3095—2012）中浓度限值要求的即达标。

【延伸阅读】《环境空气质量评价技术规范（试行）》（HJ 663—2013）（2013 年 10 月 1 日起实施）。

2. 环境质量现状评价

长期监测数据的现状评价内容，按《环境空气质量评价技术规范（试行）》（HJ 663—2013）中的统计方法对各污染物的年评价指标进行环境质量现状评价。对于超标的污染物，计算其超标倍数和超标率。补充监测数据的现状评价内容，分别对各监测点位不同污染物的短期浓度进行环境质量现状评价。对于超标的污染物，计算其超标倍数和超标率。

1）超标倍数

超标倍数计算方法如下：

$$B_i = (C_i - S_i) / S_i \tag{6-4}$$

式中，B_i——超标项目 i 的超标倍数；

C_i——超标项目 i 的浓度值；

S_i——超标项目 i 的浓度限值标准，一类区采用一级浓度限值标准，二类区采用二级浓度限值标准。

2）超标率

超标率按式（6-5）计算：

$$E_i = (A_i / B_i) \times 100\% \tag{6-5}$$

式中，E_i——评价项目 i 的超标率；

A_i——评价时段内评价项目 i 的超标数据个数；

B_i——评价时段内评价项目 i 的有效监测数据个数。

3. 环境空气保护目标及网格点环境质量现状浓度

对采用多个长期监测点位数据进行现状评价的，取各污染物相同时刻各监测点位的浓度平均值，作为评价范围内环境空气保护目标及网格点环境质量现状浓度，计算方法见式（6-6）。

$$C_{现状(x,y,t)} = \frac{1}{n}\sum_{j=1}^{n} C_{现状(j,t)} \tag{6-6}$$

式中，$C_{现状(x,y,t)}$——环境空气保护目标及网格点（x，y）在 t 时刻环境质量现状浓度，μg/m³；

$C_{现状(j,t)}$——第 j 个监测点位在 t 时刻环境质量现状浓度（包括短期浓度和长期浓度），μg/m³；

n——长期监测点位数。

对采用补充监测数据进行现状评价的，取各污染物不同评价时段监测浓度的最大值，作为评价范围内环境空气保护目标及网格点环境质量现状浓度。对于有多个监测点位数据的，先计算相同时刻各监测点位平均值，再取各监测时段平均值中的最大值。计算方法见式（6-7）。

$$C_{现状(x,y)} = \mathrm{MAX}\left[\frac{1}{m}\sum_{j=1}^{n} C_{监测(j,t)}\right] \tag{6-7}$$

式中，$C_{现状(x,y)}$——环境空气保护目标及网格点（x，y）环境质量现状浓度，μg/m³；

$C_{监测(j,t)}$——第 j 个监测点位在 t 时刻环境质量监测浓度（包括 1h 平均、8h 平均或日平均质量浓度），μg/m³；

m——现状补充监测点位数。

【随堂测验】

1. 按照《环境空气质量标准》（GB 3095—2012）的规定，风景名胜区应属于（　　）。

A. 一类区　　B. 二类区

C. 三类区　　D. 二类区或三类区

2. 对于大气环境三级评价项目，环境空气质量现状调查内容包括（　　）。

A. 区域环境质量达标情况

B. 开展环境质量现状监测

C. 开展环境质量补充监测

D. 计算保护目标环境质量现状浓度

6.4 大气污染源现状调查

6.4.1 调查对象

一级评价项目调查本项目不同排放方案有组织及无组织排放源，对于改建、扩建项目还应调查本项目现有污染源。本项目污染源调查包括正常排放和非正常排放，其中非正常排放调查内容包括非正常工况、频次、持续时间和排放量。调查本项目所有拟被替代的污染源（如有），包括被替代污染源名称、位置、排放污染物及排放量、拟被替代时间等。调查评价范围内与评价项目排放污染物有关的其他在建项目、已批复环境影响评价文件的拟建项目等污染源。对于编制报告书的工业项目，分析调查受本项目物料及产品运输影响新增的交通运输移动源，包括运输方式、新增交通流量、排放污染物及排放量。

二级评价项目参照一级评价项目的要求，调查本项目现有及新增污染源和拟被替代的污染源。三级评价项目，只调查本项目新增污染源和拟被替代的污染源。

对于城市快速路、主干路等城市道路的新建项目，需调查道路交通流量及污染物排放量。对于采用网格模型预测二次污染物的，需结合空气质量模型及评价要求，开展区域现状污染源排放清单调查。

6.4.2 调查内容及格式要求

按点源、面源、体源、线源、火炬源、烟塔合一排放源等不同污染源排放形式，分别给出污染源参数。

对于网格污染源，按照源清单要求给出污染源参数，并说明数据来源。当污染源排放为周期性变化时，还需给出周期性变化排放系数。

1. 点源

（1）排气筒底部中心坐标（坐标可采用 UTM 坐标或经纬度，下同），以及排气筒底部的海拔（m）。

（2）排气筒几何高度（m）及排气筒出口内径（m）。

（3）烟气流速（m/s）。

（4）排气筒出口处烟气温度（℃）。

（5）各主要污染物排放速率（kg/h），排放工况（正常排放和非正常排放，下同），年排放小时数（h）。

（6）点源（包括正常排放和非正常排放）参数调查清单参见 HJ 2.2—2018 表 C.9。

2. 面源

（1）面源坐标，其中，

矩形面源：初始点坐标，面源的长度（m），面源的宽度（m），与正北方向逆时针的夹角；

多边形面源：多边形面源的顶点数或边数（3～20）以及各顶点坐标；

近圆形面源：中心点坐标，近圆形半径（m），近圆形顶点数或边数。

（2）面源的海拔和有效排放高度（m）。

（3）各主要污染物排放速率（kg/h），排放工况，年排放小时数（h）。

（4）各类面源参数调查清单表参见 HJ 2.2—2018 表 C.10～表 C.12。

3. 体源

（1）体源中心点坐标，以及体源所在位置的海拔（m）。

（2）体源有效高度（m）。

（3）体源排放速率（kg/h），排放工况，年排放小时数（h）。

（4）体源的边长（m）（把体源划分为多个正方形的边长）。

（5）初始横向扩散参数（m），初始垂直扩散参数（m），体源初始扩散参数的估算见 HJ 2.2—2018 表 C.13、表 C.14。

（6）体源参数调查清单参见 HJ 2.2—2018 表 C.15。

4. 线源

（1）线源几何尺寸（分段坐标），线源宽度（m），距地面高度（m），有效排放高度（m），街道街谷高度（可选）（m）。

（2）各种车型的污染物排放速率[kg/(km·h)]。

（3）平均车速（km/h），各时段车流量（辆/h）、车型比例。

（4）线源参数调查清单参见 HJ 2.2—2018 表 C.16。

5. 火炬源

（1）火炬底部中心坐标，以及火炬底部的海拔（m）。

（2）火炬等效内径 D（m）：

$$D = 9.88 \times 10^{-4} \times \sqrt{\mathrm{HR} \times (1 - \mathrm{HL})}$$

式中，HR——总热释放速率，cal/s；

HL——辐射热损失比例，一般取 0.55。

（3）火炬的等效高度 h_{eff}（m）

$$h_{\mathrm{eff}} = \mathrm{Hs} + 4.56 \times 10^{-3} \times \mathrm{HR}^{0.478}$$

式中，Hs——火炬高度，m。

（4）火炬等效烟气排放速度（m/s），默认设置为 20m/s。

（5）排气筒出口处的烟气温度（℃），默认设置为 1000℃。

（6）火炬源排放速率（kg/h），排放工况，年排放小时数（h）。

（7）火炬源参数调查清单参见 HJ 2.2—2018 表 C.17。

6. 烟塔合一排放源

（1）冷却塔底部中心坐标，以及排气筒底部的海拔（m）。

（2）冷却塔高度（m）及冷却塔出口内径（m）。

（3）冷却塔出口烟气流速（m/s）。

（4）冷却塔出口烟气温度（℃）。

（5）烟气中液态水含量（kg/kg）。

（6）烟气相对湿度（%）。

（7）各主要污染物排放速率（kg/h），排放工况，年排放小时数（h）。

（8）冷却塔排放源参数调查清单参见 HJ 2.2—2018 表 C.18。

6.4.3 数据来源与调查方法

新建项目的污染源调查，依据《建设项目环境影响评价技术导则 总纲》（HJ 2.1—2016）、

《规划环境影响评价技术导则 总纲》（HJ 130—2019）、《排污许可证申请与核发技术规范 总则》（HJ 942—2018）、行业排污许可证申请与核发技术规范及各污染源源强核算技术指南，并结合工程分析从严确定污染物排放量。截至 2020 年 3 月，生态环境部已发布并实施钢铁工业、水泥工业、制浆造纸、火电等 19 个行业的污染源源强核算技术指南，具体文本可从生态环境部官网下载。

【延伸阅读】《污染源源强核算技术指南 准则》（HJ 884—2018）（2018 年 3 月 27 日起实施）

评价范围内在建和拟建项目的污染源调查，可使用已批准的环境影响评价文件中的资料；改建、扩建项目现状工程的污染源和评价范围内拟被替代的污染源调查，可根据数据的可获得性，依次优先使用项目监督性监测数据、在线监测数据、年度排污许可执行报告、自主验收报告、排污许可证数据、环评数据或补充污染源监测数据等。污染源监测数据应采用满负荷工况下的监测数据或者换算至满负荷工况下的排放数据。

网格模型模拟所需的区域现状污染源排放清单调查按国家发布的清单编制相关技术规范执行。污染源排放清单数据应采用近 3 年内国家或地方生态环境主管部门发布的包含人为源和天然源在内所有区域污染源清单数据。在国家或地方生态环境主管部门未发布污染源清单之前，可参照污染源清单编制指南自行建立区域污染源清单，并对污染源清单准确性进行验证分析。

【随堂测验】

1. 对于二级评价项目，下列哪项不属于大气污染源现状调查内容。（　　）

A. 现有污染源　　B. 新增污染源

C. 拟被替代污染源　　D. 其他在建项目污染源

2. 改建、扩建项目现状工程的污染源调查应优先使用下列哪种数据。（　　）

A. 在线监测数据　　B. 监督性监测数据

C. 自主验收报告　　D. 排污许可证数据

6.5　大气环境影响预测与评价

6.5.1　一般性要求

一级评价项目应采用进一步预测模型开展大气环境影响预测与评价。二级评价项目不进行进一步预测与评价，只对污染物排放量进行核算。三级评价项目不进行进一步预测与评价。

6.5.2　预测因子、预测范围和预测周期

1. 预测因子

预测因子根据评价因子而定，选取有环境质量标准的评价因子作为预测因子。

2. 预测范围

预测范围应覆盖评价范围，并覆盖各污染物短期浓度贡献值占标率大于 10%的区域。对

于经判定需预测二次污染物的项目，预测范围应覆盖 $PM_{2.5}$ 年平均质量浓度贡献值占标率大于 1%的区域。对于评价范围内包含环境空气功能区一类区的，预测范围应覆盖项目对一类区最大环境影响。此外，预测范围一般以项目厂址为中心，东西向为 X 坐标轴、南北向为 Y 坐标轴。

3. 预测周期

选取评价基准年作为预测周期，预测时段取连续 1 年。选用网格模型模拟二次污染物的环境影响时，预测时段应至少选取评价基准年 1 月、4 月、7 月、10 月。

6.5.3 预测模型与预测方法

1. 模型选择原则

一级评价项目应结合项目环境影响预测范围、预测因子及推荐模型的适用范围等选择空气质量模型。各推荐模型适用范围见表 6-7。当推荐模型适用性不能满足需要时，可选择适用的替代模型。

表 6-7 推荐模型适用范围

<table>
<tr><th rowspan="2">模型名称</th><th rowspan="2">适用污染源</th><th rowspan="2">适用排放形式</th><th rowspan="2">推荐预测范围</th><th colspan="3">模拟污染物</th><th rowspan="2">其他特性</th></tr>
<tr><th>一次污染物</th><th>二次 $PM_{2.5}$</th><th>O_3</th></tr>
<tr><td>AERMOD</td><td>点源、面源、线源、体源</td><td rowspan="4">连续源、间断源</td><td rowspan="4">局地尺度（≤50km）</td><td rowspan="4">模型模拟法</td><td rowspan="4">系数法</td><td rowspan="4">不支持</td><td rowspan="4">—</td></tr>
<tr><td>ADMS</td><td>点源、面源、线源、体源、网格源</td></tr>
<tr><td>AUSTAL2000</td><td>烟塔合一源</td></tr>
<tr><td>EDMS/AEDT</td><td>机场源</td></tr>
<tr><td>CALPUFF</td><td>点源、面源、线源、体源</td><td>连续源、间断源</td><td>城市尺度（50km 到几百千米）</td><td>模型模拟法</td><td>模型模拟法</td><td>不支持</td><td>局地尺度特殊风场，包括长期静、小风和岸边熏烟</td></tr>
<tr><td>区域光化学网格模型</td><td>网格源</td><td>连续源、间断源</td><td>区域尺度（几百千米）</td><td>模型模拟法</td><td>模型模拟法</td><td>模型模拟法</td><td>模拟复杂化学反应</td></tr>
</table>

2. 其他规定

当项目评价基准年内存在风速≤0.5m/s 的持续时间超过 72h 或近 20 年统计的全年静风（风速≤0.2m/s）频率超过 35%时，应采用 CALPUFF 模型进行进一步模拟。

当建设项目处于大型水体（海或湖）岸边 3km 范围内时，应首先采用估算模型判定是否会发生熏烟现象。如果存在岸边熏烟，并且估算的最大 1h 平均质量浓度超过环境质量标准，应采用 HJ 2.2—2018 附录 A 中的 CALPUFF 模型进行进一步模拟。

3. 使用要求

采用 HJ 2.2—2018 推荐模型时，应按要求提供污染源、气象、地形、地表参数等基础数据。环境影响预测模型所需气象、地形、地表参数等基础数据应优先使用国家发布的标准化数据。采用其他数据时，应说明数据来源、有效性及数据预处理方案。

4. 预测方法

采用推荐模型预测建设项目或规划项目对预测范围不同时段的大气环境影响。当建设项目或规划项目排放 SO_2、NO_x 及挥发性有机物（volatile organic compounds，VOCs）年排放量达到表 6-8 规定的量时，可按推荐的方法预测二次污染物。

表 6-8　二次污染物预测方法

污染物排放量/(t/a)		预测因子	二次污染物预测方法
建设项目	$SO_2 + NO_x \geqslant 500$	$PM_{2.5}$	AERMOD/ADMS（系数法）或 CALPUFF（模型模拟法）
规划项目	$500 \leqslant SO_2 + NO_x < 2000$	$PM_{2.5}$	AERMOD/ADMS（系数法）或 CALPUFF（模型模拟法）
	$SO_2 + NO_x \geqslant 2000$	$PM_{2.5}$	网格模型（模型模拟法）
	$NO_x + VOCs \geqslant 2000$	O_3	网格模型（模型模拟法）

采用 AERMOD、ADMS 等模型模拟 $PM_{2.5}$ 时，需将模型模拟的 $PM_{2.5}$ 一次污染物的质量浓度，同步叠加按 SO_2、NO_2 等前体物转化比率估算的二次 $PM_{2.5}$ 质量浓度，得到 $PM_{2.5}$ 的贡献浓度。前体物转化比率可引用科研成果或有关文献，并注意地域的适用性。对于无法取得 SO_2、NO_2 等前体物转化比率的，可取 φ_{SO_2} 为 0.58、φ_{NO_2} 为 0.44，按式（6-8）计算二次 $PM_{2.5}$ 贡献浓度。

$$C_{二次PM_{2.5}} = \varphi_{SO_2} \times C_{SO_2} + \varphi_{NO_2} \times C_{NO_2} \tag{6-8}$$

式中，$C_{二次PM_{2.5}}$——二次 $PM_{2.5}$ 质量浓度，μg/m^3；

φ_{SO_2}、φ_{NO_2}——SO_2、NO_2 浓度换算为 $PM_{2.5}$ 浓度的系数；

C_{SO_2}、C_{NO_2}——SO_2、NO_2 的预测质量浓度，μg/m^3。

采用 CALPUFF 或网格模型预测 $PM_{2.5}$ 时，模拟输出的贡献浓度应包括一次 $PM_{2.5}$ 和二次 $PM_{2.5}$ 质量浓度的叠加结果。对已采纳规划环境影响评价要求的规划所包含的建设项目，当工程建设内容及污染物排放总量均未发生重大变更时，建设项目环境影响预测可引用规划环评的模拟结果。

6.5.4　预测与评价内容

1. 达标区评价项目

项目正常排放条件下，预测环境空气保护目标和网格点主要污染物的短期浓度和长期浓度贡献值，评价其最大浓度占标率。此外，还需预测评价叠加环境空气质量现状浓度后，环境空气保护目标和网格点主要污染物保证率日平均质量浓度和年平均质量浓度的达标情况；对于项目排放的主要污染物仅有短期浓度限值的，评价其短期浓度叠加后的达标情况。如果是改建、扩建项目，还应同步减去“以新带老”污染源的环境影响。如果有区域削减项目，应同步减去削减源的环境影响。如果评价范围内还有其他排放同类污染物的在建、拟建项目，还应叠加在建、拟建项目的环境影响。

项目非正常排放条件下，预测评价环境空气保护目标和网格点主要污染物的 1h 最大浓度贡献值及占标率。

2. 不达标区评价项目

项目正常排放条件下，预测环境空气保护目标和网格点主要污染物的短期浓度和长期浓度贡献值，评价其最大浓度占标率。预测评价叠加大气环境质量限期达标规划（简称达标规划）的目标浓度后，环境空气保护目标和网格点主要污染物保证率日平均质量浓度和年平均质量浓度的达标情况；对于项目排放的主要污染物仅有短期浓度限值的，评价其短期浓度叠加后的达标情况。如果是改建、扩建项目，还应同步减去“以新带老”污染源的环境影响。如果有区域达标规划之外的削减项目，应同步减去削减源的环境影响。如果评价范围内还有其他排放同类污染物的在建、拟建项目，还应叠加在建、拟建项目的环境影响。对于无法获得达标规划目标浓度场或区域污染源清单的评价项目，需评价区域环境质量的整体变化情况。

项目非正常排放条件下，预测环境空气保护目标和网格点主要污染物的 1h 最大浓度贡献值，评价其最大浓度占标率。

3. 区域规划

预测评价区域规划方案中不同规划年叠加现状浓度后，环境空气保护目标和网格点主要污染物保证率日平均质量浓度和年平均质量浓度的达标情况；对于规划排放的其他污染物仅有短期浓度限值的，评价其叠加现状浓度后短期浓度的达标情况。

预测评价区域规划实施后的环境质量变化情况，分析区域规划方案的可行性。

4. 污染控制措施

对于达标区的建设项目，按达标区要求预测评价不同方案主要污染物对环境空气保护目标和网格点的环境影响及达标情况，比较分析不同污染治理设施、预防措施或排放方案的有效性。

对于不达标区的建设项目，按不达标区要求预测不同方案主要污染物对环境空气保护目标和网格点的环境影响，评价达标情况或评价区域环境质量的整体变化情况，比较分析不同污染治理设施、预防措施或排放方案的有效性。

5. 大气环境防护距离

对于项目厂界浓度满足大气污染物厂界浓度限值，但厂界外大气污染物短期贡献浓度超过环境质量浓度限值的，可以自厂界向外设置一定范围的大气环境防护区域，以确保大气环境防护区域外的污染物贡献浓度满足环境质量标准。对于项目厂界浓度超过大气污染物厂界浓度限值的，应要求削减排放源强或调整工程布局，待满足厂界浓度限值后，再核算大气环境防护距离。

大气环境防护距离内不应有长期居住的人群。不同评价对象或排放方案对应的预测内容和评价要求见表 6-9。

表 6-9　预测内容和评价要求

评价对象	污染源	污染源排放形式	预测内容	评价内容
达标区评价项目	新增污染源	正常排放	短期浓度 长期浓度	最大浓度占标率
	新增污染源 -“以新带老”污染源（如有） -区域削减污染源（如有） + 其他在建、拟建污染源（如有）	正常排放	短期浓度 长期浓度	叠加环境质量现状浓度后的保证率日平均质量浓度和年平均质量浓度的占标率，或短期浓度的达标情况
	新增污染源	非正常排放	1h 平均质量浓度	最大浓度占标率
不达标区评价项目	新增污染源	正常排放	短期浓度 长期浓度	最大浓度占标率
	新增污染源 -“以新带老”污染源（如有） -区域削减污染源（如有） + 其他在建、拟建的污染源（如有）	正常排放	短期浓度 长期浓度	叠加达标规划目标浓度后的保证率日平均质量浓度和年平均质量浓度的占标率，或短期浓度的达标情况 评价年平均质量浓度变化率
	新增污染源	非正常排放	1h 平均质量浓度	最大浓度占标率
区域规划	不同规划期/规划方案污染源	正常排放	短期浓度 长期浓度	保证率日平均质量浓度和年平均质量浓度的占标率 年平均质量浓度变化率
大气环境防护距离	新增污染源 -“以新带老”污染源（如有） + 项目全厂现有污染源	正常排放	短期浓度	大气环境防护距离

6.5.5　评价方法

1. 环境影响叠加

1）达标区环境影响叠加

预测评价项目建成后各污染物对预测范围的环境影响，应用本项目的贡献浓度，叠加（减去）区域削减污染源以及其他在建、拟建项目污染源环境影响，并叠加环境质量现状浓度。其中本项目预测的贡献浓度除新增污染源环境影响外，还应减去“以新带老”污染源的环境影响。

2）不达标区环境影响叠加

对于不达标区的环境影响评价，应在各预测点上叠加达标规划中达标年的目标浓度，分析规划达标年的保证率日平均质量浓度和年平均质量浓度的达标情况。叠加方法可以用达标规划方案中的污染源清单参与影响预测，也可直接用达标规划模拟的浓度场进行叠加计算。

2. 保证率日平均质量浓度

对于保证率日平均质量浓度，首先按上述环境影响叠加方法计算叠加后预测点上的日平均质量浓度，然后对该预测点所有日平均质量浓度从小到大进行排序，根据各污染物日平均质量浓度的保证率（p），计算排在 p 百分位数的第 m 个序数，序数 m 对应的日平均质量浓度即保证率日平均浓度 C_m。其中序数 m 计算方法见式（6-9）。

$$m=1+(n-1)\times p \tag{6-9}$$

式中，p——该污染物日平均质量浓度的保证率，按《环境空气质量评价技术规范（试行）》（HJ 663—2013）规定的对应污染物年评价中 24h 平均百分位数取值，%；

n——1 个日历年内单个预测点上的日平均质量浓度的所有数据个数，个；

m——百分位数 p 对应的序数（第 m 个），向上取整数。

3. 浓度超标范围

以评价基准年为计算周期，统计各网格点的短期浓度或长期浓度的最大值，所有最大浓度超过环境质量标准的网格，即该污染物浓度超标范围。超标网格的面积之和即该污染物的浓度超标面积。

4. 区域环境质量变化

当无法获得不达标区规划达标年的区域污染源清单或预测浓度场时，也可评价区域环境质量的整体变化情况。按式（6-10）计算实施区域削减方案后预测范围的年平均质量浓度变化率 k。当 k≤-20%时，可判定项目建设后区域环境质量得到整体改善。

$$k=[\bar{C}_{本项目(a)}-\bar{C}_{区域削减(a)}]/\bar{C}_{区域削减(a)}\times 100\% \tag{6-10}$$

式中，k——预测范围年平均质量浓度变化率，%；

$\bar{C}_{本项目(a)}$——本项目对所有网格点的年平均质量浓度贡献值的算术平均值，$\mu g/m^3$；

$\bar{C}_{区域削减(a)}$——区域削减污染源对所有网格点的年平均质量浓度贡献值的算术平均值，$\mu g/m^3$。

5. 大气环境防护距离

采用进一步预测模型模拟评价基准年内，本项目所有污染源（改建、扩建项目应包括全厂现有污染源）对厂界外主要污染物的短期贡献浓度分布。厂界外预测网格分辨率不应超过50m。在底图上标注从厂界起所有超过环境质量短期浓度标准值的网格区域，以自厂界起至超标区域的最远垂直距离作为大气环境防护距离。

6.5.6 导则推荐模型介绍

1. 推荐模型清单

HJ 2.2—2018 推荐的模型包括估算模型 AERSCREEN、进一步预测模型 AERMOD、ADMS、AUSTAL2000、EDMS/AEDT、CALPUFF 以及 CMAQ 等区域光化学网格模型。模型的适用情况见表 6-10。推荐模型的说明、执行文件、用户手册以及技术文档可到环境质量模型技术支持网站（http://data.lem.org.cn/eamds/apply/tostepone.html）下载。

表 6-10　推荐模型适用情况表

<table>
<tr><th>模型名称</th><th>适用性</th><th>适用污染源</th><th>适用排放形式</th><th>推荐预测范围</th><th>适用污染物</th><th>输出结果</th><th>其他特性</th></tr>
<tr><td>AERSCREEN</td><td>用于评价等级及评价范围判定</td><td>点源（含火炬源）、面源（矩形或圆形）、体源</td><td>连续源</td><td rowspan="5">局地尺度（≤50km）</td><td rowspan="5">一次污染物、二次 $PM_{2.5}$（系数法）</td><td>短期浓度最大值及对应距离</td><td>可以模拟熏烟和建筑物下洗</td></tr>
<tr><td>AERMOD</td><td rowspan="6">用于进一步预测</td><td>点源（含火炬源）、面源、线源、体源</td><td rowspan="6">连续源、间断源</td><td rowspan="6">短期和长期平均质量浓度及分布</td><td>可以模拟建筑物下洗、干湿沉降</td></tr>
<tr><td>ADMS</td><td>点源、面源、线源、体源、网格源</td><td>可以模拟建筑物下洗、干湿沉降，包含街道窄谷模型</td></tr>
<tr><td>AUSTAL2000</td><td>烟塔合一源</td><td>可以模拟建筑物下洗</td></tr>
<tr><td>EDMS/AEDT</td><td>机场源</td><td>可以模拟建筑物下洗、干湿沉降</td></tr>
<tr><td>CALPUFF</td><td>点源、面源、线源、体源</td><td>城市尺度（50km 到几百千米）</td><td>一次污染物和二次 $PM_{2.5}$</td><td>可以用于特殊风场，包括长期静、小风和岸边熏烟</td></tr>
<tr><td>区域光化学网格模型（CMAQ 或类似模型）</td><td>网格源</td><td>区域尺度（几百千米）</td><td>一次污染物和二次 $PM_{2.5}$、O_3</td><td>网格化模型，可以模拟复杂化学反应及气象条件对污染物浓度的影响等</td></tr>
</table>

注：生态环境部模型管理部门推荐的其他模型，按相应推荐模型适用情况进行选择。对区域光化学网格模型（CMAQ 或类似模型），在应用前应根据应用案例提供必要的验证结果。

1）估算模型（AERSCREEN）

估算模型 AERSCREEN 是基于 AERMOD 内核算法开发的单源估算模型，可计算污染源包括点源、带盖点源、水平点源、矩形面源、圆形面源、体源和火炬源，能够考虑地形、熏烟和建筑物下洗的影响，可以输出 1h 平均、8h 平均、24h 平均及年均地面浓度最大值，评价源对周边空气环境的影响程度和范围。一般用于大气环境影响评价等级及影响范围判定。

2）AERMOD

适用于定场的烟羽模型，是一个模型系统，包括三个方面的内容：AERMOD（AERMIC 扩散模型）、AERMAP（AERMOD 地形预处理）和 AERMET（AERMOD 气象预处理）。AERMOD 特殊功能包括对垂直非均匀的边界层的特殊处理，不规则形状的面源的处理，对流层的三维烟羽模型，在稳定边界层中垂直混合的局限性和对地面反射的处理，在复杂地形上的扩散处理和建筑物下洗的处理。

3）ADMS（大气扩散模式系统）

ADMS 是一个三维高斯模型，以高斯分布公式为主计算污染浓度，但在非稳定条件下的垂直扩散使用了倾斜式的高斯模型。烟羽扩散的计算使用了当地边界层的参数，化学模块中使用了远处传输的轨迹模型和箱式模型。可模拟计算点源、面源、线源和体源，模型考虑了建筑物、复杂地形、湿沉降、重力沉降和干沉降以及化学反应、烟气抬升、喷射和定向排放等影响，可计算各取值时段的浓度值，并有气象预处理程序。

4）AUSTAL2000 模式系统

AUSTAL2000 模式适用于冷却塔排烟大气扩散模拟，其采用拉格朗日粒子随机游走大气污染物扩散模式，并集成了烟羽抬升计算 S/P 模式，可模拟有巨大潜热的湿烟团在空气中的迁移扩散。

5）CALPUFF

多层、多种非定场烟团扩散模型，模拟在时空变化的气象条件下对污染物输送、转化和清除的影响。CALPUFF 适用于几十至几百千米范围的评价。它包括计算次层网格区域的影响（如地形的影响）和长距离输送的影响（如干湿沉降导致的污染物清除、化学转变和颗粒物浓度对能见度的影响）。

6）EDMS/AEDT 模式系统

EDMS/AEDT 模式内置了 MOBILE 排放模型和 AERMOD 扩算模型两个模块，既可以对机场内飞机发动机、辅助动力设备、地面保障设备、机动车辆等排放源进行统计计算，又可以模拟污染物扩散影响。

7）CMAQ 模式系统

CMAQ 模型能模拟中、小尺度气象过程对污染物的输送、扩散、转化和迁移过程，同时兼顾了区域与城市尺度大气污染物的相互影响以及污染物在大气中的各种化学过程，包括液相化学过程、非均相化学过程、气溶胶过程和干湿沉降过程对浓度分布的影响。CMAQ 模型由 5 个主要模块组成，其核心是化学传输模块 CCTM，可以模拟污染物的传输过程、化学过程和沉降过程；初始值模块 ICON 和边界值模块 BCON 为 CCTM 提供污染物初始场和边界场；光化学分解速率模块 JPROC 计算光化学分解速率；气象-化学接口模块 MCIP 是气象模型和 CCTM 的接口，把气象数据转化为 CCTM 可识别的数据格式。CMAQ 模型计算所需的气象场由气象模型提供，如 WRF 中尺度气象模型等；所需的源清单由排放处理模型提供，如 SMOKE 模型等。CMAQ 适用于区域与城市尺度的大气污染物模拟。

2. 模型适用性

1）预测范围

模型选取需考虑所模拟的范围。模型按模拟尺度可分为三类，即局地尺度（50km 以下）、城市尺度（几十到几百千米）、区域尺度（几百千米）模型。

在模拟局地尺度环境空气质量影响时，一般选用 HJ 2.2—2018 推荐的估算模型、AERMOD、ADMS、AUSTAL2000 等模型；在模拟城市尺度环境空气质量影响时，一般选用 HJ 2.2—2018 推荐的 CALPUFF 模型；在模拟区域尺度空气质量影响或需考虑对二次 $PM_{2.5}$ 及 O_3 有显著影响的排放源时，一般选用 HJ 2.2—2018 推荐的包含复杂物理、化学过程的区域光化学网格模型。

2）污染源排放形式

模型选取需考虑所模拟污染源的排放形式。污染源从排放形式上可分为点源（含火炬源）、面源、线源、体源、网格源等；污染源从排放时间上可分为连续源、间断源、偶发源等；污染源从排放的运动形式上可分为固定源和移动源，其中移动源包括道路移动源和非道路移动源。此外还有一些特殊排放形式，如烟塔合一源和机场源。

AERMOD、ADMS 及 CALPUFF 等模型可直接模拟点源、面源、线源、体源，AUSTAL2000 可模拟烟塔合一源，EDMS/AEDT 可模拟机场源，区域光化学网格模型需要使用网格化污染源清单。

3）污染物性质

模型选取需考虑评价项目和所模拟污染物的性质。污染物从性质上可分为颗粒态污染物和气态污染物，也可分为一次污染物和二次污染物。当模拟 SO_2、NO_2 等一次污染物时，可依据预测范围选用适合尺度的模型。当模拟二次 $PM_{2.5}$ 时，可采用系数法进行估算，或选用包括物理过程和化学反应机理模块的城市尺度模型。对于规划项目需模拟二次 $PM_{2.5}$ 和 O_3 时，也可选用区域光化学网格模型。

4）特殊气象条件

岸边熏烟。当在近岸内陆上建设高烟囱时，需要考虑岸边熏烟问题。由于水陆地表的辐射差异，水陆交界地带的大气由地面不稳定层结过渡到稳定层结，当聚集在大气稳定层结内的污染物遇到不稳定层结时将发生熏烟现象，在某固定区域将形成地面的高浓度。在缺少边界层气象数据或边界层气象数据的精确度和详细程度不能反映真实情况时，可选用 HJ 2.2—2018 推荐的估算模型获得近似的模拟浓度，或者选用 CALPUFF 模型。

长期静、小风。长期静、小风的气象条件是指静风和小风持续时间达几个小时到几天，在这种气象条件下，空气污染扩散（尤其是来自低矮排放源），可能会形成相对高的地面浓度。CALPUFF 模型对静风湍流速度作了处理，当模拟城市尺度以内的长期静、小风时的环境空气质量时，可选用 HJ 2.2—2018 推荐的 CALPUFF 模型。

3. 输入数据及参数

1）气象数据

（1）AERSCREEN。

模型所需最高和最低环境温度，一般需选取评价区域近 20 年以上资料统计结果。最小风速可取 0.5m/s，风速计高度取 10m。

（2）AERMOD 和 ADMS。

地面气象数据选择距离项目最近或气象特征基本一致的气象站的逐时地面气象数据，要素至少包括风速、风向、总云量和干球温度。根据预测精度要求及预测因子特征，可选择观测资料包括：湿球温度、露点温度、相对湿度、降水量、降水类型、海平面气压、地面气压、云底高度、水平能见度等。其中对观测站点缺失的气象要素，可采用经过验证的模拟数据或采用观测数据进行插值得到。

高空气象数据选择模型所需观测或模拟的气象数据，要素至少包括一天早晚两次不同等压面上的气压、离地高度和干球温度等，其中离地高度 3000m 以内的有效数据层数应不少于 10 层。

（3）AUSTAL2000。

地面气象数据选择距离项目最近或气象特征基本一致的气象站的逐时地面气象数据，要素至少包括风向、风速、干球温度、相对湿度，以及采用测量或模拟气象资料计算得到的稳定度。

（4）CALPUFF。

地面气象资料应尽量获取预测范围内所有地面气象站的逐时地面气象数据，要素至少包括风速、风向、干球温度、地面气压、相对湿度、云量、云底高度。若预测范围内地面观测站少于 3 个，可采用预测范围外的地面观测站进行补充，或采用中尺度气象模拟数据。

高空气象资料应获取最少 3 个站点的测量或模拟气象数据，要素至少包括一天早晚两次不同等压面上的气压、离地高度、干球温度、风向及风速，其中离地高度 3000m 以内的有效数据层数应不少于 10 层。

（5）区域光化学网格模型。

区域光化学网格模型的气象场数据可由 WRF 或其他区域尺度气象模型提供。气象场应至少涵盖评价基准年 1 月、4 月、7 月、10 月。气象模型的模拟区域范围应略大于区域光化学网格模型的模拟区域，气象数据网格分辨率、时间分辨率与区域光化学网格模型的设定相匹配。在气象模型的物理参数化方案选择时应注意和区域光化学网格模型所选择参数化方案的兼容性。非在线的 WRF 等气象模型计算的气象数据提供给区域光化学网格模型应用时，需要经过相应的数据前处理，处理的过程包括光化学网格模拟区域截取、垂直差值、变量选择和计算、数据时间处理以及数据格式转换等。

2）地形数据

原始地形数据分辨率不得小于 90m。

3）污染源参数

AERSCREEN 应采用满负荷运行条件下排放强度及对应的污染源参数。进一步预测模型应包括正常排放和非正常排放下排放强度及对应的污染源参数。对于源强排放有周期性变化的，还需根据模型模拟需要输入污染源周期性排放系数。

区域光化学网格模型所需污染源包括人为源和天然源两种形式。其中人为源按空间几何形状分为点源（含火炬源）、面源和线源。道路移动源可以按线源或面源形式模拟，非道路移动源可按面源形式模拟。点源清单应包括烟囱坐标、地形高程、排放口几何高度、出口内径、烟气量、烟气温度等参数。面源应按行政区域提供或按经纬度网格提供。

点源、面源和线源需要根据区域光化学网格模型所选用的化学机理和时空分辨率进行前处理，包括污染物的物种分配和空间分配、点源的抬升计算、所有污染物的时间分配以及数据格式转换等。模型网格上按照化学机理分配好的物种还需要进行月变化、日变化和小时变化的时间分配。

区域光化学网格模型需要的天然源排放数据由天然源估算模型按照区域光化学网格模型所选用的化学机理模拟提供。天然源估算模型可以根据植被分布资料和气象条件，计算不同模型模拟网格的天然源排放。

4）地表参数

AERSCREEN 和 ADMS 的地表参数根据模型特点取项目周边 3km 范围内占地面积最大的土地利用类型来确定。AERMOD 地表参数一般根据项目周边 3km 范围内的土地利用类型进行合理划分，或采用 AERSURFACE 直接读取可识别的土地利用数据文件。AERMOD 和 AERSCREEN 所需的区域湿度条件划分可根据中国干湿地区划分进行选择。CALPUFF 采用模型可以识别的土地利用数据来获取地表参数，土地利用数据的分辨率一般不小于模拟网格分辨率。

5）模型计算设置

（1）城市/农村选项。

当项目周边 3km 半径范围内一半以上面积属于城市建成区或者规划区时，选择城市，否则选择农村。当选择城市时，城市人口数按项目所属城市实际人口或者规划的人口数输入。

（2）岸边熏烟选项。

对于 AERSCREEN，当污染源附近 3km 范围内有大型水体时，需选择岸边熏烟选项。

（3）计算点和网格点设置。

AERSCREEN 在距污染源 10～25km 处默认为自动设置计算点，最远计算距离不超过污染源下风向 50km。采用 AERSCREEN 计算评价等级时，对于有多个污染源的可取污染物等标排放量 P_0 最大的污染源坐标作为各污染源位置。污染物等标排放量 P_0 计算见式（6-11）。

$$P_0 = \frac{Q}{C_0} \times 10^{12} \tag{6-11}$$

式中，P_0——污染物等标排放量，m^3/a；

Q——污染源排放污染物的年排放量，t/a；

C_0——污染物的环境空气质量浓度标准，μg/m^3，取值同式（6-3）中 c_{oi}。

AERMOD 和 ADMS 预测网格点的设置应具有足够的分辨率以尽可能精确预测污染源对预测范围的最大影响。网格点间距可以采用等间距或近密远疏法进行设置，距离源中心 5km 的网格间距不超过 100m，5～15km 的网格间距不超过 250m，大于 15km 的网格间距不超过 500m。

CALPUFF 模型中需要定义气象网格、预测网格和受体网格（包括离散受体）。其中气象网格范围和预测网格范围应大于受体网格范围，以保证有一定的缓冲区域考虑烟团的迂回和回流等情况。预测网格间距根据预测范围确定，应选择足够的分辨率以尽可能精确预测污染源对预测范围的最大影响。预测范围小于 50km 的网格间距不超过 500m，预测范围大于 100km 的网格间距不超过 1000m。

区域光化学网格模型模拟区域的网格分辨率根据所关注的问题确定，并能精确到可以分辨出新增排放源的影响。模拟区域的大小应考虑边界条件对关心点浓度的影响。为提高计算精度，预测网格间距一般不超过 5km。

对于邻近污染源的高层住宅楼，应适当考虑不同代表高度上的预测受体。

（4）建筑物下洗。

如果烟囱实际高度小于根据周围建筑物高度计算的最佳工程方案（GEP）烟囱高度时，且位于 GEP 的 5L 影响区域内时，则要考虑建筑物下洗的情况。具体计算方法参见 HJ 2.2—2018 附录 B。

6）其他选项

（1）AERMOD 模型。

第一，颗粒物干沉降和湿沉降。

当 AERMOD 计算考虑颗粒物湿沉降时，地面气象数据中需要包括降雨类型、降雨量、相对湿度和站点气压等气象参数。

考虑颗粒物干沉降需要输入的参数是干沉降速度，用户可根据需要自行输入干沉降速度，也可输入气体污染物的相关沉降参数和环境参数自动计算干沉降速度。

第二，气态污染物转化。

AERMOD 模型中采用特定的指数衰减模型模拟 SO_2 转化，需输入的参数包括半衰期或衰减系数。通常半衰期和衰减系数的关系：衰减系数（s^{-1}）＝0.693/半衰期（s）。AERMOD

模型中缺省设置的 SO_2 指数衰减的半衰期为 14400s。

AERMOD 模型的 NO_2 转化算法，可采用 PVMRM（烟羽体积摩尔率法）、OLM（O_3 限制法）或 ARM2 算法（环境比率法 2）。对于能获取到有效环境中 O_3 浓度及烟道内 NO_2/NO_x 比率数据时，优先采用 PVMRM 或 OLM 方法。如果采用 ARM2 算法，对 1h 浓度采用内定的比例值上限 0.9，年均浓度内置比例下限 0.5。当选择 NO_2 化学转化算法时，NO_2 源强应输入 NO_x 排放源强。

（2）CALPUFF 模型。

CALPUFF 在考虑化学转化时需要 O_3 和 NH_3 的现状浓度数据。O_3 和 NH_3 的现状浓度可采用预测范围内或邻近的例行环境空气质量监测点监测数据，或其他有效现状监测资料进行统计分析获得。

（3）区域光化学网格模型。

第一，初始条件和边界条件。

区域光化学网格模型的初始条件和边界条件可通过模型自带的初始边界条件处理模块产生，以保证模拟区域范围、网格数、网格分辨率、时间和数据格式的一致性。初始条件使用上一个时次模拟的输出结果作为下一个时次模拟的初始场；边界条件使用更大模拟区域的模拟结果作为边界场，如子区域网格使用母区域网格的模拟结果作为边界场，外层母区域网格可使用预设的固定值或者全球模型的模拟结果作为边界场。

第二，参数化方案选择。

针对相同的物理、化学过程，区域光化学网格模型往往提供几种不同的算法模块。在模拟中根据需要选择合适的化学反应机理、气溶胶方案和云方案等参数化方案，并保证化学反应机理、气溶胶方案以及其他参数之间的相互匹配。

在应用中，应根据使用的时间和区域，对不同参数化方案的区域光化学网格模型应用效果进行验证比较。

【随堂测验】

1. 应开展大气环境影响预测与评价的项目为（　　）。

A. 一级评价项目　　B. 二级评价项目
C. 三级评价项目　　D. 一级和二级评价项目

2. 下列哪种空气质量模型可以用来模拟 O_3。（　　）

A. AERMOD　　B. ADMS
C. CALPUFF　　D. 区域光化学网格模型

思考题

1. 对于大气环境一级评价项目，环境空气现状调查的内容包括哪些？
2. 环境空气现状评价对于基本污染物环境质量现状数据来源的要求包括哪些？
3. 新建项目大气污染源调查的数据来源与调查方法包括哪些？
4. 如何确定大气环境影响评价范围？

第7章　声环境影响评价

【目标导学】

1. 知识要点

环境噪声的特征、影响、噪声源及其分类，与噪声有关的评价标准和技术规范，环境噪声评价基础、声环境现状调查与评价、影响预测与评价等。

2. 重点难点

声压级的计算方法，合成声压计算方法，A声级和累积百分声级的概念，点声源和线声源几何衰减计算方法。

3. 基本要求

了解环境噪声的特征、影响、噪声源及其分类，在理解噪声物理量和声环境影响评价量的基础上，掌握合成声压计算方法及点声源和线声源几何衰减计算方法。学会声环境影响工作等级判定方法和声环境功能区划分方法。

4. 教学方法

以教师课堂讲授为主，配合线上观看教学视频。利用环境噪声预测软件，结合具体案例，讲解声环境影响预测过程的要点和难点。针对噪声环境影响评价过程中经常遇到未划分声环境功能区的情形，研讨如何划定其声环境功能类别。建议4个学时。

7.1　噪声特性及评价基础

7.1.1　噪声特性

声音是由物体振动而产生的，物体振动产生的声能，通过周围介质（气体、液体或者固体）向外界传播（传播途径），并且被感受目标所接收（受体）。在声学中，把声源、介质、接收器称为声音的三要素。

噪声就是人们不需要的声音，包括杂乱无章不协调的声音和影响旁人工作、休息、睡眠、谈话和思考的音乐等声音，环境噪声对人的影响是以造成对正常生活的干扰和引起烦恼为主。因此，对噪声的判断不仅仅是根据物理学上的定义，而且往往与人们所处的环境和主观反应有关。噪声对环境的污染与工业“三废”一样，是危害人类环境的公害。环境噪声影响评价有其显著的特点，是取决于受害人的生理和心理因素。因此，环境噪声标准也要根据不同时间、不同地区和人处于不同行为状态来决定。

噪声源按产生机理划分为机械性噪声、空气动力性噪声和电磁性噪声三大类。噪声源按其随时间的变化来划分，又可分为稳态噪声和非稳态噪声两大类，非稳态噪声中又有瞬态的、周期起伏的、脉冲的和无规则的噪声之分。按产生噪声的环境，噪声源分为工厂生产噪声、交通噪声、施工噪声、社会生活噪声等。在声环境影响评价中，噪声源按其辐射特性和传播距离，可分为点声源、线声源和面声源三种类型。点声源是以球面波形式辐射声波的声源，辐射声波的声压幅值与声波传播距离成反比。任何形状的声源，只要声波波长远远大于声源几何尺寸，该声源可视为点声源，如小型设备。以柱面波形式辐射声波的声源称为线声源，其辐射声波的声压幅值与声波传播距离的平方根成反比，如矿山和选煤场的输送系统、繁忙的交通线等。对于体积较大的设备或地域性的噪声发生体，声波以平面波形式向外辐射，辐射声波的声压幅值不随传播距离改变，这类噪声源可视为面声源。

7.1.2　噪声物理量

1. 声波、声速、波长、频率（周期）

1）声波

声音是由物体振动而产生的。物体振动引起周围媒质的质点位移，使媒质密度产生疏、密变化，这种变化的传播就是声波。它是弹性介质中传播的一种机械波。

2）声速（C）

声波在弹性媒质中的传播速度，即振动在媒质中的传递速度称为声速，单位为 m/s。

3）波长（λ）

一声波相邻的两个压缩层（或稀疏层）之间的距离称为波长，单位为 m。

4）频率（f）和周期（T）

频率（f）：每秒钟媒质质点振动的次数，单位为赫兹（Hz）。人耳能感觉到的声波频率为 20～20000Hz，低于 20Hz 的称为次声，高于 20000Hz 的称为超声。环境声学中研究的声波一般为可听声波。

周期（T）：波行经一个波长的距离所需要的时间，即质点每重复一次振动所需的时间就是周期，单位为秒（s）。

对于正弦波来说，频率和周期互为倒数，即

$$T=1/f \text{ 或 } f=1/T \tag{7-1}$$

频率（周期）、声速和波长三者之间的关系为

$$C=f\lambda \text{ 或 } C=\lambda/T \tag{7-2}$$

2. 声压、声强、声功率

1）声压（p）

在声波所到达的各点上，气压时而比无声时的压强高，时而比无声时的压强低，某一瞬间介质中的压强相对于无声波时压强的改变量称为声压，记为 p，单位是帕[斯卡]（Pa），$1\text{Pa}=1\text{N/m}^2$。

瞬时声压是指某瞬时媒质中内部压强受到声波作用后的改变量，即单位面积的压力变化。通常表示的声压为瞬时声压的均方根值，即有效声压，用 P 表示。正常人刚刚能听到的最微弱的声音的声压为 2×10^{-5}Pa，如人耳刚刚能听到的蚊子飞过的声音的声压，称为人耳的听阈。使人耳产生疼痛感觉的声压如飞机发动机噪声的声压为 20Pa，称为人耳的痛阈。

2）声强（I）

声强是指单位时间内在与声波传播方向垂直的单位面积通过的声能量，常用 I 表示，单位是 W/m^2。

距声源越远的点声强越小，若不考虑介质对声能的吸收，点声源在自由声场中向四周均匀辐射声源时，某处的声强与该处声压的平方成正比，即

$$I = \frac{P^2}{\rho c} \tag{7-3}$$

式中，P——有效声压，Pa；

ρ——空气密度，kg/m^3；

c——空气中的声速，m/s。

3）声功率（W）

声源在单位时间内辐射的总声能量称为声功率，常用 W 表示，单位为瓦[特]（W）。声功率与声强（I）之间的关系为

$$W = IS \tag{7-4}$$

式中，S——声波垂直通过的面积，m^2。

声功率越大，表示声源单位时间内发出的声能越多，引起的噪声越强。

3. 声压级、声强级、声功率级

1）声压级

用声压比或能量比的对数来表示声音的大小，即声压级。声压级的单位是分贝（记为 dB），分贝是一个相对单位，声压与基准声压之比，取以 10 为底的对数，再乘以 20，就是声压级的分贝数，即

$$L_p = 20\lg\frac{P}{P_0} \tag{7-5}$$

式中，L_p——声压级，dB；

P——有效声压，Pa；

P_0——基准声压（听阈），$P_0 = 2\times10^{-5}$Pa。

2）声强级

$$L_I = 10\lg\frac{I}{I_0} \tag{7-6}$$

式中，L_I——声强级，dB；

I——声强，W/m^2；

I_0——基准声强，$I_0 = 1\times10^{-12}$W/m^2。

根据声强的定义：

$$I = \frac{P^2}{\rho c} \tag{7-7}$$

$$L_I = 10\lg\frac{I}{I_0} = 10\lg\frac{\dfrac{P^2}{\rho c}}{\dfrac{P_0^2}{\rho_0 c_0}} = L_p + 10\lg\frac{\rho_0 c_0}{\rho c} = L_p + \Delta L \tag{7-8}$$

由于 $\Delta L = 10\lg(\rho_0 c_0 / \rho c)$ 很小，因此声压级在数值上近似等于声强级。

3）声功率级

$$L_W = 10\lg\frac{W}{W_0} \tag{7-9}$$

式中，L_W——声功率级，dB；

W——声功率，W；

W_0——基准声功率，$W_0 = 1\times10^{-12}$W。

4. *噪声级*

1）公式法

由声压级、声强级、声功率级的定义式可知，“级”数（dB）的运算应按对数运算法则进行。

因 $L_1 = 20\lg\frac{P_1}{P_0}$ 和 $L_2 = 20\lg\frac{P_2}{P_0}$，运用对数换算得

$$P_1 = P_0 10^{\frac{L_1}{20}},\quad P_2 = P_0 10^{\frac{L_2}{20}} \tag{7-10}$$

按能量相加法则，计算合成声压 P_{1+2}：

$$(P_{1+2})^2 = P_1^2 + P_2^2 \tag{7-11}$$

$$(P_{1+2})^2 = P_0^2\left(10^{\frac{L_1}{10}} + 10^{\frac{L_2}{10}}\right) 或 \left(\frac{P_{1+2}}{P_0}\right)^2 = 10^{\frac{L_1}{10}} + 10^{\frac{L_2}{10}} \tag{7-12}$$

计算合成声压级 L_{1+2}：

$$L_{1+2} = 20\lg\frac{P_{1+2}}{P_0} = 10\lg\left(\frac{P_{1+2}}{P_0}\right)^2 \rightarrow L_{1+2} = 10\lg\left(10^{\frac{L_1}{10}} + 10^{\frac{L_2}{10}}\right) \tag{7-13}$$

2）查表法

例如，$L_1 = 100$dB，$L_2 = 98$dB，求 L_{1+2}。

先求出两个声音的分贝差，$L_1 - L_2 = 2$dB，再查表 7-1，找出相对应的增量 $\Delta L = 2.1$dB，然后将增量值加在分贝数较大的 L_1 上，得出 L_1 与 L_2 的声压级之和 $L_{1+2} = (100 + 2.1)$dB = 102.1dB，取整数为 102dB。

表 7-1　分贝差的增量值表　　单位：dB

声压级差(L_1-L_2)	0	1	2	3	4	5	6	7	8	9	10
增量值 ΔL	3.0	2.5	2.1	1.8	1.5	1.2	1.0	0.8	0.6	0.5	0.4

7.1.3 噪声评价量

1. *声源源强*

声源源强的评价量为：A 计权声功率级（L_{AW}）或倍频带声功率级（L_W），必要时应包含声源指向性描述；距离声源 r 处的 A 计权声压级[$L_A(r)$]或倍频带声压级[$L_p(r)$]，必要时应包含

声源指向性描述；有效感觉噪声级（L_{EPN}）。

2. 声环境质量

根据《声环境质量标准》（GB 3096—2008），声环境功能区的环境质量评价量为昼间等效 A 声级（L_d）、夜间等效 A 声级（L_n），夜间突发噪声的评价量为最大 A 声级（L_{Amax}）。根据《机场周围飞机噪声环境标准》（GB 9660—1988），机场周围区域受飞机通过（起飞降落、低空飞越）噪声环境影响的评价量为计权等效连续感觉噪声级（L_{WECPN}）。

3. 厂界、场界、边界噪声

根据《工业企业厂界环境噪声排放标准》（GB 12348—2008），工业企业厂界噪声评价量为昼间等效 A 声级（L_d）、夜间等效 A 声级（L_n）、夜间频发、偶发噪声的评价量为最大 A 声级（L_{Amax}）。

根据《建筑施工场界环境噪声排放标准》（GB 12523—2011），建筑施工场界噪声评价量为昼间等效 A 声级（L_d）、夜间等效 A 声级（L_n）和夜间最大 A 声级（L_{Amax}）。

根据《铁路边界噪声限值及其测量方法》（GB 12525—1990），铁路边界噪声评价量为昼间等效 A 声级（L_d）、夜间等效 A 声级（L_n）。

根据《社会生活环境噪声排放标准》（GB 22337—2008），社会生活噪声源边界噪声评价量为昼间等效 A 声级（L_d）、夜间等效 A 声级（L_n），非稳态噪声的评价量为最大 A 声级（L_{Amax}）。

4. 列车通过噪声、飞机航空器通过噪声

铁路、城市轨道交通单列车通过时噪声影响评价量为通过时段内等效连续 A 声级（$L_{Aeq,T}$），单架航空器通过时噪声影响评价量为最大 A 声级（L_{Amax}）。

7.1.4　噪声评价量定义与计算方法

1. A 声级（L_A）

环境噪声的度量不仅与噪声的物理量有关，还与人耳对声音的主观听觉有关。人耳对声音的感觉不仅和声压大小有关，而且也和频率的高低有关。声压级相同而频率不同的声音，听起来不一样响，高频声音比低频声音响，这由人耳的听觉特性决定。因此，根据听觉特性，在声学测量仪器中，设置有“A 计数网络”，使接收到的噪声在低频有较大的衰减，而高频不衰减甚至稍有放大。这样，A 网络测得的噪声值较接近人的听觉，其测得值称为 A 声级，用 L_A 表示，单位 dB（A）。

2. 等效连续 A 声级（$L_{Aeq,T}$）

等效连续 A 声级指在规定测量时间 T 内 A 声级的能量平均值，用 $L_{Aeq,T}$ 表示（简写为 L_{eq}），简称等效声级，单位为 dB（A）。根据定义，等效声级表示为

$$L_{eq}=10\lg\left(\frac{1}{T}\int_0^T 10^{0.1\cdot L_A}\mathrm{d}t\right) \tag{7-14}$$

3. 昼间等效 A 声级（L_d）与夜间等效 A 声级（L_n）

在昼间时段和夜间时段内测得的等效连续 A 声级分别称为昼间等效声级和夜间等效声

级，用 L_d 和 L_n 表示，单位 dB（A）。根据《中华人民共和国环境噪声污染防治法》，“昼间”是指 6：00 至 22：00 之间的时段，“夜间”是指 22：00 至次日 6：00 之间的时段。县级以上人民政府为环境噪声污染防治的需要（如考虑时差、作息习惯差异等）而对昼间、夜间的划分另有规定的，应按其规定执行。

4. 最大 A 声级（L_{Amax}）

在规定的测量时间段内或对某一独立噪声事件，测得的 A 声级最大值，用 L_{Amax} 表示，单位 dB（A）。

5. 计权等效连续感觉噪声级（L_{WECPN}）

计权等效连续感觉噪声级是在有效感觉噪声级的基础上发展起来，用于评价航空噪声的方法，其特点在于既考虑了在 24h 的时间内飞机通过某一固定点所产生的总噪声级，同时也考虑了不同时间内的飞机对周围环境所造成的影响。

一日计权等效连续感觉噪声级的计算公式如下：

$$L_{WECPN} = \overline{L}_{EPN} + 10\lg(N_1 + 3N_2 + 10N_3) - 39.4 \quad (7\text{-}15)$$

式中，$\overline{L}_{EPN}$——N 次飞行的有效感觉噪声级 L_{EPN} 的能量平均值，dB；

N_1——7 时～19 时的飞行次数；

N_2——19 时～22 时的飞行次数；

N_3——22 时至次日 7 时的飞行次数。

有效感觉噪声级 L_{EPN} 可近似表达为

$$L_{EPN} = L_{Amax} + 10\lg(T_d / 20) + 13 \quad (7\text{-}16)$$

式中，L_{EPN}——某一飞行事件的有效感觉噪声级，dB；

L_{Amax}——一次噪声事件中测量时段内单架航空器通过时的最大 A 声级，dB；

T_d——在 L_{Amax} 下 10 dB 的延续时间，s。

6. 倍频带声压级（$L_p(r)$）

由于可听声频率从 20～20000Hz，高低相差 1000 倍，为了方便，通常把其变化范围划分为若干较小的段落，称为频带或频程。实际应用中，两个不同频率声音相互比较时，起作用的不是它们的差值，而是其比值，因此，噪声控制领域对频率作比较的概念，称为倍频带或倍频程。如两个频率相差一倍，称这两个频率之间相差一个倍频带。在一个倍频带（程）宽频率范围内，声压级的累加称为倍频带声压级。如 100Hz 与 200Hz 相差一个倍频带，在 100～200Hz 有很多频率的声音，将这些声音的声压级累加后，即为倍频带声压级。实际工作中，直接采用仪器测量。

《环境影响评价技术导则 声环境》(HJ 2.4—2021）包括的声传播衰减倍频带算法采用了 63Hz～8kHz 的 8 个倍频带，分别为 63Hz、125Hz、250Hz、500Hz、1kHz、2kHz、4kHz、8kHz。

7. 累积百分声级（L_N）

用于评价测量时间段内噪声强度时间统计分布特征的指标。某测点在规定的测量时间 T

内，有 N%时间的声级超过某一声级值 L_A 时，这个声级值 L_A 称作累积百分声级 L_N，单位为 dB（A）。当某点噪声级有较大波动时（道路交通噪声），常用 L_{10}、L_{50}、L_{90} 来描述该点噪声变化状况。例如，L_{10} 为 70dB（A）表示在取样时间内有 10%的时间噪声级超过了 70dB。由此可见，L_{10} 相当于噪声平均峰值，L_{50} 相当于噪声的平均中值，L_{90} 相当于噪声的平均本底值。

【随堂测验】

1. 使人耳达到痛阈的声压级是（　　）。

A. 80dB　　B. 100dB　　C. 120dB　　D. 140dB

2. 当某监测点噪声级有较大波动时，通常采用下列哪项指标反映噪声的背景值。（　　）

A. L_{10}　　B. L_{50}　　C. L_{90}　　D. L_{eq}

7.2　评价等级、评价范围及评价标准

7.2.1　评价等级

声环境影响评价工作等级一般分为三级，一级为详细评价，二级为一般性评价，三级为简要评价。

1. 划分依据

（1）建设项目所在区域的声环境功能区类别；

（2）建设项目建设前后所在区域的声环境质量变化程度；

（3）受建设项目影响人口的数量。

2. 基本原则

（1）一级评价：评价范围内有适用于《声环境质量标准》（GB 3096—2008）规定的 0 类声环境功能区域，或建设项目建设前后评价范围内声环境保护目标噪声级增量达 5dB（A）以上[不含 5dB（A）]，或受影响人口数量显著增加。

（2）二级评价：建设项目所处的声环境功能区为《声环境质量标准》（GB 3096—2008）规定的 1 类、2 类地区，或建设项目建设前后评价范围内声环境保护目标噪声级增量达 3～5dB（A）[含 5dB（A）]，或受噪声影响人口数量增加较多。

（3）三级评价：建设项目所处的声环境功能区为《声环境质量标准》（GB 3096—2008）规定的 3 类、4 类地区，或建设项目建设前后评价范围内敏感目标噪声级增量在 3dB（A）以下[不含 3dB（A）]，且受影响人口数量变化不大。

在确定评价工作等级时，如果建设项目符合两个等级的划分原则，按较高等级评价。机场建设项目航空器噪声影响评价等级为一级。

【研讨话题】在噪声环境影响评价过程中，经常遇到未划分声环境功能区的区域，对于这类地区，应如何划定其声环境功能类别？

7.2.2　评价范围

除机场建设项目外，声环境影响评价范围主要依据评价工作等级确定，具体要求如下。

（1）对于以固定声源为主的建设项目（如工厂、码头、站场等）：满足一级评价的要求，一般以建设项目边界向外 200m 为评价范围；二级、三评价范围可根据建设项目所在区域和相邻区域的声环境功能区类别及声环境保护目标等实际情况适当缩小；如依据建设项目声源计算得到的贡献值到 200m 处，仍不能满足相应功能区标准值时，应将评价范围扩大到满足标准值的距离。

（2）对于以移动声源为主的建设项目（如公路、城市道路、铁路、城市铁轨交通等地面交通）：满足一级评价的要求，一般以线路中心线外两侧 200m 以内为评价范围；其他要求同上。

机场项目的噪声评价范围确定参见 HJ 2.4—2021 的 5.2.3 节。

7.2.3 评价标准

应根据声源的类别和项目所处的声环境功能区类别确定声环境影响评价标准。没有划分声环境功能区的区域应采用地方生态环境主管部门确定的标准。

1.《声环境质量标准》

1）适用范围

该标准规定了五类声环境功能区的环境噪声限值及测量方法，适用于声环境质量评价与管理。机场周围区域受飞机通过（起飞、降落、低空飞越）噪声的影响，不适用于本标准。

2）声环境功能区分类

按区域的使用功能特点和环境质量要求，声环境功能区分为以下五种类型。

0 类声环境功能区：指康复疗养区等特别需要安静的区域。

1 类声环境功能区：指以居民住宅、医疗卫生、文化教育、科研设计、行政办公为主要功能，需要保持安静的区域。

2 类声环境功能区：指以商业金融、集市贸易为主要功能，或者居住、商业、工业混杂，需要维护住宅安静的区域。

3 类声环境功能区：指以工业生产、仓储物流为主要功能，需要防止工业噪声对周围环境产生严重影响的区域。

4 类声环境功能区：指交通干线两侧一定距离之内，需要防止交通噪声对周围环境产生严重影响的区域，包括 4a 类和 4b 类两种类型。4a 类为高速公路、一级公路、二级公路、城市快速路、城市主干路、城市次干路、城市轨道交通（地面段）、内河航道两侧区域；4b 类为铁路干线两侧区域。

应根据声源的类别和建设项目所处的声环境功能区等确定声环境影响评价标准，没有划分声环境功能区的区域由地方环境保护部门参照《声环境质量标准》（GB 3096—2008）和《声环境功能区划分技术规范》（GB/T 15190—2014）的规定划定声环境功能区。

【延伸阅读】《声环境功能区划分技术规范》（GB/T 15190—2014）（2015 年 1 月 1 日起实施）。

3）环境噪声限值

各类声环境功能区适用的环境噪声等效声级限值见表 7-2。

表 7-2　环境噪声限值　　单位：dB（A）

声环境功能区类别		时段	
		昼间	夜间
0 类		50	40
1 类		55	45
2 类		60	50
3 类		65	55
4 类	4a 类	70	55
	4b 类	70	60

2.《工业企业厂界环境噪声排放标准》

1）适用范围

本标准规定了工业企业和固定设备厂界环境噪声排放限值及其测量方法，适用于工业企业噪声排放的管理、评价及控制。机关、事业单位、团体等对外环境排放噪声的单位也按本标准执行。

2）环境噪声排放限值

工业企业厂界环境噪声不得超过表 7-3 规定的排放限值。

表 7-3　环境噪声排放限值　　单位：dB（A）

厂界外声环境功能区类别	时段	
	昼间	夜间
0 类	50	40
1 类	55	45
2 类	60	50
3 类	65	55
4 类	70	55

3.《建筑施工场界环境噪声排放标准》

1）适用范围

本标准规定了建筑施工场界环境噪声排放限值及测量方法。本标准适用于周围有噪声敏感建筑物的建筑施工噪声排放的管理、评价及控制。市政、通信、交通、水利等其他类型的施工噪声排放可参照本标准执行。本标准不适用于抢修、抢险施工过程中产生噪声的排放监管。

2）环境噪声排放限值

建筑施工过程中场界环境噪声不得超过表 7-4 规定的排放限值。

表 7-4 建筑施工场界环境噪声排放限值 单位：dB（A）

昼间	夜间
70	55

夜间噪声最大声级超过限值的幅度不得高于 15 dB（A）。当场界距噪声敏感建筑物较近，其室外不满足测量条件时，可在噪声敏感建筑物室内测量，并将表 7-4 中相应的限值减 10 dB（A）作为评价依据。

【随堂测验】

1. 某建设项目位于 2 类声环境功能区，项目建设前后厂界噪声级增量在 5dB（A）以上，声环境保护目标处噪声级增量为 3dB（A），且受噪声影响人口数量增加较多。该项目声环境影响评价工作等级应为（ ）。

A. 一级 B. 二级 C. 三级 D. 简要分析

2. 根据我国《声环境质量标准》（GB 3096—2008）的规定，铁路干线两侧区域属于（ ）声环境功能区。

A. 1 类 B. 2 类 C. 3 类
D. 4a 类 E. 4b 类

7.3 噪声源调查与分析

7.3.1 调查与分析对象

（1）噪声源调查对象应包括拟建项目的主要固定声源和移动声源。给出主要声源的数量、位置和强度，并在标准规范的图中标识固定声源的具体位置或移动声源的路线、跑道等位置。

（2）噪声源调查内容和工作深度应符合环境影响预测模型对噪声源参数的要求。

（3）一、二、三级评价均应调查分析拟建项目的主要噪声源。

7.3.2 源强获取方法

（1）噪声源源强核算应按照 HJ 884 的要求进行，有行业污染源源强核算技术指南的应优先按照指南中规定的方法进行；无行业污染源源强核算技术指南，但行业导则中对源强核算方法有规定的，优先按照行业导则中规定的方法进行。

（2）对于拟建项目噪声源源强，当缺少所需数据时，可通过声源类比测量或引用有效资料、研究成果来确定。采用声源类比测量时应给出类比条件。

（3）噪声源需获取的参数、数据格式和精度应符合环境影响预测模型输入要求。

【随堂测验】

1. 有关噪声源调查与分析，下列说法错误的是（ ）。

A. 噪声源调查对象应包括拟建项目的主要固定声源和移动声源

B. 固定声源调查要在图中标识其具体位置

C. 移动声源调查要在图中标识其路线、跑道等位置

D. 三级评价不需要调查分析拟建项目的主要噪声源

2. 噪声源源强核算方法不包括（　　）。

A. 行业污染源源强核算技术指南　　B. 行业导则

C. 物料衡算法　　D. 声源类比测量

7.4　声环境现状调查和评价

7.4.1　调查内容

1. 一、二级评价

（1）调查评价范围内声环境保护目标的名称、地理位置、行政区划、所在声环境功能区、不同声环境功能区内人口分布情况、与建设项目的空间位置关系、建筑情况等。

（2）评价范围内具有代表性的声环境保护目标的声环境质量现状需要现场监测，其余声环境保护目标的声环境质量现状可通过类比或现场监测结合模型计算给出。

（3）调查评价范围内有明显影响的现状声源的名称、类型、数量、位置、源强等。评价范围内现状声源源强调查应采用现场监测法或收集资料法确定。分析现状声源的构成及其影响，对现状调查结果进行评价。

2. 三级评价

（1）调查评价范围内声环境保护目标的名称、地理位置、行政区划、所在声环境功能区、不同声环境功能区内人口分布情况、与建设项目的空间位置关系、建筑情况等。

（2）对评价范围内具有代表性的声环境保护目标的声环境质量现状进行调查，可利用已有的监测资料，无监测资料时可选择有代表性的声环境保护目标进行现场监测，并分析现状声源的构成。

7.4.2　调查方法

现状调查方法包括：现场监测法、现场监测结合模型计算法、收集资料法，调查时，应根据评价等级的要求和现状噪声源情况，确定需采用的具体方法。

1. 现场监测法

1）监测布点原则

（1）布点应覆盖整个评价范围，包括厂界（场界、边界）和声环境保护目标。当声环境保护目标高于（含）三层建筑时，还应按照噪声垂直分布规律、建设项目与声环境保护目标高差等因素选取有代表性的声环境保护目标的代表性楼层设置测点。

（2）评价范围内没有明显的声源时（如工业噪声、交通运输噪声、建设施工噪声、社会生活噪声等），可选择有代表性的区域布设测点。

（3）评价范围内有明显声源，并对声环境保护目标的声环境质量有影响时，或建设项目为改、扩建工程，应根据声源种类采取不同的监测布点原则：

第一，当声源为固定声源时，现状测点应重点布设在可能同时受到既有声源影响和建设

项目声源影响的声环境保护目标处，以及其他有代表性的声环境保护目标处；为满足预测需要，也可在距离既有声源不同距离处布设衰减测点。

第二，当声源为移动声源，且呈现线声源特点时，现状测点位置选取应兼顾声环境保护目标的分布状况、工程特点及线声源噪声影响随距离衰减的特点，布设在具有代表性的声环境保护目标处。为满足预测需要，可在垂直于线声源不同水平距离处布设衰减测点。

第三，对于改、扩建机场工程，测点一般布设在主要声环境保护目标处，重点关注航迹下方的声环境保护目标及跑道侧向较近处的声环境保护目标，测点数量可根据机场飞行量及周围声环境保护目标情况确定，现有单条跑道、两条跑道或三条跑道的机场可分别布设 3～9 个、9～14 个或 12～18 个噪声测点，跑道增加或保护目标较多时可进一步增加测点。对于评价范围内少于 3 个声环境保护目标的情况，原则上布点数量不少于 3 个，结合声保护目标位置布点的，应优先选取跑道两端航迹 3km 以内范围的保护目标位置布点；无法结合保护目标位置布点的，可适当结合航迹下方的导航台站位置进行布点。

2）监测依据

声环境质量监测执行《声环境质量标准》（GB 3096—2008）；

机场周围飞机噪声测量执行《机场周围飞机噪声测量方法》（GB 9661—1988）；

工业企业厂界环境噪声测量执行《工业企业厂界环境噪声排放标准》（GB 12348—2008）；

社会生活环境噪声测量执行《社会生活环境噪声排放标准》（GB 22337—2008）；

建筑施工场界环境噪声测量执行《建筑施工场界环境噪声排放标准》（GB 12523—2011）；

铁路边界噪声测量执行《铁路边界噪声限值及其测量方法》（GB 12525—1990）。

2. 现场监测结合模型计算法

当现状噪声声源复杂且声环境保护目标密集，在调查声环境质量现状时，可考虑采用现场监测结合模型计算法。如多种交通并存且周边声环境保护目标分布密集、机场改扩建等情形。

利用监测或调查得到的噪声源强及影响声传播的参数，采用各类噪声预测模型进行噪声影响计算，将计算结果和监测结果进行比较验证，计算结果和监测结果在允许误差范围内（≤3dB）时，可利用模型计算其他声环境保护目标的现状噪声值。

3. 收集资料法

收集资料法指的是收集现有的可以反映声环境质量现状的资料。

7.4.3　现状评价

（1）分析评价范围内既有主要声源种类、数量及相应的噪声级、噪声特性等，明确主要声源分布。

（2）分别评价厂界（场界、边界）和各声环境保护目标的超标和达标情况，分析其受到既有主要声源的影响状况。

【随堂测验】

1. 根据《环境影响评价技术导则 声环境》（HJ 2.4—2021），以下不属于声环境质量现状调查方法的是（　　）。

A. 现场监测　B. 类比法　C. 收集资料法　D. 现场监测结合模型计算法

2. 某拟建城市轨道交通项目，周边声环境保护目标密集，若利用道路现场监测结合模型计算值作为声环境保护目标现状噪声值，则代表点计算值和监测值的最大允许误差为（　　）。

A. 3.0 dB（A）　B. 4.0 dB（A）　C. 3.5 dB（A）　D. 4.5 dB（A）

7.5　声环境影响预测和评价

7.5.1　预测范围

声环境影响预测范围应与评价范围相同。

7.5.2　预测点和评价点确定原则

建设项目评价范围内声环境保护目标和建设项目厂界（场界、边界）应作为预测点和评价点。

7.5.3　预测基础数据规范与要求

1）声源数据

建设项目的声源资料主要包括声源种类、数量、空间位置、声级、发声持续时间和对声环境保护目标的作用时间等，环境影响评价文件中应标明噪声源数据的来源。工业企业等建设项目声源置于室内时，应给出建筑物门、窗、墙等围护结构的隔声量和室内平均吸声系数等参数。

2）环境数据

影响声波传播的各类参数应通过资料收集和现场调查取得，各类数据如下：

（1）建设项目所处区域的年平均风速和主导风向、年平均气温、年平均相对湿度、大气压强。

（2）声源和预测点间的地形、高差。

（3）声源和预测点间障碍物（如建筑物、围墙等）的几何参数。

（4）声源和预测点间树林、灌木等的分布情况以及地面覆盖情况（如草地、水面、水泥地面、土质地面等）。

7.5.4　预测方法和步骤

声环境影响可采用参数模型、经验模型、半经验模型进行预测，也可采用比例预测法、类比预测法进行预测。声环境影响预测模型见 HJ 2.4—2021 附录 A（户外声传播的衰减）和附录 B（典型行业噪声预测模型）。一般应按照附录 A 和附录 B 给出的预测方法进行预测，如采用其他预测模型，须注明来源并对所用的预测模型进行验证，并说明验证结果。具体预测步骤如下。

（1）建立坐标系，确定各声源坐标和预测点坐标，并根据声源性质以及预测点与声源之间的距离等情况，把声源简化成点声源、线声源或面声源。

（2）根据已获得的声源数据和环境数据，计算出噪声从各声源传播到预测点的声衰减量，由此计算出各声源单独作用在预测点时产生的噪声贡献值。

各噪声源在预测点处产生的噪声贡献值 L_{eqg}，按式（7-17）计算：

$$L_{eqg}=10\lg\left(\frac{1}{T}\sum_{i=1}^{n}t_i 10^{0.1L_{Ai}}\right) \tag{7-17}$$

式中，L_{eqg}——预测点的噪声贡献值，dB；

T——预测计算的时间段，s；

t_i——i 声源在 T 时段内的运行时间，s。

L_{Ai}——i 声源在预测点产生的等效连续 A 声级，dB；

（3）将噪声贡献值与预测点的噪声背景值按能量叠加方法，计算得到噪声预测值：

$$L_{eq}=10\lg(10^{0.1L_{eqg}}+10^{0.1L_{eqb}}) \tag{7-18}$$

式中，L_{eq}——预测点的噪声预测值，dB；

L_{eqb}——预测点的噪声背景值，dB。

7.5.5　户外声传播衰减计算

声波在传播过程中其强度随距离的增加而逐渐减弱的现象称为声的衰减。户外声传播衰减包括几何发散、大气吸收、地面效应、障碍物屏蔽、其他多方面效应引起的衰减。引起声传播衰减有以下原因：第一，由于声波不是平面波，其波阵面面积随距离增加而增大，致使通过单位面积的声功率减小；第二，由于媒质的不均匀性引起声波的折射和散射，使部分声能偏离传播方向；第三，由于媒质的非线性使一部分声能转移到高次谐波上，即所谓非线性损失；第四，媒质具有耗散特性，使一部分声能转化为热能，即产生了声的吸收。

1. 基本公式

在环境影响评价中，应根据参考位置处的声压级 $L_p(r_0)$、户外声传播衰减，计算预测点的声级 $L_p(r)$，按式（7-19）计算。

$$L_p(r)=L_p(r_0)+D_C-(A_{div}+A_{atm}+A_{gr}+A_{bar}+A_{misc}) \tag{7-19}$$

式中，D_C——指向性校正，它描述点声源的等效连续声压级与产生声功率级 L_W 的全向点声源在规定方向的声级的偏差程度，dB；

A_{div}——几何发散引起的衰减，dB；

A_{atm}——大气吸收引起的衰减，dB；

A_{gr}——地面效应引起的衰减，dB；

A_{bar}——障碍物屏蔽引起的衰减，dB；

A_{misc}——其他多方面效应引起的衰减，dB。

将 8 个倍频带声压级合成，计算出预测点的 A 声级 $L_A(r)$，如式（7-20）所示：

$$L_A(r)=10\lg\left\{\sum_{i=1}^{8}10^{0.1[L_{pi}(r)-\Delta L_i]}\right\} \tag{7-20}$$

式中，$L_A(r)$——距声源 r 处的 A 声级，dB（A）；

$L_{pi}(r)$——预测点（r）处，第 i 倍频带声压级，dB；

ΔL_i——第 i 倍频带的 A 计权网络修正值，dB。

在只考虑几何发散衰减时，A 声级可按式（7-21）计算：

$$L_{\mathrm{A}}(r) = L_{\mathrm{A}}(r_0) - A_{\mathrm{div}} \tag{7-21}$$

式中，$L_{\mathrm{A}}(r_0)$——参考位置 r_0 处的 A 声级，dB。

2. 几何发散引起的衰减

1）点声源的几何发散衰减

（1）无指向性点声源几何发散衰减。

无指向性点声源几何发散衰减的基本公式为

$$L_p(r) = L_p(r_0) - 20\lg\frac{r}{r_0} \tag{7-22}$$

式中，r——预测点距声源的距离，m。

r_0——参考位置距声源的距离，m。

式（7-22）中第二项表示了点声源的几何发散衰减：

$$A_{\mathrm{div}} = 20\lg\frac{r}{r_0} \tag{7-23}$$

如果已知点声源的倍频带声功率级 L_W 或 A 计权声功率级 $L_{\mathrm{A}W}$，且声源处于自由声场，则式（7-22）等效为式（7-24）和式（7-25）。

$$L_p(r) = L_W - 20\lg r - 11 \tag{7-24}$$

$$L_{\mathrm{A}}(r) = L_{\mathrm{A}W} - 20\lg r - 11 \tag{7-25}$$

如果声源处于半自由声场，则式（7-22）等效为式（7-26）和式（7-27）：

$$L_p(r) = L_W - 20\lg r - 8 \tag{7-26}$$

$$L_{\mathrm{A}}(r) = L_{\mathrm{A}W} - 20\lg r - 8 \tag{7-27}$$

（2）指向性点声源几何发散衰减。

声源在自由空间中辐射声波时，其强度分布的一个主要特征是指向性。例如，喇叭发声，其喇叭正前方声音大，而侧面或背面就小。对于自由空间的点声源，其在某一 θ 方向上距离 r 处的声压级 $L_p(r)_\theta$ 按式（7-28）计算：

$$L_p(r)_\theta = L_W - 20\lg r + D_{I_\theta} - 11 \tag{7-28}$$

式中，D_{I_θ}——θ 方向上的指向性指数，$D_{I_\theta} = 10L_pR_\theta$；

R_θ——指向性因素，$R_\theta = I_\theta / I$；

I——所有方向上的平均声强，W/m^2；

I_θ——某一 θ 方向上的声强，W/m^2。

按式（7-22）计算具有指向性点声源几何发散衰减时，式（7-22）中的 $L_p(r)$与 $L_p(r_0)$必须是在同一方向上的倍频带声压级。

（3）反射体引起的修正。

当点声源与预测点处在反射体同侧附近时，到达预测点的声级是直达声与反射声叠加的结果，从而使预测点声级增高。

2）线声源的几何发散衰减

（1）无限长线声源。

无限长线声源几何发散衰减基本公式：

$$L_p(r) = L_p(r_0) - 10\lg\frac{r}{r_0} \tag{7-29}$$

式中，r, r_0——预测点与参考位置垂直于线声源的距离，m。

式（7-29）中第二项表示了无限长线声源的几何发散衰减：

$$A_{\text{div}} = 10\lg\frac{r}{r_0} \tag{7-30}$$

（2）有限长线声源。

如图 7-1 所示，设线声源长为l_0，单位长度线声源辐射的倍频带声功率级为L_W。在线声源垂直平分线上距声源r处的声压级为

$$L_p(r) = L_W + 10\lg\left[\frac{l}{r}\arctan\left(\frac{l_0}{2r}\right)\right] - 8 \tag{7-31}$$

或

$$L_p(r) = L_p(r_0) + 10\lg\left[\frac{\frac{l}{r}\arctan\left(\frac{l_0}{2r}\right)}{\frac{l}{r_0}\arctan\left(\frac{l_0}{2r_0}\right)}\right] \tag{7-32}$$

当$r > l_0$且$r_0 > l_0$时，式（7-31）和式（7-32）近似简化为

$$L_p(r) = L_p(r_0) - 20\lg\frac{r}{r_0} \tag{7-33}$$

即在有限长线声源的远场，有限长线声源可当作点声源处理。

当$r < l_0/3$且$r_0 < l_0/3$时，式（7-31）和式（7-32）可近似简化为

$$L_p(r) = L_p(r_0) - 10\lg\frac{r}{r_0} \tag{7-34}$$

即在近场区，有限长线声源可当作无限长线声源处理。

当$l_0/3 < r < l_0$且$l_0/3 < r_0 < l_0$时，式（7-31）和式（7-32）可作近似计算：

$$L_p(r) = L_p(r_0) - 15\lg\frac{r}{r_0} \tag{7-35}$$

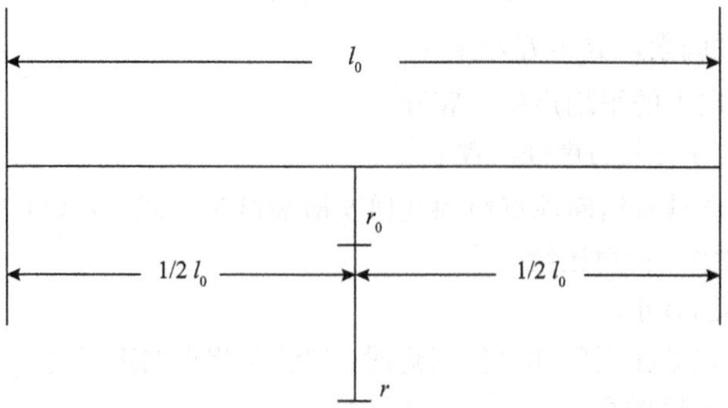

图 7-1　有限长线声源

3）面声源的几何发散衰减

一个大型机器设备的振动表面、车间透声的墙壁，均可以认为是面声源。如果已知面声源单位面积的声功率为 W，各面积元噪声的位相是随机的，面声源可看成由无数点声源连续分布组合而成，其合成声级可按能量叠加法求出。

图 7-2 给出了长方形面声源中心轴线上的声衰减特性曲线。假定面声源的宽度为 a，长度为 b（$b>a$），r 为预测点到面声源的垂直距离。当 $r<a/\pi$ 时，几乎不衰减；当 $a/\pi<r<b/\pi$ 时，距离加倍衰减为 3dB 左右，类似线声源衰减特性；当 $r>b/\pi$ 时，距离加倍衰减趋近于 6dB，类似点声源衰减特性。

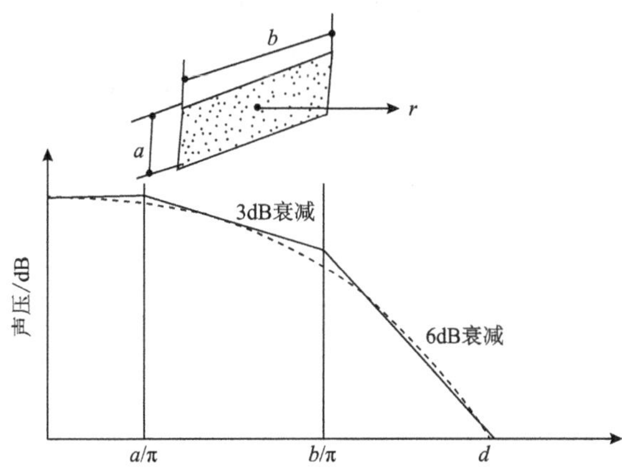

图 7-2　长方形面声源中心轴线上的声衰减特性

3. 大气吸收引起的衰减

大气吸收引起的衰减量按式（7-36）计算：

$$A_{atm}=\frac{\alpha(r-r_0)}{1000} \tag{7-36}$$

式中，r ——预测点到声源的距离，m；

r_0 ——参考点到声源的距离，m；

α ——大气吸收衰减系数，dB/km。

α 为与温度、湿度和声波频率有关的大气吸收衰减系数，预测计算中一般根据项目所处区域常年平均气温和湿度选择相应的大气吸收衰减系数，具体取值见表 7-5。

表 7-5　倍频带噪声的大气吸收衰减系数 α　　单位：dB/km

温度	相对湿度	倍频带中心频率							
		63Hz	125Hz	250Hz	500Hz	1000Hz	2000Hz	4000Hz	8000Hz
10℃	70%	0.1	0.4	1.0	1.9	3.7	9.7	32.8	117.0
20℃	70%	0.1	0.3	1.1	2.8	5.0	9.0	22.9	76.6
30℃	70%	0.1	0.3	1.0	3.1	7.4	12.7	23.1	59.3
15℃	20%	0.3	0.6	1.2	2.7	8.2	28.2	28.8	202.0
15℃	50%	0.1	0.5	1.2	2.2	4.2	10.8	36.2	129.0

续表

温度	相对湿度	倍频带中心频率							
		63Hz	125Hz	250Hz	500Hz	1000Hz	2000Hz	4000Hz	8000Hz
15℃	80%	0.1	0.3	1.1	2.4	4.1	8.3	23.7	82.8

4. 地面效应引起的衰减

地面类型可分为：

（1）坚实地面，包括铺筑过的路面、水面、冰面及夯实地面。

（2）疏松地面，包括被草类或其他植物覆盖的地面，以及农田等适合于植物生长的地面。

（3）混合地面，由坚实地面和疏松地面组成。

声波掠过疏松地面传播时，或大部分为疏松地面的混合地面，在预测点仅计算 A 声级前提下，地面效应引起的倍频带衰减可用式（7-37）计算。

$$A_{gr} = 4.8 - (2h_m / r)(17 + 300 / r) \tag{7-37}$$

式中，A_{gr} ——地面效应引起的衰减，dB；

r ——预测点距声源的距离，m；

h_m ——传播路径的平均离地高度，m。

若 A_{gr} 计算为负值，则 A_{gr} 可用“0”代替。

5. 障碍物屏蔽引起的衰减

位于声源和预测点之间的实体障碍物，如围墙、建筑物、土坡或地堑等都起声屏障作用，从而引起声能量的较大衰减。在环境影响评价中，可将各种形式的屏障简化为具有一定高度的薄屏障。如图 7-3 所示，S、O、P 三点在同一平面内且垂直于地面。

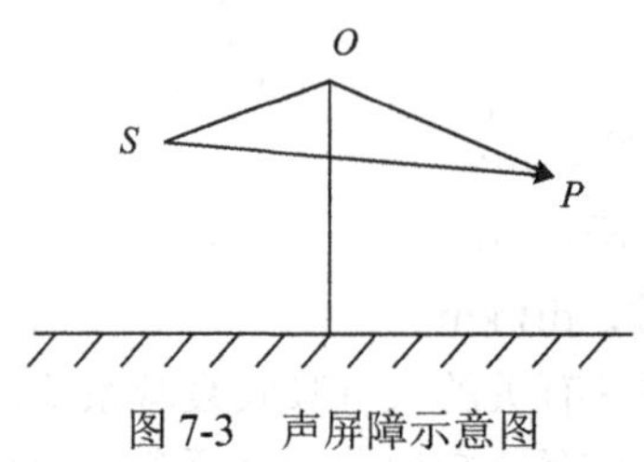

图 7-3　声屏障示意图

定义 $\delta = SO + OP - SP$ 为声程差，$N = 2\delta/\lambda$ 为菲涅耳数，其中 λ 为声波波长。

屏障衰减在单绕射（即薄屏障）情况，衰减最大取 20 dB；在双绕射（即厚屏障）情况，衰减最大取 25 dB。

声屏障损失的计算方法很多，大多是半理论半经验的，有一定的局限性。因此在噪声预测中，需要根据实际情况简化处理，具体计算方法可参考 HJ 2.4—2021。

6. 其他方面效应引起的衰减

（1）绿化林带的附加衰减量与树种、林带结构和密度等因素有关。在声源附近的绿化林带，或在预测点附近的绿化林带，或两者均有的情况都可以使声波衰减。通过树叶传播造成的噪声衰减随通过树叶传播距离 d_f 的增长而增加，其衰减系数如表 7-6 所示。

表 7-6　倍频带噪声通过密叶传播时产生的衰减

项目	传播距离 d_f	倍频带中心频率							
		63Hz	125Hz	250Hz	500Hz	1000Hz	2000Hz	4000Hz	8000Hz
衰减/dB	10m≤d_f<20m	0	0	1	1	1	1	2	3
衰减系数/(dB/m)	20m≤d_f<200m	0.02	0.03	0.04	0.05	0.06	0.08	0.09	0.12

（2）其他衰减包括通过工业场所的衰减，通过建筑群的衰减等。在声环境影响评价中，一般不考虑自然条件（如风、温度梯度、雾）变化引起的附加修正。工业场所的衰减、建筑群的衰减等可参照 HJ 2.4—2021 进行计算。

7.5.6　预测和评价内容

（1）预测建设项目在施工期和运营期所有声环境保护目标处的噪声贡献值和预测值，评价其超标和达标情况。

（2）预测和评价建设项目在施工期和运营期厂界（场界、边界）噪声贡献值，评价其超标和达标情况。

（3）铁路、城市轨道交通、机场等建设项目，还需预测列车通过时段内声环境保护目标处的等效连续 A 声级（$L_{Aeq,Tp}$）、单架航空器通过时在声环境保护目标处的最大 A 声级（L_{Amax}）。

（4）一级评价应绘制运行期代表性评价水平年噪声贡献值等声级线图，二级评价根据需要绘制等声级线图。

（5）对工程设计文件给出的代表性评价水平年噪声级可能发生变化的建设项目，应分别预测。

（6）典型建设项目噪声影响预测要求可参照 HJ 2.4—2021 附录 C。

【随堂测验】

1. 某拟建企业厂界与界外居民楼测点背景噪声值为 55dB（A）、53dB（A），预测投产后两处测点的噪声贡献值分别为 55dB（A）、53dB（A），厂界和居民楼处噪声预测值分别为（　　）。

A. 55dB（A）、53dB（A）　　B. 55dB（A）、56dB（A）

C. 58dB（A）、53dB（A）　　D. 58dB（A）、56dB（A）

2. 经过实测，距道路 5m 处测得噪声为 80dB（A），某居民楼距道路 50m，该居民楼处的声压级是（　　）。

A. 50dB（A）　B. 60dB（A）　C. 70dB（A）　D. 80dB（A）

思考题

1. 什么是点声源？
2. 声环境影响评价的评价量包括哪些？
3. 声环境功能区分类是如何划分的？
4. 简述何为累积百分声级。

第8章　土壤环境影响评价

【目标导学】

1. 知识要点

土壤环境影响评价的概述，土壤环境影响识别及工作等级划分，土壤环境现状调查与评价，土壤影响预测与评价等。

2. 重点难点

土壤环境影响评价的基本任务及工作等级划分，土壤环境现状调查内容与要求，土壤环境影响预测与评价方法。

3. 基本要求

了解土壤环境影响评价的一般性原则、工作程序及主要工作内容，在理解土壤环境影响评价基本任务及影响识别的基础上，掌握土壤环境影响评价工作等级划分。学会土壤环境现状调查内容与要求，以及土壤环境影响预测与评价方法。

4. 教学方法

以教师课堂讲授为主，配合线上观看教学视频。通过介绍《土壤污染防治行动计划》出台的背景，解读其总体要求、工作目标、具体任务，开展课程思政教学，培养学生树立坚持问题导向、底线思维，坚持突出重点、有限目标，坚持分类管控、综合施策等环境治理理念。围绕《土壤环境质量标准》修订原因及新旧标准变化，开展课堂研讨。建议4个学时。

8.1　概　　述

8.1.1　基本概念

土壤环境影响评价是对建设项目建设期、运营期和服务期满后（可根据项目情况选择）对土壤环境理化特性可能造成的影响进行分析、预测和评估，提出预防或者减轻不良影响的措施和对策，为建设项目土壤环境保护提供科学依据。

《环境影响评价技术导则　土壤环境(试行)》(HJ964—2018)规定了土壤环境影响评价的一般性原则、工作程序、内容、方法和要求，适用于化工、冶金、矿山采掘、农林、水利等可能对土壤环境产生影响的建设项目土壤环境影响评价。该标准不适用于核与辐射建设项目的土壤环境影响评价。

土壤环境影响评价相关基本概念如下。

（1）土壤环境。指受自然或人为因素作用的，由矿物质、有机质、水、空气、生物有机体等组成的陆地表面疏松综合体，包括陆地表层能够生长植物的土壤层和污染物能够影响的松散层等。

（2）土壤环境生态影响。指由于人为因素引起土壤环境特征变化导致其生态功能变化的过程或状态。

（3）土壤环境污染影响。指因人为因素导致某种物质进入土壤环境，引起土壤物理、化学、生物等方面特性的改变，导致土壤质量恶化的过程或状态。

（4）土壤环境敏感目标。指可能受人为活动影响的、与土壤环境相关的敏感区或对象。

8.1.2　评价基本任务

（1）按照《建设项目环境影响评价技术导则 总纲》（HJ 2.1—2016）建设项目污染影响和生态影响的相关要求，根据建设项目对土壤环境可能产生的影响，将土壤环境影响类型划分为生态影响型与污染影响型，其中土壤环境生态影响重点指土壤环境的盐化、酸化、碱化等。

（2）根据行业特征、工艺特点或规模大小等将建设项目类别分为Ⅰ类、Ⅱ类、Ⅲ类、Ⅳ类，其中Ⅳ类建设项目可不开展土壤环境影响评价；自身为敏感目标的建设项目，可根据需要仅对土壤环境现状进行调查。

（3）土壤环境影响评价应按《环境影响评价技术导则 土壤环境（试行）》（HJ 964—2018）划分的评价工作等级开展工作，识别建设项目土壤环境影响类型、影响途径、影响源及影响因子，确定土壤环境影响评价工作等级；开展土壤环境现状调查，完成土壤环境现状监测与评价；预测与评价建设项目对土壤环境可能造成的影响，提出相应的防控措施与对策。

（4）涉及两个或两个以上场地或地区的建设项目应按相应评价工作等级分别开展评价工作。

（5）涉及土壤环境生态影响型与污染影响型两种影响类型的应按相应评价工作等级分别开展评价工作。

【课程思政】2016 年 5 月 28 日，国务院印发《土壤污染防治行动计划》，自 2016 年 5 月 28 日起实施。该行动计划是为了切实加强土壤污染防治，逐步改善土壤环境质量而制定的。通过介绍该行动计划出台的背景，并对其总体要求、工作目标、具体任务等内容进行解读，培养学生树立坚持问题导向、底线思维，坚持突出重点、有限目标，坚持分类管控、综合施策等环境治理理念。

8.1.3　工作程序

土壤环境影响评价工作可划分为准备阶段、现状调查与评价阶段、预测分析与评价阶段和结论阶段。土壤环境影响评价工作程序见图 8-1。

8.1.4　各阶段主要工作内容

1. 准备阶段

收集分析国家和地方土壤环境相关的法律、法规、政策、标准及规划等资料；了解建设项目工程概况，结合工程分析，识别建设项目对土壤环境可能造成的影响类型，分析可能造成土壤环境影响的主要途径；开展现场踏勘工作，识别土壤环境敏感目标；确定评价等级、范围与内容。

2. 现状调查与评价阶段

采用相应标准与方法，开展现场调查、取样、监测和数据分析与处理等工作，进行土壤环境现状评价。

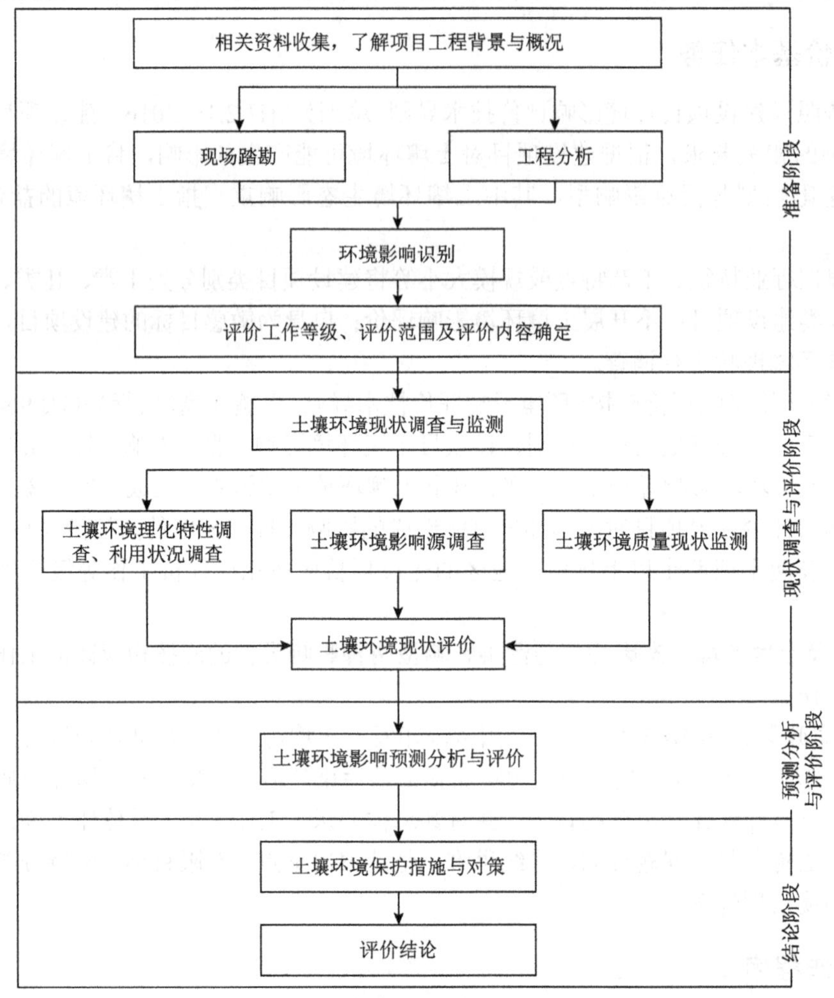

图 8-1　土壤环境影响评价工作程序图

3. 预测分析与评价阶段

依据 HJ 964—2018 制定的或经论证有效的方法，预测分析与评价建设项目对土壤环境可能造成的影响。

4. 结论阶段

综合分析各阶段成果，提出土壤环境保护措施与对策，对土壤环境影响评价结论进行总结。

【随堂测验】

1. 下列哪项土壤环境变化不属于土壤环境生态影响。(　　)

A. 盐化　　B. 酸化　　C. 液化　　D. 碱化

2. 下列哪种土壤环境影响评价项目类别可不开展土壤环境影响评价。(　　)

A. Ⅰ类　　B. Ⅱ类　　C. Ⅲ类　　D. Ⅳ类

8.2 影响识别及工作分级

8.2.1 基本要求

在工程分析结果的基础上，结合土壤环境敏感目标，根据建设项目建设期、运营期和服务期满后(可根据项目情况选择)三个阶段的具体特征，识别土壤环境影响类型与影响途径；对于运营期内土壤环境影响源可能发生变化的建设项目，还应按其变化特征分阶段进行环境影响识别。

8.2.2 识别内容

(1) 根据《环境影响评价技术导则 土壤环境(试行)》(HJ 964—2018)附录A识别建设项目所属行业的土壤环境影响评价项目类别。

(2) 按照《环境影响评价技术导则 土壤环境(试行)》(HJ 964—2018)附录B的要求，识别建设项目土壤环境影响类型与影响途径、影响源与影响因子，初步分析可能影响的范围。

(3) 根据《土地利用现状分类》(GB/T 21010—2017)识别建设项目及周边的土地利用类型，分析建设项目可能影响的土壤环境敏感目标。

8.2.3 工作等级划分

土壤环境影响评价工作等级划分为一级、二级、三级。

1. 生态影响型

建设项目所在地土壤环境敏感程度分为敏感、较敏感、不敏感，判别依据见表8-1；同一建设项目涉及两个或两个以上场地或地区，应分别判定其敏感程度；产生两种或两种以上生态影响后果的，敏感程度按相对最高级别判定。

表8-1 生态影响型敏感程度分级表

敏感程度	判别依据		
	盐化	酸化	碱化
敏感	建设项目所在地干燥度[a]>2.5且常年地下水位平均埋深<1.5m的地势平坦区域；或土壤含盐量>4g/kg的区域	pH≤4.5	pH≥9.0
较敏感	建设项目所在地干燥度>2.5且常年地下水位平均埋深≥1.5m的，或1.8<干燥度≤2.5且常年地下水位平均埋深<1.8m的地势平坦区域；建设项目所在地干燥度>2.5或常年地下水位平均埋深<1.5m的平原区；或2g/kg<土壤含盐量≤4g/kg的区域	4.5<pH≤5.5	8.5≤pH<9.0
不敏感	其他	5.5<pH<8.5	

a是指采用E601型蒸发器观测的多年平均水面蒸发量与降水量的比值，即蒸降比值。

根据土壤环境影响评价项目类别与生态影响型敏感程度分级结果，划分评价工作等级，详见表 8-2。

表 8-2 生态影响型评价工作等级划分表

敏感程度	Ⅰ类	Ⅱ类	Ⅲ类
敏感	一级	二级	三级
较敏感	二级	二级	三级
不敏感	二级	三级	—

注："—"表示可不开展土壤环境影响评价工作。

2. 污染影响型

将建设项目占地规模分为大型（≥50hm²）、中型（5～50hm²）、小型（≤5hm²），建设项目占地主要为永久占地。建设项目所在地周边的土壤环境敏感程度分为敏感、较敏感、不敏感，判别依据见表 8-3。

表 8-3 污染影响型敏感程度分级表

敏感程度	判别依据
敏感	建设项目周边存在耕地、园地、牧草地、饮用水水源地或居民区、学校、医院、疗养院、养老院等土壤环境敏感目标的
较敏感	建设项目周边存在其他土壤环境敏感目标的
不敏感	其他情况

根据土壤环境影响评价项目类别、占地规模与敏感程度划分评价工作等级，详见表 8-4。

表 8-4 污染影响型评价工作等级划分表

敏感程度	Ⅰ类			Ⅱ类			Ⅲ类		
	大	中	小	大	中	小	大	中	小
敏感	一级	一级	一级	二级	二级	二级	三级	三级	三级
较敏感	一级	一级	二级	二级	二级	三级	三级	三级	—
不敏感	一级	二级	二级	二级	三级	三级	三级	—	—

注："—"表示可不开展土壤环境影响评价工作。

3. 其他要求

（1）建设项目同时涉及土壤环境生态影响型与污染影响型时，应分别判定评价工作等级，并按相应等级分别开展评价工作。

（2）当同一建设项目涉及两个或两个以上场地时，各场地应分别判定评价工作等级，并按相应等级分别开展评价工作。

（3）线性工程重点针对主要站场位置（如输油站、泵站、阀室、加油站、维修场所等），参照土壤环境污染影响型分段判定评价等级，并按相应等级分别开展评价工作。

【随堂测验】

1. 下列哪项不属于土壤环境影响评价项目类别的识别依据。(　　)
A. 行业特征　B. 工艺特点　C. 规模大小　D. 敏感程度
2. 污染影响型建设项目的土壤环境影响评价工作等级划分依据不包括(　　)。
A. 项目类别　B. 影响范围　C. 敏感程度　D. 占地规模

8.3　土壤环境质量标准

8.3.1 《土壤环境质量　农用地土壤污染风险管控标准(试行)》

1. 适用范围

《土壤环境质量　农用地土壤污染风险管控标准(试行)》(GB 15618—2018)规定了农用地土壤污染风险筛选值和管制值，以及监测、实施和监督要求，适用于耕地土壤污染风险筛查和分类。园地和牧草地可参照执行。

2. 基本定义

(1)土壤。指位于陆地表层能够生长植物的疏松多孔物质层及其相关自然地理要素的综合体。

(2)农用地。指《土地利用现状分类》(GB/T 21010—2017)中的 01 耕地(0101 水田、0102 水浇地、0103 旱地)、02 园地(0201 果园、0202 茶园)和 04 草地(0401 天然牧草地、0403 人工牧草地)。

(3)农用地土壤污染风险。指因土壤污染导致食用农产品质量安全、农作物生长或土壤生态环境受到不利影响。

(4)农用地土壤污染风险筛选值。农用地土壤中污染物含量等于或者低于该值的，对农产品质量安全、农作物生长或土壤生态环境的风险低，一般情况下可以忽略；超过该值的，对农产品质量安全、农作物生长或土壤生态环境可能存在风险，应当加强土壤环境监测和农产品协同监测，原则上应当采取安全利用措施。

(5)农用地土壤污染风险管制值。农用地土壤中污染物含量超过该值的，食用农产品不符合质量安全标准等农用地土壤污染风险高，原则上应当采取严格管控措施。

3. 监测项目

农用地土壤污染风险筛选值的基本项目为必测项目，包括镉、汞、砷、铅、铬、铜、镍、锌；其他项目为选测项目，包括六六六、滴滴涕和苯并[*a*]芘。

农用地土壤污染风险管制值项目包括镉、汞、砷、铅、铬。

4. 风险筛选值和管制值的使用

(1)当土壤中污染物含量等于或者低于标准规定的风险筛选值时，农用地土壤污染风险低，一般情况下可以忽略；高于标准规定的风险筛选值时，可能存在农用地土壤污染风险，应加强土壤环境监测和农产品协同监测。

(2)当土壤中镉、汞、砷、铅、铬的含量高于标准规定的风险筛选值、等于或者低于标准规定的风险管制值时，可能存在食用农产品不符合质量安全标准等土壤污染风险，原则上应当采取农艺调控、替代种植等安全利用措施。

（3）当土壤中镉、汞、砷、铅、铬的含量高于标准规定的风险管制值时，食用农产品不符合质量安全标准等农用地土壤污染风险高，且难以通过安全利用措施降低食用农产品不符合质量安全标准等农用地土壤污染风险，原则上应当采取禁止种植食用农产品、退耕还林等严格管控措施。

（4）土壤环境质量类别划分应以本标准为基础，结合食用农产品协同监测结果，依据相关技术规定进行划定。

8.3.2 《土壤环境质量　建设用地土壤污染风险管控标准（试行）》

1. 适用范围

《土壤环境质量　建设用地土壤污染风险管控标准(试行)》（GB36600—2018）规定了保护人体健康的建设用地土壤污染风险筛选值和管制值，以及监测、实施与监督要求。该标准适用于建设用地土壤污染风险筛查和风险管制。

2. 基本定义

（1）建设用地。指建造建筑物、构筑物的土地，包括城乡住宅和公共设施用地、工矿用地、交通水利设施用地、旅游用地、军事设施用地等。建设用地中，城市建设用地根据保护对象暴露情况的不同，可划分为两类。

第一类用地：包括《城市用地分类与规划建设用地标准》（GB 50137—2011）规定的城市建设用地中的居住用地（R）、公共管理与公共服务用地中的中小学用地（A33）、医疗卫生用地（A5）和社会福利设施用地（A6），以及公园用地（G1）中的社区公园或儿童公园用地等。

第二类用地：包括GB50137规定的城市建设用地中的工业用地（M），物流仓储用地（W），商业服务业设施用地（B），道路与交通设施用地（S），公用设施用地（U），公共管理与公共服务用地（A）（A33、A5、A6除外），以及绿地与广场用地（G）（G1中的社区公园或儿童公园用地除外）等。

（2）建设用地土壤污染风险。指建设用地上居住、工作人群长期暴露于土壤中的污染物，因慢性毒性效应或致癌效应而对健康产生的不利影响。

（3）暴露途径。指建设用地土壤中污染物迁移到达和暴露于人体的方式。主要包括：①经口摄入土壤；②皮肤接触土壤；③吸入土壤颗粒物；④吸入室外空气中来自表层土壤的气态污染物；⑤吸入室外空气中来自下层土壤的气态污染物；⑥吸入室内空气中来自下层土壤的气态污染物。

（4）建设用地土壤污染风险筛选值。指在特定土地利用方式下，建设用地土壤中污染物含量等于或者低于该值的，对人体健康的风险可以忽略；超过该值的，对人体健康可能存在风险，应当开展进一步的详细调查和风险评估，确定具体污染范围和风险水平。

（5）建设用地土壤污染风险管制值。指在特定土地利用方式下，建设用地土壤中污染物含量超过该值的，对人体健康通常存在不可接受风险，应当采取风险管控或修复措施。

（6）土壤环境背景值。指基于土壤环境背景含量的统计值。通常以土壤环境背景含量的某一分位值表示。其中土壤环境背景含量是指在一定时间条件下，仅受地球化学过程和非点源输入影响的土壤中元素或化合物的含量。

3. 监测项目的确定

初步调查阶段建设用地土壤污染风险筛选的必测项目有砷、镉、铬(六价)、铜、铅、汞、镍、四氯化碳、氯仿、氯甲烷、1,1-二氯乙烷、1,2-二氯乙烷、1,1-二氯乙烯、顺-1,2-二氯乙烯、反-1,2-二氯乙烯、二氯甲烷、1,2-二氯丙烷、1,1,1,2-四氯乙烷、1,1,2,2-四氯乙烷、四氯乙烯、1,1,1-三氯乙烷、1,1,2-三氯乙烷、三氯乙烯、1,2,3-三氯丙烷、氯乙烯、苯、氯苯、1,2-二氯苯、1,4-二氯苯、乙苯、苯乙烯、甲苯、间二甲苯+对二甲苯、邻二甲苯、硝基苯、苯胺、2-氯酚、苯并[*a*]蒽、苯并[*a*]芘、苯并[*b*]荧蒽、苯并[*a*]荧蒽、䓛、二苯并[*a,h*]蒽、茚并[1,2,3-*cd*]芘、萘共 45 项。

初步调查阶段建设用地土壤污染风险筛选的选测项目依据《建设用地土壤污染状况调查技术导则》（HJ 25.1）、《建设用地土壤污染风险管控和修复监测技术导则》（HJ 25.2）及相关技术规定确定。

4. 风险筛选值和管制值的使用

（1）建设用地规划用途为第一类用地的，适用第一类用地的筛选值和管制值；规划用途为第二类用地的，适用第二类用地的筛选值和管制值。规划用途不明确的，适用第一类用地的筛选值和管制值。

（2）建设用地土壤中污染物含量等于或者低于风险筛选值的，建设用地土壤污染风险一般情况下可以忽略。

（3）通过初步调查确定建设用地土壤中污染物含量高于风险筛选值，应当依据 HJ25.1、HJ25.2 等标准及相关技术要求，开展详细调查。

（4）通过详细调查确定建设用地土壤中污染物含量等于或者低于风险管制值，应当依据 HJ25.3 等标准及相关技术要求，开展风险评估，确定风险水平，判断是否需要采取风险管控或修复措施。

（5）通过详细调查确定建设用地土壤中污染物含量高于风险管制值，对人体健康通常存在不可接受风险，应当采取风险管控或修复措施。

（6）建设用地若需采取修复措施，其修复目标应当依据《建设用地土壤污染风险评估技术导则》（HJ25.3）、《建设用地土壤修复技术导则》（HJ25.4）等标准及相关技术要求确定，且应当低于风险管制值。

（7）其他未列入标准的污染物项目，可依据 HJ25.3 等标准及相关技术要求开展风险评估，推导特定污染物的土壤污染风险筛选值。

【延伸阅读】《土壤环境质量 农用地土壤污染风险管控标准（试行）》（GB 15618—2018）、《土壤环境质量 建设用地土壤污染风险管控标准（试行）》（GB 36600—2018）（2018 年 8 月 1 日起实施）。

【随堂测验】

1. 根据《土壤环境质量 农用地土壤污染风险管控标准（试行）》，下列用地中不属于农业用地的是（　　）。

A. 果园　　B. 茶园　　C. 公园绿地　　D. 人工牧草地

2. 根据《土壤环境质量 建设用地土壤污染风险管控标准（试行）》，下列用地属于第一类用地的是（　　）。

A. 商业服务业设施用地　　B. 道路与交通设施用地

C. 医疗卫生用地　　D. 物流仓储用地

8.4 土壤环境现状调查与评价

8.4.1 基本原则与要求

（1）土壤环境现状调查与评价工作应遵循资料收集与现场调查相结合、资料分析与现状监测相结合的原则。

（2）土壤环境现状调查与评价工作的深度应满足相应的工作级别要求，当现有资料不能满足要求时，应通过组织现场调查、监测等方法获取。

（3）建设项目同时涉及土壤环境生态影响型与污染影响型时，应分别按相应评价工作等级要求开展土壤环境现状调查，可根据建设项目特征适当调整、优化调查内容。

（4）工业园区内的建设项目，应重点在建设项目占地范围内开展现状调查工作，并兼顾其可能影响的园区外围土壤环境敏感目标。

8.4.2 调查评价范围

（1）调查评价范围应包括建设项目可能影响的范围，能满足土壤环境影响预测和评价要求；改、扩建类建设项目的现状调查评价范围还应兼顾现有工程可能影响的范围。

（2）建设项目（除线性工程外）土壤环境影响现状调查评价范围可根据建设项目影响类型、污染途径、气象条件、地形地貌、水文地质条件等确定并说明，或参考表 8-5 确定。

表 8-5 土壤环境现状调查范围

<table>
<tr><th rowspan="2">评价工作等级</th><th rowspan="2">影响类型</th><th colspan="2">调查范围[a]</th></tr>
<tr><th>占地[b]范围内</th><th>占地范围外</th></tr>
<tr><td rowspan="2">一级</td><td>生态影响型</td><td rowspan="4">全部</td><td>5km 范围内</td></tr>
<tr><td>污染影响型</td><td>1km 范围内</td></tr>
<tr><td rowspan="2">二级</td><td>生态影响型</td><td>2km 范围内</td></tr>
<tr><td>污染影响型</td><td>0.2km 范围内</td></tr>
<tr><td rowspan="2">三级</td><td>生态影响型</td><td rowspan="2">全部</td><td>1km 范围内</td></tr>
<tr><td>污染影响型</td><td>0.05km 范围内</td></tr>
</table>

a 涉及大气沉降途径影响的，可根据主导风向下风向的最大落地浓度点适当调整。

b 矿山类项目指开采区与各场地的占地；改、扩建类建设项目指现有工程与拟建工程的占地。

（3）建设项目同时涉及土壤环境生态影响型与污染影响型时，应各自确定调查评价范围。

（4）危险品、化学品或石油等输送管线应以工程边界两侧向外延伸 0.2km 作为调查评价范围。

8.4.3　调查内容与要求

1. 资料收集

根据建设项目特点、可能产生的环境影响和当地环境特征，有针对性地收集调查评价范围内的相关资料，主要包括以下内容。

（1）土地利用现状图、土地利用规划图、土壤类型分布图；

（2）气象资料、地形地貌特征资料、水文及水文地质资料等；

（3）土地利用历史情况；

（4）与建设项目土壤环境影响评价相关的其他资料。

2. 理化特性调查

（1）在充分收集资料的基础上，根据土壤环境影响类型、建设项目特征与评价需要，有针对性地选择土壤理化特性调查内容，主要包括土体构型、土壤结构、土壤质地、阳离子交换量、氧化还原电位、饱和导水率、土壤容重、孔隙度等；土壤环境生态影响型建设项目还应调查植被、地下水位埋深、地下水溶解性总固体等，填写土壤理化特性调查表。

（2）评价工作等级为一级的建设项目应填写土壤剖面调查表。

3. 影响源调查

（1）应调查与建设项目产生同种特征因子或造成相同土壤环境影响后果的影响源。

（2）改、扩建的污染影响型建设项目，其评价工作等级为一级、二级的，应对现有工程的土壤环境保护措施情况进行调查，并重点调查主要装置或设施附近的土壤污染现状。

8.4.4　现状监测

1. 基本要求

建设项目土壤环境现状监测应根据建设项目的影响类型、影响途径，有针对性地开展监测工作，了解或掌握调查评价范围内土壤环境现状。

2. 布点原则

（1）土壤环境现状监测点布设应根据建设项目土壤环境影响类型、评价工作等级、土地利用类型确定，采用均布性与代表性相结合的原则，充分反映建设项目调查评价范围内的土壤环境现状，可根据实际情况优化调整。

（2）调查评价范围内的每种土壤类型应至少设置 1 个表层样监测点，应尽量设置在未受人为污染或相对未受污染的区域。

（3）生态影响型建设项目应根据建设项目所在地的地形特征、地面径流方向设置表层样监测点。

（4）涉及入渗途径影响的，主要产污装置区应设置柱状样监测点，采样深度须至装置底部与土壤接触面以下，根据可能影响的深度适当调整。

（5）涉及大气沉降影响的，应在占地范围外主导风向的上、下风向各设置 1 个表层样监测点，可在最大落地浓度点增设表层样监测点。

（6）涉及地面漫流途径影响的，应结合地形地貌，在占地范围外的上、下游各设置 1 个表层样监测点。

（7）线性工程应重点在站场位置（如输油站、泵站、阀室、加油站及维修场所等）设置监测点，涉及危险品、化学品或石油等输送管线的应根据评价范围内土壤环境敏感目标或厂区内的平面布局情况确定监测点布设位置。

（8）评价工作等级为一级、二级的改、扩建项目，应在现有工程厂界外可能产生影响的土壤环境敏感目标处设置监测点。

（9）涉及大气沉降影响的改、扩建项目，可在主导风向下风向适当增加监测点位，以反映降尘对土壤环境的影响。

（10）建设项目占地范围及其可能影响区域的土壤环境已存在污染风险的，应结合用地历史资料和现状调查情况，在可能受影响最重的区域布设监测点；取样深度根据其可能影响的情况确定。

（11）建设项目现状监测点设置应兼顾土壤环境影响跟踪监测计划。

3. 布点数量

（1）建设项目各评价工作等级的监测点数不少于表 8-6 要求。

表 8-6　土壤环境现状监测布点类型与数量

评价工作等级		占地范围内	占地范围外
一级	生态影响型	5 个表层样点[a]	6 个表层样点
	污染影响型	5 个柱状样点[b]，2 个表层样点	4 个表层样点
二级	生态影响型	3 个表层样点	4 个表层样点
	污染影响型	3 个柱状样点，1 个表层样点	2 个表层样点
三级	生态影响型	1 个表层样点	2 个表层样点
	污染影响型	3 个表层样点	—

注：“—”表示无现状监测布点类型与数量的要求。

a 表层样应在 0～0.2m 取样。

b 柱状样通常在 0～0.5m、0.5～1.5m、1.5～3m 分别取样，3m 以下每 3m 取 1 个样，可根据基础埋深、土体构型适当调整。

（2）生态影响型建设项目可优化调整占地范围内、外监测点数量，保持总数不变；占地范围超过 5000hm^2 的，每增加 1000hm^2 增加 1 个监测点。

（3）污染影响型建设项目占地范围超过 100hm^2 的，每增加 20hm^2 增加 1 个监测点。

4. 取样方法

表层样监测点及土壤剖面的土壤监测取样方法一般参照《土壤环境监测技术规范》（HJ/T 166—2004）执行，柱状样监测点和污染影响型改、扩建项目的土壤监测取样方法还可参照《建设用地土壤污染状况调查技术导则》（HJ 25.1—2019）、《建设用地土壤污染风险管控和修复监测技术导则》（HJ 25.2—2019）执行。

5. 监测因子

土壤环境现状监测因子分为基本因子和特征因子。

（1）基本因子为《土壤环境质量 农用地土壤污染风险管控标准（试行）》（GB 15618—

2018)、《土壤环境质量 建设用地土壤污染风险管控标准（试行）》（GB 36600—2018）中规定的基本项目，分别根据调查评价范围内的土地利用类型选取。

（2）特征因子为建设项目产生的特有因子，根据土壤环境影响识别确定；既是特征因子又是基本因子的，按特征因子对待。

（3）本小节第 2 部分的布点原则中第（2）与第（10）条规定的点位须监测基本因子与特征因子；其他监测点位可仅监测特征因子。

6. 频次要求

（1）基本因子：评价工作等级为一级的建设项目，应至少开展 1 次现状监测；评价工作等级为二级、三级的建设项目，若掌握近 3 年至少 1 次的监测数据，可不再进行现状监测；引用监测数据应满足布点原则和布点数量的相关要求，并说明数据有效性。

（2）特征因子：应至少开展 1 次现状监测。

8.4.5　现状评价

1. 评价因子

现状评价因子同现状监测因子。

2. 评价标准

（1）根据调查评价范围内的土地利用类型，分别选取 GB 15618、GB 36600 等标准中的筛选值进行评价，土地利用类型无相应标准的可只给出现状监测值。

（2）评价因子在 GB 15618、GB 36600 等标准中未规定的，可参照行业、地方或国外相关标准进行评价，无可参照标准的可只给出现状监测值。

（3）土壤盐化、酸化、碱化等的分级标准参见表 8-7 和表 8-8。

表 8-7　土壤盐化分级标准

分级	土壤含盐量（SSC）/(g/kg)	
	滨海、半湿润和半干旱地区	干旱、半荒漠和荒漠地区
未盐化	SSC＜1	SSC＜2
轻度盐化	1≤SSC＜2	2≤SSC＜3
中度盐化	2≤SSC＜4	3≤SSC＜5
重度盐化	4≤SSC＜6	5≤SSC＜10
极重度盐化	SSC≥6	SSC≥10

注：根据区域自然背景状况适当调整。

表 8-8　土壤酸化、碱化分级标准

土壤 pH	土壤酸化、碱化强度
pH＜3.5	极重度酸化
3.5≤pH＜4.0	重度酸化

续表

土壤 pH	土壤酸化、碱化强度
4.0≤pH＜4.5	中度酸化
4.5≤pH＜5.5	轻度酸化
5.5≤pH＜8.5	无酸化或碱化
8.5≤pH＜9.0	轻度碱化
9.0≤pH＜9.5	中度碱化
9.5≤pH＜10.0	重度碱化
pH≥10.0	极重度碱化

注：土壤酸化、碱化强度指受人为影响后呈现的土壤 pH，可根据区域自然背景状况适当调整。

3. 评价方法

（1）土壤环境质量现状评价应采用标准指数法，并进行统计分析，给出样本数量、最大值、最小值、均值、标准差、检出率和超标率、最大超标倍数等。

（2）对照土壤盐化、酸化、碱化分级标准，给出各监测点位土壤盐化、酸化、碱化的级别，统计样本数量、最大值、最小值和均值，并评价均值对应的级别。

4. 评价结论

（1）生态影响型建设项目应给出土壤盐化、酸化、碱化的现状。

（2）污染影响型建设项目应给出评价因子是否满足相关评价标准要求的结论；当评价因子存在超标时，应分析超标原因。

【随堂测验】

1. 建设项目土壤环境影响现状调查评价范围的确定依据不包括（　　）。

A. 影响类型　　B. 污染途径　　C. 规模大小　　D. 水文地质条件

2. 土壤环境质量现状评价方法应采用（　　）。

A. 标准指数法　　B. 综合指数法

C. 模糊数学综合评判法　　D. 灰色聚类评价法

8.5 土壤环境影响预测与评价

8.5.1 基本原则与要求

（1）根据影响识别结果与评价工作等级，结合当地土地利用规划确定影响预测的范围、时段、内容和方法。

（2）选择适宜的预测方法，预测评价建设项目各实施阶段不同环节与不同环境影响防控措施下的土壤环境影响，给出预测因子的影响范围与程度，明确建设项目对土壤环境的影响结果。

（3）应重点预测评价建设项目对占地范围外土壤环境敏感目标的累积影响，并根据建设项目特征兼顾对占地范围内的影响预测。

（4）土壤环境影响分析可定性或半定量地说明建设项目对土壤环境产生的影响及趋势。

（5）建设项目导致土壤潜育化、沼泽化、潴育化和土地沙漠化等影响的，可根据土壤环境特征，结合建设项目特点，分析土壤环境可能受到影响的范围和程度。

8.5.2　预测评价范围及时段

预测评价范围一般与现状调查评价范围一致。根据建设项目土壤环境影响识别结果，确定重点预测时段。

8.5.3　预测与评价因子

（1）污染影响型建设项目应根据环境影响识别出的特征因子选取关键预测因子。

（2）可能造成土壤盐化、酸化、碱化影响的建设项目，分别选取土壤含盐量、pH 等作为预测因子。

8.5.4　预测评价标准

《土壤环境质量 农用地土壤污染风险管控标准（试行）》（GB 15618—2018），《土壤环境质量 建设用地土壤污染风险管控标准（试行）》（GB 36600—2018），或《环境影响评价技术导则　土壤环境（试行）》（HJ 964—2018）附录 D、附录 F 中的表 F.2。

8.5.5　预测与评价方法

（1）土壤环境影响预测与评价方法应根据建设项目土壤环境影响类型与评价工作等级确定。

（2）可能引起土壤盐化、酸化、碱化等影响的建设项目，其评价工作等级为一级、二级的，预测方法可参见 HJ 964—2018 附录 E、附录 F 或进行类比分析。

（3）污染影响型建设项目，其评价工作等级为一级、二级的，预测方法可参见 HJ 964—2018 附录 E 或进行类比分析；占地范围内还应根据土体构型、土壤质地、饱和导水率等分析其可能影响的深度。

（4）评价工作等级为三级的建设项目，可采用定性描述或类比分析法进行预测。

8.5.6　预测评价结论

（1）以下情况可得出建设项目土壤环境影响可接受的结论：①建设项目各不同阶段，土壤环境敏感目标处且占地范围内各评价因子均满足预测评价标准要求的；②生态影响型建设项目各不同阶段，出现或加重土壤盐化、酸化、碱化等问题，但采取防控措施后，可满足相关标准要求的；③污染影响型建设项目各不同阶段，土壤环境敏感目标处或占地范围内有个别点位、层位或评价因子出现超标，但采取必要措施后，可满足 GB 15618、GB 36600 或其他土壤污染防治相关管理规定的。

（2）以下情况不能得出建设项目土壤环境影响可接受的结论：①生态影响型建设项目，土壤盐化、酸化、碱化等对预测评价范围内土壤原有生态功能造成重大不可逆影响的；②污染影响型建设项目各不同阶段，土壤环境敏感目标处或占地范围内多个点位、层位或评价因子出现超标，采取必要措施后，仍无法满足 GB 15618、GB 36600 或其他土壤污染防治相关管理规定的。

【随堂测验】

1. 土壤环境生态影响型项目的预测因子应选择（　　）。
   A. 阳离子交换量　B. pH　C. 氧化还原电位　D. 饱和导水率
2. 当农用地土壤污染物含量高于风险筛选值、等于或低于风险管控值时，代表（　　）。
   A. 农用地土壤污染风险低，可忽略
   B. 可能存在食用农产品不符合质量安全标准等土壤污染风险
   C. 食用农产品不符合质量安全标准等土壤污染风险
   D. 采取禁止种植食用农产品、退耕还林等管控措施

思考题

1. 简述土壤环境影响评价的基本任务。
2. 简述土壤环境影响识别的内容。
3. 土壤环境影响评价中污染影响型项目的评价工作等级划分需要考虑哪些因素？
4. 简述土壤环境现状调查内容和要求。
5. 简述土壤环境现状监测的布点原则、监测点数量要求、监测因子和监测频次要求。
6. 土壤环评中生态影响型项目可采用哪些预测方法？
7. 简述土壤环境影响预测评价结论的要求。

第 9 章　生态环境影响评价

【目标导学】

1. 知识要点

生态环境影响评价概述，生态影响识别，生态影响评价等级和评价范围，生态环境现状调查与评价，生态影响预测与评价。

2. 重点难点

生态环境现状调查与评价，生态环境影响预测与评价。

3. 基本要求

了解生态影响评价基本任务、生态现状调查与评价及生态影响预测与评价的总体要求，熟悉生态影响评价基本概念、基本要求、生态现状调查内容及要求，掌握生态影响识别、评价等级划分与判定原则、评价范围、生态现状评价内容及要求、生态影响预测与评价内容及要求。

4. 教学方法

以教师课堂讲授为主，配合线上观看教学视频。通过典型案例分析，帮助学生深入理解生态影响评价的基本概念、评价内容与评价方法。结合“新时代中国特色社会主义生态文明建设”的理念，强调经济发展和生态环境保护的辩证关系，开展课程思政教学。围绕生态影响预测与评价与其他环境要素预测与评价的区别，开展课堂研讨。建议 4 个学时。

9.1　概　　述

9.1.1　生态学基础知识

1. 生态学基本概念

（1）生态学：研究生命系统与环境系统之间相互作用规律和机理的科学。生命系统是自然界具有一定结构和调节功能的生命单元（动物、植物、微生物），环境系统是自然界光、热、空气、水及有机/无机物相互作用构成的空间。

（2）生态系统：生命系统与非生命（环境）系统在特定空间组成的具有一定结构和功能的系统。生态系统中生物与生物、生物与环境、各个环境因子之间相互联系、影响、制约，通过能量、物质和其他联系，结合成一个完整的综合系统。

（3）生态因子：是指环境中对生物生长、发育、生殖、行为和分布有直接或间接影响的环境要素，如温度、湿度、食物、O_2、CO_2 和其他相关生物等。

（4）生态环境：生态因子中生物生存所不可缺少的环境条件，有时又称为生物的生存条件。所有生态因子构成生物的生态环境。具体的生物个体和群体生活地段上的生态环境称为生境，其中包括生物本身对环境的影响。

（5）种群：指占据某一地区的某个物种的个体总和。

（6）群落：特定空间或特定生境下，生物种群有规律地组合，它们之间及它们与环境之间彼此影响，相互作用，具有一定的形态结构与营养结构，并执行一定的功能。

（7）群落演替：指某一地段上一种生物群落被另一种生物群落所取代的过程。

（8）生态演替：是指在某个地段上，随着时间的推移，一种生态系统类型（或阶段）被另一种生态系统类型（或阶段）替代，最终建立一个稳定的生态系统或进入顶级稳定状态。生态系统结构和功能的这种改变过程即称为生态演替。

2. 生态系统组成与类型

1）生态系统组成

生态系统组成是指生命系统与非生命（环境）系统在特定空间组成的具有一定结构及功能的系统。生态系统的组成包括“无机环境”和“生物群落”两部分，其中，无机环境是一个生态系统的基础，其条件的好坏直接决定生态系统的复杂程度和其中生物群落的丰富度；生物群落反作用于无机环境，生物群落在生态系统中既在适应环境，也在改变着周边环境的面貌，各种基础物质将生物群落与无机环境紧密联系在一起，而生物群落的初生演替甚至可以把一片荒凉的裸地变为水草丰美的绿洲。生态系统各个成分的紧密联系，使生态系统成为具有一定功能的有机整体。

2）生态系统类型

按生态形成和性质可将生态系统分为自然生态系统、人工生态系统和半自然生态系统。自然生态系统指未受人类干扰或人工扶持，在一定空间和时间范围内依靠生物及其环境本身的自我调节来维持相对稳定的生态系统，典型的自然生态系统是森林、草原、荒漠、陆地水域（淡水）以及海洋生态系统，还有介于水陆之间的湿地生态系统。人工生态系统指按照人类需求建立起来的，或受人类活动强烈干扰的生态系统，典型的人工生态系统是城市生态系统。农业生态系统可视为半自然生态系统，它介于人工和自然生态系统之间，如天然放牧草原、人类经营管理的天然林等。

3）生物多样性

生物多样性是指一定范围内多种多样活的有机体（动物、植物、微生物）有规律地结合所构成稳定的生态综合体。这种多样性包括动物、植物、微生物的物种多样性，物种的遗传与变异的多样性及生态系统的多样性。

生物多样性保护是全世界环境保护的核心问题，被列为全球重大环境问题之一。这是因为生物多样性对人类有巨大的也是不可替代的价值，它是人类群体得以持续发展的保障之一。然而，人类活动正在迅速而大量地导致生物多样性的消亡。在生态影响评价中，一般需要关注种群处于迅速衰退中的物种、列为法定保护的物种、列入红皮书中的珍稀濒危物种、地方特有物种等。

【课程思政】讲解习近平总书记关于“新时代中国特色社会主义生态文明建设”的理念，强调经济发展和生态环境保护的辩证关系，论述“保护生态环境就是保护生产力、改善生态环境就是发展生产力”的道理，指出生态环境保护事关人民群众切身利益，事关全面建成小康社会，事关实现中华民族伟大复兴中国梦。教育学生从身边小事做起，贯彻和践行“绿水青山就是金山银山”的可持续发展理念。

9.1.2　基本概念

1. 生态影响

生态影响是指工程占用、施工活动干扰、环境条件改变、时间或空间累积作用等，直接或间接导致物种、种群、生物群落、生境、生态系统以及自然景观、自然遗迹等发生的变化。生态影响包括直接影响、间接影响和累积影响。

直接影响是指经济社会活动所导致的不可避免的、与该活动同时同地发生的影响。间接影响是指经济社会活动及其直接生态环境影响所诱发的、与该活动不在同一地点或不在同一时间发生的影响。累积影响是指经济社会活动各个组成部分之间或该活动与其他相关活动（包括过去、现在和未来）之间造成生态影响的相互叠加。

生态影响可以发生在生态系统的任何层次上，如种群减少、生态系统组成简化和环境功能退化，或者可能是生物量减少，生态等级降低，系统由森林生态变为灌丛、草地或裸地等。在人类干预下，经常发生生态系统的替换，如以农田植被代替林地或草地等天然植被这种结构上的变化，主要的影响是使生物多样性降低，生态系统结构也由复杂变得简单，这就是常说的生态系统简化或均化作用。

对生态影响的认识常常是滞后的。生态系统具有一定的适应干扰、调节和恢复功能，这使很多生态影响的后果呈现缓慢的渐进性特点，甚至跨越代际，出现父辈破坏生态、子代品尝苦果的问题。生态环境影响具有一定的“阈值”，即影响超过某种限度后，会突然地出现不可逆转的后果，这使人类常常付出沉重的代价。生态环境影响可通过研究其历史变迁，进行类比调查分析而被认识。

2. 重要物种

在生态影响评价中需要重点关注、具有较高保护价值或保护要求的物种，包括国家及地方重点保护野生动植物名录所列的物种，《中国生物多样性红色名录》中列为极危（critically endangered）、濒危（endangered）和易危（vulnerable）的物种，国家和地方政府列入拯救保护的极小种群物种，特有种以及古树名木等。

3. 生态敏感区

根据《环境影响评价技术导则 生态影响》（HJ 19—2022），生态敏感区包括法定生态保护区域、重要生境以及其他具有重要生态功能、对保护生物多样性具有重要意义的区域。其中，法定生态保护区域包括依据法律法规、政策等规范性文件划定或确认的国家公园、自然保护区、自然公园等自然保护地、世界自然遗产、生态保护红线等区域；重要生境包括重要物种的天然集中分布区、栖息地，重要水生生物的产卵场、索饵场、越冬场和洄游通道，迁徙鸟类的重要繁殖地、停歇地、越冬地以及野生动物迁徙通道等。

4. 生态保护目标

受影响的重要物种、生态敏感区以及其他需要保护的物种、种群、生物群落及生态空间等。

5. 生态系统完整性

自然生态系统通过其组织、结构、关系等应对外来干扰并维持自身状态稳定性和生产能力的功能水平。

9.1.3 基本任务和要求

1. 基本任务

在工程分析和生态现状调查的基础上，识别、预测和评价建设项目在施工期、运行期以及服务期满后（可根据项目情况选择）等不同阶段的生态影响，提出预防或者减缓不利影响的对策和措施，制订相应的环境管理和生态监测计划，从生态影响角度明确建设项目是否可行。

2. 基本要求

（1）建设项目选址选线应尽量避让各类生态敏感区，符合自然保护地、世界自然遗产、生态保护红线等管理要求以及国土空间规划、生态环境分区管控要求。

（2）建设项目生态影响评价应结合行业特点、工程规模以及对生态保护目标的影响方式，合理确定评价范围，按相应评价等级的技术要求开展现状调查、影响分析及预测工作。

（3）应按照避让、减缓、修复和补偿的次序提出生态保护对策措施，所采取的对策措施应有利于保护生物多样性，维持或修复生态系统功能。

【随堂测验】

1. 根据《环境影响评价技术导则 生态影响》（HJ 19—2022），自然保护区属于下列哪类生态环境区。（　　）

A. 特殊生态保护区　　B. 法定生态保护区

C. 一般生态保护区　　D. 重要生境

2. 生态环境影响评价中，提出生态保护对策措施应遵循（　　）次序。

A. 减缓、避让、修复和补偿　　B. 修复、避让、减缓和补偿

C. 避让、减缓、修复和补偿　　D. 补偿、避让、减缓和修复

9.2 生态影响识别

9.2.1 工程分析

（1）按照《建设项目环境影响评价技术导则 总纲》（HJ 2.1—2016）的要求开展工程分析，主要采用工程设计文件的数据和资料以及类比工程的资料，明确建设项目地理位置、建设规模、总平面及施工布置、施工方式、施工时序、建设周期和运行方式，明确工程行为及其发生的地点、时间、方式和持续时间，以及设计方案中的生态保护措施等。

（2）结合建设项目特点和区域生态环境状况，分析项目在施工期、运行期以及服务期满后（可根据项目情况选择）可能产生生态影响的工程行为及其影响方式，判断生态影响性质和影响程度。重点关注影响强度大、范围广、历时长或涉及重要物种、生态敏感区的工程行为。

（3）工程设计文件中包括工程位置、工程规模、平面布局、工程施工及工程运行等不同比选方案的，应对不同方案进行工程分析。现有方案均占用生态敏感区，或明显可能对生态保护目标产生显著不利影响，还应补充提出基于减缓生态影响考虑的比选方案。

9.2.2　评价因子筛选

（1）在工程分析基础上筛选评价因子。生态影响评价因子筛选表见表 9-1。

表 9-1　生态影响评价因子筛选表

受影响对象	评价因子	工程内容及影响方式	影响性质	影响程度
物种	分布范围、种群数量、种群结构、行为等			
生境	生境面积、质量、连通性等			
生物群落	物种组成、群落结构等			
生态系统	植被覆盖度、生产力、生物量、生态系统功能等			
生物多样性	物种丰富度、均匀度、优势度等			
生态敏感区	主要保护对象、生态功能等			
自然景观	景观多样性、完整性等			
自然遗迹	遗迹多样性、完整性等			
……	……	……	……	……

注 1：应按施工期、运行期以及服务期满后（可根据项目情况选择）等不同阶段进行工程分析和评价因子筛选。
注 2：影响性质主要包括长期与短期、可逆与不可逆生态影响。
注 3：影响方式可分为直接、间接、累积生态影响，可依据以下内容进行判断：
a）直接生态影响：临时、永久占地导致生境直接破坏或丧失；工程施工、运行导致个体直接死亡；物种迁徙（或洄游）、扩散、种群交流受到阻隔；施工活动以及运行期噪声、振动、灯光等对野生动物行为产生干扰；工程建设改变河流、湖泊等水体天然状态等；
b）间接生态影响：水文情势变化导致生境条件、水生生态系统发生变化；地下水位、土壤理化特性变化导致动植物群落发生变化；生境面积和质量下降导致个体死亡、种群数量下降或种群生存能力降低；资源减少及分布变化导致种群结构或种群动态发生变化；因阻隔影响造成种群间基因交流减少，导致小种群灭绝风险增加；滞后效应（例如，由于关键种的消失使捕食者和被捕食者的关系发生变化）等；
c）累积生态影响：整个区域生境的逐渐丧失和破碎化；在景观尺度上生境的多样性减少；不可逆转的生物多样性下降；生态系统持续退化等。
注 4：影响程度可分为强、中、弱、无四个等级，可依据以下原则进行初步判断：
a）强：生境受到严重破坏，水系开放连通性受到显著影响；野生动植物难以栖息繁衍（或生长繁殖），物种种类明显减少，种群数量显著下降，种群结构明显改变；生物多样性显著下降，生态系统结构和功能受到严重损害，生态系统稳定性难以维持；自然景观、自然遗迹受到永久性破坏；生态修复难度较大；
b）中：生境受到一定程度破坏，水系开放连通性受到一定程度影响；野生动植物栖息繁衍（或生长繁殖）受到一定程度干扰，物种种类减少，种群数量下降，种群结构改变；生物多样性有所下降，生态系统结构和功能受到一定程度破坏，生态系统稳定性受到一定程度干扰；自然景观、自然遗迹受到暂时性影响；通过采取一定措施上述不利影响可以得到减缓和控制，生态修复难度一般；
c）弱：生境受到暂时性破坏，水系开放连通性变化不大；野生动植物栖息繁衍（或生长繁殖）受到暂时性干扰，物种种类、种群数量、种群结构变化不大；生物多样性、生态系统结构、功能以及生态系统稳定性基本维持现状；自然景观、自然遗迹基本未受到破坏；在干扰消失后可以修复或自然恢复；
d）无：生境未受到破坏，水系开放连通性未受到影响；野生动植物栖息繁衍（或生长繁殖）未受到影响；生物多样性、生态系统结构、功能以及生态系统稳定性维持现状；自然景观、自然遗迹未受到破坏。

（2）评价标准可参照国家、行业、地方或国外相关标准，无参照标准的可采用所在地区及相似区域生态背景值或本底值、生态阈值或引用具有时效性的相关权威文献数据等。

【随堂测验】

1. 下列哪项不属于生态环境影响评价工程分析的重点内容。（　　）

A. 影响强度大的工程行为

B. 与一般区域有关的工程行为

C. 影响范围广的工程行为

D. 涉及生态敏感区的工程行为

2. 水文情势变化导致生境条件、水生生态系统发生变化属于（　　）。

A. 直接生态影响　　B. 间接生态影响

C. 累积生态影响　　D. 短期生态影响

9.3 评价等级和评价范围

9.3.1 评级等级判定

（1）根据《环境影响评价技术则 生态影响》（HJ 19—2022），依据建设项目影响区域的生态敏感性和影响程度，评价等级划分为一级、二级和三级。

（2）按以下原则确定评价等级：

① 涉及国家公园、自然保护区、世界自然遗产、重要生境时，评价等级为一级；

② 涉及自然公园时，评价等级为二级；

③ 涉及生态保护红线时，评价等级不低于二级；

④ 根据《环境影响评价技术导则 地表水环境》（HJ 2.3—2018）判断属于水文要素影响型且地表水评价等级不低于二级的建设项目，生态影响评价等级不低于二级；

⑤ 根据《环境影响评价技术导则 地下水环境》（HJ 610—2016）、《环境影响评价技术导则 土壤环境（试行）》（HJ 964—2018）判断地下水位或土壤影响范围内分布有天然林、公益林、湿地等生态保护目标的建设项目，生态影响评价等级不低于二级；

⑥ 当工程占地规模大于20km^{2}时（包括永久和临时占用陆域和水域），评价等级不低于二级；改扩建项目的占地范围以新增占地（包括陆域和水域）确定；

⑦ 除本条①、②、③、④、⑤、⑥以外的情况，评价等级为三级；

⑧ 当评价等级判定同时符合上述多种情况时，应采用其中最高的评价等级。

（3）建设项目涉及经论证对保护生物多样性具有重要意义的区域时，可适当上调评价等级。

（4）建设项目同时涉及陆生、水生生态影响时，可针对陆生生态、水生生态分别判定评价等级。

（5）在矿山开采可能导致矿区土地利用类型明显改变，或拦河闸坝建设可能明显改变水文情势等情况下，评价等级应上调一级。

（6）线性工程可分段确定评价等级。线性工程地下穿越或地表跨越生态敏感区，在生态敏感区范围内无永久、临时占地时，评价等级可下调一级。

（7）涉海工程评价等级判定参照《海洋工程环境影响评价技术导则》（GB/T 19485—2014）。

（8）符合生态环境分区管控要求且位于原厂界（或永久用地）范围内的污染影响类改扩建项目，位于已批准规划环评的产业园区内且符合规划环评要求、不涉及生态敏感区的污染影响类建设项目，可不确定评价等级，直接进行生态影响简单分析。

9.3.2 评价范围确定

（1）生态影响评价应能够充分体现生态完整性和生物多样性保护要求，涵盖评价项目全部活动的直接影响区域和间接影响区域。评价范围应依据评价项目对生态因子的影响方式、影响程度和生态因子之间的相互影响和相互依存关系确定。可综合考虑评价项目与项目区的气候过程、水文过程、生物过程等生物地球化学循环过程的相互作用关系，以评价项目影响区域所涉及的完整气候单元、水文单元、生态单元、地理单元界限为参照边界。

（2）涉及占用或穿（跨）越生态敏感区时，应考虑生态敏感区的结构、功能及主要保护对象合理确定评价范围。

（3）矿山开采项目评价范围应涵盖开采区及其影响范围、各类场地及运输系统占地以及施工临时占地范围等。

（4）水利水电项目评价范围应涵盖枢纽工程建筑物、水库淹没、移民安置等永久占地、施工临时占地以及库区坝上、坝下地表地下、水文水质影响河段及区域、受水区、退水影响区、输水沿线影响区等。

（5）线性工程穿越生态敏感区时，以线路穿越段向两端外延 1 km、线路中心线向两侧外延 1 km 为参考评价范围，实际确定时应结合生态敏感区主要保护对象的分布、生态学特征、项目的穿越方式、周边地形地貌等适当调整，主要保护对象为野生动物及其栖息地时，应进一步扩大评价范围，涉及迁徙、洄游物种的，其评价范围应涵盖工程影响的迁徙、洄游通道范围；穿越非生态敏感区时，以线路中心线向两侧外延 300 m 为参考评价范围。

（6）陆上机场项目以占地边界外延 3～5 km 为参考评价范围，实际确定时应结合机场类型、规模、占地类型、周边地形地貌等适当调整。涉及有净空处理的，应涵盖净空处理区域。航空器爬升或进近航线下方区域内有以鸟类为重点保护对象的自然保护地和鸟类重要生境的，评价范围应涵盖受影响的自然保护地和重要生境范围。

（7）涉海工程的生态影响评价范围参照 GB/T 19485—2014。

（8）污染影响类建设项目评价范围应涵盖直接占用区域以及污染物排放产生的间接生态影响区域。

【随堂测验】

1. 某道路工程占地面积为 25 km^2，项目影响区域涉及自然公园，该项目的生态影响评价等级为（　　）。

A. 一级　　B. 二级　　C. 三级　　D. 生态影响分析

2. 在矿山开采可能导致矿区土地利用类型明显改变的情况下，生态环境影响评价工作等级应为（　　）。

A. 一级　　B. 二级　　C. 上调一级　　D. 三级

9.4 生态现状调查与评价

9.4.1 总体要求

（1）生态现状调查应在充分收集资料的基础上开展现场工作，生态现状调查范围应不小于评价范围。调查方法包括资料收集法、现场调查法、专家和公众咨询法、生态监测法、遥感调查法、陆生与水生动植物调查方法、海洋生态调查方法、淡水渔业资源调查方法、淡水浮游生物调查方法，具体参见 HJ 19—2022 附录 B。

（2）生态现状评价应坚持定性和定量相结合、尽量采用定量方法的原则。评价方法参见 9.6 节。

（3）生态现状调查及评价工作成果应采用文字、表格和图件相结合的表现形式，参见 HJ 19—2022 附录 B 列出调查结果统计表，按照 HJ 19—2022 附录 D 制作必要的图件。

9.4.2　生态现状调查内容

1. 陆生生态

陆生生态现状调查内容主要包括：评价范围内的植物区系、植被类型，植物群落结构及演替规律，群落中的关键种、建群种、优势种；动物区系、物种组成及分布特征；生态系统的类型、面积及空间分布；重要物种的分布、生态学特征、种群现状，迁徙物种的主要迁徙路线、迁徙时间，重要生境的分布及现状。

2. 水生生态

水生生态现状调查内容主要包括：评价范围内的水生生物、水生生境和渔业现状；重要物种的分布、生态学特征、种群现状以及生境状况；鱼类等重要水生动物调查包括种类组成、种群结构、资源时空分布，产卵场、索饵场、越冬场等重要生境的分布、环境条件以及洄游路线、洄游时间等行为习性。

3. 其他调查内容

（1）收集生态敏感区的相关规划资料、图件、数据，调查评价范围内生态敏感区主要保护对象、功能区划、保护要求等。

（2）调查区域存在的主要生态问题，如水土流失、沙漠化、石漠化、盐渍化、生物入侵和污染危害等。调查已经存在的对生态保护目标产生不利影响的干扰因素。

（3）对于改扩建、分期实施的建设项目，调查既有工程、前期已实施工程的实际生态影响以及采取的生态保护措施。

9.4.3　生态现状调查要求

（1）引用的生态现状资料其调查时间宜在 5 年以内，用于回顾性评价或变化趋势分析的资料可不受调查时间限制。

（2）当已有调查资料不能满足评价要求时，应通过现场调查获取现状资料，现场调查遵循全面性、代表性和典型性原则。项目涉及生态敏感区时，应开展专题调查。

（3）工程永久占用或施工临时占用区域应在收集资料基础上开展详细调查，查明占用区域是否分布有重要物种及重要生境。

（4）陆生生态一级、二级评价应结合调查范围、调查对象、地形地貌和实际情况选择合适的调查方法。开展样线、样方调查的，应合理确定样线、样方的数量、长度或面积，涵盖评价范围内不同的植被类型及生境类型，山地区域还应结合海拔段、坡位、坡向进行布设。

根据植物群落类型（宜以群系及以下分类单位为调查单元）设置调查样地，一级评价每种群落类型设置的样方数量不少于 5 个，二级评价不少于 3 个，调查时间宜选择植物生长旺盛季节；一级评价每种生境类型设置的野生动物调查样线数量不少于 5 条，二级评价不少于 3 条，除了收集历史资料外，一级评价还应获得近 1～2 个完整年度不同季节的现状资料，二级评价尽量获得野生动物繁殖期、越冬期、迁徙期等关键活动期的现状资料。

（5）水生生态一级、二级评价的调查点位、断面等应涵盖评价范围内的干流、支流、河口、湖库等不同水域类型。一级评价应至少开展丰水期、枯水期（河流、湖库）或春季、秋季（入海河口、海域）两期（季）调查，二级评价至少获得一期（季）调查资料，涉及显著改变水文情势的项目应增加调查强度。鱼类调查时间应包括主要繁殖期，水生生境调查内容应包括水域形态结构、水文情势、水体理化性状和底质等。

（6）三级评价现状调查以收集有效资料为主，可开展必要的遥感调查或现场校核。

（7）生态现状调查中还应充分考虑生物多样性保护的要求。

（8）涉海工程生态现状调查要求参照 GB/T 19485—2014。

9.4.4　生态现状评价内容及要求

（1）一级、二级评价应根据现状调查结果选择以下全部或部分内容开展评价：

第一，根据植被和植物群落调查结果，编制植被类型图，统计评价范围内的植被类型及面积，可采用植被覆盖度等指标分析植被现状，图示植被覆盖度空间分布特点。

第二，根据土地利用调查结果，编制土地利用现状图，统计评价范围内的土地利用类型及面积；

第三，根据物种及生境调查结果，分析评价范围内的物种分布特点、重要物种的种群现状以及生境的质量、连通性、破碎化程度等，编制重要物种、重要生境分布图，迁徙、洄游物种的迁徙、洄游路线图；涉及国家重点保护野生动植物、极危、濒危物种的，可通过模型模拟物种适宜生境分布，图示工程与物种生境分布的空间关系。

第四，根据生态系统调查结果，编制生态系统类型分布图，统计评价范围内的生态系统类型及面积；结合区域生态问题调查结果，分析评价范围内的生态系统结构与功能状况以及总体变化趋势；涉及陆地生态系统的，可采用生物量、生产力、生态系统服务功能等指标开展评价；涉及河流、湖泊、湿地生态系统的，可采用生物完整性指数等指标开展评价。

第五，涉及生态敏感区的，分析其生态现状、保护现状和存在的问题；明确并图示生态敏感区及其主要保护对象、功能分区与工程的位置关系。

第六，可采用物种丰富度、香农-维纳指数（Shannon-Wiener index）、Pielou 均匀度指数、Simpson 优势度指数等对评价范围内的物种多样性进行评价。

（2）三级评价可采用定性描述或面积、比例等定量指标，重点对评价范围内的土地利用现状、植被现状、野生动植物现状等进行分析，编制土地利用现状图、植被类型图、生态保护目标分布图等图件。

（3）对于改扩建、分期实施的建设项目，应对既有工程、前期已实施工程的实际生态影响、已采取的生态保护措施的有效性和存在问题进行评价。

（4）海洋生态现状评价还应符合 GB/T 19485—2014 的要求。

【延伸阅读】《生态环境状况评价技术规范》（HJ 192—2015）（2015 年 3 月 13 日起实施）。

【随堂测验】

1. 根据《环境影响评价技术导则 生态影响》（HJ 19—2022），生态现状调查方法不包括（　　）。

A. 资料收集法　　B. 现场调查法

C. 生态监测法　　D. 列表清单法

2. 对于生态环境影响一级评价项目，每种群落类型设置的样方数量不少于（　　）。

A. 3 个　　B. 5 个　　C. 7 个　　D. 9 个

9.5 生态影响预测与评价

9.5.1 总体要求

（1）生态影响预测与评价内容应与现状评价内容相对应，根据建设项目特点、区域生物多样性保护要求以及生态系统功能等选择评价预测指标。

（2）生态影响预测与评价尽量采用定量方法进行描述和分析，具体预测与评价方法参见9.6 节。

9.5.2 预测与评价内容及要求

（1）一级、二级评价应根据现状评价内容选择以下全部或部分内容开展预测评价：

第一，采用图形叠置法分析工程占用的植被类型、面积及比例；通过引起地表沉陷或改变地表径流、地下水位、土壤理化性质等方式对植被产生影响的，采用生态机理分析法、类比分析法等方法分析植物群落的物种组成、群落结构等变化情况。

第二，结合工程的影响方式预测分析重要物种的分布、种群数量、生境状况等变化情况；分析施工活动和运行产生的噪声、灯光等对重要物种的影响；涉及迁徙、洄游物种的，分析工程施工和运行对迁徙、洄游行为的阻隔影响；涉及国家重点保护野生动植物、极危、濒危物种的，可采用生境评价方法预测分析物种适宜生境的分布及面积变化、生境破碎化程度等，图示建设项目实施后的物种适宜生境分布情况。

第三，结合水文情势、水动力和冲淤、水质（包括水温）等影响预测结果，预测分析水生生境质量、连通性以及产卵场、索饵场、越冬场等重要生境的变化情况，图示建设项目实施后的重要水生生境分布情况；结合生境变化预测分析鱼类等重要水生生物的种类组成、种群结构、资源时空分布等变化情况。

第四，采用图形叠置法分析工程占用的生态系统类型、面积及比例；结合生物量、生产力、生态系统功能等变化情况预测分析建设项目对生态系统的影响。

第五，结合工程施工和运行引入外来物种的主要途径、物种生物学特性以及区域生态环境特点，参考《外来物种环境风险评估技术导则》（HJ 624—2011）分析建设项目实施可能导致外来物种造成生态危害的风险。

第六，结合物种、生境以及生态系统变化情况，分析建设项目对所在区域生物多样性的影响；分析建设项目通过时间或空间的累积作用方式产生的生态影响，如生境丧失、退化及破碎化、生态系统退化、生物多样性下降等。

第七，涉及生态敏感区的，结合主要保护对象开展预测评价；涉及以自然景观、自然遗迹为主要保护对象的生态敏感区时，分析工程施工对景观、遗迹完整性的影响，结合工程建筑物、构筑物或其他设施的布局及设计，分析与景观、遗迹的协调性。

（2）三级评价可采用图形叠置法、生态机理分析法、类比分析法等预测分析工程对土地利用、植被、野生动植物等的影响。

（3）不同行业应结合项目规模、影响方式、影响对象等确定评价重点：

第一，矿产资源开发项目应对开采造成的植物群落及植被覆盖度变化、重要物种的活动、分布及重要生境变化以及生态系统结构和功能变化、生物多样性变化等开展重点预测与评价；

第二，水利水电项目应对河流、湖泊等水体天然状态改变引起的水生生境变化、鱼类等重要水生生物的分布及种类组成、种群结构变化，水库淹没、工程占地引起的植物群落、重要物种的活动、分布及重要生境变化，调水引起的生物入侵风险，以及生态系统结构和功能变化、生物多样性变化等开展重点预测与评价；

第三，公路、铁路、管线等线性工程应对植物群落及植被覆盖度变化、重要物种的活动、分布及重要生境变化、生境连通性及破碎化程度变化、生物多样性变化等开展重点预测与评价；

第四，农业、林业、渔业等建设项目应对土地利用类型或功能改变引起的重要物种的活动、分布及重要生境变化、生态系统结构和功能变化、生物多样性变化以及生物入侵风险等开展重点预测与评价；

第五，涉海工程海洋生态影响评价应符合 GB/T 19485—2014 的要求，对重要物种的活动、分布及重要生境变化、海洋生物资源变化、生物入侵风险以及典型海洋生态系统的结构和功能变化、生物多样性变化等开展重点预测与评价。

【随堂测验】

1. 生态环境影响预测评价中，分析工程占用的植被类型、面积及比例宜采用（　　）。
   A. 列表清单法　B. 生态机理分析法　C. 图形叠置法　D. 类比分析法
2. 水利水电项目不需要开展的重点预测与评价内容为（　　）。
   A. 水生生境变化　B. 水生生物的种群结构变化
   C. 调水引起的生物入侵风险　D. 生境连通性及破碎化程度变化

9.6 生态现状及影响评价方法

生态现状及影响评价方法种类较多，需要根据项目特点、评价内容选择合适的方法开展评价工作。本节重点介绍列表清单法、图形叠置法、生态机理分析法、指数法与综合指数法、类比分析法、系统分析法、生物多样性评价方法，其他评价方法参见 HJ 19—2022 附录 C。

9.6.1 列表清单法

列表清单法是 Little 等在 1971 年进行交通运输等建设方案的生态影响评价时提出的定性分析方法，他们把建设方案分成规划设计、施工及运行三个阶段，把开发行为可能造成的影响分成噪声、空气质量、水质、土壤侵蚀、生态、经济、社会政治及美学不同类型，将方案的阶段与各种影响类型列成一张表格，从中鉴别出在各种不同阶段方案可能会产生的有利或不利影响，最后制定出一个 0～10 评价等级，以说明影响大小并表示出最大的可能影响。

该方法的特点是简单明了，针对性强，其基本做法是将拟实施的开发建设活动的影响因素与可能受影响的环境因子分别列在同一张表格的行与列内，逐点进行分析，并逐条阐明影响的性质、强度等。由此分析开发建设活动的生态影响。该方法主要应用范围：

（1）进行开发建设活动对生态因子的影响分析；

（2）进行生态保护措施的筛选；

（3）进行物种或栖息地重要性或优先度比较。

9.6.2　图形叠置法

图形叠置法是把两个以上的生态信息叠合到一张图上，构成复合图，用于表示生态变化的方向和程度。该方法的特点是直观、形象，简单明了。

图形叠置法有两种基本制作手段：指标法和 3S 技术叠图法。

1）指标法

（1）确定评价区域范围；

（2）进行生态调查，收集评价工作范围与周边地区自然环境、动植物等的信息；

（3）识别影响并筛选评价因子，包括识别和分析主要生态问题；

（4）建立表征评价因子特性的指标体系，通过定性分析或定量方法对指标赋值或分级，依据指标值进行区域划分；

（5）将上述区划信息绘制在生态图上。

2）3S 技术叠图法

（1）选用符合要求的工作底图，底图范围应大于评价范围；

（2）在底图上描绘主要生态因子信息，如植被覆盖、动植物分布、河流水系、土地利用、生态敏感区等；

（3）进行影响识别与筛选评价因子；

（4）运用 3S 技术，分析影响性质、方式和程度；

（5）将影响因子图和底图叠加，得到生态影响评价图。

3）图形叠置法的应用

（1）主要用于区域生态质量评价和影响评价；

（2）用于具有区域性影响的特大建设项目评价中，如大型水利枢纽工程、新能源基地建设、矿业开发项目等；

（3）用于土地利用开发和农业开发生态影响评价中。

9.6.3　生态机理分析法

生态机理分析法是根据建设项目的特点和受影响物种的生物学特征，依照生态学原理分析、预测建设项目生态影响的方法。生态机理分析法的工作步骤如下。

（1）调查环境背景现状，搜集工程组成、建设、运行等有关资料；

（2）调查植物和动物分布，动物栖息地和迁徙、洄游路线；

（3）根据调查结果分别对植物或动物种群、群落和生态系统进行分析，描述其分布特点、结构特征和演化特征；

（4）识别有无珍稀濒危物种、特有种等需要特别保护的物种；

（5）监测项目建成后该地区动物、植物生长环境的变化；

（6）预测项目建成后的环境变化，对照无开发项目条件下动物、植物或生态系统演替或变化趋势，预测建设项目对个体、种群和群落的影响，并预测生态系统演替方向。

评价过程中可根据实际情况进行相应的生物模拟试验，如环境条件、生物习性模拟试验、生物毒理学试验、实地种植或放养试验等；或进行数学模拟，如种群增长模型的应用。

该方法需与生物学、地理学、水文学、数学及其他多学科合作评价，才能得出较为客观的结果。

9.6.4　指数法与综合指数法

指数法是利用同度量因素的相对值来表明因素变化状况的方法。指数法的难点在于需要建立表征生态环境质量的标准体系并进行赋权和准确定量。综合指数法是从确定同度量因素出发，把不能直接对比的事物变成能够同度量的方法。

1）单因子指数法

选定合适的评价标准，可进行生态因子现状或预测评价。例如，以同类型立地条件的森林植被覆盖率为标准，可评价项目建设区的植被覆盖现状情况；以评价区现状植被盖度为标准，可评价项目建成后植被盖度的变化率。

2）综合指数法

（1）分析各生态因子的性质和变化规律。

（2）建立表征各生态因子特性的指标体系。

（3）确定评价标准。

（4）建立评价函数曲线，将生态因子的现状值（开发建设活动前）与预测值（开发建设活动后）转换为统一的无量纲的生态环境质量指标。用 1～0 表示优劣（“1”表示最佳的、顶级的、原始或人类干预甚少的生态状况，“0”表示最差的、极度破坏的、几乎无生物性的生态状况），计算开发建设活动前后各因子质量的变化值。

（5）根据各因子的相对重要性赋予权重。

（6）将各因子的变化值综合，提出综合影响评价值

$$\Delta E = \sum (E_{\mathrm{h}i} - E_{\mathrm{q}i}) \times W_i \tag{9-1}$$

式中，ΔE ——开发建设活动前后生态质量变化值；

$E_{\mathrm{h}i}$ ——开发建设活动后 i 因子的质量指标；

$E_{\mathrm{q}i}$ ——开发建设活动前 i 因子的质量指标；

W_i ——i 因子的权值。

3）指数法应用

（1）可用于生态单因子质量评价；

（2）可用于生态多因子综合质量评价；

（3）可用于生态系统功能评价。

建立评价函数曲线需要根据标准规定的指标值确定曲线的上、下限。对于大气、水环境等已有明确质量标准的因子，可直接采用不同级别的标准值作上、下限，对于无明确标

准的生态因子，可根据评价目的、评价要求和环境特点等选择相应的指标值，再确定上、下限。

9.6.5 类比分析法

类比分析法是一种比较常用的定性和半定量评价方法，一般有生态整体类比、生态因子类比和生态问题类比等。

1）方法

（1）根据已有的建设项目的生态影响，分析或预测拟建项目可能产生的影响。选择好类比对象（类比项目）是进行类比分析或预测评价的基础，也是该方法成败的关键。

（2）类比对象的选择条件是：工程性质、工艺和规模与拟建项目基本相当，生态因子（地理、地质、气候、生物因素等）相似，项目建成已有一定时间，所产生的影响已基本全部显现。

（3）类比对象确定后，须选择和确定类比因子及指标，并对类比对象开展调查与评价，再分析拟建项目与类比对象的差异。根据类比对象与拟建项目的比较，做出类比分析结论。

2）应用

（1）进行生态影响识别（包括评价因子筛选）；

（2）以原始生态系统作为参照，可评价目标生态系统的质量；

（3）进行生态影响的定性分析与评价；

（4）进行某一个或几个生态因子的影响评价；

（5）预测生态问题的发生与发展趋势及其危害；

（6）确定环保目标和寻求最有效、可行的生态保护措施。

9.6.6 系统分析法

系统分析法是指把要解决的问题作为一个系统，对系统要素进行综合分析，找出解决问题的可行方案的咨询方法。具体步骤包括：限定问题、确定目标、调查研究、收集数据、提出备选方案和评价标准、备选方案评估和提出最可行方案。

系统分析法因其能妥善解决一些多目标动态性问题，已广泛应用于各行各业，尤其在进行区域开发或解决优化方案选择问题时，系统分析法显示出其他方法所不能达到的效果。

在生态系统质量评价中使用系统分析的具体方法有专家咨询法、层次分析法、模糊综合评判法、综合排序法、系统动力学、灰色关联等方法。

9.6.7 生物多样性评价方法

生物多样性是生物（动物、植物、微生物）与环境形成的生态复合体以及与此相关的各种生态过程的总和，包括生态系统、物种和基因三个层次。

生态系统多样性指生态系统的多样化程度，包括生态系统的类型、结构、组成、功能和生态过程的多样性等。物种多样性指物种水平的多样化程度，包括物种丰富度和物种多度。基因多样性（或遗传多样性）指一个物种的基因组成中遗传特征的多样性，包括种内不同种群之间或同一种群内不同个体的遗传变异性。

物种多样性常用的评价指标包括物种丰富度、香农-维纳指数、Pielou 均匀度指数、

Simpson 优势度指数等。

物种丰富度（species richness）代表调查区域内物种种数之和。

香农-维纳指数计算公式为

$$H = -\sum_{i=1}^{S} P_i \ln P_i \tag{9-2}$$

式中，H——香农-维纳指数；

S——调查区域内物种种类总数；

P_i——调查区域内属于第i种的个体比例，如总个体数为N，第i种个体数为n_i，则$P_i=n_i/N$。

Pielou 均匀度指数是反映调查区域各物种个体数目分配均匀程度的指数，计算公式为

$$J = \left(-\sum_{i=1}^{S} P_i \ln P_i\right) / \ln S \tag{9-3}$$

式中，J——Pielou均匀度指数；

S——调查区域内物种种类总数；

P_i——调查区域内属于第i种的个体比例。

Simpson 优势度指数与均匀度指数相对应，计算公式为

$$D = 1 - \sum_{i=1}^{S} P_i^2 \tag{9-4}$$

式中，D——Simpson优势度指数；

S——调查区域内物种种类总数；

P_i——调查区域内属于第 i 种的个体比例。

【研讨话题】与其他环境要素的影响预测和评价相比，生态环境影响预测与评价有哪些特点，谈谈你的看法。

【随堂测验】

1. 将拟实施的开发建设活动的影响因素与可能受影响的环境因子分别列在同一张表格的行与列内，逐点进行分析，并逐条阐明影响的性质、强度的生态影响评价方法是（　　）。

A. 列表清单法　　B. 图形叠置法　　C. 生态机理分析法　　D. 景观生态学法

2. 生物多样性评价指标通常采用（　　）。

A. 生物丰度指数　　B. 植被覆盖指数

C. 香农-维纳指数　　D. 外来物种入侵指数

思考题

1. 如何划分生态环境影响评价的工作等级？
2. 生态环境影响的评价因子应该如何筛选？
3. 如何确定生态环境影响评价的工作范围？
4. 生态现状的调查内容包括哪些？
5. 生态影响预测与评价方法包括哪些？

第 10 章　固体废物环境影响评价

【目标导学】

1. 知识要点

固体废物的概念和分类、固体废物污染控制标准、固体废物环境影响评价、固体废物污染防治等。

2. 重点难点

固体废物的概念和分类、固体废物污染控制标准。

3. 基本要求

掌握固体废物的概念及分类，熟悉常用固体废物污染控制标准的适用范围、选址等要求，熟悉固体废物环境影响评价的类型与主要内容，了解生活垃圾填埋场环境影响评价主要工作内容，熟悉固体废物污染防治的原则、常用方法及有关规定。

4. 教学方法

学生自学预习，线上观看教学视频，课堂上通过比较不同固废处置方法的特点进行研讨，培养学生创新能力。建议 4 个学时。

10.1　概　　述

10.1.1　固体废物的概念

根据《中华人民共和国固体废物污染环境防治法》的规定，固体废物是指在生产、生活和其他活动中产生的丧失原有利用价值或者虽未丧失利用价值但被抛弃或者放弃的固态、半固态和置于容器中的气态的物品、物质以及法律、行政法规规定纳入固体废物管理的物品、物质。不能排入水体的液态废物和不能排入大气的置于容器中的气态废物，由于多具有较大的危害性，一般归入固体废物管理体系。固体废物污染海洋环境的防治和放射性固体废物污染环境的防治不适用本法。

【内涵解析】这里的固体废物作为污染防治的对象，有三个特点：一是丧失原有利用价值或者虽未丧失利用价值但被抛弃或者放弃；二是可以是固态、半固态，还可以是不能排入水体的液态废物和不能排入大气的置于容器中的气态废物；三是不包括放射性固体废物。

相关概念：

贮存，是指将固体废物临时置于特定设施或者场所中的活动。

利用，是指从固体废物中提取物质作为原材料或者燃料的活动。

处置，是指将固体废物焚烧和用其他改变固体废物的物理、化学、生物特性的方法，达到减少已产生的固体废物数量、缩小固体废物体积，减少或者消除其危险成分的活动，或者将固体废物最终置于符合环境保护规定要求的填埋场的活动。

10.1.2　固体废物的分类

固体废物来源十分广泛，种类也十分庞杂。但大体上可分为生活垃圾、工业固体废物和农业固体废物。

1. 生活垃圾

生活垃圾是指在日常生活中或者为日常生活提供服务的活动中产生的固体废物以及法律、行政法规规定视为生活垃圾的固体废物。

2. 工业固体废物

工业固体废物是指在工业生产活动中产生的固体废物。工业固体废物按其特性可分为危险废物和一般工业固体废物。

1）危险废物

根据《中华人民共和国固体废物污染环境防治法》，危险废物是指列入《国家危险废物名录》或者根据国家规定的危险废物鉴别标准和鉴别方法认定的具有腐蚀性、毒性、易燃性、反应性和感染性等一种或一种以上危险特性，以及不排除具有以上危险特性的固体废物。由于危险废物具有腐蚀性、急性毒性、浸出毒性、反应性、传染性和放射性等特性，因此危险废物对环境和人体健康可能造成更大的危害。

2020 年 11 月 25 日，《国家危险废物名录（2021 年版）》由生态环境部联合国家发展和改革委员会、公安部、交通运输部和国家卫生健康委员会向社会发布，自 2021 年 1 月 1 日起施行。名录包括正文、附表和附录部分，其中正文规定原则性要求，附表规定具体危险废物种类，附录规定危险废物豁免管理要求。列入名录附表的危险废物共分为 46 类 (HW01～HW40，HW45～HW50)。每一类别的危险废物列出了其废物类别、行业来源、废物代码、废物细类和危险特性。其中，医疗废物为 HW01，是指各类医疗卫生机构在医疗、预防、保健以及其他相关活动中产生的具有直接或者间接传染性、毒性及其他相关危害性的废物。医疗废物共分感染性废物、损伤性废物、病理性废物、药物性废物和化学性废物五类。列入名录附录《危险废物豁免管理清单》中的危险废物，在所列的豁免环节，且满足相应的豁免条件时，可以按照豁免内容的规定事项豁免管理。例如，未集中收集的家庭日常生活中产生的生活垃圾中的危险废物，全过程不按危险废物管理。

2）一般工业固体废物

一般工业固体废物是指未列入《国家危险废物名录（2021 年版）》或者根据国家规定的危险废物鉴别标准认定其不具有危险特性的工业固体废物，如粉煤灰、煤矸石和炉渣等。一般工业固体废物又分为 I 类和 II 类两类。

I 类：按照《固体废物浸出毒性浸出方法》规定方法进行浸出试验而获得的浸出液中，任何一种污染物的浓度均未超过《污水综合排放标准》(GB 8978)中最高允许排放浓度（第二类污染物最高允许排放浓度按一级标准执行）且 pH 在 6～9 的一般工业固体废物。

II 类：按照《固体废物浸出毒性浸出方法》规定的方法进行浸出试验而获得的浸出液中，有一种或一种以上的污染物浓度超过《污水综合排放标准》(GB 8978)中的最高允许排放浓度（第二类污染物最高允许排放浓度按一级标准执行）或者 pH 在 6～9 之外的一般工业固体废物。

3. 农业固体废物

农业固体废物是指农业生产活动中产生的固体废物，如农作物秸秆、农用薄膜及畜禽排泄物等。根据《中华人民共和国固体废物污染环境防治法》，县级以上人民政府农业农村主管部门负责指导农业固体废物回收利用体系建设，鼓励和引导有关单位和其他生产经营者依法收集、贮存、运输、利用、处置农业固体废物，加强监督管理，防止污染环境。产生秸秆、废弃农用薄膜、农药包装废弃物等农业固体废物的单位和其他生产经营者，应当采取回收利用和其他防止污染环境的措施。从事畜禽规模养殖应当及时收集、贮存、利用或者处置养殖过程中产生的畜禽粪污等固体废物，避免造成环境污染。禁止在人口集中地区、机场周围、交通干线附近以及当地人民政府划定的其他区域露天焚烧秸秆。国家鼓励研究开发、生产、销售、使用在环境中可降解且无害的农用薄膜。

10.1.3　固体废物的特点

固体废物不同的产生来源及其固有特性决定了对其进行管理和污染控制的管理方法和管理体制。概括地讲，固体废物具有下述特点。

1）数量巨大、种类繁多、成分复杂

随着工业生产规模的扩大、人口的增加和居民生活水平的提高，各类固体废物的产生量也逐年增加。据有关数据表明，2003 年，我国城市生活垃圾的年产量已达 1.48 亿 t 左右，2018 年我国生活垃圾清运量为 2.28 亿 t。根据 2016～2019 年全国生态环境统计公报，2016～2019 年，一般工业固体废物产生量逐年上升，由 2016 年的 37.1 亿 t 上升为 2019 年的 44.1 亿 t，上升 18.9%；一般工业固体废物综合利用量、处置量总体上升，2016 年分别为 21.1 亿 t、8.5 亿 t，2019 年分别为 23.2 亿 t、11.0 亿 t。工业危险废物产生量、综合利用处置量均逐年上升，由 2016 年的 5219.5 万 t、4317.2 万 t，上升为 2019 年的 8126.0 万 t、7539.3 万 t，分别上升 55.7%、74.6%。

2）资源和废物的相对性

固体废物具有鲜明的时间和空间特征，是在错误时间放在错误地点的资源。从时间方面讲，它仅仅是在目前的科学技术和经济条件下无法加以利用的资源，但随着时间的推移，科学技术的发展以及人们的要求变化，今天的废物可能成为明天的资源。从空间角度看，废物仅仅相对于某一过程或某一方面没有使用价值，而并非在一切过程或一切方面都没有使用价值。一种过程的废物，往往可以成为另一种过程的原料。固体废物，一般具有某些工业原材料所具有的化学、物理特性，且较废水、废气容易收集、运输、加工处理，因而可以回收利用。

3）危害具有潜在性、长期性和灾难性

固体废物对环境的污染不同于废水、废气和噪声。固体废物呆滞性大、扩散性小，它对环境的影响主要是通过水、气和土壤进行的。其中污染成分的迁移转化，如浸出液在土壤中的迁移，是一个比较缓慢的过程，其危害可能在数年以至数十年后才能发现。一旦造成环境污染，有时很难补救恢复。从某种意义上讲，固体废物，特别是危险废物对环境造成的危害可能要比废水、废气造成的危害严重得多。日本的水俣病等已充分说明了这一点。

4）处理过程的终态，污染环境的源头

废水和废气既是水体、大气和土壤环境的污染源，又是接受其所含污染物的环境。固体废物则不同，它们往往是许多污染成分的终极状态。在废气的治理过程中，利用洗气、吸附或除尘等技术可以有效地将存在于气相中的粉尘或可溶性污染物，最终富集成为固体废物；一些有害溶质和悬浮物，通过治理，最终被分离出来成为污泥或残渣；一些含重金属的可燃固体废物，通过焚烧处理，有害金属浓集于灰烬中。同样，在水处理工艺中，无论是采用物化处理技术（如混凝、沉淀、超滤等）还是生物处理技术（如好氧生物处理、厌氧生物处理等），在水得到净化的同时，总是将水体中的无机和有机污染物质以固相的形态分离出来，因而产生大量的污泥或残渣。从这个意义上讲，可以认为废气治理或废水处理的过程，实际上都是将环境中的污染物转化为比较难于扩散的形式，将液态或气态的污染物转变为固态的污染物，降低污染物质向环境迁移的速率。由于固体废物对环境的危害影响需通过水、气或土壤等介质方能进行，因此，固体废物既是污染水、大气、土壤等的“源头”，又是废水和废气处理过程的“终态”，也正是由于这一特点，对固体废物的管理既要尽量避免和减少其产生，又要力求避免和减少其向水体、大气以及土壤环境的排放。最终处置需要解决的就是废物中有害组分的最终归宿问题，也是控制环境污染的最后步骤。对于具有永久危险性的物质，即使在人工设置的隔离功能到达预定工作年限以后，处置场地的天然屏障也应该保证有害物质向生态圈中的迁移速率不致引起对环境和人类健康的威胁。

【随堂测验】

1. 下列废物中，列入《国家危险废物名录》的是（　　）。

A. 具有放射性的液态废物　　B. 具有反应性的固体废物

C. 具有可燃性的固体废物　　D. 具有不稳定性的液态废物

2. 根据《中华人民共和国固体废物污染环境防治法》，下列活动属于固体废物利用的是（　　）。

A. 甲厂利用乙厂的副产品生产合格产品

B. 甲厂利用乙厂废弃的下脚料生产合格产品

C. 甲厂对乙厂生产的污水处理污泥进行焚烧

D. 甲厂利用乙厂产生的余热对本厂污水处理装置生产的污泥进行脱水干化

10.2　固体废物污染控制标准

10.2.1　固体废物鉴别标准 通则

1. 适用范围

《中华人民共和国固体废物污染环境防治法》明确了“固体废物”的定义，但环境管理中依然存在一些模糊地带，需要清晰界定。《固体废物鉴别标准 通则》(GB 34330—2017) 对此进行了规定，用以判断物质、物品是否属于固体废物，是否纳入《中华人民共和国固体废物污染环境防治法》的管辖范围。

该标准规定了四方面内容：①依据产生来源的固体废物鉴别准则；②在利用和处置过程中的固体废物鉴别准则；③不作为固体废物管理的物质；④不作为液态废物管理的物质。

该标准不适用于放射性废物的鉴别，不适用于固体废物的分类，也不适用于有专用固体废物鉴别标准的物质的固体废物鉴别。

2. 不作为固体废物管理的物质

1）以下物质不作为固体废物管理

（1）任何不需要修复和加工即可用于其原始用途的物质，或者在产生点经过修复和加工后满足国家、地方制定或行业通行的产品质量标准并且用于其原始用途的物质。

（2）不经过贮存或堆积过程，而在现场直接返回到原生产过程或返回其产生过程的物质。

（3）修复后作为土壤用途使用的污染土壤。

（4）供实验室化验分析用或科学研究用固体废物样品。

2）按照以下方式进行处置后的物质，不作为固体废物管理

（1）金属矿、非金属矿和煤炭采选过程中直接留在或返回到采空区的符合 GB 18599 中第Ⅰ类一般工业固体废物要求的采矿废石、尾矿和煤矸石。但是带入除采矿废石、尾矿和煤矸石以外的其他污染物质的除外。

（2）工程施工中产生的按照法规要求或国家标准要求就地处置的物质。

3）国务院生态环境主管部门认定不作为固体废物管理的物质

3. 不作为液态废物管理的物质

（1）满足相关法规和排放标准要求可排入环境水体或者市政污水管网和处理设施的废水、污水。

（2）经过物理处理、化学处理、物理化学处理和生物处理等废水处理工艺处理后，可以满足向环境水体或市政污水管网和处理设施排放的相关法规及排放标准要求的废水、污水。

（3）废酸、废碱中和处理后产生的满足前述要求的废水。

10.2.2　生活垃圾填埋场污染控制标准

1. 适用范围

该标准规定了生活垃圾填埋场选址、设计与施工、填埋废物的入场条件、运行、封场、后期维护与管理的污染控制和监测等方面的要求。适用于生活垃圾填埋场建设、运行和封场后的维护与管理过程中的污染控制和监督管理。本标准的部分规定也适用于与生活垃圾填埋场配套建设的生活垃圾转运站的建设、运行。

2. 生活垃圾填埋场选址要求

（1）生活垃圾填埋场的选址应符合区域性环境规划、环境卫生设施建设规划和当地的城市规划。场址不应选在城市工农业发展规划区、农业保护区、自然保护区、风景名胜区、文物（考古）保护区、生活饮用水水源保护区、供水远景规划区、矿产资源储备区、军事要地、国家保密地区和其他需要特别保护的区域内。

（2）生活垃圾填埋场选址的标高应位于重现期不小于 50 年一遇的洪水位之上，并建设在长远规划中的水库等人工蓄水设施的淹没区和保护区之外。拟建有可靠防洪设施的山谷型填埋场，并经过环境影响评价证明洪水对生活垃圾填埋场的环境风险在可接受范围内，前款规定的选址标准可以适当降低。

（3）生活垃圾填埋场场址的选择应避开下列区域：破坏性地震及活动构造区；活动中的

坍塌、滑坡和隆起地带；活动中的断裂带；石灰岩溶洞发育带；废弃矿区的活动塌陷区；活动沙丘区；海啸及涌浪影响区；湿地；尚未稳定的冲积扇及冲沟地区；泥炭以及其他可能危及填埋场安全的区域。

（4）生活垃圾填埋场场址的位置及与周围人群的距离应依据环境影响评价结论确定，并经地方生态环境主管部门批准。在对生活垃圾填埋场场址进行环境影响评价时，应考虑生活垃圾填埋场产生的渗滤液、大气污染物（含恶臭物质）、滋生的动物（蚊、蝇、鸟类等）等因素，根据其所在地区的环境功能区类别，综合评价其对周围环境、居住人群的身体健康、日常生活和生产活动的影响，确定生活垃圾填埋场与常住居民居住场所、地表水域、高速公路、交通主干道（国道或省道）、铁路、飞机场、军事基地等敏感对象之间合理的位置关系以及合理的防护距离。环境影响评价的结论可作为规划控制的依据。

3. 填埋废物的入场要求

（1）下列废物可以直接进入生活垃圾填埋场填埋处置。

第一，由环境卫生机构收集或者自行收集的混合生活垃圾，以及企事业单位产生的办公废物。

第二，生活垃圾焚烧炉渣（不包括焚烧飞灰）。

第三，生活垃圾堆肥处理产生的固态残余物。

第四，服装加工、食品加工以及其他城市生活服务行业产生的性质与生活垃圾相近的一般工业固体废物。

（2）《医疗废物分类目录》中的感染性废物经过下列方式处理后，可以进入生活垃圾填埋场填埋处置。

第一，按照《医疗废物化学消毒集中处理工程技术规范》（HJ 228—2021）要求进行破碎毁形和化学消毒处理，并满足消毒效果检验指标。

第二，按照《医疗废物微波消毒集中处理工程技术规范》（HJ 229—2021）要求进行破碎毁形和微波消毒处理，并满足消毒效果检验指标。

第三，按照《医疗废物高温蒸汽消毒集中处理工程技术规范》（HJ 276—2021）要求进行破碎毁形和高温蒸汽处理，并满足处理效果检验指标。

第四，医疗废物焚烧处置后的残渣的入场标准按照（3）执行。

（3）生活垃圾焚烧飞灰和医疗废物焚烧残渣（包括飞灰、底渣）经处理后满足下列条件，可以进入生活垃圾填埋场填埋处置。

第一，含水率小于 30%。

第二，二噁英含量低于 3μgTEQ/kg。

第三，按照《固体废物 浸出毒性浸出方法 醋酸缓冲溶液法》（HJ/T 300—2007）制备的浸出液中危害成分浓度低于表 10-1 规定的限值。

表 10-1　浸出液污染物浓度限值　　单位：mg/L

序号	污染物项目	浓度限值	序号	污染物项目	浓度限值
1	汞	0.05	4	铅	0.25
2	铜	40	5	镉	0.15
3	锌	100	6	铍	0.02

续表

序号	污染物项目	浓度限值	序号	污染物项目	浓度限值
7	钡	25	10	总铬	4.5
8	镍	0.5	11	六价铬	1.5
9	砷	0.3	12	硒	0.1

（4）一般工业固体废物经处理后，按照 HJ/T 300—2007 制备的浸出液中危害成分浓度低于表 10-1 规定的限值，可以进入生活垃圾填埋场填埋处置。

（5）经处理后满足（3）要求的生活垃圾焚烧飞灰和医疗废物焚烧残渣（包括飞灰、底渣）和满足（4）要求的一般工业固体废物在生活垃圾填埋场中应单独分区填埋。

（6）厌氧产沼等生物处理后的固态残余物、粪便经处理后的固态残余物和生活污水处理厂污泥经处理后含水率小于 60%，可以进入生活垃圾填埋场填埋处置。

（7）处理后分别满足（2）、（3）、（4）和（6）要求的废物应由地方生态环境主管部门认可的监测部门检测、经地方生态环境主管部门批准后，方可进入生活垃圾填埋场。

（8）下列废物不得在生活垃圾填埋场中填埋处置。

第一，除符合（3）规定的生活垃圾焚烧飞灰以外的危险废物。

第二，未经处理的餐饮废物。

第三，未经处理的粪便。

第四，禽畜养殖废物。

第五，电子废物及其处理处置残余物。

第六，除本填埋场产生的渗滤液之外的任何液态废物和废水。国家生态环境标准另有规定的除外。

10.2.3　生活垃圾焚烧污染控制标准

1. 适用范围

《生活垃圾焚烧污染控制标准》（GB 18485—2014）规定了生活垃圾焚烧厂的选址要求、工艺要求、入炉废物要求、运行要求、排放控制要求、监测要求、实施与监督等内容。

该标准适用于生活垃圾焚烧厂的设计、环境影响评价、竣工验收以及运行过程中的污染控制及监督管理。

掺加生活垃圾质量超过入炉（窑）物料总质量 30%的工业窑炉以及生活污水处理设施产生的污泥、一般工业固体废物的专用焚烧炉的污染控制参照本标准执行。

2. 选址要求

（1）生活垃圾焚烧厂的选址应符合当地的城乡总体规划、环境保护规划和环境卫生专项规划，并符合当地的大气污染防治、水资源保护、自然生态保护等要求。

（2）应依据环境影响评价结论确定生活垃圾焚烧厂厂址的位置及其与周围人群的距离。经具有审批权的生态环境主管部门批准后，这一距离可作为规划控制的依据。

（3）在对生活垃圾焚烧厂厂址进行环境影响评价时，应重点考虑生活垃圾焚烧厂内各设施可能产生的有害物质泄漏、大气污染物（含恶臭物质）的产生与扩散以及可能的事故风险等因素，根据其所在地区的环境功能区类别，综合评价其对周围环境、居住人群的身体健康、日常生活和生产活动的影响，确定生活垃圾焚烧厂与常住居民居住场所、农用地、地表水体以及其他敏感对象之间合理的位置关系。

3. 入炉废物要求

（1）下列废物可以直接进入生活垃圾焚烧炉进行焚烧处置：

第一，由环境卫生机构收集或者生活垃圾产生单位自行收集的混合生活垃圾；

第二，由环境卫生机构收集的服装加工、食品加工以及其他为城市生活服务的行业产生的性质与生活垃圾相近的一般工业固体废物；

第三，生活垃圾堆肥处理过程中筛分工序产生的筛上物，以及其他生化处理过程中产生的固态残余组分；

第四，按照 HJ/T 228—2021、HJ/T 229—2021、HJ/T 276—2021 要求进行破碎毁形和消毒处理并满足消毒效果检验指标的《医疗废物分类目录》中的感染性废物。

（2）在不影响生活垃圾焚烧炉污染物排放达标和焚烧炉正常运行的前提下，生活污水处理设施产生的污泥和一般工业固体废物可以进入生活垃圾焚烧炉进行焚烧处置。

（3）下列废物不得在生活垃圾焚烧炉中进行焚烧处置：

第一，危险废物，（1）规定的除外；

第二，电子废物及其处理处置残余物。

国家生态环境主管部门另有规定的除外。

10.2.4　危险废物贮存污染控制标准

1. 适用范围

《危险废物贮存污染控制标准》(GB 18597—2023)规定了危险废物贮存污染控制的总体要求、贮存设施选址和污染控制要求、容器和包装物污染控制要求、贮存过程污染控制要求，以及污染物排放、环境监测、环境应急、实施与监督等环境管理要求。

本标准适用于产生、收集、贮存、利用、处置危险废物的单位新建、改建、扩建的危险废物贮存设施选址、建设和运行的污染控制和环境管理，也适用于现有危险废物贮存设施运行过程的污染控制和环境管理。

历史堆存危险废物清理过程中的暂时堆放不适用本标准。

国家其他固体废物污染控制标准中针对特定危险废物贮存另有规定的，执行相关规定。

2. 术语

1）危险废物贮存

将危险废物临时置于特定设施或者场所中的活动。

2）贮存设施

专门用于贮存危险废物的设施，具体类型包括贮存库、贮存场、贮存池和贮存罐区等。其中，集中贮存设施是用于集中收集、利用、处置危险废物所附设的贮存危险废物的设施。

贮存库：用于贮存一种或多种类别、形态危险废物的仓库式贮存设施。

贮存场：用于贮存不易产生粉尘、VOCs、酸雾、有毒有害大气污染物和刺激性气味气体的大宗危险废物的，具有顶棚（盖）的半开放式贮存设施。

贮存池：用于贮存单一类别液态或半固态危险废物的，位于室内或具有顶棚（盖）的池体贮存设施。

贮存罐区：用于贮存液态危险废物的，由一个或多个罐体及其相关的辅助设备和防护系统构成的固定式贮存设施。

贮存点：《危险废物管理计划和管理台账制定技术导则》（HJ 1259—2022）规定的纳入危险废物登记管理单位的，用于同一生产经营场所专门贮存危险废物的场所；或产生危险废物的单位设置于生产线附近，用于暂时贮存以便于中转其产生的危险废物的场所。

3）相容

某种危险废物同其他危险废物或其他物质、材料接触时不会产生有害物质，不发生其他可能对危险废物贮存产生不利影响的化学反应和物理变化。

3. 危险废物贮存设施的选址要求

（1）贮存设施选址应满足生态环境保护法律法规、规划和“三线一单”生态环境分区管控的要求，建设项目应依法进行环境影响评价。

（2）集中贮存设施不应选在生态保护红线区域、永久基本农田和其他需要特别保护的区域内，不应建在溶洞区或易遭受洪水、滑坡、泥石流、潮汐等严重自然灾害影响的地区。

（3）贮存设施不应选在江河、湖泊、运河、渠道、水库及其最高水位线以下的滩地和岸坡，以及法律法规规定禁止贮存危险废物的其他地点。

（4）贮存设施场址的位置以及其与周围环境敏感目标的距离应依据环境影响评价文件确定。

10.2.5 危险废物填埋污染控制标准

1. 适用范围

《危险废物填埋污染控制标准》（GB 18598—2019）规定了危险废物填埋的入场条件，填埋场的选址、设计、施工、运行、封场及监测的环境保护要求。该标准适用于新建危险废物填埋场的建设、运行、封场及封场后环境管理过程的污染控制。现有危险废物填埋场的入场要求、运行要求、污染物排放要求、封场及封场后环境管理要求、监测要求按照该标准执行。适用于生态环境主管部门对危险废物填埋场环境污染防治的监督管理。该标准不适用于放射性废物的处置及突发事故产生危险废物的临时处置。

危险废物填埋场是处置危险废物的一种陆地处置设施，由若干个处置单元和构筑物组成，主要包括接收与贮存设施、分析与鉴别系统、预处理设施、填埋处置设施（其中包括：防渗系统、渗滤液收集和导排系统）、封场覆盖系统、渗滤液和废水处理系统、环境监测系统、应急设施及其他公用工程和配套设施。

危险废物填埋场包括刚性填埋场和柔性填埋场。刚性填埋场是采用钢筋混凝土作为防渗阻隔结构的填埋处置设施。柔性填埋场是采用双人工复合衬层作为防渗层的填埋处置设施。

2. 填埋场选址要求

（1）填埋场选址应符合环境保护法律法规及相关法定规划要求。

（2）填埋场场址的位置及与周围人群的距离应依据环境影响评价结论确定。

在对危险废物填埋场场址进行环境影响评价时，应重点考虑危险废物填埋场渗滤液可能产生的风险、填埋场结构及防渗层长期安全性及其由此造成的渗漏风险等因素，根据其所在地区的环境功能区类别，结合该地区的长期发展规划和填埋场设计寿命期，重点评价其对周围地下水环境、居住人群的身体健康、日常生活和生产活动的长期影响，确定其与常住居民居住场所、农用地、地表水体以及其他敏感对象之间合理的位置关系。

（3）填埋场场址不应选在国务院和国务院有关主管部门及省、自治区、直辖市人民政府划定的生态保护红线区域、永久基本农田和其他需要特别保护的区域内。

（4）填埋场场址不得选在以下区域：破坏性地震及活动构造区，海啸及涌浪影响区；湿地；地应力高度集中，地面抬升或沉降速率快的地区；石灰溶洞发育带；废弃矿区、塌陷区；崩塌、岩堆、滑坡区；山洪、泥石流影响地区；活动沙丘区；尚未稳定的冲积扇、冲沟地区及其他可能危及填埋场安全的区域。

（5）填埋场选址的标高应位于重现期不小于 100 年一遇的洪水位之上，并在长远规划中的水库等人工蓄水设施淹没和保护区之外。

（6）填埋场场址地质条件应符合下列要求，刚性填埋场除外：

第一，场区的区域稳定性和岩土体稳定性良好，渗透性低，没有泉水出露；

第二，填埋场防渗结构底部应与地下水有记录以来的最高水位保持 3m 以上的距离。

（7）填埋场场址不应选在高压缩性淤泥、泥炭及软土区域，刚性填埋场选址除外。

（8）填埋场场址天然基础层的饱和渗透系数不应大于 1.0×10^{-5}cm/s，且其厚度不应小于 2m，刚性填埋场除外。

（9）填埋场场址不能满足上述（6）～（8）条的要求时，必须按照刚性填埋场要求建设。

10.2.6　危险废物焚烧污染控制标准

1. 适用范围

《危险废物焚烧污染控制标准》（GB 18484—2020）规定了危险废物焚烧设施的选址、运行、监测和废物贮存、配伍及焚烧处置过程的生态环境保护要求，以及实施与监督等内容。

该标准适用于现有危险废物焚烧设施（不包含专用多氯联苯废物和医疗废物焚烧设施）的污染控制和环境管理，以及新建危险废物焚烧设施建设项目的环境影响评价、危险废物焚烧设施的设计与施工、竣工验收、排污许可管理及建成后运行过程中的污染控制和环境管理。已发布专项国家污染控制标准或者环境保护标准的专用危险废物焚烧设施执行其专项标准。危险废物熔融、热解、气化等高温热处理设施的污染物排放限值，若无专项国家污染控制标准或者环境保护标准的，可参照本标准执行。该标准不适用于利用锅炉和工业炉窑协同处置危险废物。

2. 选址要求

（1）危险废物焚烧设施选址应符合生态环境保护法律法规及相关法定规划要求，并综合考虑设施服务区域、交通运输、地质环境等基本要素，确保设施处于长期相对稳定的环境。鼓励危险废物焚烧设施入驻循环经济园区等市政设施的集中区域，在此区域内各设施功能布局可依据环境影响评价文件进行调整。

（2）焚烧设施选址不应位于国务院和国务院有关主管部门及省、自治区、直辖市人民政府划定的生态保护红线区域、永久基本农田集中区域和其他需要特别保护的区域内。

（3）焚烧设施厂址应与敏感目标之间设置一定的防护距离，防护距离应根据厂址条件、焚烧处置技术工艺、污染物排放特征及其扩散因素等综合确定，并应满足环境影响评价文件及审批意见要求。

10.2.7 一般工业固体废物贮存和填埋污染控制标准

1. 适用范围

《一般工业固体废物贮存和填埋污染控制标准》(GB 18599—2020）规定了一般工业固体废物贮存场、填埋场的选址、建设、运行、封场、土地复垦等过程的环境保护要求，以及替代贮存、填埋处置的一般工业固体废物充填及回填利用环境保护要求，以及监测要求和实施与监督等内容。该标准于 2020 年 11 月 26 日发布，2021 年 7 月 1 日起实施。

GB 18599 适用于新建、改建、扩建的一般工业固体废物贮存场和填埋场的选址、建设、运行、封场、土地复垦的污染控制和环境管理，现有一般工业固体废物贮存场和填埋场的运行、封场、土地复垦的污染控制和环境管理，以及替代贮存、填埋处置的一般工业固体废物充填及回填利用的污染控制及环境管理。

针对特定一般工业固体废物贮存和填埋发布的专用国家环境保护标准的，其贮存、填埋过程执行专用环境保护标准。

采用库房、包装工具（罐、桶、包装袋等）贮存一般工业固体废物过程的污染控制，不适用该标准，其贮存过程应满足相应防渗漏、防雨淋、防扬尘等环境保护要求。

2. 贮存场和填埋场选址要求

（1）一般工业固体废物贮存场、填埋场的选址应符合环境保护法律法规及相关法定规划要求。

（2）贮存场、填埋场的位置与周围居民区的距离应依据环境影响评价文件及审批意见确定。

（3）贮存场、填埋场不得选在生态保护红线区域、永久基本农田集中区域和其他需要特别保护的区域内。

（4）贮存场、填埋场应避开活动断层、溶洞区、天然滑坡或泥石流影响区以及湿地等区域。

（5）贮存场、填埋场不得选在江河、湖泊、运河、渠道、水库最高水位线以下的滩地和岸坡，以及国家和地方长远规划中的水库等人工蓄水设施的淹没区和保护区之内。

（6）上述选址规定不适用于一般工业固体废物的充填和回填。

【研讨话题】试比较生活垃圾填埋场、焚烧厂、危险废物贮存设施、填埋场、焚烧设施、一般工业固体废物贮存场、填埋场选址要求的异同。

【随堂测验】

1. 根据《固体废物鉴别标准 通则》，下列物质中，属于固体废物的是（　　）。

A. 直接用于吸附工艺废气的活性炭

B. 使用过拟返厂再生的活性炭

C. 修复后作为土壤利用的污染土壤

D. 废酸中和处理后达标的污水

2. 根据《生活垃圾填埋场污染控制标准》，可作为生活垃圾填埋场选址的区域是（　　）。

A. 一般林地　　B. 活动沙丘区

C. 城市工业发展规划区　　D 国家保密地区

E. 掺加生活垃圾质量超过入炉(窑)物料总质量 30%的工业窑炉

3. 《生活垃圾焚烧污染控制标准》不适用于（　　）。

A. 生活污水处理设施产生的污泥

B. 医疗废物焚烧处置

C. 一般工业固体废物的专用焚烧炉

D. 掺加生活垃圾质量超过入炉(窑)物料总质量 30%的工业窑炉

10.3　固体废物环境影响评价

10.3.1　固体废物环境影响评价类型与内容

固体废物的环境影响评价主要分两大类型：第一类是对一般工程项目产生的固体废物，由产生、收集、运输、处理到最终处置的环境影响评价；第二类是对处理、处置固体废物设施建设项目的环境影响评价。

1）建设项目固体废物环境影响评价

对第一类的环境影响评价内容主要包括：①污染源调查。根据调查结果，要给出包括固体废物的名称、组分、形态、数量等内容的调查清单，同时应按一般工业固体废物和危险废物分别列出。②污染防治措施的论证。根据工艺过程、各个产出环节提出防治措施，并对防治措施的可行性加以论证。③提出最终处置措施方案，如综合利用、填埋、焚烧等。④对固体废物收集、贮运、预处理等全过程进行环境影响分析。

2）固体废物处理、处置项目环境影响评价

对处理、处置固体废物设施的环境影响评价内容，则是根据处理处置的工艺特点，依据《环境影响评价技术导则》，执行相应的污染控制标准进行环境影响评价，如一般工业废物贮存场、填埋场，危险废物贮存场所，生活垃圾填埋场，生活垃圾焚烧厂，危险废物填埋场，危险废物焚烧厂等。在这些工程项目污染物控制标准中，对厂（场）址选择，污染控制项目，污染物排放限制等都有相应的规定，是环境影响评价必须严格予以执行的。

10.3.2　固体废物环境影响评价特点

由于国家要求对固体废物污染实行由产生、收集、贮存、运输、预处理直至处置全过程控制，因此在环评中必须包括所建项目涉及的各个过程。对于一般工程项目产生的固体废物将可能涉及收集、运输过程。另外，为了保证固体废物处理、处置设施的安全稳定运行，必须建立一个完整的收、贮、运体系，因此在环评中这个体系是与处理、处置设施构成一个整体的。例如，这一体系中必然涉及运输设备、运输方式、运输距离、运输路径等，运输可能对路线周围环境敏感目标造成影响，如何规避运输风险也是环评的主要任务，本书以生活垃圾填埋场为例，较全面地介绍了环境影响评价内容。

10.3.3　案例：生活垃圾填埋场环境影响评价

1. 生活垃圾填埋场的主要特点

生活垃圾填埋场即利用自然地形或人工构造形成一定的空间，将每日产生的生活垃圾填充、压实、覆盖，达到贮存、处置生活垃圾的目的。当预先修建的这一空间被充满后（即服务期满），采取封场措施，恢复场区的原貌。生活垃圾中的厨余物、纸类、纤维物、草木类、有机污泥等，填埋后在微生物作用下，逐步分解为气态物质、水和无机盐类，而达到减容和稳定的目的。在这一稳定过程中，将产生填埋气体和由垃圾本身水分加上降水而形成的渗滤液。填埋场主要污染源是渗滤液和填埋气体。

1）渗滤液

城市生活垃圾填埋场渗滤液是一种高污染负荷且表现出很强的综合污染特征、成分复杂的高浓度有机废水，其性质在一个相当大的范围内变动。一般说来，城市生活垃圾填埋场渗滤液的 pH 为 4～9，COD 质量浓度为 2000～62000mg/L，BOD_5 质量浓度为 60～45000mg/L，BOD_5/COD 值较低，可生化性差。重金属浓度和市政污水中重金属浓度基本一致。

鉴于填埋场渗滤液产生量及其性质的高度动态变化特性，评价时应选择有代表性的数值。一般来说，渗滤液的水质随填埋场使用年限的延长将发生变化。垃圾填埋场渗滤液通常可根据填埋场“年龄”分为两大类：①“年轻”填埋场（填埋时间在 5 年以下）渗滤液的水质特点是：pH 较低，BOD_5 及 COD 浓度较高，色度大，且 BOD_5/COD 的比值较高，同时各类重金属离子浓度也较高（因为较低的 pH）；②“年老”的填埋场（填埋时间一般在 5 年以上）渗滤液的主要水质特点是：pH 接近中性或弱碱性（一般在 6～8），BOD_5 和 COD 浓度较低，且 BOD_5/COD 的比值较低，而 NH_4^+-N 的浓度高，重金属离子浓度则开始下降（因为此阶段 pH 开始下降，不利于重金属离子的溶出），渗滤液的可生化性差。

2）填埋场释放气体

由主要气体和微量气体两部分组成。

城市生活垃圾填埋场产生的气体主要为甲烷和二氧化碳，此外还含有少量的一氧化碳、氢气、硫化氢、氨气、氮气和氧气等，接受工业废物的城市生活垃圾填埋场其气体中还可能含有微量挥发性有毒气体。城市生活垃圾填埋场气体的典型组成（体积分数）为：甲烷 45%～50%，二氧化碳 40%～60%，氮气 2%～5%，氧气 0.1%～1.0%，硫化物 0%～1.0%，氨气 0.1%～1.0%，氢气 0%～0.2%，一氧化碳 0%～0.2%，微量组分 0.01%～0.6%；气体的典型温度达 43～49℃，相对密度为 1.02～1.06，为水蒸气所饱和，高位热值在 15630～19537kJ/m³ 。

填埋场释放气体中的微量气体量很小，但成分却很多。国外通过对大量填埋场释放气体取样分析，发现了多达 116 种有机成分，其中许多可以归为 VOCs。

生活垃圾填埋场除了要有导排气系统外，为了防止渗滤液对地下水和地表水的污染，必须将渗滤液与外界的联系隔断，同时收集后引出处理，因此填埋场必须设有防渗层及渗滤液集排水系统。

2. 生活垃圾填埋场对环境的主要影响

（1）填埋场渗滤液未处理或处理不达标造成对地表水的污染以及流经填埋区地表径流可能受到污染。

（2）填埋场产生的气体污染物对大气的污染，以及产生的气体在无组织排放情况下可能产生燃烧爆炸。

（3）填埋堆体对周围地质环境的影响，如造成滑坡、崩塌、泥石流等。

（4）垃圾运输及填埋场作业，产生的噪声对公众的影响。

（5）填埋场对周围景观的不利影响。

（6）填埋场滋生的害虫、昆虫、啮齿动物以及在填埋场觅食的鸟类和其他动物可能传染疾病。

（7）当填埋场防渗衬层受到破坏后，渗滤液下渗对地下水的影响，这属非正常情况。

3. 生活垃圾填埋场环评的主要内容

生活垃圾填埋场环境影响评价的主要工作内容有以下几个方面。

1）场址合理性论证

生活垃圾填埋场场址选择原则主要是符合当地城乡建设总体规划要求，避开不允许建设的区域。场址选择是评价中的关键所在，场址选择得合理，环评工作存在的问题就较易解决，因此要根据所选场址的场地自然条件，按照国家标准逐项进行评判。有条件的地方可以选择多个备选场址，根据制约性条件和参考性条件，淘汰部分场址，并对优化出的场址进一步做比选。考虑到生活垃圾填埋渗滤液是最重要的污染源，因此选址过程中，特别要关注场址的水文地质条件、工程地质条件、土壤自净能力等。

2）环境质量现状调查

在选择场址的基础上，通过历史资料调查和现场监测对拟选场址及其周围的空气、地表水、地下水、噪声等环境质量现状进行评价，其评价结果既是生活垃圾填埋场建设前的本底值，也是评价环境现状是否容许建设生活垃圾填埋场的评判条件。

3）工程污染因素分析

对生活垃圾填埋场不仅要考虑在建设过程中产生的污染源和污染物。而且重要的是要考虑在营运期从收集、运输、贮存、预处理直至填埋全过程产生的污染源和污染物，并给出它们产生的种类、数量和排放方式等。

在建设期主要是施工场地内排放生活污水，各类施工机械产生的机械噪声、振动及二次扬尘对周围地区产生的环境影响。

生活垃圾填埋场在营运期，主要的污染源有渗滤液、释放气体、恶臭、噪声。

4）大气环境影响预测与评价

主要是预测垃圾在填埋过程中产生的释放气体和臭气对环境的影响。首先是预测和评价填埋释放气体利用的可能性，当释放气体未被利用，应采取的处置手段及其对环境的影响。另外，预测在垃圾运输和填埋过程中及封场后产生的恶臭可能对环境的影响，同时要根据不同时段及垃圾的不同组成，预测臭气产生的部位、种类、浓度及其影响范围和影响程度。

5）水环境影响预测与评价

根据《生活垃圾填埋场污染控制标准》（GB 16889—2008）的规定，对应不同的受纳水体，对渗滤液处理要求达到的级别不同。预测出渗滤液经过收集、处理，正常的达标排放对水体产生的影响和影响程度。预测防渗层损坏后，渗滤液对地下水的影响与危害程度。

根据垃圾埋填场建设及其排污特点，环境评价工作具有多而全的特征，主要工作内容见表 10-2。

表 10-2　填埋场环境影响评价工作内容

评价项目	评价内容
场址选择评价	场址评价是填埋场环境影响评价的基本内容，主要是评价拟选场地是否符合选址标准。其方法是根据场地自然条件，采用选址标准逐项进行评判。评价的重点是场地的水文地质条件、工程地质条件、土壤自净能力等
自然环境质量现状评价	主要评价拟选场地及其周围的空气、地面水、地下水、噪声等自然环境质量状况。其方法一般是根据监测值与各种标准，采用单因子和多因子综合评判法
工程污染因素分析	主要是分析填埋场建设过程中和建成投产后可能产生的主要污染源及其污染物以及它们产生的数量、种类、排放方式等。其方法一般采用计算、类比、经验统计等。污染源一般有渗滤液、释放气、恶臭、噪声等
施工期影响评价	要评价施工期场地内排放生活污水，各类施工机械产生的机械噪声、振动以及二次扬尘对周围地区产生的环境影响
水环境影响预测与评价	主要是评价填埋场衬里结构的安全性以及渗滤液排出对周围水环境影响的两方面内容： ①正常排放对地表水的影响。主要评价渗滤液经处理达到排放标准后排出，经预测并利用相应标准评价是否会对受纳水体产生影响或影响程度如何； ②非正常渗漏对地下水的影响。主要评价衬里破裂后渗滤液下渗对地下水的影响，包括渗透方向、渗透速度、迁移距离、土壤的自净能力及效果等
大气环境影响预测及评价	主要评价填埋场释放气体及恶臭对环境的影响： ①释放气体。主要是根据排气系统的结构，预测和评价排气系统的可靠性、排气利用的可能性以及排气对环境的影响。预测模式可采用地面源模式； ②恶臭。主要是评价运输、填埋过程中及封场后可能对环境的影响。评价时要根据垃圾的种类，预测各阶段臭气产生的位置、种类、浓度及其影响范围
噪声环境影响预测及评价	主要是评价垃圾运输、场地施工、垃圾填埋操作、封场各阶段由各种机械产生的振动和噪声对环境的影响。噪声评价可根据各种机械的特点采用机械噪声声压级预测，然后再结合卫生标准和功能区标准评价，是否满足噪声控制标准，是否会对最近的居民区点产生影响
污染防治措施	主要包括： ①渗滤液的治理和控制措施以及填埋场衬里破裂补救措施； ②释放气的导排或综合利用措施以及防臭措施； ③减振防噪措施
环境经济损益评价	要计算评价污染防治设施投资以及所产生的经济、社会、环境效益
其他评价项目	①结合填埋场周围的土地、生态情况，对土壤、生态、景观等进行评价； ②对洪涝特征年产生的过量渗滤液以及垃圾释放气因物理、化学条件异变而产生垃圾爆炸等进行风险事故评价

【随堂测验】

1. 一般而言，运行时间大于 5 年的生活垃圾填埋场，其渗滤液的主要特征表现为(　　)。

A. pH 较低　　B. 可生化性差　　C. 氨氮浓度低　　D. COD 浓度高

2. 城市生活垃圾填埋场产生的气体主要为（　　）。

A. 甲烷和二氧化碳　　B. 甲烷和一氧化碳

C. 二氧化碳和氮气　　D. 二氧化碳和氢气

10.4　固体废物污染防治

10.4.1　固体废物污染防治原则

根据《中华人民共和国固体废物污染环境防治法》，固体废物污染防治遵循以下原则：

1）“减量化、资源化、无害化”原则

简称“三化”原则，任何单位和个人都应当采取措施，减少固体废物的产生量，促进固体废物的综合利用，降低固体废物的危害性。

减量化——清洁生产：通过改善生产工艺和设备设计，以及加强管理，来降低原料、能源的消耗量；通过改变消费和生活方式，减少产品的过度包装和一次性制品的大量使用，最大限度地减少固体废物产生量。

资源化——综合利用：将固体废物视为“放错了地方的资源”，或是“尚未找到利用技术的新材料”，通过综合利用，使有利用价值的固体废物变废为宝，实现资源的再循环利用。

无害化——安全处置：对无利用价值的固体废物的最终处置（焚烧和填埋），应在严格的管理控制下，按照特定要求进行，实现无害于环境的安全处置。

2）全过程管理的原则

国家对固体废物从产生、收集、贮存、运输、利用直到最终处置都有管理规定和要求，实际上就是要对固体废物实行全过程管理。

3）分类管理的原则

鉴于固体废物的成分、性质和危险性存在较大差异，所以，在管理上必须采取分别、分类管理的方法，针对不同的固体废物制定不同的对策或措施。

4）污染担责的原则

产生、收集、贮存、运输、利用、处置固体废物的单位和个人，应当采取措施，防止或者减少固体废物对环境的污染，对所造成的环境污染依法承担责任。

10.4.2　固体废物处置常用方法概述

1）预处理方法

城市固体废物的种类复杂，大小、形状、状态、性质千差万别，一般需要进行预处理。常用的预处理技术有三种：

（1）压实。用物理的手段提高固体废物的聚集程度，减少其容积，以便于运输和后续处理，主要设备为压实机。

（2）破碎。用机械方法破坏固体废物内部的聚合力，减少颗粒尺寸，为后续处理提供合适的固相粒度。

（3）分选。根据固体废物不同的物质性质，在进行最终处理之前，分离出有价值的和有害的成分，实现“废物利用”。

2）生物处理方法

生物处理是通过微生物的作用，使固体废物中可降解有机物转化为稳定产物的处理技术。生物处理分为好氧堆肥和厌氧消化。好氧堆肥是在充分供氧的条件下，利用好氧微生物分解固体废物中有机物质的过程，产生的堆肥是优质的土壤改良剂和农肥。厌氧消化是在无氧或缺氧条件下，利用厌氧微生物的作用使废物中可生物降解的有机物转化为甲烷、二氧化碳和稳定物质的生物化学过程。

3）卫生填埋方法

区别于传统的填埋法，卫生填埋方法采用严格的污染控制措施，使整个填埋过程的污染和危害减少到最低限度，在填埋场的设计、施工、运行时最关键的问题是控制含大量有机酸、氨氮和重金属等污染物的渗滤液随意流出，做到统一收集后集中处理。

4）一般物化处理方法

工业生产产生的某些含油、含酸、含碱或含重金属的废液，均不宜直接焚烧或填埋，要通过简单的物理化学处理。经处理后，水溶液可以再回收利用，有机溶剂可以做焚烧的辅助燃料，浓缩物或沉淀物则可送去填埋或焚烧。因此，物理化学方法也是综合利用或预处理过程。

5）安全填埋方法

安全填埋是一种把危险废物放置或贮存在环境中，使其与环境隔绝的处置方法，也是对其在经过各种方式的处理之后所采取的最终处置措施。目的是割断废物和环境的联系，使其不再对环境和人体健康造成危害。所以，是否能阻断废物和环境的联系便是填埋处置成功与否的关键。

一个完整的安全填埋场应包括废物接收与贮存系统、分析监测系统、预处理系统、防渗系统、渗滤液集排水系统、雨水及地下水集排水系统、渗滤液处理系统、渗滤液监测系统、管理系统和公用工程等。

6）焚烧处理方法

焚烧法是一种高温热处理技术，即以一定的过剩空气量与被处理的有机废物在焚烧炉内进行氧化分解反应，废物中的有毒有害物质在高温中氧化、热解而被破坏。焚烧处置的特点是可以实现无害化、减量化、资源化。焚烧的主要目的是尽可能焚毁废物，使被焚烧的物质变成无害物和最大限度地减容，并尽量减少新的污染物质的产生，避免造成二次污染。焚烧不但可以处置城市垃圾和一般工业废物，而且可以用于处置危险废物。

7）热解法

区别于焚烧，热解技术是在氧分压较低的条件下，利用热能将大分子量的有机物裂解为分子量相对较小的易于处理的化合物或燃料气体、油和炭黑等物质。热解处理适用于具有一定热值的有机固体废物。热解应考虑的主要影响因素有热解废物的组分、粒度及均匀性、含水率、反应温度及加热速率等。高温热解温度应在 1000℃以上，主要热解产物应为燃气。中温热解温度应在 600～700℃，主要热解产物应为类重油物质。低温热解温度应在 600℃以下，主要热解产物应为炭黑。热解产物经净化后进行分馏可获得燃油、燃气等产品。

10.4.3　固体废物污染防治的有关规定

1. 固体废物污染防治的一般规定

《中华人民共和国固体废物污染环境防治法》（2020 年修订，2020 年 9 月 1 日起施行）规定：

第十七条　建设产生、贮存、利用、处置固体废物的项目，应当依法进行环境影响评价，并遵守国家有关建设项目环境保护管理的规定。

第十八条　建设项目的环境影响评价文件确定需要配套建设的固体废物污染环境防治设施，应当与主体工程同时设计、同时施工、同时投入使用。建设项目的初步设计，应当按照环境保护设计规范的要求，将固体废物污染环境防治内容纳入环境影响评价文件，落实防治固体废物污染环境和破坏生态的措施以及固体废物污染环境防治设施投资概算。

建设单位应当依照有关法律法规的规定，对配套建设的固体废物污染环境防治设施进行验收，编制验收报告，并向社会公开。

第十九条　收集、贮存、运输、利用、处置固体废物的单位和其他生产经营者，应当加强对相关设施、设备和场所的管理和维护，保证其正常运行和使用。

第二十条　产生、收集、贮存、运输、利用、处置固体废物的单位和其他生产经营者，应当采取防扬散、防流失、防渗漏或者其他防止污染环境的措施，不得擅自倾倒、堆放、丢弃、遗撒固体废物。

禁止任何单位或者个人向江河、湖泊、运河、渠道、水库及其最高水位线以下的滩地和岸坡以及法律法规规定的其他地点倾倒、堆放、贮存固体废物。

第二十一条　在生态保护红线区域、永久基本农田集中区域和其他需要特别保护的区域内，禁止建设工业固体废物、危险废物集中贮存、利用、处置的设施、场所和生活垃圾填埋场。

第二十二条　转移固体废物出省、自治区、直辖市行政区域贮存、处置的，应当向固体废物移出地的省、自治区、直辖市人民政府生态环境主管部门提出申请。移出地的省、自治区、直辖市人民政府生态环境主管部门应当及时商经接受地的省、自治区、直辖市人民政府生态环境主管部门同意后，在规定期限内批准转移该固体废物出省、自治区、直辖市行政区域。未经批准的，不得转移。

转移固体废物出省、自治区、直辖市行政区域利用的，应当报固体废物移出地的省、自治区、直辖市人民政府生态环境主管部门备案。移出地的省、自治区、直辖市人民政府生态环境主管部门应当将备案信息通报接受地的省、自治区、直辖市人民政府生态环境主管部门。

第二十三条　禁止中华人民共和国境外的固体废物进境倾倒、堆放、处置。

第二十四条　国家逐步实现固体废物零进口，由国务院生态环境主管部门会同国务院商务、发展改革、海关等主管部门组织实施。

第二十五条　海关发现进口货物疑似固体废物的，可以委托专业机构开展属性鉴别，并根据鉴别结论依法管理。

2. 工业固体废物污染环境防治的有关规定

《中华人民共和国固体废物污染环境防治法》规定：

第三十六条　产生工业固体废物的单位应当建立健全工业固体废物产生、收集、贮存、运输、利用、处置全过程的污染环境防治责任制度，建立工业固体废物管理台账，如实记录产生工业固体废物的种类、数量、流向、贮存、利用、处置等信息，实现工业固体废物可追溯、可查询，并采取防治工业固体废物污染环境的措施。

禁止向生活垃圾收集设施中投放工业固体废物。

第三十七条　产生工业固体废物的单位委托他人运输、利用、处置工业固体废物的，应当对受托方的主体资格和技术能力进行核实，依法签订书面合同，在合同中约定污染防治要求。

受托方运输、利用、处置工业固体废物，应当依照有关法律法规的规定和合同约定履行污染防治要求，并将运输、利用、处置情况告知产生工业固体废物的单位。

产生工业固体废物的单位违反本条第一款规定的，除依照有关法律法规的规定予以处罚外，还应当与造成环境污染和生态破坏的受托方承担连带责任。

第三十八条　产生工业固体废物的单位应当依法实施清洁生产审核，合理选择和利用原材料、能源和其他资源，采用先进的生产工艺和设备，减少工业固体废物的产生量，降低工业固体废物的危害性。

第三十九条　产生工业固体废物的单位应当取得排污许可证。排污许可的具体办法和实施步骤由国务院规定。

产生工业固体废物的单位应当向所在地生态环境主管部门提供工业固体废物的种类、数量、流向、贮存、利用、处置等有关资料，以及减少工业固体废物产生、促进综合利用的具体措施，并执行排污许可管理制度的相关规定。

第四十条　产生工业固体废物的单位应当根据经济、技术条件对工业固体废物加以利用；对暂时不利用或者不能利用的，应当按照国务院生态环境等主管部门的规定建设贮存设施、场所，安全分类存放，或者采取无害化处置措施。贮存工业固体废物应当采取符合国家环境保护标准的防护措施。

建设工业固体废物贮存、处置的设施、场所，应当符合国家环境保护标准。

第四十一条　产生工业固体废物的单位终止的，应当在终止前对工业固体废物的贮存、处置的设施、场所采取污染防治措施，并对未处置的工业固体废物作出妥善处置，防止污染环境。

产生工业固体废物的单位发生变更的，变更后的单位应当按照国家有关环境保护的规定对未处置的工业固体废物及其贮存、处置的设施、场所进行安全处置或者采取有效措施保证该设施、场所安全运行。变更前当事人对工业固体废物及其贮存、处置的设施、场所的污染防治责任另有约定的，从其约定；但是，不得免除当事人的污染防治义务。

对2005年4月1日前已经终止的单位未处置的工业固体废物及其贮存、处置的设施、场所进行安全处置的费用，由有关人民政府承担；但是，该单位享有的土地使用权依法转让的，应当由土地使用权受让人承担处置费用。当事人另有约定的，从其约定；但是，不得免除当事人的污染防治义务。

第四十二条　矿山企业应当采取科学的开采方法和选矿工艺，减少尾矿、煤矸石、废石等矿业固体废物的产生量和贮存量。

国家鼓励采取先进工艺对尾矿、煤矸石、废石等矿业固体废物进行综合利用。

尾矿、煤矸石、废石等矿业固体废物贮存设施停止使用后，矿山企业应当按照国家有关环境保护等规定进行封场，防止造成环境污染和生态破坏。

3. 生活垃圾处置设施和场所的有关规定

《中华人民共和国固体废物污染环境防治法》中关于生活垃圾处置设施的规定：

第五十五条　建设生活垃圾处理设施、场所，应当符合国务院生态环境主管部门和国务院住房城乡建设主管部门规定的环境保护和环境卫生标准。

鼓励相邻地区统筹生活垃圾处理设施建设，促进生活垃圾处理设施跨行政区域共建共享。

禁止擅自关闭、闲置或者拆除生活垃圾处理设施、场所；确有必要关闭、闲置或者拆除的，应当经所在地的市、县级人民政府环境卫生主管部门商所在地生态环境主管部门同意后核准，并采取防止污染环境的措施。

4. 危险废物污染环境防治的有关规定

《中华人民共和国固体废物污染环境防治法》中关于危险废物污染防治的规定：

第七十五条　国务院生态环境主管部门应当会同国务院有关部门制定国家危险废物名录，规定统一的危险废物鉴别标准、鉴别方法、识别标志和鉴别单位管理要求。国家危险废物名录应当动态调整。

国务院生态环境主管部门根据危险废物的危害特性和产生数量，科学评估其环境风险，实施分级分类管理，建立信息化监管体系，并通过信息化手段管理、共享危险废物转移数据和信息。

第七十六条　省、自治区、直辖市人民政府应当组织有关部门编制危险废物集中处置设施、场所的建设规划，科学评估危险废物处置需求，合理布局危险废物集中处置设施、场所，确保本行政区域的危险废物得到妥善处置。

编制危险废物集中处置设施、场所的建设规划，应当征求有关行业协会、企业事业单位、专家和公众等方面的意见。

相邻省、自治区、直辖市之间可以开展区域合作，统筹建设区域性危险废物集中处置设施、场所。

第七十七条　对危险废物的容器和包装物以及收集、贮存、运输、利用、处置危险废物的设施、场所，应当按照规定设置危险废物识别标志。

第七十八条　产生危险废物的单位，应当按照国家有关规定制定危险废物管理计划；建立危险废物管理台账，如实记录有关信息，并通过国家危险废物信息管理系统向所在地生态环境主管部门申报危险废物的种类、产生量、流向、贮存、处置等有关资料。

前款所称危险废物管理计划应当包括减少危险废物产生量和降低危险废物危害性的措施以及危险废物贮存、利用、处置措施。危险废物管理计划应当报产生危险废物的单位所在地生态环境主管部门备案。

产生危险废物的单位已经取得排污许可证的，执行排污许可管理制度的规定。

第七十九条　产生危险废物的单位，应当按照国家有关规定和环境保护标准要求贮存、利用、处置危险废物，不得擅自倾倒、堆放。

第八十条　从事收集、贮存、利用、处置危险废物经营活动的单位，应当按照国家有关规定申请取得许可证。许可证的具体管理办法由国务院制定。

禁止无许可证或者未按照许可证规定从事危险废物收集、贮存、利用、处置的经营活动。

禁止将危险废物提供或者委托给无许可证的单位或者其他生产经营者从事收集、贮存、利用、处置活动。

第八十一条　收集、贮存危险废物，应当按照危险废物特性分类进行。禁止混合收集、贮存、运输、处置性质不相容而未经安全性处置的危险废物。

贮存危险废物应当采取符合国家环境保护标准的防护措施。禁止将危险废物混入非危险废物中贮存。

从事收集、贮存、利用、处置危险废物经营活动的单位，贮存危险废物不得超过一年；确需延长期限的，应当报经颁发许可证的生态环境主管部门批准；法律、行政法规另有规定的除外。

第八十二条　转移危险废物的，应当按照国家有关规定填写、运行危险废物电子或者纸质转移联单。

跨省、自治区、直辖市转移危险废物的，应当向危险废物移出地省、自治区、直辖市人民政府生态环境主管部门申请。移出地省、自治区、直辖市人民政府生态环境主管部门应当及时商经接受地省、自治区、直辖市人民政府生态环境主管部门同意后，在规定期限内批准转移该危险废物，并将批准信息通报相关省、自治区、直辖市人民政府生态环境主管部门和交通运输主管部门。未经批准的，不得转移。

危险废物转移管理应当全程管控、提高效率，具体办法由国务院生态环境主管部门会同国务院交通运输主管部门和公安部门制定。

第八十三条　运输危险废物，应当采取防止污染环境的措施，并遵守国家有关危险货物运输管理的规定。

禁止将危险废物与旅客在同一运输工具上载运。

第八十四条　收集、贮存、运输、利用、处置危险废物的场所、设施、设备和容器、包装物及其他物品转作他用时，应当按照国家有关规定经过消除污染处理，方可使用。

第八十五条　产生、收集、贮存、运输、利用、处置危险废物的单位，应当依法制定意外事故的防范措施和应急预案，并向所在地生态环境主管部门和其他负有固体废物污染环境防治监督管理职责的部门备案；生态环境主管部门和其他负有固体废物污染环境防治监督管理职责的部门应当进行检查。

第八十六条　因发生事故或者其他突发性事件，造成危险废物严重污染环境的单位，应当立即采取有效措施消除或者减轻对环境的污染危害，及时通报可能受到污染危害的单位和居民，并向所在地生态环境主管部门和有关部门报告，接受调查处理。

第八十七条　在发生或者有证据证明可能发生危险废物严重污染环境、威胁居民生命财产安全时，生态环境主管部门或者其他负有固体废物污染环境防治监督管理职责的部门应当立即向本级人民政府和上一级人民政府有关部门报告，由人民政府采取防止或者减轻危害的有效措施。有关人民政府可以根据需要责令停止导致或者可能导致环境污染事故的作业。

第八十八条　重点危险废物集中处置设施、场所退役前，运营单位应当按照国家有关规定对设施、场所采取污染防治措施。退役的费用应当预提，列入投资概算或者生产成本，专门用于重点危险废物集中处置设施、场所的退役。具体提取和管理办法，由国务院财政部门、价格主管部门会同国务院生态环境主管部门规定。

第八十九条　禁止经中华人民共和国过境转移危险废物。

第九十条　医疗废物按照国家危险废物名录管理。县级以上地方人民政府应当加强医疗废物集中处置能力建设。

县级以上人民政府卫生健康、生态环境等主管部门应当在各自职责范围内加强对医疗废物收集、贮存、运输、处置的监督管理，防止危害公众健康、污染环境。

医疗卫生机构应当依法分类收集本单位产生的医疗废物，交由医疗废物集中处置单位处置。医疗废物集中处置单位应当及时收集、运输和处置医疗废物。

医疗卫生机构和医疗废物集中处置单位，应当采取有效措施，防止医疗废物流失、泄漏、渗漏、扩散。

第九十一条　重大传染病疫情等突发事件发生时，县级以上人民政府应当统筹协调医疗废物等危险废物收集、贮存、运输、处置等工作，保障所需的车辆、场地、处置设施和防护物资。卫生健康、生态环境、环境卫生、交通运输等主管部门应当协同配合，依法履行应急处置职责。

【随堂测验】

1. 根据《中华人民共和国固体废物污染环境防治法》，固体废物污染防治原则是（　　）。

A. 市场化、生态化、循环化　　B. 规范化、有效性、经济性

C. 减量化、资源化、无害化　　D. 效率高、效益大、效果好

2. 根据《中华人民共和国固体废物污染环境防治法》，甲省 A 市区域内某企业拟将固体废物转移至乙省 B 市区域内处置，该企业应向（　　）提出申请。

A. 甲省生态环境主管部门　　B. 乙省生态环境主管部门

C. A 市生态环境主管部门　　D. B 市生态环境主管部门

3. 根据《中华人民共和国固体废物污染环境防治法》，关于危险废物污染环境防治的特别规定，下列说法中错误的是（　　）。

A. 禁止将危险废物混入非危险废物贮存

B. 禁止经中华人民共和国过境转移危险废物

C. 禁止将危险废物与旅客在同一运输工具上载运

D. 从事收集、贮存、利用、处置危险废物经营活动的单位，必须向环境保护行政主管部门申请取得许可证

思考题

1. 简述固体废物的概念及分类。
2. 简述我国固体废物污染控制标准。
3. 简述生活垃圾填埋场填埋废物的入场要求。
4. 简述生活垃圾焚烧入炉废物要求。
5. 简述一般工业固体废物贮存和填埋场的选址要求。
6. 简述固体废物环境影响评价的类型和主要内容。
7. 简述固体废物污染防治的原则。
8. 简述固体废物处置常用方法。

第 11 章　环境风险评价

【目标导学】

1. 知识要点

环境风险工作等级划分方法，环境风险评价的工作内容和评价范围，风险调查与风险识别，风险事故情形分析，环境风险预测与评价。

2. 重点难点

环境风险工作等级划分方法，环境风险预测与评价。

3. 基本要求

了解环境风险评价的工作内容和评价范围、风险调查与风险识别、风险事故情形分析，在学会危险物质及工艺系统危险性和环境敏感性的计算方法的基础上，掌握环境风险工作等级划分方法，理解关心点概率分析和大气毒性终点浓度等概念。

4. 教学方法

以教师课堂讲授为主，配合线上观看教学视频。通过分析具体环境风险事故案例，使学生牢固树立环保责任意识和环境风险意识，开展课堂思政教学。通过对比环境风险评价与安全风险评价，研讨环境风险评价的对象、范围和重点。建议 4 个学时。

11.1　概　　述

11.1.1　有关术语和定义

1）环境风险

环境风险是指突发性事故对环境造成的危害程度及可能性。

2）环境风险潜势

环境风险潜势是对建设项目潜在环境危害程度的概化分析表达，是基于建设项目涉及的物质和工艺系统危险性及其所在地环境敏感程度的综合表征。

3）风险源

风险源是指存在物质或能量意外释放，并可能产生环境危害的源。

4）危险物质

危险物质是指具有易燃易爆、有毒有害等特性，会对环境造成危害的物质。

5）危险单元

危险单元是指由一个或多个风险源构成的具有相对独立功能的单元，事故状况下应可实现与其他功能单元的分割。

6）最大可信事故

最大可信事故是基于经验统计分析，在一定可能性区间内发生的事故中，造成环境危害最严重的事故。

7）大气毒性终点浓度

大气毒性终点浓度是指人员短期暴露可能会导致出现健康影响或死亡的大气污染物浓度，用于判断周边环境风险影响程度。

11.1.2　环境风险评价工作程序

环境风险评价工作程序见图 11-1。

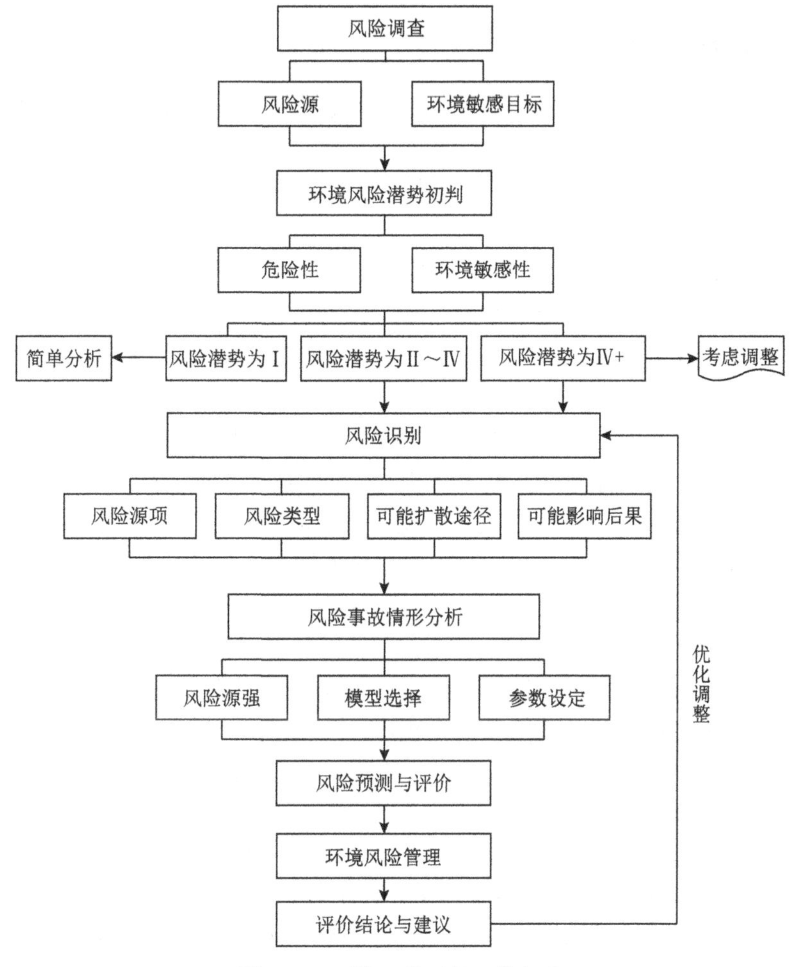

图 11-1　环境风险评价工作程序

11.1.3　环境风险评价工作等级

根据《建设项目环境风险评价技术导则》（HJ 169—2018），环境风险评价工作等级划分为一级、二级、三级。根据建设项目涉及的物质及工艺系统危险性和所在地的环境敏感性确定环境风险潜势，按照表 11-1 确定环境风险评价工作等级。

表 11-1　环境风险评价工作等级划分

环境风险潜势	Ⅳ、Ⅳ+	Ⅲ	Ⅱ	Ⅰ
评价工作等级	一级	二级	三级	简单分析[a]

a 是相对于详细评价工作内容而言，在描述危险物质、环境影响途径、环境危害后果、风险防范措施等方面给出定性的说明。见 HJ 169—2018 附录 A。

风险潜势为Ⅳ及以上，进行一级评价；风险潜势为Ⅲ，进行二级评价；风险潜势为Ⅱ，进行三级评价；风险潜势为Ⅰ，可开展简单分析。

11.1.4　环境风险评价工作内容

环境风险评价基本内容包括风险调查、环境风险潜势初判、风险识别及风险事故情形分析、风险预测与评价、环境风险管理等。

（1）基于风险调查，分析建设项目物质及工艺系统危险性和环境敏感性，进行风险潜势的判断，确定风险评价等级。

（2）风险识别及风险事故情形分析应明确危险物质在生产系统中的主要分布，筛选具有代表性的风险事故情形，合理设定事故源项。

（3）各环境要素按确定的评价工作等级分别开展风险预测与评价，分析说明环境风险危害范围与程度，提出环境风险防范的基本要求。

对于大气环境风险预测，一级评价需选取最不利气象条件和事故发生地的最常见气象条件，选择适用的数值方法进行分析预测，给出风险事故情形下危险物质释放可能造成的大气环境影响范围与程度。对于存在极高大气环境风险的项目，应进一步开展关心点概率分析。二级评价需选取最不利气象条件，选择适用的数值方法进行分析预测，给出风险事故情形下危险物质释放可能造成的大气环境影响范围与程度。三级评价应定性分析说明大气环境影响后果。

对于地表水环境风险预测。一级、二级评价应选择适用的数值方法预测地表水环境风险，给出风险事故情形下可能造成的影响范围与程度；三级评价应定性分析说明地表水环境影响后果。

对于地下水环境风险预测。一级评价应优先选择适用的数值方法预测地下水环境风险，给出风险事故情形下可能造成的影响范围与程度；低于一级评价的，风险预测分析与评价要求参照《环境影响评价技术导则 地下水环境》（HJ 610—2016）执行。

（4）提出环境风险管理对策，明确环境风险防范措施及突发环境事件应急预案编制要求。最后，综合环境风险评价过程，给出评价结论与建议。

【研讨话题】环境风险评价与安全风险评价之间有什么关系，有哪些相同点和不同点？

11.1.5　环境风险评价范围

大气环境风险评价范围：一级、二级评价范围距建设项目边界一般不低于 5km；三级评价范围距建设项目边界一般不低于 3km。油气、化学品输送管线项目一级、二级评价范围距管道中心线两侧一般均不低于 200m；三级评价范围距管道中心线两侧一般均不低于 100m。当大气毒性终点浓度预测到达距离超出评价范围时，应根据预测到达距离进一步调整评价范围。

地表水环境风险评价范围参照 HJ 2.3—2018 确定。地下水环境风险评价范围参照 HJ 610—2016 确定。

环境风险评价范围应根据环境敏感目标分布情况、事故后果预测可能对环境产生危害的范围等综合确定。项目周边所在区域，评价范围外存在需要特别关注的环境敏感目标，评价范围需延伸至所关心的目标。

【随堂测验】

1. 下列哪项不是建设项目环境风险评价工作等级的判据。(　　)

A. 物质危险性　　B. 工艺系统危险性

C. 项目所在地环境敏感程度　　D. 项目占地面积

2. 某建设项目的环境风险潜势为Ⅲ，则该项目的环境风险评价工作等级为（　　）。

A. 一级　　B. 二级　　C. 三级　　D. 简单分析

11.2　风险调查及环境风险潜势初判

11.2.1　风险源及敏感目标调查

调查建设项目危险物质数量和分布情况、生产工艺特点，收集危险物质安全技术说明书（material safety data sheet，MSDS）等基础资料。MSDS 是化学品生产或销售企业按法律要求向客户提供的有关化学品特征的一份综合性法律文件。它提供了化学品的理化参数、燃爆性能、对健康的危害、安全使用储存、泄漏处置、急救措施以及有关的法律法规等 16 项内容。

根据危险物质可能的影响途径，明确环境敏感目标，给出环境敏感目标区位分布图，列表明确调查对象、属性、相对方位及距离等信息。

11.2.2　环境风险潜势划分

建设项目环境风险潜势划分为Ⅰ、Ⅱ、Ⅲ、Ⅳ、Ⅳ+级。根据建设项目涉及的物质和工艺系统的危险性及其所在地的环境敏感程度，结合事故情形下环境影响途径，对建设项目潜在环境危害程度进行概化分析，按照表 11-2 确定环境风险潜势。

表 11-2　建设项目环境风险潜势划分

环境敏感程度（E）	危险物质及工艺系统危险性（P）			
	极高危害（P_1）	高度危害（P_2）	中度危害（P_3）	轻度危害（P_4）
环境高度敏感区（E_1）	Ⅳ+	Ⅳ	Ⅲ	Ⅲ
环境中度敏感区（E_2）	Ⅳ	Ⅲ	Ⅲ	Ⅱ
环境低度敏感区（E_3）	Ⅲ	Ⅲ	Ⅱ	Ⅰ

注：Ⅳ+为极高环境风险。

11.2.3　危险物质及工艺系统危险性的分级确定

首先，分析建设项目生产、使用、储存过程中涉及的有毒有害、易燃易爆物质，按照《建设项目环境风险评价技术导则》（HJ 169—2018）的附录 B 确定危险物质的临界量。然后，按照附录 C，定量分析危险物质数量与临界量的比值（Q）和所属行业及生产工艺特点（M），对危险物质及工艺系统危险性（P）等级进行判断。

11.2.4 环境敏感程度的分级确定

分析危险物质在事故情形下的环境影响途径，如大气、地表水、地下水等，按照 HJ 169—2018 附录 D 对建设项目各要素环境敏感程度（E）等级进行判断。其中大气环境依据环境敏感目标环境敏感性及人口密度划分环境风险受体的敏感性，共分为三种类型，E_1 为环境高度敏感区，E_2 为环境中度敏感区，E_3 为环境低度敏感区，分级原则见表 11-3。

表 11-3 大气环境敏感程度分级

分级	大气环境敏感性
E_1	周边 5 km 范围内居住区、医疗卫生、文化教育、科研、行政办公等机构人口总数大于 5 万人，或其他需要特殊保护区域；或周边 500 m 范围内人口总数大于 1000 人；油气、化学品输送管线管段周边 200 m 范围内，每千米管段人口数大于 200 人
E_2	周边 5 km 范围内居住区、医疗卫生、文化教育、科研、行政办公等机构人口总数大于 1 万人，小于 5 万人；或周边 500 m 范围内人口总数大于 500 人，小于 1000 人；油气、化学品输送管线管段周边 200 m 范围内，每千米管段人口数大于 100 人，小于 200 人
E_3	周边 5 km 范围内居住区、医疗卫生、文化教育、科研、行政办公等机构人口总数小于 1 万人；或周边 500 m 范围内人口总数小于 500 人；油气、化学品输送管线管段周边 200 m 范围内，每千米管段人口数小于 100 人

11.2.5 环境风险潜势判断

建设项目环境风险潜势综合等级取各环境要素等级的相对高值。

【随堂测验】

1. 危险物质危险性分级由（　　）决定。

A. 危险物质数量与临界量比值　　B. 危险物质临界量

C. 危险物质数量　　D. 危险物质种类

2. 环境风险评价中，大气环境敏感程度分级取决于下列哪种因素。（　　）

A. 敏感目标方位　B. 大气环境功能　C. 人口密度　D. 人口总数

11.3 风险识别及风险事故情形分析

11.3.1 风险识别内容

物质危险性识别包括主要原辅材料、燃料、中间产品、副产品、最终产品、污染物、火灾和爆炸伴生/次生物等。生产系统危险性识别包括主要生产装置、储运设施、公用工程和辅助生产设施，以及环境保护设施等。危险物质向环境转移的途径识别包括分析危险物质特性及可能的环境风险类型，识别危险物质影响环境的途径，分析可能影响的环境敏感目标。

11.3.2　风险识别方法

1. 资料收集和准备

根据危险物质泄漏、火灾、爆炸等突发性事故可能造成的环境风险类型，收集和准备建设项目工程资料，周边环境资料，国内外同行业、同类型事故统计分析及典型事故案例资料。对已建工程应收集环境管理制度，操作和维护手册，突发环境事件应急预案，应急培训、演练记录，历史突发环境事件及生产安全事故调查资料，设备失效统计数据等。

2. 物质危险性识别

按 HJ 169—2018 附录 B 识别出的危险物质，以图表的方式给出其易燃易爆、有毒有害危险特性，明确危险物质的分布。

3. 生产系统危险性识别

按工艺流程和平面布置功能区划，结合物质危险性识别，以图表的方式给出危险单元划分结果及危险单元内危险物质的最大存在量。按生产工艺流程分析危险单元内潜在的风险源。按危险单元分析风险源的危险性、存在条件和转化为事故的触发因素。采用定性或定量分析方法筛选确定重点风险源。

4. 环境风险类型及危害分析

环境风险类型包括危险物质泄漏，以及火灾、爆炸等引发的伴生/次生污染物排放。根据物质及生产系统危险性识别结果，分析环境风险类型、危险物质向环境转移的可能途径和影响方式。

11.3.3　风险识别结果

在风险识别的基础上，图示危险单元分布。给出建设项目环境风险识别汇总，包括危险单元、风险源、主要危险物质、环境风险类型、环境影响途径、可能受影响的环境敏感目标等，说明风险源的主要参数。

【课程思政】通过分析具体环境风险事故案例，说明一旦发生环境风险事故，可能造成严重环境污染，甚至引发人员伤亡、造成巨大财产损失，并产生恶劣的社会影响。因此，作为企业员工，应该定期参加企业组织的安全培训，在提高业务能力的同时，增强环保责任意识和风险意识，将安全、环保和业务看得同等重要。在工作过程中，不折不扣落实各项操作规程和规范要求，积极参加环境污染应急预案演练，强化环境风险防范措施。通过对该部分知识的讲解，使学生牢固树立环保责任意识和环境风险意识，深刻理解“环境风险，影响深远，安全责任，重于泰山”的意义。

11.3.4　风险事故情形设定

1. 设定内容

在风险识别的基础上，选择对环境影响较大并具有代表性的事故类型，设定风险事故情形。风险事故情形设定内容应包括环境风险类型、风险源、危险单元、危险物质和影响途径等。

2. 设定原则

（1）同一种危险物质可能有多种环境风险类型。风险事故情形应包括危险物质泄漏，以及火灾、爆炸等引发的伴生/次生污染物排放情形。对不同环境要素产生影响的风险事故情形，应分别进行设定。

（2）对于火灾、爆炸事故，须将事故中未完全燃烧的危险物质在高温下迅速挥发释放至大气，以及燃烧过程中产生的伴生/次生污染物对环境的影响作为风险事故情形设定的内容。

（3）设定的风险事故情形发生可能性应处于合理的区间，并与经济技术发展水平相适应。一般而言，发生频率小于 10^{-6}/年的事件是极小概率事件，可作为代表性事故情形中最大可信事故设定的参考。

（4）事故情形的设定应在环境风险识别的基础上筛选，设定的事故情形应具有危险物质、环境危害、影响途径等方面的代表性。

11.3.5 源项分析

1. 源项分析方法

源项分析应基于风险事故情形的设定，合理估算源强。泄漏频率可参考 HJ 169—2018 附录 E 的泄漏频率表确定，也可采用事故树、事件树分析法或类比法等确定。

2. 事故源强确定

事故源强为事故后果预测提供分析模拟情形。事故源强设定可采用计算法和经验估算法。计算法适用于以腐蚀或应力作用等引起的泄漏型为主的事故；经验估算法适用于因火灾、爆炸等突发性事故引起的伴生/次生的污染物释放。

1）物质泄漏量计算

液体、气体和两相流泄漏速率的计算可采用 HJ 169—2018 附录 F 推荐的方法。泄漏时间应结合建设项目探测和隔离系统的设计原则确定。一般情况下，设置紧急隔离系统的单元，泄漏时间可设定为 10min；未设置紧急隔离系统的单元，泄漏时间可设定为 30min。

泄漏液体的蒸发速率计算可采用 HJ 169—2018 附录 F 推荐的方法。蒸发时间应结合物质特性、气象条件、工况等综合考虑，一般情况下，可按 15～30min 计；泄漏物质形成的液池面积以不超过泄漏单元的围堰（或堤）内面积计。

2）物质释放量估算

火灾、爆炸事故在高温下迅速挥发释放至大气的未完全燃烧危险物质，以及在燃烧过程中产生的伴生/次生污染物，可参照 HJ 169—2018 附录 F 采用经验法估算释放量。

3）其他估算方法

（1）装卸事故，泄漏量按装卸物质流速和管径及失控时间计算，失控时间一般可按 5～30min 计。

（2）油气长输管线泄漏事故，按管道截面 100%断裂估算泄漏量，应考虑截断阀启动前、后的泄漏量。截断阀启动前，泄漏量按实际工况确定；截断阀启动后，泄漏量以管道泄压至与环境压力平衡所需要时间计。

（3）水体污染事故源强应结合污染物释放量、消防用水量及雨水量等因素综合确定。

4）源强参数确定

根据风险事故情形确定事故源参数（如泄漏点高度、温度、压力、泄漏液体蒸发面积等）、释放/泄漏速率、释放/泄漏时间、释放/泄漏量、泄漏液体蒸发量等，给出源强汇总。

【随堂测验】

1. 下列哪些不属于风险事故情形设定内容。（　　）

A. 环境风险类型　　B. 风险识别　　C. 风险源　　D. 影响途径

2. 一般而言，发生频率小于（　　）的事件可作为代表性事故情形中最大可信事故设定的参考。

A. 10^{-4}/年　　B. 10^{-5}/年　　C. 10^{-6}/年　　D. 10^{-7}/年

3. 火灾、爆炸等突发性事故伴生/次生的污染物释放源强应采用（　　）估算。

A. 计算法　　B. 类比法　　C. 物料平衡法　　D. 经验估算法

11.4　风险预测与评价

11.4.1　风险预测

1. *有毒有害物质在大气中的扩散*

1）预测模型筛选

（1）预测计算时，应区分重质气体与轻质气体排放选择合适的大气风险预测模型。其中重质气体和轻质气体的判断依据可采用 HJ 169—2018 附录 G 中 G.2 推荐的理查德森数进行判定。

（2）采用 HJ 169—2018 附录 G 推荐的 SLAB 模型或 AFTOX 模型进行气体扩散后果预测，模型选择应结合模型的适用范围、参数要求等说明模型选择的依据。SLAB 模型适用于平坦地形下重质气体排放的扩散模拟，其处理的排放类型包括地面水平挥发池、抬升水平喷射、烟囱或抬升垂直喷射以及瞬时体源，可以在一次运行中模拟多组气象条件，但模型不适用于实时气象数据输入。AFTOX 模型适用于平坦地形下中性气体和轻质气体排放以及液池蒸发气体的扩散模拟，可模拟连续排放或瞬时排放，液体或气体，地面源或高架源，点源或面源的指定位置浓度、下风向最大浓度及其位置等。

（3）选用推荐模型以外的其他技术成熟的大气风险预测模型时，需说明模型选择理由及适用性。

2）预测范围与计算点

（1）预测范围即预测物质浓度达到评价标准时的最大影响范围，通常由预测模型计算获取。预测范围一般不超过 10km。

（2）计算点分特殊计算点和一般计算点。特殊计算点指大气环境敏感目标等关心点，一般计算点指下风向不同距离点。一般计算点的设置应具有一定分辨率，距离风险源 500m 范围内可设置 10～50m 间距，大于 500m 范围内可设置 50～100m 间距。

3）事故源参数

根据大气风险预测模型的需要，调查泄漏设备类型、尺寸、操作参数（压力、温度等），泄漏物质理化特性（摩尔质量、沸点、临界温度、临界压力、比热容比、气体定压比热容、液体定压比热容、液体密度、汽化热等)。

4)气象参数

(1)一级评价，需选取最不利气象条件及事故发生地的最常见气象条件分别进行后果预测。其中最不利气象条件取 F 类稳定度，1.5m/s 风速，温度 25℃，相对湿度 50%；最常见气象条件由当地近 3 年内的至少连续 1 年气象观测资料统计分析得出，包括出现频率最高的稳定度、该稳定度下的平均风速(非静风)、日最高平均气温、年平均湿度。

(2)二级评价，需选取最不利气象条件进行后果预测。最不利气象条件取 F 类稳定度，1.5m/s 风速，温度 25℃，相对湿度 50%。

5)大气毒性终点浓度值选取

大气毒性终点浓度即预测评价标准。大气毒性终点浓度值选取参见 HJ 169—2018 附录 H，分为 1、2 级。其中 1 级为当大气中危险物质浓度低于该限值时，绝大多数人员暴露 1h 不会对生命造成威胁，当超过该限值时，有可能对人群造成生命威胁；2 级为当大气中危险物质浓度低于该限值时，暴露 1h 一般不会对人体造成不可逆的伤害，或出现的症状一般不会损伤该个体采取有效防护措施的能力。

6)预测结果表述

(1)给出下风向不同距离处有毒有害物质的最大浓度，以及预测浓度达到不同毒性终点浓度的最大影响范围。

(2)给出各关心点的有毒有害物质浓度随时间变化情况，以及关心点的预测浓度超过评价标准时对应的时刻和持续时间。

(3)对于存在极高大气环境风险的建设项目，应开展关心点概率分析，即有毒有害气体(物质)剂量负荷对个体的大气伤害概率、关心点处气象条件的频率、事故发生概率的乘积，以反映关心点处人员在无防护措施条件下受到伤害的可能性。有毒有害气体大气伤害概率估算参见 HJ 169—2018 附录 I。

2. *有毒有害物质在地表水、地下水环境中的运移扩散*

1)有毒有害物质进入水环境的方式

有毒有害物质进入水环境包括事故直接导致和事故处理处置过程间接导致的情况，一般为瞬时排放源和有限时段内排放的源。

2)预测模型

(1)地表水。

根据风险识别结果，有毒有害物质进入水体的方式、水体类别及特征，以及有毒有害物质的溶解性，选择适用的预测模型。

对于油品类泄漏事故，流场计算按 HJ 2.3—2018 中的相关要求选取适用的预测模型，溢油漂移扩散过程按《海洋工程环境影响评价技术导则》(GB/T 19485—2014)中的溢油粒子模型进行溢油轨迹预测。

【延伸阅读】《海洋工程环境影响评价技术导则》(GB/T 19485—2014)(2014 年 10 月 1 日起实施)。

其他事故的地表水风险预测模型及参数参照 HJ 2.3—2018。

（2）地下水。

地下水风险预测模型及参数参照 HJ 610—2016。

3）终点浓度值选取

终点浓度即预测评价标准。终点浓度值根据水体分类及预测点水体功能要求，按照 GB 3838、GB 5749、GB 3097 或 GB/T 14848 选取。对于未列入上述标准，但确需进行分析预测的物质，其终点浓度值选取可参照 HJ 2.3、HJ 610。

对于难以获取终点浓度值的物质，可按质点运移到达判定。

4）预测结果表述

（1）地表水。

根据风险事故情形对水环境的影响特点，预测结果可采用以下表述方式：①给出有毒有害物质进入地表水体最远超标距离及时间。②给出有毒有害物质经排放通道到达下游（按水流方向）环境敏感目标处的到达时间、超标时间、超标持续时间及最大浓度，对于在水体中漂移类物质，应给出漂移轨迹。

（2）地下水。

给出有毒有害物质进入地下水体到达下游厂区边界和环境敏感目标处的到达时间、超标时间、超标持续时间及最大浓度。

11.4.2　环境风险评价

结合各要素风险预测，分析说明建设项目环境风险的危害范围与程度。大气环境风险的影响范围和程度由大气毒性终点浓度确定，明确影响范围内的人口分布情况；地表水、地下水对照功能区质量标准浓度（或参考浓度）进行分析，明确对下游环境敏感目标的影响情况。环境风险可采用后果分析、概率分析等方法开展定性或定量评价，以避免急性损害为重点，确定环境风险防范的基本要求。

【随堂测验】

1. 下列哪种模型适用于大气风险预测中平坦地形下重质气体排放的扩散模拟。（　　）

   A. SLAB 模型　　B. AFTOX 模型　　C. AERMOD 模型　　D. CALPUFF 模型

2. 重质气体和轻质气体的判断依据是（　　）。

   A. 施密特数　　B. 理查德森数　　C. 雷诺数　　D. 斯坦顿数

3. 对于存在极高大气环境风险的项目，应进一步开展（　　）预测。

   A. 影响范围　　B. 影响程度
   C. 影响后果　　D. 关心点概率分析

思考题

1. 简述环境风险评价的风险识别内容。
2. 环境风险识别中需要收集和准备哪些资料？
3. 大气风险后果预测需要收集哪些气象参数？
4. 大气毒性终点浓度值的分级是如何定义的？

第 12 章　规划环境影响评价

【目标导学】

1. 知识要点

规划环境影响评价概述（发展历程、适用范围、基本概念），规划环境影响评价的评价内容和评价方法，产业园区与流域综合规划环境影响评价的适用范围、评价原则与评价内容。

2. 重点难点

规划环境影响评价的适用范围、基本概念与评价内容，产业园区与流域综合规划环境影响评价的评价内容。

3. 基本要求

了解规划环评的发展历程与评价原则，熟悉规划环评的评价流程与评价方法，掌握规划环评的适用范围、基本概念、评价内容。

4. 教学方法

以教师课堂讲授为主。从规划环评的发展历程入手，重点讲授规划环评的适用范围、基本概念与评价内容。围绕导则中有关减污降碳协同共治的评价要求，探讨推动社会经济绿色低碳发展的意义，开展课程思政教学。建议 4 个学时。

12.1　规划环境影响评价概述

规划通常指比较全面的长远的发展计划，其与计划的不同之处在于：规划具有长远性、全局性、战略性、方向性、概括性和鼓动性。从时间尺度来说规划侧重于长远，从内容角度来说规划侧重战略层面，重指导性或原则性。规划环境影响评价制度具有源头预防功能，是现代环境治理体系的重要组成部分，对于预防因规划实施后对环境造成的不良影响具有重要意义。国内外实践经验证明，在规划阶段纳入环评的预防效果更好，能够起到事半功倍的作用。

12.1.1　发展历程

1979 年 9 月 13 日，我国颁布实施《中华人民共和国环境保护法（试行）》，首次提出建设项目环境影响评价的概念，明确了环境影响评价制度。该制度作为源头预防制度的核心，对于减少建设项目环境影响、保护生态环境起到了重要作用。然而，随着经济体制改革的不断深入，环评制度已不能适应形势的发展和要求，为了实施可持续发展战略，预防因规划和建设项目实施后对环境造成的不良影响，促进经济、社会和环境的协调发展，亟须开展环境影响评价的立法工作。

2003 年 9 月 1 日实施的《中华人民共和国环境影响评价法》首次确立了规划环境影响评价制度，将环境影响评价从建设项目延伸到规划，是对环境影响评价制度的重大拓展，旨在从决策源头预防环境污染，改善生态环境。《中华人民共和国环境影响评价法》对规划环评的适用范围、编制程序、审查与审批程序、跟踪评价程序以及法律责任等作了较为全面的规定。2004 年 7 月 3 日，国家环境保护总局颁布了《关于印发〈编制环境影响报告书的规划的具体范围（试行）〉和〈编制环境影响篇章或说明的规划的具体范围（试行）〉的通知》（环发〔2004〕98 号），明确了需要编制环境影响报告和编制环境影响篇章或说明的规划的具体范围。2009 年 10 月 1 日，《规划环境影响评价条例》施行，进一步完善了规划环评程序，明确实施主体及相关方的责任和权利。2014 年的《中华人民共和国环境保护法》第十九条规定“未依法进行环境影响评价的开发利用规划，不得组织实施”，强化了规划环评的效力。此外，《规划环境影响评价条例》颁布前后，一系列规章、标准和技术导则等配套规范性文件颁布实施，进一步健全了规划环评制度体系，为规划环评的有效实施奠定了坚实的法律基础。

当前，我国推行“多规合一”的国土空间规划体系，现有的“综合性规划+专项规划”将被统一的国土空间规划所取代，规划环评的分类方式应当与改革后的规划体系相适应。同时，2017 年以来，“三线一单”生态环境分区管控从试点推进到全面铺开，已完成了所有省级成果发布，而规划环评是落实“三线一单”的重要依托，将“三线一单”作为规划环评的评价依据有助于强化规划环评的源头预防功能。因此，规划环评需要充分衔接“三线一单”成果。此外，在深化建设项目环评“放管服”改革背景下，需要建立规划环评与项目环评的联动机制，简化项目环评编制内容和技术要求。为此，生态环境部于 2019 年制定了《规划环境影响评价技术导则 总纲》（HJ 130—2019）。

12.1.2 适用范围

《中华人民共和国环境影响评价法》与规划环评适用范围有关的法条如下：

第七条第一款规定：国务院有关部门、设区的市级以上地方人民政府及其有关部门，对其组织编制的土地利用的有关规划，区域、流域、海域的建设、开发利用规划，应当在规划编制过程中组织进行环境影响评价，编写该规划有关环境影响的篇章或者说明。

第八条第一款规定：国务院有关部门、设区的市级以上地方人民政府及其有关部门，对其组织编制的工业、农业、畜牧业、林业、能源、水利、交通、城市建设、旅游、自然资源开发的有关专项规划（以下简称专项规划），应当在该专项规划草案上报审批前，组织进行环境影响评价，并向审批该专项规划的机关提交环境影响报告书。

第八条第二款规定：前款所列专项规划中的指导性规划，按照本法第七条的规定进行环境影响评价。

第三十五条规定：省、自治区、直辖市人民政府可以根据本地的实际情况，要求对本辖区的县级人民政府编制的规划进行环境影响评价。具体办法由省、自治区、直辖市参照本法第二章的规定制定。

2009 年国务院发布的《规划环境影响评价条例》第二条第一款、第十条、第三十五条也对规划环评的适用范围做出了相同的规定。

由上述法律法规条文可以看出，有关政府和部门需要对其组织编制的有关规划提出开展规划环评的要求。这些规划可分为三类：第一类是“一地”，即土地利用的有关规划；第二类是“三域”，即区域、流域、海域的建设、开发利用规划；第三类是“十个专项”，即工业、农业、畜牧业、林业、能源、水利、交通、城市建设、旅游、自然资源开发的有关专项规划，又分为指导性规划和非指导性规划。其中编制综合性规划和专项规划中的指导性规划，应当根据规划实施后可能对环境造成的影响，编写环境影响篇章或者说明，对于其他专项规划，应当在规划草案报送审批前编制环境影响报告书。

12.1.3 基本概念

1. 环境目标

指为保护和改善生态环境而设定的、拟在相应规划期限内达到的环境质量、生态功能和其他与生态环境保护相关的目标和要求，是规划编制和实施应满足的生态环境保护总体要求。

2. 生态空间

指具有自然属性、以提供生态服务或生态产品为主体功能的国土空间，包括森林、草原、湿地、河流、湖泊、滩涂、岸线、海洋、荒地、荒漠、戈壁、冰川、高山冻原、无居民海岛等区域，是保障区域生态系统稳定性、完整性，提供生态服务功能的主要区域。

3. 环境管控单元

指集成生态保护红线及生态空间、环境质量底线、资源利用上线的管控区域。

4. “三线一单”

“三线一单”指生态保护红线、环境质量底线、资源利用上线和生态环境准入清单，是新时代贯彻落实习近平生态文明思想、深入打好污染防治攻坚战、加强生态环境源头防控的重要举措。其核心就是以改善环境质量和维护生态环境系统功能为目标，集成红线、底线、上线成果，划定管控单元并编制差异化生态环境准入清单，为生态环境保护关口前移提供政策工具。不断健全“三线一单”生态环境分区管控体系建设，对协同推动高质量发展和高水平保护，提升生态环境治理体系和治理能力现代化水平具有重要意义。

1）生态保护红线

指在生态空间范围内具有特殊重要生态功能、必须强制性严格保护的区域，是保障和维护国家生态安全的底线和生命线，通常包括具有重要水源涵养、生物多样性维护、水土保持、防风固沙、海岸生态稳定等功能的生态功能重要区域，以及水土流失、土地沙化、石漠化、盐渍化等生态环境敏感脆弱区域。

2）环境质量底线

指按照水、大气、土壤环境质量不断优化的原则，结合环境质量现状和相关规划、功能区划要求，考虑环境质量改善潜力，确定的分区域分阶段环境质量目标及相应的环境管控、污染物排放控制等要求。

3）资源利用上线

以保障生态安全和改善环境质量为目的，结合自然资源开发管控，提出的分区域分阶段的资源开发利用总量、强度、效率等管控要求。

4）生态环境准入清单

指基于环境管控单元，统筹考虑生态保护红线、环境质量底线、资源利用上线的管控要求，以清单形式提出的空间布局、污染物排放、环境风险防控、资源开发利用等方面生态环境准入要求。

5. 环境敏感区

指依法设立的各级各类保护区域和对规划实施产生的环境影响特别敏感的区域，主要包括生态保护红线范围内或者其外的下列区域：

1）自然保护区、风景名胜区、世界文化和自然遗产地、海洋特别保护区、饮用水水源保护区；

2）永久基本农田、基本草原、森林公园、地质公园、重要湿地、天然林、野生动物重要栖息地、重点保护野生植物生长繁殖地、重要水生生物自然产卵场、索饵场、越冬场和洄游通道、天然渔场、水土流失重点预防区、沙化土地封禁保护区、封闭及半封闭海域；

3）以居住、医疗卫生、文化教育、科研、行政办公等为主要功能的区域，以及文物保护单位。

6. 重点生态功能区

指生态系统脆弱或生态功能重要，需要在国土空间开发中限制进行大规模高强度工业化城镇化开发，以保持并提高生态产品供给能力的区域。

【延伸阅读】《规划环境影响评价条例》（2009 年 10 月 1 日起施行）。

【研讨话题】结合我国推行规划体系“多规合一”与“三线一单”生态环境分区管控等背景，探讨规划环评制度的改革方向。

【随堂测验】

1. 下列哪部法律法规首次确立了规划环境影响评价制度。（　　）

A.《中华人民共和国环境保护法》　　B.《规划环境影响评价条例》

C.《中华人民共和国环境影响评价法》　D.《规划环境影响评价技术导则 总纲》

2. 根据《规划环境影响评价技术导则 总纲》，下列哪类区域不属于环境敏感区。（　　）

A. 风景名胜区　　B. 森林公园

C. 商业交通居民混合区　　D. 天然渔场

12.2　规划环境影响评价内容和方法

12.2.1　评价原则

1. 早期介入、过程互动

评价应在规划编制的早期阶段介入，在规划前期研究和方案编制、论证、审定等关键环节和过程中充分互动，不断优化规划方案，提高环境合理性。

2. 统筹衔接、分类指导

评价工作应突出不同类型、不同层级规划及其环境影响特点，充分衔接“三线一单”成果，分类指导规划所包含建设项目的布局和生态环境准入。

3. 客观评价、结论科学

依据现有知识水平和技术条件对规划实施可能产生的不良环境影响的范围和程度进行客观分析，评价方法应成熟可靠，数据资料应完整可信，结论建议应具体明确且具有可操作性。

12.2.2 评价流程

规划环评的评价流程分为工作流程和技术流程。

1. 工作流程

规划环境影响评价应在规划编制的早期阶段介入，并与规划编制、论证及审定等关键环节和过程充分互动，互动内容一般包括如下。

（1）在规划前期阶段，同步开展规划环评工作。通过对规划内容的分析，收集与规划相关的法律法规、环境政策等，收集上层位规划和规划所在区域战略环评及“三线一单”成果，对规划区域及可能受影响的区域进行现场踏勘，收集相关基础数据资料，初步调查环境敏感区情况，识别规划实施的主要环境影响，分析提出规划实施的资源、生态、环境制约因素，反馈给规划编制机关。

（2）在规划方案编制阶段，完成现状调查与评价，提出环境影响评价指标体系，分析、预测和评价拟定规划方案实施的资源、生态、环境影响，并将评价结果和结论反馈给规划编制机关，作为方案比选和优化的参考和依据。

（3）在规划的审定阶段：

第一，进一步论证拟推荐的规划方案的环境合理性，形成必要的优化调整建议，反馈给规划编制机关。针对推荐的规划方案提出不良环境影响减缓措施和环境影响跟踪评价计划，编制环境影响报告书。

第二，如果拟选定的规划方案在资源、生态、环境方面难以承载，或者可能造成重大不良生态环境影响且无法提出切实可行的预防或减缓对策和措施，或者根据现有的数据资料和专家知识对可能产生的不良生态环境影响的程度、范围等无法做出科学判断，应向规划编制机关提出对规划方案做出重大修改的建议并说明理由。

（4）规划环境影响报告书审查会后，应根据审查小组提出的修改意见和审查意见对报告书进行修改完善。

（5）在规划报送审批前，应将环境影响评价文件及其审查意见正式提交给规划编制机关。

2. 技术流程

规划环境影响评价的技术流程见图 12-1。

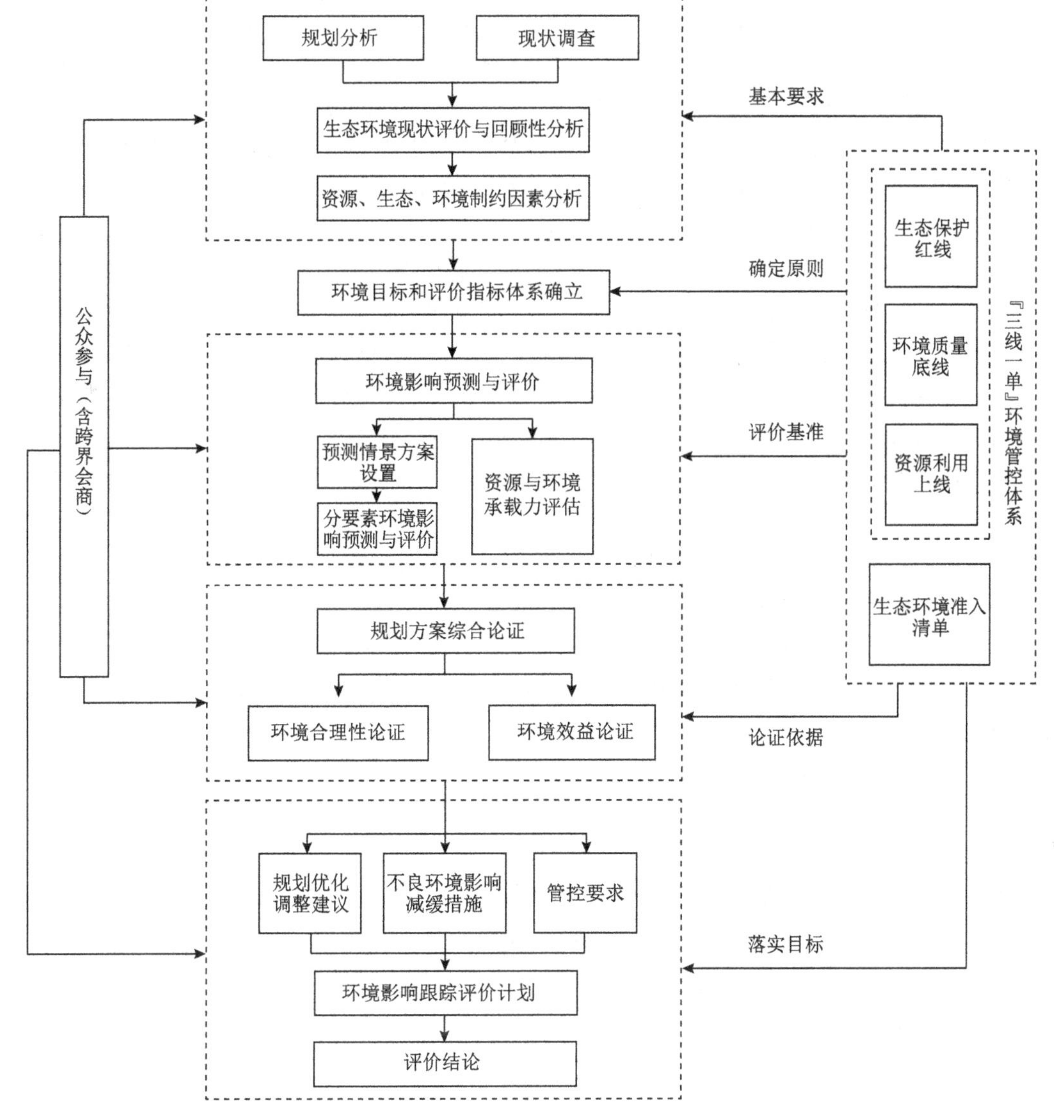

图 12-1　规划环境影响评价技术流程图

12.2.3　评价内容

根据《规划环境影响评价技术导则　总纲》（HJ 130—2019），规划环境影响评价的评价内容应包括总则、规划分析、现状调查与评价、环境影响识别与评价指标体系构建、环境影响预测与评价、规划方案综合论证和优化调整建议、环境影响减缓对策和措施、规划所包含建设项目环评要求、环境影响跟踪评价计划、公众参与和会商意见处理、评价结论等方面。

（1）总则。概述任务由来，明确评价依据、评价目的与原则、评价范围、评价重点、执行的环境标准、评价流程等。

（2）规划分析。介绍规划不同阶段目标、发展规模、布局、结构、建设时序，以及规划包含的具体建设项目的建设计划等可能对生态环境造成影响的规划内容；给出规划与法规政策、上层位规划、区域“三线一单”管控要求、同层位规划在环境目标、生态保护、资源利用等方面的符合性和协调性分析结论，重点明确规划之间的冲突与矛盾。

（3）现状调查与评价。通过调查评价区域资源利用状况、环境质量现状、生态状况及生态功能等，说明评价区域内的环境敏感区、重点生态功能区的分布情况及其保护要求，分析区域水资源、土地资源、能源等各类自然资源现状利用水平和变化趋势，评价区域环境质量达标情况和演变趋势，区域生态系统结构与功能状况和演变趋势，明确区域主要生态环境问题、资源利用和保护问题及成因。对已开发区域进行环境影响回顾性分析，说明区域生态环境问题与上一轮规划实施的关系。明确提出规划实施的资源、生态、环境制约因素。

（4）环境影响识别与评价指标体系构建。识别规划实施可能影响的资源、生态、环境要素及其范围和程度，确定不同规划时段的环境目标，建立评价指标体系，给出评价指标值。

（5）环境影响预测与评价。设置多种预测情景，估算不同情景下规划实施对各类支撑性资源的需求量和主要污染物的产生量、排放量，以及主要生态因子的变化量。预测与评价不同情景下规划实施对生态系统结构和功能、环境质量、环境敏感区的影响范围与程度，明确规划实施后能否满足环境目标的要求。根据不同类型规划及其环境影响特点，开展人群健康风险分析、环境风险预测与评价。评价区域资源与环境对规划实施的承载能力。

（6）规划方案综合论证和优化调整建议。根据规划环境目标可达性论证规划的目标、规模、布局、结构等规划内容的环境合理性，以及规划实施的环境效益。介绍规划环评与规划编制互动情况。明确规划方案的优化调整建议，并给出调整后的规划布局、结构、规模、建设时序。

（7）环境影响减缓对策和措施。给出减缓不良生态环境影响的环境保护方案和管控要求。

（8）如规划方案中包含具体的建设项目，应给出重大建设项目环境影响评价的重点内容要求和简化建议。

（9）环境影响跟踪评价计划。说明拟定的跟踪监测与评价计划。

（10）说明公众意见、会商意见回复和采纳情况。

（11）评价结论。归纳总结评价工作成果，明确规划方案的环境合理性，以及优化调整建议和调整后的规划方案。

12.2.4　评价方法

规划环境影响评价各工作环节常用方法见表 12-1。开展具体评价工作时可根据需要选用，也可选用其他已广泛应用、可验证的技术方法。

表 12-1　规划环境影响评价的常用方法

评价环节	可采用的主要方式和方法
规划分析	核查表、叠图分析、矩阵分析、专家咨询（如智暴法、德尔斐法等）、情景分析、类比分析、系统分析
现状调查与评价	现状调查：资料收集、现场踏勘、环境监测、生态调查、问卷调查、访谈、座谈会。环境要素的调查方式和监测方法可参考《环境影响评价技术导则 大气环境》（HJ 2.2—2018）、HJ 2.3—2018、HJ 2.4—2021、HJ 19—2022、HJ 610—2016、《区域生物多样性评价标准》（HJ 623—2011）、HJ 964—2018 和有关监测规范执行 现状分析与评价：专家咨询、指数法（单指数、综合指数）、类比分析、叠图分析、生态学分析法（生态系统健康评价法、生物多样性评价法、生态机理分析法、生态系统服务功能评价方法、生态环境敏感性评价方法、景观生态学法等，以下同）、灰色系统分析法

续表

评价环节	可采用的主要方式和方法
环境影响识别与评价指标确定	核查表、矩阵分析、网络分析、系统流图、叠图分析、灰色系统分析法、层次分析、情景分析、专家咨询、类比分析、压力-状态-响应分析
规划实施生态环境压力分析	专家咨询、情景分析、负荷分析（估算单位国内生产总值物耗、能耗和污染物排放量等）、趋势分析、弹性系数法、类比分析、对比分析、供需平衡分析
环境影响预测与评价	类比分析、对比分析、负荷分析（估算单位国内生产总值物耗、能耗和污染物排放量等）、弹性系数法、趋势分析、系统动力学法、投入产出分析、供需平衡分析、数值模拟、环境经济学分析（影子价格、支付意愿、费用效益分析等）、综合指数法、生态学分析法、灰色系统分析法、叠图分析、情景分析、相关性分析、剂量-反应关系评价 环境要素影响预测与评价的方式和方法可参考 HJ 2.2—2018、HJ 2.3—2018、HJ 2.4—2021、HJ 19—2022、HJ 610—2016、HJ 623—2011、HJ 964—2018 执行
环境风险评价	灰色系统分析法、模糊数学法、数值模拟、风险概率统计、事件树分析、生态学分析法、类比分析 可参考 HJ 169—2018 执行

【延伸阅读】《区域生物多样性评价标准》（HJ 623—2011）（2012 年 1 月 1 日实施）。

【随堂测验】

1. 在规划前期阶段，规划环评需要开展的工作包括（　　）。

A. 收集上层位规划　　B. 收集规划所在区域战略环评

C. 收集“三线一单”成果　　D. 完成现状调查与评价

2. 规划环境影响评价的现状调查与评价部分需要说明的内容不包括（　　）。

A. 资源利用状况　　B. 环境质量现状

C. 建立评价指标体系　　D. 资源、生态、环境制约因素

12.3　规划环境影响评价——产业园区

《开发区区域环境影响评价技术导则》（HJ/T 131—2003）（以下简称 2003 版导则）作为《中华人民共和国环境影响评价法》配套规章之一，是继《规划环境影响评价技术导则（试行）》（HJ/T 130—2003）之后的第二个规划环境影响评价行业标准，在当时的背景和条件下，规范和指导了我国开发区区域环评。

为适应新形势生态文明建设和环境保护新要求，《中华人民共和国环境影响评价法》和《规划环境影响评价技术导则 总纲》均进行了多次修订或修正。同时，《“十三五”生态环境保护规划》《中共中央 国务院关于全面加强生态环境保护坚决打好污染防治攻坚战的意见》《关于进一步加强产业园区规划环境影响评价工作的意见》等文件对园区规划环评工作提出了新的要求。为了适应当前环境管理方式转变、环境管理要求及园区规划环评需求，生态环境部对 2003 版导则进行了全面修订，并更名为《规划环境影响评价技术导则 产业园区》（HJ 131—2021），以提高导则的针对性和可操作性，并为进一步规范、加强产业园区规划环评管理提供技术支撑。

修订后的产业园区规划环评导则是产业园区规划环境影响评价工作的重要技术性指导文件，较 2003 版导则，主要有以下三方面突出特点：①兼顾技术标准统一性和差异性的关系，明确了产业园区规划环评最基本、最普适的技术规定，突出了对各类产业园区的指导性，

对涉及易燃易爆和有毒有害危险物质、以重点碳排放行业为主导等类型园区提出了差异化技术要求，强调了导则的实用性和可操作性。②准确把握技术标准与法规、政策的关系，落实生态文明建设和“放管服”改革要求、衔接区域生态环境分区管控体系、强化规划和项目环评联动、推动减污降碳协同共治，新增简化入园建设项目环境影响评价建议，以及园区环境准入、园区碳减排等技术要求，并将生态文明、高质量发展的目标导向转化成技术要求，为实现园区高质量发展和环境高水平保护提供了技术方法。③精准把控在环评技术导则体系、环境管理体系中的定位，纵向上承接《规划环境影响评价技术导则 总纲》、“三线一单”要求，横向上与环境要素及专项环境影响评价技术导则相协调，着力解决技术标准体系、环境管理体系的传导、协调、衔接等关键问题。完善了上下贯通、左右衔接的技术标准体系构建，促进了各环评导则的协同发力。

12.3.1　适用范围

产业园区指经各级人民政府依法批准设立，具有统一管理机构及产业集群特征的特定规划区域。主要目的是引导产业集中布局、集聚发展，优化配置各种生产要素，并配套建设公共基础设施。

与 2003 版导则相比，新导则适应园区环境管理需求，扩大了适用范围。鉴于当前产业园区类型繁多，各地管理实际情况各异，比如浙江的产业集聚区、上海和广东的工业地块等均比照园区管理，有明确的责任主体，修订后的导则适用于《中国开发区审核公告目录》的各类法定园区，即国务院及省、自治区、直辖市人民政府批准设立的各类产业园区；国务院有关部门批准设立的各类产业园区、根据地方规定需要开展规划环评的其他各类产业园区可参照执行。

12.3.2　评价范围

时间维度上，应包括产业园区整个规划期，并将规划近期作为评价的重点时段。空间尺度上，基于产业园区规划范围，结合规划实施对各生态环境要素可能影响的产业园区外周边地区及环境敏感区，统筹确定评价空间范围。

12.3.3　总体原则

突出规划环境影响评价源头预防作用，优化完善产业园区规划方案，强化产业园区污染防治，改善区域生态环境质量。

1）全程互动

评价在规划编制早期介入并全程互动，确定公众参与及会商对象，吸纳各方意见，优化规划。

2）统筹协调

协调好产业发展与区域、产业园区环境保护关系，统筹产业园区减污降碳协同共治、资源集约节约及循环化利用、能源智慧高效利用、环境风险防控等重大事项，引导产业园区生态化、低碳化、绿色化发展。

3）协同联动

衔接区域生态环境分区管控成果，细化产业园区环境准入，指导建设项目环境准入及其环境影响评价内容简化，实现区域、产业园区、建设项目环境影响评价的系统衔接和协同管理。

4）突出重点

立足规划方案重点和特点以及区域资源生态环境特征，充分利用区域空间生态环境评价的数据资料及成果，对规划实施的主要影响进行分析评价，并重点关注制约区域生态环境改善的主要环境影响因子和重大环境风险因子。

12.3.4　基本任务

（1）开展产业园区发展情况与区域生态环境现状调查、生态环境影响回顾性评价，规划实施主要生态、环境、资源制约因素分析。

（2）识别规划实施主要生态环境影响和风险因子，分析规划实施生态环境压力、污染物减排和节能降碳潜力，预测与评价规划实施环境影响和潜在风险，分析资源与环境承载状态。

（3）论证规划产业定位、发展规模、产业结构、布局、建设时序及环境基础设施等的环境合理性，并提出优化调整建议，说明优化调整的依据和潜在效果或效益。

（4）提出既有环境问题及不良环境影响的减缓对策、措施，明确规划实施环境影响跟踪监测与评价要求、规划所含建设项目的环境影响评价重点，制定或完善产业园区环境准入及产业园区环境管理要求，形成评价结论与建议。

【研讨话题】《规划环境影响评价技术导则 产业园区》（HJ 131—2021）是如何实现与“三线一单”制度衔接的？

12.3.5　主要评价内容

在评价内容方面，新导则调整、完善了导则结构、技术要求等，与《规划环境影响评价技术导则 总纲》（HJ 130—2019）相衔接，具体包括以下几个方面：

（1）增加了规划与区域生态环境分区管控体系的符合性分析，强化了产业园区环境准入、入园建设项目环境影响评价要求相关内容，与区域空间生态环境评价、建设项目环境影响评价联动衔接；

（2）强化了生态环境保护污染防治对策和措施要求，增加主要污染物减排和节能降碳潜力分析、资源节约与碳减排等相关内容，落实区域生态环境质量改善、减污降碳协同共治要求；

（3）增加了产业园区环境风险现状调查、预测与评价、防范对策等相关内容，突出了产业园区环境安全保障要求；

（4）调整、完善了产业园区基础设施调查、环境可行性论证及优化调整建议等相关内容，明确了产业园区污染集中治理的基本要求。

1. 规划分析

规划分析重点对规划总体安排、产业发展、基础设施建设、生态环境保护情况进行概述，此外，需要开展产业园区规划与上位和同层位规划的协调性分析，以及与“三线一单”的符合性。

规划总体安排需要说明产业园区规划目标和定位、规划范围和时限、发展规模、发展时序、用地（用海）布局、功能分区、能源和资源利用结构等。产业发展说明产业园区产业发展定位、产业结构，重点介绍规划主导产业及其规模、布局、建设时序等，规划所包含具体建设项目的性质、内容、规模、选址、项目组成和产能等。基础设施建设重点介绍产业园区规划建设或依托的污水集中处理、固体废物（含危险废物）集中处置、中水回用、集中供热（供冷）、余热利用、集中供气（含蒸汽）、供水、供能（含清洁低碳能源供应）等设施，以及道路交通、管廊、管网等配套和辅助条件。生态环境保护重点介绍产业园区环境保护总体目标、主要指标、环境污染防治措施、生态环境保护与建设方案、环境管理及环境风险防控要求、应急保障方案或措施等。

规划协调性分析重点分析产业园区规划与上位和同层位生态环境保护法律、法规、政策及国土空间规划、产业发展规划等相关规划的符合性和协调性，明确在空间布局、资源保护与利用、生态保护、污染防治、节能降碳、风险防控要求等方面的不协调或潜在冲突。与“三线一单”的符合性重点关注规划与区域生态保护红线、环境质量底线、资源利用上线和生态环境准入清单要求的符合性，对不符合“三线一单”要求的，提出明确的规划调整建议。

2. 现状调查与评价

现状调查与评价内容包括产业园区开发与保护现状调查、资源能源开发利用现状调查、生态环境现状调查与评价、环境风险与管理现状调查、现状问题和制约因素分析。

1）产业园区开发与保护现状调查

调查内容包括产业园区开发现状、环境基础设施现状、环境管理现状。产业园区开发现状重点调查产业园区三产规模和结构、工业规模和结构、主要产业及其产能规模、人口规模及其分布等。环境基础设施现状调查产业园区已建或依托环境基础设施概况，包括设计规模、设施布局、服务范围、处理工艺、处理能力、实际运行效果和达标排放水平等，其中污水处理设施还应调查配套管网、排污口设置、污染雨水收集与处理情况。环境管理现状调查产业园区规划环境影响评价执行情况，重点企业环境影响评价、竣工验收、排污许可证管理等开展情况；产业园区主要污染物及碳减排情况，主要污染行业、重点企业污染防治情况；产业园区环境监管、监测能力现状，环保督察发现的问题（或环境投诉）及其整改情况。

2）资源能源开发利用现状调查

调查、分析产业园区、主要产业及重点企业资源能源使用需求、利用效率和综合利用现状及变化；产业园区能源结构调整、能源利用总量及能耗强度控制情况，涉煤项目煤炭消费减量替代方案落实情况；分析产业园区资源能源集约、节约利用与资源能源利用上线或同类型产业园区、相关政策要求的差距，以及进一步提高的潜力。以电力、钢铁、建材、有色、石化和化工等重点碳排放行业为主导产业的产业园区，应调查碳排放控制水平与行业碳达峰要求的差距和降碳潜力。

3）生态环境现状调查与评价

（1）调查评价范围内区域生态保护红线、生态空间及环境敏感区的分布、范围及其管控要求，明确与产业园区的空间位置关系；调查土地利用现状变化，产业（生产）、居住（生活）、生态用地的冲突。

（2）调查评价范围主要污染源类型和分布、污染物排放特征和水平、排污去向或委托处置等情况，确定主要污染行业、污染源和污染物。

（3）调查评价区域水环境（地表水、地下水、近岸海域）、大气环境、声环境、土壤环境及底泥（沉积物）等质量状况，调查因子包括常规、特征污染因子；分析评价范围环境质量变化的时空特征及影响因素，说明环境质量超标的位置、时段、因子及成因。

4）环境风险与管理现状调查

（1）调查产业园区涉及的有毒有害物质及危险化学品、重点环境风险源清单，确定重点关注的环境风险物质、环境风险受体及其分布。

（2）调查产业园区环境风险防控联动状况，分析产业园区环境风险防控水平与环境安全保障要求的差距。

5）现状问题和制约因素分析

根据现状调查结果，对照“三线一单”等环境管理要求，分析产业园区产业发展和生态环境现状问题及成因，提出产业园区发展及规划实施需重点关注的资源、生态、环境等方面的制约因素，明确新一轮规划实施需优先解决的涉及生态环境质量改善、环境风险防控、资源能源高效利用等方面的问题。

3. 环境影响识别与评价指标体系构建

1）环境影响识别

识别土地开发、功能布局、产业发展、资源和能源利用、大宗货物运输及基础设施运行等规划实施全过程的影响。分析不同规划时段的规划开发活动对资源和环境要素、人群健康等的影响途径与方式，及影响效应、影响性质、影响范围、影响程度等；筛选出受规划实施影响显著的生态、环境、资源要素和敏感受体，辨识潜在重大环境风险因子和制约区域生态环境质量改善的污染因子，确定环境影响预测与评价的重点。

2）环境风险因子辨识

对涉及易燃易爆、有毒有害危险物质生产、使用、贮存等的产业园区，识别规划实施可能产生的危险物质、风险源和主要风险受体，辨识主要环境风险类型和因子，明确环境风险的主要扩散介质和途径。

3）环境目标与评价指标体系构建

衔接区域生态保护红线、环境质量底线、资源利用上线管控目标，考虑区域和行业碳达峰要求，从生态保护、环境质量、风险防控、碳减排及资源利用、污染集中治理等方面建立环境目标和评价指标体系，明确基准年及不同评价时段的环境目标值、评价指标值、确定依据，以及主要风险受体的可接受环境风险水平值。

4. 环境影响预测与评价

环境影响预测与评价内容包括基本要求、规划实施生态环境压力分析、环境要素影响预测与评价、累积环境影响预测与分析、资源与环境承载状态评估。

1）基本要求

环境影响预测与评价基本要求、方法可参照执行 HJ 130—2019、HJ 2.2—2018、HJ 2.3—2018、HJ 2.4—2021、HJ 19—2022、HJ 169—2018、HJ 610—2016、HJ 964—2018、HJ 1111—2020，并根据规划实施生态环境影响特征、当地环境保护要求等确定预测与评价内容和方法。明确不同评价时段区域生态环境、环境质量变化趋势及资源、环境承载状态，分析说明规划实施后产业园区能否满足已确定的环境目标要求。对于环境质量不满足环境功能要求或环境质量改善目标的，应分析产业园区污染物减排潜力，明确削减措施、削减来源及主要污染物新增量、减排量，结合区域限期达标规划等对区域环境质量变化进行预测、分析。

2）规划实施生态环境压力分析

结合主要污染物排放强度及污染控制水平、碳排放特征、产业园区污染集中处理、资源能源集约利用水平，设置不同情景方案，评估产业园区水资源、土地资源、能源等需求量、主要污染物排放量及碳排放水平。重点关注有潜在显著环境影响或风险的特征污染物、新污染物和持久性污染物、汞等公约管控的物质排放特征，分析主要污染源空间分布、排放方式、排放强度、污染控制水平及排放量。

3）环境要素影响预测与评价

环境要素影响预测与评价包括规划环评涉及的地表水环境、地下水环境、大气环境、声环境、土壤环境、生态环境、环境风险影响预测与评价与固废处理处置及影响分析。

（1）地表水环境影响预测与评价。

分析产业园区污水产生、收集与处理、尾水回用情况，预测、评价尾水排放等对受纳水体（地表水、近岸海域）环境质量的影响；结合所依托的区域污水集中处理设施规模、接纳能力、处理工艺、纳管水质要求、配套污水管网建设等，分析论证产业园区污水集中收集、处理的环境可行性。

（2）地下水环境影响预测与评价。

结合产业园区水文地质特征和包气带防护性能，分析、识别规划主要污染产业、污水或危险废物等集中处理设施建设等，可能污染地下水的主要污染物、污染途径及污染物在含水层中的运移、吸附与解析过程，综合评价产业及基础设施布局的环境合理性；涉及重金属及有毒有害物质排放或位于地下水环境敏感区的产业园区，可采用定量预测方法，分区评价污水排放、有毒有害物质泄漏或污水（渗滤液）渗漏等对地下水环境及环境敏感区的影响程度、影响范围和风险可控性。

（3）大气环境影响预测与评价。

预测评价规划产业发展、物流交通及集中供热、固体废物焚烧、废气集中处理中心等设施建设对评价范围环境空气质量的影响。考虑区域大气污染物传输特征，分析产业园区规划实施对区域大气环境质量的总体影响。

（4）声环境影响预测分析。

预测规划实施后交通物流方式、主要道路车流量等的变化，分析规划实施后集中居住区等声环境敏感区环境质量达标情况。

（5）固废处理处置及影响分析。

预测、分析规划实施可能产生的固体废物（尤其是危险废物）种类、数量、处理处置方式、综合利用途径及可能产生的间接环境影响；纳入区域固体废物管理处置体系的产业园区，从接纳能力、处理类型、处理工艺、服务年限、污染物达标排放等方面，分析依托既有处理处置设施的技术经济和环境可行性。

（6）土壤环境影响预测与评价。

对涉及重金属及有毒有害物质排放的产业园区，分析规划实施可能对土壤环境造成显著影响的重金属和有毒有害物质。根据污染物排放特征及其在土壤环境的输移、转化过程，分析主要受影响的地块，以及土壤环境污染变化潜势。

（7）生态环境影响预测与评价。

分析土地利用类型改变等对生态保护红线、重点生态功能区、环境敏感区的影响，重点关注污染物排放等对重要生态系统功能及重要物种栖息地质量的影响。涉海的产业园区还应分析围填海的生态环境影响。

（8）环境风险预测与评价。

预测评价各类突发性环境事件对人群聚集区等重要环境敏感区的风险影响范围、可接受程度等后果；涉及大规模危险化学品输运的产业园区，应分析危险化学品输送、转运、贮存的环境风险。对可能产生易生物蓄积、长期接触对人群和生物产生危害作用的无机和有机污染物、放射性污染物等的产业园区，根据产业园区特征污染物环境影响预测结果，分析暴露的途径、方式及可能产生的人群健康风险。

4）累积环境影响预测与分析

分析规划实施可能产生的累积性生态环境影响因子、累积方式和途径，重点关注污染物通过大气—土壤—地下水等环境介质跨相输送、迁移和累积过程，预测、分析环境影响的时空累积效应，给出累积环境影响的范围和程度。

5）资源与环境承载状态评估

（1）分析产业园区资源（水资源、能源等）利用、污染物（水污染物、大气污染物等）及碳排放对区域或相关环境管控单元资源能源利用上线及污染物允许排放总量、碳排放总量的占用情况，评估区域资源、能源及环境对规划实施的承载状态。

（2）产业园区所在区域环境质量超标的，以环境质量改善为目标，结合产业园区污染物减排方案，提出产业园区存量源污染物削减量和规划新增源污染物控制量。资源消耗超过相应总量或强度上线的产业园区，分析提出资源集约和综合利用途径及方案，以不突破上线为原则明确产业园区资源利用总量控制要求。碳排放总量超过区域碳排放控制目标的产业园区，应明确产业园区降碳途径和实现碳减排的具体措施。

5. 规划方案综合论证和优化调整建议

1）规划方案环境合理性论证

（1）基于区域生态保护红线、环境质量底线、资源利用上线管控目标，结合规划协调性分析结论，论证产业园区规划目标与发展定位环境合理性。

（2）基于产业园区环境管控分区及要求，结合规划实施对生态保护红线、重点生态功能区、其他环境敏感区的影响预测及环境风险评价结果，论证产业园区布局、重大建设项目选址的环境合理性。

（3）基于产业园区污染物排放管控、环境风险防控、资源能源开发利用管控，结合环境影响预测与评价结果，以及产业园区低碳化、生态化发展要求，论证产业园区规划规模（产业规模、用地规模等）、结构（产业结构、能源结构等）、运输方式的环境合理性。

（4）基于产业园区基础设施环境影响分析，论证产业园区污水集中处理、固体废物（含危险废物）分类集中安全处置、集中供热、VOCs 等废气集中处理中心等设施选址、规模、建设时序、排放口（排污口）设置等的环境合理性。

（5）特殊类型产业园区规划方案综合论证重点包括：

第一，化工及石化园区重点从环境风险防控要求约束，规划实施可能产生的环境风险、环境质量影响等方面，论证园区选址、产业定位、高风险产业及下游产业链发展规模、园区内部功能分区和用地布局、污水及危险废物等集中处理处置设施、环境风险防范设施等建设的环境合理性。

第二，涉及重金属污染物、无机和有机污染物、放射性污染物等特殊污染物排放的产业园区，重点从园区污染物排放管控、建设用地污染风险管控约束，规划实施可能产生的环境影响、人群健康风险、底泥（沉积物）和土壤环境等累积性影响方面，论证园区产业定位和产业结构、主要规划产业规模和布局、污染集中处理设施建设方案的环境合理性。

第三，以电力、钢铁、建材、有色、石化和化工等重点碳排放行业为主导产业的园区，重点从资源能源利用管控约束，与区域、行业的碳达峰和碳减排要求的符合性，资源与环境承载状态等方面，论证园区产业定位、产业结构、能源结构、重点涉碳排放产业规模的环境合理性。

（6）规划方案目标可达性分析和环境效益分析要求执行 HJ 130—2019。

2）规划优化调整建议

（1）规划实施后无法达到环境目标、满足区域碳达峰要求，或与国土空间规划功能分区等冲突的，应提出产业园区总体发展目标、功能定位的优化调整建议。

（2）规划布局与区域生态保护红线、产业园区空间布局管控要求不符，或对生态保护红线及产业园区内、外环境敏感区等产生重大不良生态环境影响，或产业布局及重大建设项目选址等产生的环境风险不可接受的，应对产业园区布局、重大建设项目选址等提出优化调整建议。

（3）规划产业发展可能造成重大生态破坏、环境污染、环境风险、人群健康影响或资源、生态、环境无法承载，或超标产业园区考虑区域污染防治和产业园区污染物削减后仍无法满足环境质量改善目标要求，或污染物排放、资源开发、能源利用、碳排放不符合产业园区污染物排放管控、环境风险防控、资源能源开发利用等管控要求的，应对产业规模、产业结构、能源结构等提出优化调整建议。

（4）基础设施规划实施后，可能产生重大不良环境影响，或无法满足规划实施需求、难以有效实现产业园区污染集中治理的，应提出选址、规模、建设时序及处理工艺、排污口设置、提标改造、中水回用及配套管网建设等优化调整建议，或区域环境基础设施共建共享的建议。

（5）明确优化调整后的规划布局、规模、结构、建设时序等，并给出优化调整的图、表。

（6）将优化调整后的规划方案作为推荐方案。

3）规划环境影响评价与规划编制互动情况说明

说明产业园区规划环境影响评价与规划编制的互动过程、互动内容，各时段向规划编制机关反馈的建议及采纳情况等。

6. 不良环境影响减缓对策措施与协同降碳建议

1）资源节约与碳减排

（1）资源节约利用。

从完善产业园区能源梯级高效利用、非常规水资源（如矿井水、中水、微咸水、海水淡化水）利用、固体废物综合利用、土地节约集约利用等方面，提出产业循环式组合、园区循环化发展的优化建议。

（2）碳减排。

提出产业园区碳减排的主要途径和主要措施建议，包括涉碳排放产业规模、结构调整、原料替代，能源利用效率提升，绿色清洁能源利用，废物的节能与低碳化处置等。

2）产业园区环境风险防范对策

（1）针对潜在的环境风险，提出相关产业发展的约束性要求。

（2）对可能产生显著人群健康影响的产业园区，提出减缓人群健康风险的对策、措施。

（3）从环境风险预警体系建设、重大风险源在线监控、危险化学品运输风险防控、突发性环境风险事故应急响应、完善环境风险应急预案、环境应急保障体系建设等方面，提出完善企业、园区、区域环境风险防控体系的对策，以及产业园区与区域风险防控体系的衔接机制。

3）生态环境保护与污染防治对策和措施

（1）提出园区落实区域环境质量改善及污染防控方案的主要措施和要求，包括改善大气环境质量、提升水环境质量、分类防治土壤环境污染、完善固体废物收集和贮存及利用处置等。

（2）针对产业园区既有环境问题和规划实施可能产生的主要环境影响，提出减缓对策和措施。

（3）生态环境较敏感或生态功能显著退化的产业园区，应提出生态功能修复和生物多样性保护的对策和措施，包括生态修复、生态廊道构建、生态敏感区保护及绿化隔离带或防护林等缓冲带建设等。

【随堂测验】

1. 《规划环境影响评价技术导则 产业园区》适用于（　　）。

A. 重点流域规划环境影响评价　　B. 区域交通规划环境影响评价
C. 经济技术开发区规划环境影响评价　　D. 新能源布局规划环境影响评价

2. 按照《规划环境影响评价技术导则 产业园区》的规定，产业园区规划环评的基本任务不包括（　　）。

A. 识别规划实施环境影响因子　　B. 分析规划实施资源承载状态
C. 预测规划实施环境潜在风险　　D. 推荐规划实施节能降碳技术

12.4　规划环境影响评价——流域综合规划

《中华人民共和国环境影响评价法》和《规划环境影响评价条例》明确要求，流域的建设、开发利用规划应当在规划编制过程中组织进行环境影响评价。根据原环境保护部、水利部联合印发的《关于进一步加强水利规划环境影响评价工作的通知》，流域综合规划应当在规划草案报送审批前编制环境影响报告书。流域综合规划是统筹研究流域范围内与水相关的各项开发、保护、治理与管理任务的水利规划，规划实施可能对流域水资源、水生态和水环境带来一定影响，做好流域综合规划环评工作对推动流域生态保护和高质量发展具有重要意义。

为适应新形势下生态文明建设和生态环境保护新要求，填补流域综合规划环评相关技术规范的空白，进一步规范流域综合规划环评工作，生态环境部于 2021 年制定了《规划环境影响评价技术导则 流域综合规划》（HJ 1218—2021）。

《规划环境影响评价技术导则 流域综合规划》坚持“生态优先”“以水定城、以水定地、以水定人、以水定产”原则，以维护生态安全、改善生态环境质量为核心目标，兼顾应对气候变化和生物多样性保护等战略，将流域水资源、水生态和水环境统筹贯穿于整个评价过程，强化了与“三线一单”生态环境分区管控的衔接和互动，提出识别流域生态环境保护定位和细化重点区域生态环境管控要求的技术规定，为实现流域生态环境保护和高质量发展提供了技术指引。有利于从源头预防流域开发可能带来的环境污染和生态破坏，促进流域开发利用安排和生态环境保护目标的有序协调，推进流域整体性、系统性保护和绿色发展。

作为流域综合规划环评工作的重要技术性指导文件，导则主要有三方面突出特点：①加强流域和区域的衔接。各评价技术环节充分衔接区域“三线一单”管控目标，提出明确流域生态环境保护定位和细化重点区域生态环境管控要求的技术规定。约束、指导流域各专业规划或专项规划、支流下层位规划和重大工程准入，为实现流域高水平保护和高质量发展提供了技术方法。②统筹系统和要素的关系。从保障流域生态系统安全的角度，以“水资源、水生态和水环境”为评价主线，明确各评价环节的技术要点，提出综合评价指标体系，推动流域生态环境系统性保护。③兼顾流域整体和局部的关系。科学统筹流域水陆、江湖、河海，以及上下游、左右岸、干支流的开发和保护。明确评价规划实施对流域水文水资源、水环境和生态环境的整体性、累积性影响的技术规定，细化流域干支流重要河段和主要控制断面的评价技术要求。

12.4.1 适用范围

导则规定了流域综合规划环境影响评价的评价原则、工作程序、重点内容、主要方法和要求。适用于国务院有关部门、流域管理机构、设区的市级以上地方人民政府及其有关部门组织编制的流域综合规划（含修订）的环境影响评价。流域专业规划或专项规划可参照执行。

12.4.2 基本概念

1. 流域

地表水或地下水的分水线所包围的汇水或集水区域。

2. 流域综合规划

统筹研究一个流域范围内与水相关的各项开发、治理、保护与管理任务的水利规划。

3. 流域生态系统服务功能

流域生态系统形成和所维持的人类赖以生存和发展的环境条件与效用，通常包括水源涵养、水土保持、生物多样性保护、防风固沙、洪水调蓄、产品提供等。

4. 重要生境

重要生物物种或群落赖以生存和繁衍的法定保护或具有特殊意义的生态空间，通常包括各类自然保护地、重点保护物种栖息地以及重要水生生物的产卵场、索饵场、越冬场及洄游通道等。

5. 生态流量

为了维系河流、湖泊等水生态系统的结构和功能，需要保留在河湖内满足生态用水需求的流量（水量、水位）及其过程。

12.4.3　评价原则

1. 全程参与、充分互动

评价应及早介入规划编制工作，并与规划前期研究和方案编制、论证、审定等关键环节和过程充分互动，吸纳各方意见，优化规划方案。

2. 严守红线、强化管控

评价应充分衔接已发布实施的“三线一单”成果，严守生态保护红线、环境质量底线和资源利用上线要求，结合评价结果进一步提出流域环境保护要求及细化重点区域生态环境管控要求的建议，指导流域专业规划或专项规划、支流下层位规划或建设项目环境准入，实现流域规划、建设项目环境影响评价的系统衔接和协同管理。

3. 统筹衔接、突出重点

评价应科学统筹水陆、江湖、河海，以及流域上下游、左右岸、干支流生态环境保护和绿色发展，系统考虑流域开发、治理、利用、保护和管理任务与流域内各生态环境要素的关系，重点关注规划实施对流域生态系统整体性、累积性影响。

4. 协调一致、科学系统

评价内容和深度应与规划的层级、详尽程度协调一致，与规划涉及流域和区域的环境管理要求相适应，并依据不同层级规划的决策需求，提出相应的宏观决策建议以及具体的生态环境管理要求，加强流域整体性保护。

12.4.4　评价范围及评价时段

评价范围应覆盖规划空间范围及可能受到规划实施影响的区域，统筹兼顾流域上下游、干支流、左右岸、河（湖）滨带、地表和地下集水区、调入区和调出区及江河湖海交汇区。

评价时段与流域综合规划的规划时段一致，必要时可根据规划实施可能产生的累积性生态环境影响适当扩展，并根据规划方案的生态环境影响特征确定评价的重点时段。

12.4.5　主要评价内容

1. 规划分析

规划分析包括规划概述和规划协调性分析。规划概述介绍规划沿革及编制背景，结合图、表梳理分析规划的时限、范围、定位、目标、控制性指标，以及水资源开发利用与保护、防洪、治涝、灌溉、城乡供水、水力发电、航运等各专业规划或专项规划的布局、任务、规模、建设方式、时序安排等，梳理规划近远期实施意见。对于规划涉及的重大工程（如大型水库和控制性工程、水力发电工程、跨流域调水工程、大型灌区和重要灌区工程、航运枢纽工程等），说明其性质、任务、规模等基本情况。

规划协调性分析包括分析规划方案与相关法律、法规、政策及上层位规划、同层位规划、功能区划、“三线一单”等的符合性和协调性，明确在空间布局、资源保护与利用、生态环境保护、污染防治、风险防范要求等方面的冲突和矛盾。阐述综合规划与各专业规划或专项规划之间在目标、任务、规模等方面的冲突和矛盾。

2. 现状调查与评价

1）基本要求

根据规划环境影响特点和流域生态环境保护要求，调查流域自然和社会环境概况，重点对干支流重要河段、主要控制断面及相关区域开展调查，系统梳理流域开发、利用和保护现状，重点评价流域水文水资源、水环境和生态环境等现状及变化趋势。对已开发河段或流域的环境影响进行回顾性评价，明确流域生态功能、环境质量现状和资源利用水平，分析主要生态环境问题及成因，明确规划实施的资源、生态、环境制约因素。

现状调查应充分收集和利用已有成果，并说明资料来源和有效性。现状调查与评价基本要求、方法参照 HJ 130—2019、HJ 2.3—2018、HJ 19—2022、HJ/T 88—2003、HJ 192—2015、HJ 610—2016、HJ 623—2011、HJ 1172—2021、SL/T 793—2020 执行。

2）现状评价与回顾性分析

（1）水文水资源现状调查与评价。

调查流域水资源总量、时空分布、开发利用和保护管理现状及变化趋势，主要控制断面的水文特征和生态流量保障程度等，明确流域开发利用导致的水文情势变化及相应的流域生态环境问题。

（2）水环境现状调查与评价。

调查流域水环境质量目标、现状及变化趋势，分析主要集中式饮用水水源地水质达标情况和重要湖库富营养化状况，明确流域主要水环境问题及成因。水污染严重的流域应关注污染源和沉积物状况，涉及水温改变的河流应调查水库及河流水温沿程变化，与地下水水力联系密切且生态环境敏感、脆弱的区域还应调查水文地质条件、地表与地下水补径排关系、地下水位水质、环境地质问题等。

（3）生态现状调查与评价。

明确流域范围内的生态保护红线、环境敏感区和重要生境的分布、范围、保护要求及其与治理开发利用河段、主要控制断面的位置关系，调查流域内水生、陆生生物的种类、组成和分布，重点调查珍稀、濒危、特有野生动植物、水生生物和保护鱼类的资源分布、生态习性、重要生境及其保护现状等。评价流域生态系统结构与功能状况、生物多样性现状及空间分布，分析流域生态状况和变化趋势及成因，明确流域主要生态环境问题。

（4）环境影响回顾性评价。

梳理流域开发、利用和保护历程或上一轮规划的实施情况，调查上一轮规划环境影响评价及其审查意见的落实情况及效果，分析流域生态环境演变趋势和现状生态环境问题与流域开发、治理和保护的关系，提出需重点关注的生态环境问题及其解决途径。

3）制约因素分析

根据现状调查与评价结果，对照生态保护红线、环境质量底线、资源利用上线管控目标，明确提出规划实施的资源、生态、环境制约因素。

3. 环境影响识别与评价指标体系构建

1）环境影响识别

识别水资源开发利用与保护、防洪、治涝、灌溉、城乡供水、水力发电、航运等专业规划或专项规划实施对水文水资源、水环境、生态环境等的影响途径、方式，以及影响性质、范围和程度，重点判识可能造成的累积性、整体性等重大不良生态环境影响和生态风险，明确受规划实施影响显著的资源、生态、环境要素。

2）生态环境保护定位

以维护生态安全、改善生态环境为目标，根据流域和区域可持续发展战略、生态环境保护与资源利用相关法律法规、政策和规划，充分衔接生态保护红线、环境质量底线、资源利用上线管控目标，明确流域生态环境保护定位。

3）环境目标与评价指标体系构建

根据流域生态环境保护定位，综合考虑流域水文水资源、水环境、生态环境等方面的关键因子、主要影响和突出问题，从生态安全维护、环境质量改善、资源高效利用等方面建立环境目标和评价指标体系，明确基准年及不同评价时段的环境目标值、评价指标值及确定依据。评价指标参见表 12-2。

表 12-2　流域综合规划环境影响评价指标

环境目标	环境要素	评价指标	指标类别
保障资源高效利用	水文水资源	水资源开发利用率[a]	必选
		控制断面生态流量保障目标达标情况[b]	必选
		地下水开采系数[c]	可选
		减脱水河段长度（或持续时间）变化情况[d]	可选
		单位 GDP 用水量[e]	可选
		流量过程（或入湖流量）变异程度[f]	可选
持续改善水环境质量	水环境	控制断面水质达标率[g]	必选
		集中式饮用水水源地水质达标率[h]	必选
		水功能区达标率[i]	可选
		湖（库）营养状态指数[j]	可选
		下泄低温水梯级百分比[k]	可选
		地下水水质达标率[l]	可选
维护流域生态安全	生态环境	规划方案占用生态保护红线的情况[m]	必选
		水生生物栖息地[n]	必选
		生物多样性[o]	必选
		鱼类物种数[p]	必选
		重点保护水生生物数量[q]	必选
		自然岸线率[r]	必选
		河流纵向连通指数[s]	必选
		湖泊连通指数[t]	可选
		水源涵养区质量[u]	可选

续表

环境目标	环境要素	评价指标	指标类别
维护流域生态安全	生态环境	底栖动物优势种[v]	可选

a 指一定时期当地水资源形成的供水总量（包括调出水量）与同期当地水资源总量的比值。

b 指河流、湖泊生态流量目标满足程度，当河流、湖泊生态流量目标满足程度≥保证率要求即可认定该断面生态流量目标得到满足。控制断面生态流量保障目标达标情况采用频次法进行评价，即规划基准年或水平年大于或等于生态流量保障目标的流量（水位）次数与规划基准年或水平年参与生态流量保障目标满足情况评价的流量（水位）总次数的比值。

c 指流域内地下水开采量与地下水量比值。

d 指流域的减脱水河段长度（或发生减脱水的天数）较现状的变化情况，指标值按“增加”“基本稳定”“减少”表述。

e 指一定时期流域内平均产生一万元区内生产总值的取用水量，指标值按“逐步下降”“基本不变”“逐步增加”等表征。

f 指规划基准年或水平年河流（或环湖河流的入湖）控制断面实测/预测月径流量与天然月径流量的平均偏离程度，计算方法参照 SL/T 793。当变异程度在[0, 0.2)时，认为流量过程（或入湖流量）的变异小；当变异程度在[0.2, 1.0)时，认为流量过程（或入湖流量）的变异中等；当变异程度在[1.0, +∞)时，认为流量过程（或入湖流量）的变异大。

g 指规划基准年或水平年某控制断面水质达到其水质目标的次数占总监测次数的比例。

h 指规划基准年或水平年流域内集中式饮用水水源地水质达到其水质目标的个数占集中式饮用水水源地总数的百分比。

i 指流域或重要河段内达标水功能区个数占水功能区总数的百分比。

j 指湖泊、水库水体富营养化状况，可采用综合营养状态指数（TLI）表征，计算方法具体可参考《地表水环境质量评价办法（试行）》。

k 指流域内存在分层的下泄低温水梯级占所有梯级的比例。

l 指地下水水质达到其水质目标的站位个数（或面积）的比例。

m 指各专业规划或专项规划布局、规划重大工程选址是否占用流域内生态保护红线，指标值按“占用”“不占用”等表述，其中生态保护红线定义参照《关于在国土空间总体规划中统筹划定落实三条控制线的指导意见》。

n 用栖息地人类活动影响指数表征，指流域内涉水自然保护地人类活动面积占保护地总面积的比例。

o 指所有来源的活的生物体中的变异性，包括物种内部、物种之间和生态系统的多样性，可采用香农-维纳指数（Shannon-Wiener index）表征，计算方法参照 HJ 19—2022。

p 指自然恢复的土著鱼类物种数，用基准年或规划年物种数占基准值的比值表征。当比值在(80%, 100%]时，认为鱼类物种数“基本稳定”；当比值在(60%, 80%]时，认为鱼类物种数“有所下降”；当比值在[0, 60%]时，认为鱼类物种数“显著下降”。基准值是评价水域曾经达到或者可能达到的最优水平，可按有记录的历史最佳状态、评价水域内未受干扰的水域状态、模型推断或专家判断确定。

q 指自然恢复的重点保护水生生物物种数，用基准年或规划年物种数占基准值的比值表征。当物种数比值在(60%, 100%]时，认为重点保护水生生物数量“基本稳定”；当物种数比值在(40%, 60%]时，认为重点保护水生生物数量“有所下降”；当物种数比值在[0, 40%]时，认为重点保护水生生物数量“显著下降”。重点保护水生生物包括隶属于国家 1 级和 2 级保护水生生物、地方保护物种和水产种质资源保护区保护物种、列入《IUCN 物种红色名录》《中国生物多样性红色名录》《中国濒危野生动物（鱼类）》《中国重点保护水生野生动物名录》《重点流域水生生物多样性保护方案》及其他政府或保护组织公布的物种保护名录中的保护物种。基准值是评价水域曾经达到或者可能达到的最优水平，可按有记录的历史最佳状态、评价水域内未受干扰的水域状态、模型推断或专家判断确定。

r 指天然未开发岸线、经生态修复恢复至自然生态功能的自然岸线长度之和占流域内岸线总长度的比例。

s 指单位河长闸坝数量（具有生态用水保障及有效过鱼设施的闸坝可不计入）。

t 指环湖主要入湖河流和出湖河流与湖泊之间的水流畅通程度，用湖泊连通指数表征，计算方法参照 SL/T 793。当湖泊连通指数在[80, 100]时，认为湖泊连通性为“顺畅”；当湖泊连通指数在[60, 80)时，认为湖泊连通性为“较顺畅”；当湖泊连通指数在[40, 60)时，认为湖泊连通性为“阻隔”；当湖泊连通指数在[20, 40)时，认为湖泊连通性为“严重阻隔”；当湖泊连通指数在[0, 20)时，认为湖泊连通性为“完全阻隔”。

u 指根据水源涵养区的植被覆盖度、叶面积指数和总初级生产力计算的综合指数，计算方法参照 HJ 1172。

v 指底栖动物群落中，优势种个体占底栖动物总个体数的比例，用基准年或规划年个体数与基准值的偏离度表征。当偏离度在[0, 12%)时，认为底栖动物优势种“基本稳定”；当偏离度在[12%, 20%)时，认为底栖动物优势种“有所变化”；当偏离度在[20%, +∞)时，认为底栖动物优势种“显著变化”。基准值是评价水域曾经达到或者可能达到的最优水平，可按有记录的历史最佳状态、评价水域内未受干扰的水域状态、模型推断或专家判断确定。

4. 环境影响预测与评价

1）基本要求

根据规划期内新建的控制性工程以及已建、在建工程的不同调度运行工况、阶段，从规划规模、布局、建设时序等方面，开展多种情景（或运行工况）规划环境影响预测与评价。

影响预测与评价应立足于利用已有成果，并说明资料来源和有效性。根据流域规划影响特征及生态环境保护定位确定评价重点内容，基本要求、方法参照 HJ 130—2019、HJ 2.3—2018、HJ 19—2022、HJ/T 88—2003、HJ 610—2016、HJ 623—2011、HJ 627—2011、HJ 1172—2021、SL/T 278—2020、SL/T793—2020 执行。

2）影响预测与评价

（1）水文水资源影响预测与评价。

分析规划所包含的各专业规划或专项规划、重大工程实施对流域水资源开发利用强度和效率、水资源量及时空分配、主要控制断面水文情势的累积、整体影响。依据河流、湖库生态环境保护目标的流量（水位）及过程需求，分析规划确定的控制断面生态流量的保障程度。

（2）水环境影响预测与评价。

结合水文情势变化，评价规划实施对流域水环境的累积、整体影响，明确主要控制断面水环境质量的变化能否满足环境目标要求，分析主要水环境问题的变化趋势。与地下水水力联系密切且生态环境敏感、脆弱的区域应分析补径排关系及水位变化对地下水水质的影响。

（3）生态影响预测与评价。

预测流域水文水资源变化对陆生和水生生态系统结构、功能的累积、整体影响，评价规划实施对生物多样性和生态系统完整性的影响，重点分析对珍稀濒危特有野生动植物、水生生物和重要经济价值鱼类的重要生境及河（湖）滨带、江河湖海交汇区的影响，评价规划实施是否符合生态保护红线、环境敏感区和重要生境的保护和管控要求，明确主要生态问题的变化趋势。

（4）生态风险评价。

分析规划实施可能带来的主要生态风险，明确生态风险特征、潜在生态损失或其他风险后果，以及主要受体或敏感目标的风险可接受性，关注气候变化背景下流域面临的潜在风险及规划提出的应对和适应气候变化对策措施的环境可行性。

3）资源环境承载状况评估

在充分利用已有成果评价资源环境承载力的基础上，分析规划实施后重要河段水资源量与用水量、控制断面水环境质量的变化，围绕设定的规划开发情景评估流域水资源、水环境、生态环境对规划实施的承载状态及其变化趋势。

5. 规划方案环境合理性论证和优化调整建议

1）规划方案环境合理性论证

（1）根据流域生态环境保护定位、环境目标及“三线一单”目标要求，结合规划协调性分析结果，论证规划定位和规划环境目标的环境合理性。

（2）根据环境管控分区及要求，结合规划实施对生态保护红线、环境敏感区和重要生境的影响预测及生态风险评价结果，论证规划任务和布局、重大工程选址，规划划定的优先保护、重点保护、治理修复的水陆域及禁止、限制开发的河段或岸线的环境合理性。

（3）根据环境影响预测评价和资源环境承载状态评估结果，结合水生态环境质量改善目标要求，论证规划开发利用规模和重大工程规模的环境合理性。

（4）根据规划实施对生态环境的影响程度、范围和累积后果，结合生态环境影响减缓措施的潜在效果等，论证规划时序安排和建设方式的环境合理性。

（5）规划目标可达性分析按 HJ 130—2019 执行。规划方案的环境效益从维护生态安全、改善生态环境质量、推动社会经济绿色低碳发展等方面开展论证。

2）规划优化调整建议

（1）说明规划环境影响评价与规划编制的互动过程和内容，特别是向规划编制机关反馈的意见建议及其采纳情况，明确已被采纳的建议，给出规划需进一步优化调整的建议及其论证依据。

（2）规划方案与流域生态环境保护定位、上层位规划、“三线一单”目标要求等存在明显冲突，或者即便在采取可行的预防和减缓措施情况下仍难以满足生态环境目标及要求，应提出对规划方案作重大调整的结论和建议。

（3）规划布局方案与生态保护红线、环境敏感区和重要生境的保护要求不符，或对生态保护红线、环境敏感区和重要生境、流域重要生态功能产生重大不良影响，或规划任务及布局、重大工程等产生的生态风险不可接受，应针对规划任务、布局和重大工程选址等提出优化调整建议。

（4）规划开发方案可能造成显著生态破坏、环境污染、生态风险或人群健康影响，或规划方案中的生态保护和污染防治措施实施后仍无法满足环境质量改善目标或污染防治要求，应针对规划开发利用规模、重大工程规模等提出优化调整建议。

（5）针对经评价得出的关键要素、突出问题、主要影响、重大风险等，从促进流域环境质量改善、加强生态功能保障、推动绿色低碳发展角度，进一步梳理并以图、表形式提出规划方案的优化调整建议。将优化调整后的规划方案作为环境比选的推荐方案。

6. 环境影响减缓对策和措施

1）流域生态环境管控

衔接“三线一单”、国土空间规划等相关规划，结合流域资源、生态、环境制约因素，明确需优先保护、重点保护、治理修复的水陆域及禁止、限制开发的河段或岸线，围绕开发建设任务提出流域环境保护要求及细化重点区域生态环境管控要求的建议。对流域内具有生态保护价值的其他支流，根据具体开发利用和保护情况，还应提出生态环境保护和修复要求。

2）生态环境保护与污染防治对策和措施

（1）从生态风险防范、流域环境管理、生态环境监测、水资源管理等方面提出预防措施。

（2）从生态调度和监控机制、控制断面生态流量保障、物种及其生境保护、重要水源地保护、自然保护地与重要湿地保护、自然河段保留、流域水污染防治、沙化石漠化和水土流失治理等方面提出减缓措施。

（3）从替代生境构建与保护、流域水系连通修复、岸线和河（湖）滨带修复、重点库区消落区和重点湖泊生态环境修复、退化林草和受损湿地修复、重要栖息地修复等方面提出修复补救措施，必要时提出流域生态补偿措施。对流域现存的生态环境问题，提出解决方案或后续管理要求。

【延伸阅读】《环境影响评价技术导则 水利水电工程》（HJ/T 88—2003）（2003 年 7 月 1 日起实施）。

【随堂测验】

1. 《规划环境影响评价技术导则 流域综合规划》规定的现状调查与评价内容不包括（　　）。

   A. 水文水资源调查与评价　　B. 水环境现状调查与评价

   C. 生态现状调查与评价　　D. 大气环境现状调查与评价

2. 根据《规划环境影响评价技术导则 流域综合规划》，生态环境保护措施不包括（　　）。

   A. 重点库区消落区生境修复　　B. 重要物种栖息地生境修复

   C. 流域碳中和技术体系构建　　D. 流域水系连通与生态修复

思考题

1. 何为“三线一单”？
2. 规划环境影响评价的工作流程是什么？
3. 与 2003 版导则相比，修订后的产业园区规划环评导则有哪些特点？
4. 《规划环境影响评价技术导则 流域综合规划》的评价原则有哪些？

第13章 案例分析

13.1 地表水环境影响预测

某污水处理厂扩建工程，工程规模为2万m^3/d，占地面积5.27 hm^2。尾水排放执行《城镇污水处理厂污染物排放标准》（GB 18918—2002）一级A标准。

13.1.1 预测内容、预测因子、预测范围、预测方法

1）预测内容

预测分析项目尾水排放到长江后，对受纳水体以及上游取水口等敏感目标的影响。

2）预测因子

根据评价河段水域功能、水质现状以及本项目排污特征等因素，确定预测因子为COD、NH_3-N。

3）预测范围

根据模型上下游边界条件所在的位置，预测范围确定为排放口上游30km至下游7km的河段，全长约37km。

4）预测方法

采用二维水动力模型模拟评价区域设计条件下的水流流场；采用二维水质模型模拟评价区域尾水排放产生的各污染因子的浓度增量及其空间变化情况。

13.1.2 水环境数学模型

1. 二维水动力模型

采用二维水动力模型模拟评价区域设计条件下的非稳态水流流场。

1）控制方程

评价区域为开阔水域，受潮汐影响明显，故采用非稳态深度平均二维水流连续方程及动量方程描述水流流场，忽略风应力的二维非恒定浅水运动方程为

$$\begin{cases} h_t + (uh)_x + (vh)_y = 0 \\ u_t + (uu)_x + (uv)_y + gh(h+z_y)_x - fv + gn^2 \dfrac{\sqrt{u^2+v^2}}{h^{4/3}} u = \varepsilon \nabla u \\ v_t + (vu)_x + (vv)_y + gh(h+z_y)_y + fu + gn^2 \dfrac{\sqrt{u^2+v^2}}{h^{4/3}} v = \varepsilon \nabla v \end{cases} \tag{13-1}$$

式中，t——时间坐标；

x、y——纵向、横向坐标；

g——重力加速度，m/s^2；

f——科里奥利力系数；

z_y——床面高程，m；

h——垂线水深，m；

u、v——x、y 方向的垂线平均流速，m/s^2；

n——河床糙率；

ε——紊动黏性系数，m/s^2。

2）求解方法

计算区域边界弯曲为不规则边界，故采用边界拟合坐标技术对模拟区域进行坐标变换。坐标变换后可将 X-Y 平面上不规则的物理区域变换为坐标系下的矩形区域。变换关系如下：

$$\begin{cases} \dfrac{\partial^2 \xi}{\partial x^2} + \dfrac{\partial^2 \xi}{\partial y^2} = P \\ \dfrac{\partial^2 \eta}{\partial x^2} + \dfrac{\partial^2 \eta}{\partial y^2} = Q \end{cases} \tag{13-2}$$

式中，P、Q——调节函数。

ζ-η 坐标系下的水动力方程为

$$\begin{cases} z_t + \dfrac{1}{J}[h\cdot(y_\eta u - x_\eta v)]_\xi + [h\cdot(-y_\xi u + x_\xi v)]_\eta = q \\ u_t + \dfrac{1}{J}(y_\eta u - x_\eta v)u_\xi + \dfrac{1}{J}(-y_\xi u + x_\xi v)u_n + \dfrac{1}{J}g(z_\xi y_\eta - z_\eta y_\xi) - fv + gn^2 \dfrac{\sqrt{u^2+v^2}}{h^{4/3}}u = 0 \\ v_t + \dfrac{1}{J}(y_\eta u - x_\eta v)v_\xi + \dfrac{1}{J}(-y_\xi u + x_\xi v)v_\eta + \dfrac{1}{J}g(-z_\xi x_\eta + z_\eta x_\xi) + fu + gn^2 \dfrac{\sqrt{u^2+v^2}}{h^{4/3}}v = 0 \end{cases} \tag{13-3}$$

式中，$J = x_\xi y_\eta - x_\eta y_\xi$。

用有限体积法对变换后的式（13-3）进行离散，采用交错网格技术，用交替方向隐式法（ADI）对方程组进行数值求解，计算得到各个控制节点的水位、垂线平均流速。

2. 二维水质数学模型

1）二维水质控制方程

水质数学模型模拟评价区域水质浓度的时空变化。控制方程为垂线平均的二维对流分散方程：

$$\frac{\partial C}{\partial t} + u\frac{\partial C}{\partial x} + v\frac{\partial C}{\partial y} = \frac{\partial}{\partial x}\left(E_X \frac{\partial C}{\partial x}\right) + \frac{\partial}{\partial y}\left(E_Y \frac{\partial C}{\partial y}\right) - KC + S \tag{13-4}$$

式中，C——污染物浓度，mg/L；

t——时间坐标，s；

u、v——x、y 方向的垂线平均流速，m/s；

E_X、E_Y——纵向、横向分散系数，m^2/s；

K——降解系数，s^{-1}；

S——污染物源强，$g/(m^3 \cdot s)$。

2）求解方法

将上述方程变换为 ξ-η 正交曲线坐标系下的对流分散方程。采用有限体积法离散控制方程，并进行数值求解，得到各个控制节点的浓度数值。

3. 数学模型计算网格布置

通过求解泊松（Poisson）方程生成正交曲线网格，共生成 760（纵向）×91（横向）个节点（网格）。排放口附近水域贴岸横向网格步长为 10m 左右，纵向网格步长为 40m 左右，计算网格布置见图 13-1。

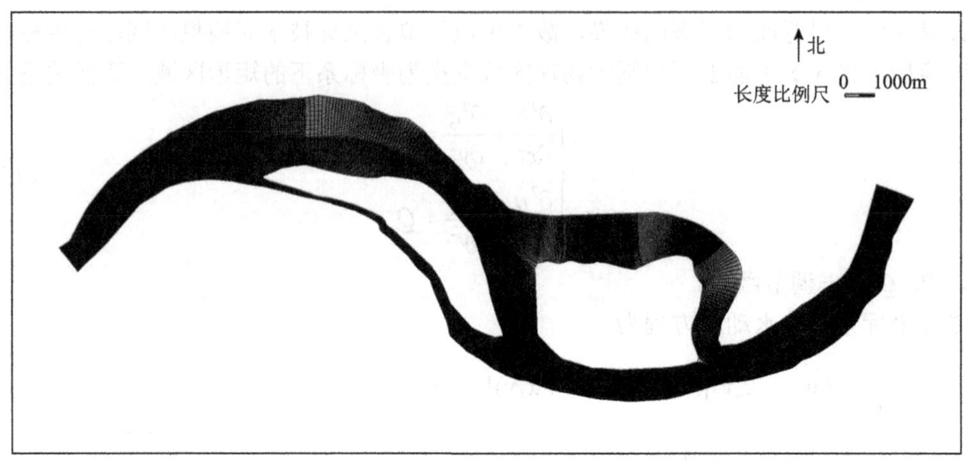

图 13-1　计算网格布置图

排放口河段采用 1∶10000 的水下地形等值线图，读取各个计算节点的河底高程。

4. 计算条件和参数确定

1）水文设计条件

本次计算采用大通水文站 1950～2005 年共 56 年的资料，考虑最不利影响，选取各年最枯月平均流量作为统计样本，采用频率分析法，选取 90%保证率的枯水设计流量为 7580m^3/s，与最大潮差、最低潮位的组合方案，作为水质预测的设计水文条件。

2）水动力模型边界条件

评价区域与大通站间支流入流量较小，故以大通站最小月平均流量作为一维水流模拟的上边界条件；用同期的下游潮位站潮位过程作为下边界条件，经一维水动力学数学模型模拟后得到评价区域二维水动力学模拟的上、下游边界水文要素变化过程，并以此作为设计潮流量、潮位边界条件，模拟设计潮流过程的水动力特征。

3）水质设计条件确定

水域执行《地表水环境质量标准》（GB 3838—2002）中的Ⅱ类标准，即 COD 标准值 15mg/L，NH_3-N 标准值 0.5mg/L。预测断面的本底值采用水环境现状监测数据的平均值。

入流边界：给定入流边界所有节点浓度增量为 0；出流边界：采用第二类边界条件，即浓度增量的法向导数为 0。

4）污染源强

本项目设计总规模为 4 万 m^3/d，其中一期工程已建成 2 万 m^3/d，扩建工程规模为 2 万 m^3/d，尾水排放暂时执行《化学工业水污染物排放标准》（DB32/939—2020）中集中式工业污水处理厂一级标准。

5）参数确定

（1）糙率取值：本河段糙率取值 0.020～0.022。

（2）科里奥利力系数：$f = 7.37 \times 10^{-5}$。

（3）分散系数选用 $E_X = \alpha_X hu_*, E_Y = \alpha_Y hu_*$（$u_*$表示摩阻流速）确定；$\alpha_X$ 取为 6.0，α_Y 取为 0.6。

（4）污染物降解系数：采用相关实验研究成果，并考虑使预测结果趋于安全，COD 和 NH_3-N 的 K 取值为 $0.1d^{-1}$。

13.1.3　预测方案

按扩建工程规模、总处理规模以及大、小潮等组合情况，预测代表因子的浓度增量及其平面分布情况，分析预测尾水排放对保护目标的影响。具体预测方案见表 13-1。

表 13-1　预测方案

方案	设计水文条件	污水量/（t/d）	COD 排放量/（t/d）	NH_3-N 排放量/（t/d）
1	90%枯水流量 7580 m^3/s、大潮	扩建工程 2 万	1.6	0.3
2	90%枯水流量 7580 m^3/s、小潮			
3	90%枯水流量 7580 m^3/s、大潮	总规模 4 万	3.2	0.6
4	90%枯水流量 7580 m^3/s、小潮			

13.1.4　预测结果及评价

1. 计算河段水动力特征

1）枯水期 90%枯水流量（大潮）水动力模拟

计算得到枯水期大潮的水位、流速等水力要素的时间、空间变化过程，其中涨急时流速分布矢量图见图 13-2。

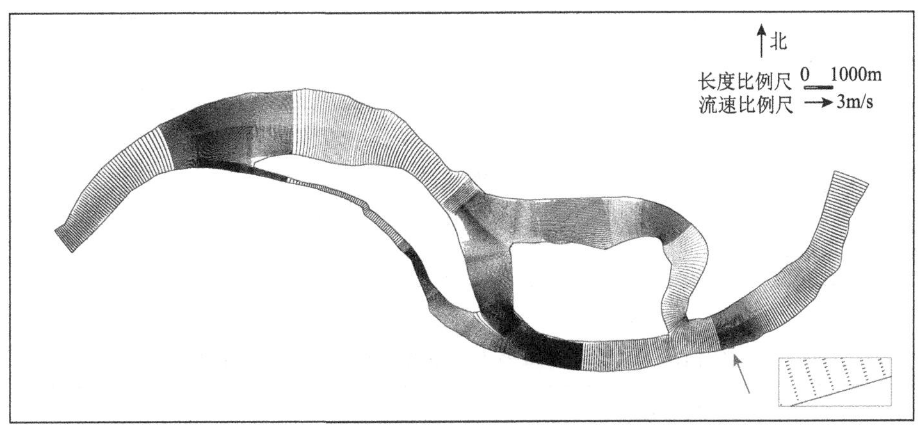

图 13-2　大潮涨急时流速分布矢量图

计算结果显示，由于枯水期径流量较小，排水河段出现明显的涨潮流，与该河段水文特征吻合。涨潮时排水口附近水流流向顺直，基本平行于岸线。

2）枯水期 90%枯水流量（小潮）水动力模拟

计算得到枯水期小潮的水位、流速等水力要素的时间、空间变化过程，其中落急时流速分布矢量图见图 13-3。

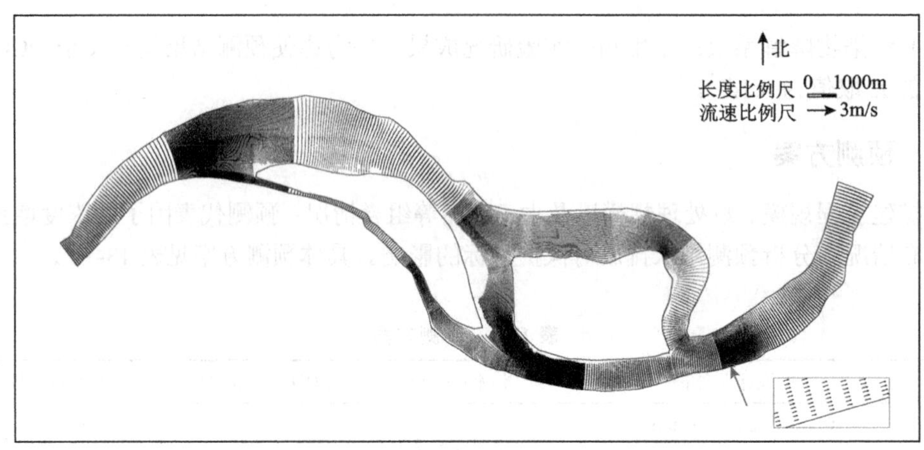

图 13-3　小潮落急时流速分布矢量图

2. 正常排放影响分析

项目所在河段为感潮河段，水流涨落交替出现，呈明显的双向流特征。项目处理后的尾水排入水体后，污染物随同水体作对流输运的同时，由于水流的紊动特性，污染物质同时沿横向扩散输运。随着流程的增加，在扩散及自净的共同作用下，污染物的浓度不断减小，涨落潮不同时刻所形成的浓度也不一样，因此，取全潮过程绘制最大浓度包络线，以此来分析该项目对长江水体的影响程度。

本项目不同方案条件下污染带（浓度增量）包络线几何参数详见表 13-2 和表 13-3。

表 13-2　COD 污染带（浓度增量）包络线几何参数

方案	COD（4mg/L）			COD（1mg/L）		
	长/m	宽/m	面积/km^2	长/m	宽/m	面积/km^2
方案 1	1007	34	0.027	1425	60	0.058
方案 2	1056	45	0.038	1509	94	0.096
方案 3	1186	54	0.051	1815	98	0.121
方案 4	1320	76	0.080	1971	123	0.164

表 13-3　NH_3-N 污染带（浓度增量）包络线几何参数

方案	NH_3-N（0.35mg/L）			NH_3-N（0.1mg/L）		
	长/m	宽/m	面积/km^2	长/m	宽/m	面积/km^2
方案 1	1169	39	0.037	1704	73	0.084

续表

方案	NH_3-N（0.35mg/L）			NH_3-N（0.1mg/L）		
	长/m	宽/m	面积/km^2	长/m	宽/m	面积/km^2
方案2	1233	70	0.069	1890	103	0.132
方案3	1292	65	0.067	1880	101	0.127
方案4	1381	96	0.107	2093	135	0.193

1）方案1影响分析

方案1条件下COD浓度增量大于4mg/L的分布范围为纵向1007m，宽度为34m；COD浓度增量大于1mg/L的分布范围为纵向1425m，宽度为60m；NH_3-N浓度增量大于0.35mg/L的分布范围为纵向为1169m，宽度为39m；NH_3-N浓度增量大于0.1mg/L的分布范围为纵向1704m，宽度为73m。

由现状监测结果可知，本项目尾水排放口附近水域COD、NH_3-N浓度本底值分别为11mg/L、0.15mg/L。因此，项目尾水排放对排口附近局部范围内的水质造成了影响，COD浓度超标水域面积约为0.027km^2，NH_3-N浓度超标水域面积约为0.037km^2。

2）方案2影响分析

方案2条件下COD浓度增量大于4mg/L的分布范围为纵向1056m，宽度为45m；COD浓度增量大于1mg/L的分布范围为纵向1509m，宽度为94m；NH_3-N浓度增量大于0.35mg/L的分布范围为纵向1233m，宽度为70m；NH_3-N浓度增量大于0.1mg/L的分布范围为纵向1890m，宽度为103m。COD浓度超标水域面积约为0.038km^2，NH_3-N浓度超标水域面积约为0.069km^2。

3）方案3影响分析

方案3条件下COD浓度增量大于4mg/L的分布范围为纵向1186m，宽度为54m；COD浓度增量大于1mg/L的分布范围为纵向1815m，宽度为98m；NH_3-N浓度增量大于0.35mg/L的分布范围为纵向1292m，宽度为65m；NH_3-N浓度增量大于0.1mg/L的分布范围为纵向1880m，宽度为101m。COD浓度超标水域面积约为0.051km^2，NH_3-N浓度超标水域面积约为0.067km^2。

4）方案4影响分析

方案4条件下COD浓度增量大于4mg/L的分布范围为纵向1320m，宽度为76m；COD浓度增量大于1mg/L的分布范围为纵向1971m，宽度为123m；NH_3-N浓度增量大于0.35mg/L的纵向分布范围为1381m，宽度为96m；NH_3-N浓度增量大于0.1mg/L的分布范围为纵向2093m，宽度为135m。COD浓度超标水域面积约为0.080km^2，NH_3-N浓度超标水域面积约为0.107km^2。

3. 尾水排放对敏感目标的影响

由于水质现状监测结果已经反映了本项目一期工程尾水排放对水环境保护目标的影响，因此将方案1和方案2（扩建工程）尾水排放产生的COD、NH_3-N浓度增量与本底浓度叠加，预测和分析本项目尾水排放对敏感目标的影响，COD、NH_3-N浓度分别见表13-4和表13-5。

表 13-4　方案 1 对保护目标的影响　　单位：mg/L

断面	垂线	COD			NH_3-N		
		影响值	本底值	叠加值	影响值	本底值	叠加值
取水口	二级保护区下游边界	0.001	11	11.001	0.000	0.13	0.130
	取水口	0.000	11	11.000	0.000	0.13	0.130

注：本底值为取水口二级保护区水质现状监测数据平均值。

表 13-5　方案 2 对保护目标影响　　单位：mg/L

断面	垂线	COD			NH_3-N		
		影响值	本底值	叠加值	影响值	本底值	叠加值
取水口	二级保护区下游边界	0.000	11	10.000	0.000	0.13	0.130
	取水口	0.000	11	10.000	0.000	0.13	0.130

注：本底值为取水口二级保护区水质现状监测数据平均值。

方案 1 条件下，黄岗取水口二级保护区 COD 浓度增量仅为 0.001mg/L，NH_3-N 浓度增量为零。方案 2 条件下，黄岗取水口二级保护区断面 COD、NH_3-N 浓度增量均为零，与本底浓度叠加后可以满足《地表水环境质量标准》(GB 3838—2002)功能区Ⅱ类水质标准要求。

由以上分析可见，本项目尾水排放不会对水环境敏感目标水质产生影响，各保护目标水质均满足《地表水环境质量标准》（GB 3838—2002）Ⅱ类水质标准要求。

13.2　地下水环境影响预测

某污水处理厂扩建工程，工程规模为 2 万 m^3/d，占地面积 $5.27hm^2$。尾水排放执行《城镇污水处理厂污染物排放标准》（GB 18918—2002）一级 A 标准。

13.2.1　评价等级及评价范围

根据 HJ 610—2016 附录 A，本项目属于Ⅰ类建设项目。地下水环境敏感程度参照表 13-6 可知，项目不在集中式饮用水水源保护区等敏感区，敏感程度为不敏感。地下水环境影响评价工作等级划分情况见表 13-7。

表 13-6　地下水环境敏感程度分级

分级	项目场地的地下水环境敏感特征
敏感	集中式饮用水水源（包括已建成的在用、备用、应急水源，在建和规划的饮用水水源）准保护区；除集中式饮用水水源以外的国家或地方政府设定的与地下水环境相关的其他保护区，如热水、矿泉水、温泉等特殊地下水资源保护区
较敏感	集中式饮用水水源（包括已建成的在用、备用、应急水源，在建和规划的饮用水水源）准保护区以外的补给径流区；未划定准保护区的集中水式饮用水水源，其保护区以外的补给径流区；分散式饮用水水源地；特殊地下水资源（如矿泉水、温泉等）保护区以外的分布区等其他未列入上述敏感分级的环境敏感区
不敏感	上述地区之外的其他地区

表 13-7　地下水环境影响评价工作等级判别表

环境敏感程度	I 类项目	II 类项目	III类项目
敏感	一级	一级	二级
较敏感	一级	二级	三级
不敏感	二级	三级	三级

根据表 13-7 可知，本项目地下水评价等级为二级，评价范围设定为项目所在地为中心周围 6km^2 范围。

13.2.2　土层特征

根据勘察资料综合分析，场地地基土自上而下分为四层，部分层又分为若干亚层，现分述如下。

①素填土：灰黄色-灰褐色，主要成分为粉质黏土夹少量碎砖、碎石等，粒径 2～7cm 不等，硬杂质含量占 10%～25%，土质松散，不均匀，堆填年限长短不一。层厚 2.10～3.50m。

②粉质黏土：灰褐色-灰黄色，湿，软可塑，夹铁锰锈斑及少量粉土，次生成因，无摇振反应，干强度中等，韧性中等。层厚 0.90～5.60m。

③淤泥质粉质黏土：灰色，饱和，流塑，局部夹少量粉土，无摇振反应，干强度中等，韧性低。层厚 3.40～7.80m。

④-1 粉质黏土：黄褐色，饱和，可塑，夹铁锰锈斑，无摇振反应，干强度高，韧性中等。层厚 3.40～4.60m。

⑤-2 粉质黏土：灰黄色，饱和，可塑，夹铁锰锈斑，局部夹粉土，无摇振反应，干强度中等，韧性中等。层厚 0.40～9.80m。

⑥-3 粉质黏土：黄褐色，饱和，硬可塑，夹铁锰锈斑，无摇振反应，干强度高，韧性中等。最大揭露层厚度为 8.60m。

13.2.3　水文地质特征

项目场地地下水为第四系孔隙潜水，浅水层上部为黏土，下部以砂砾石为主，卵砾石其次。此类型地下水主要受降水和蒸发的控制影响，比较容易受到污染。一般旱季水位下降，雨季地下水位回升，自年初至五、六月，由于降水量少，蒸发旺盛，地下水呈连续下降状态。七月后，随雨季的到来，地下水得到大气降水的补给，水位迅速回升，九月以后转入降落期延伸到年底。含水层为第四系孔隙含水层，该含水层又分为二层，上层为潜水含水层，赋存于地表浅部地层中，含水量极小，与地表水关系密切，受大气降水直接补给。下层为微承压含水层，赋存于砾石层中，渗透系数为 0.17～0.25m/d，受上层潜水、基岩裂隙水补给。此类型地下水主要受降水和蒸发的控制影响，包气带岩土层连续分布，厚度为 3～15m，渗透系数在 10^{-6}～10^{-5} 数量级之间，防污性能属于中级。

污水厂场地浅部地下水类型属潜水，地下水初见水位位于地面下 0.9～1.3m，稳定水位位于地面下 1.0～1.6m。地下水位变化主要受大气降水影响，年变化范围在地表下 0.5～3.0m。①、②、③层为主要含水地层。岩土勘察报告测得的各含水层的渗透系数详见表 13-8。

表 13-8　各含水层渗透系数

土层编号	渗透系数	
	垂直 K_v/(cm/s×10^{-5})	水平 K_h/(cm/s×10^{-5})
①	54.200	44.500
②	3.740	4.430
③	4.240	5.430
④-1	0.305	0.393

13.2.4　预测范围及预测因子

根据 HJ 610—2016，预测范围为以本项目为中心 6km^2 范围内的圆形区域。根据项目废水排放特征及地下水水质监测资料，确定预测因子为氨氮，进水浓度采用设计进水浓度（35mg/L）。

13.2.5　预测模式

根据厂区所处的水文地质特征，本次溶质运移模型概化为一维连续点源模型。

假设泄漏点浓度为定浓度边界，污染物向地下水下游方向扩散运移。其公式为

$$\frac{c}{c_0}=\frac{1}{2}\operatorname{erfc}\left(\frac{x-u_g t}{2\sqrt{D_L t}}\right)+\frac{1}{2}e^{\frac{u_g x}{D_L}}\operatorname{erfc}\left(\frac{x+u_g t}{2\sqrt{D_L t}}\right) \tag{13-5}$$

式中，x——距注入点的距离，报告中指距离污水处理站的距离，m；

t——时间，d；

c——t 时刻 x 处的示踪剂浓度，g/L；

c_0——注入示踪剂浓度，g/L；

u_g——水流速度，m/d；

D_L——纵向弥散系数，m^2/d，相应于模型中的 D_{xx}；

erfc( )——余误差函数，$\operatorname{erfc}(x)=\frac{2}{\sqrt{\pi}}\int_x^{\infty}\exp(-y^2)\mathrm{d}y$。

13.2.6　预测参数及结果

1. 参数选择

1）污染物泄漏源强

本次预测选取氨氮为预测因子，初始浓度为进水水质浓度，即 30mg/L。

2）预测时段

参考 HJ 610—2016，本次预测期定为 100d、1000d 和设计运行年限（50 a）三种。

3）事故渗漏源强

考虑最不利情况，泄漏点选择污染单位最靠近地下水流向下游的位置，泄漏面积为污染单元面积的 5%。

4）水文地质参数

根据污水处理厂区域水文地质资料可知，地下水流速为 3.09×10^{-5}m/d，渗透系数为0.0180m/d，粉质黏土孔隙度查《水文地质手册》取经验值为0.45，纵向弥散系数根据计算公式并类比同类地区资料，取值为0.5m^2/d。

2. 预测结果

100d、1000d和设计运行年限（50 a）三种预测时段条件下，下游不同距离处的氨氮浓度见图13-4。

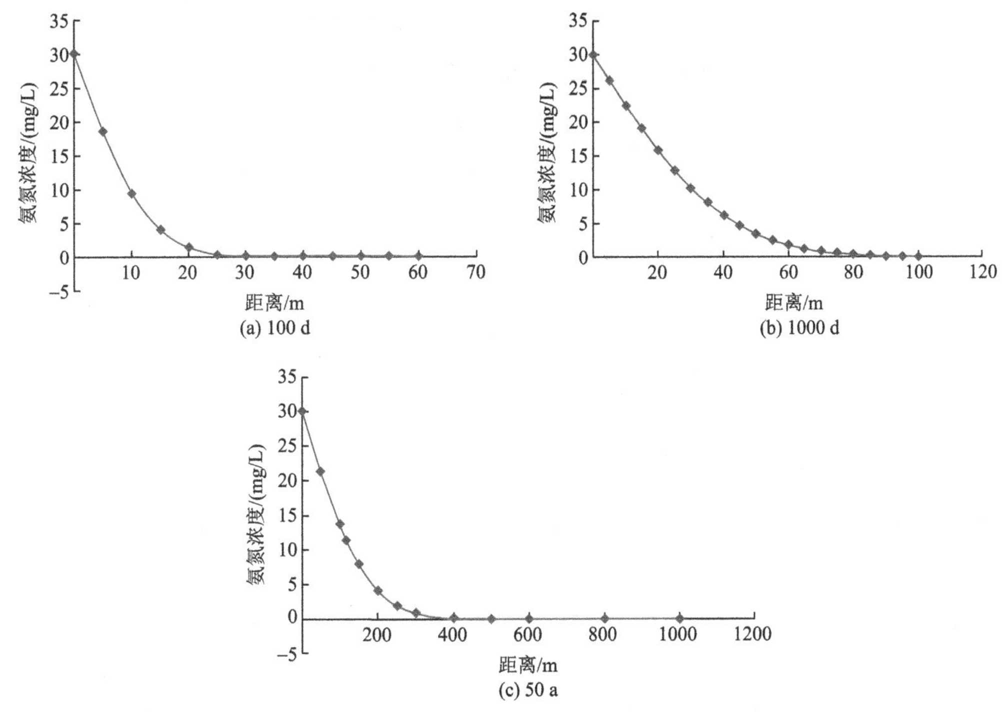

图13-4 泄漏点下游不同距离处氨氮浓度

根据预测结果，在连续泄漏情况下，泄漏点氨氮浓度逐渐向下游方向扩散，在不考虑降解、吸附等物理化学反应情况下，主要随水流扩散。根据预测结果，连续泄漏100d时，下游方向最近达标范围为27m；连续泄漏1000d时，下游方向最近达标范围为85m。连续泄漏50a时，下游方向最近达标范围为380m。污水处理厂下游无敏感地下水保护目标，因此对下游地下水影响较小。

13.3 大气环境影响预测

13.3.1 项目概况

某化工项目占地面积43000m^2，主要生产含氟精细化学品。工程拟建3套主体生产装置，配套建设公用工程、罐区、事故水池、污水处理站、仓库及其他公辅设施等。

根据工程分析，项目排放的大气污染物主要为各排气筒排放的挥发性有机物和颗粒物。

项目有组织废气污染源及无组织废气污染源见表 13-9 和表 13-10。

表 13-9 拟建项目有组织废气排放情况一览表

污染源名称	排气筒底部高度/m	排气筒参数				污染物名称	排放速率/(kg/h)
		高度/m	内径/m	温度/℃	流速/(m/s)		
排气筒 P1	13.0	26	0.4	25.0	4.42	VOCs	0.007
排气筒 P2	16.0	26	0.6	25.0	7.07	VOCs	0.126
排气筒 P3	13.0	26	0.6	25.0	7.86	PM_{10}	0.080
排气筒 P4	13.0	26	0.2	25.0	8.85	VOCs	0.004

表 13-10 拟建项目无组织废气排放情况一览表

污染源名称	高度/m	矩形面源			污染物	排放速率/(kg/h)
		长度/m	宽度/m	有效高度/m		
A 装置面源	13.0	31	24	25	VOCs	0.0220
B 装置面源	11.0	26.5	14	25	VOCs	0.0028
C 车间面源	16.0	70	22	23	VOCs	0.0125
					PM_{10}	0.0069

13.3.2 评价等级及评价范围

根据拟建项目污染物排放情况，按照 HJ 2.2—2018 确定拟建项目环境空气的评价等级。

1. 评价等级

根据 HJ 2.2—2018，环境空气影响评价等级由每一种污染物的最大地面浓度占标率 P_i 的大小，以及第 i 个污染物的地面浓度达到标准限值 10%时所对应的最远距离 $D_{10\%}$来确定。采用 HJ 2.2—2018 中推荐的估算模型 AERSCREEN 进行评价等级判定，相关模型参数见表 13-11，评价等级确定见表 13-12。

表 13-11 估算模型参数表

参数		取值
城市农村/选项	城市/农村	农村
	人口数（城市人口数）	0
最高环境温度/℃		41.5
最低环境温度/℃		−13.7
土地利用类型		农田
区域湿度条件		1
是否考虑地形	考虑地形	是
	地形数据分辨率/m	90

续表

参数		取值
是否考虑海岸线熏烟	考虑海岸线熏烟	否
	岸线距离/km	90
	岸线方向/(°)	45

表 13-12　拟建项目评价等级确定表

污染源名称	评价因子	评价标准/(μg/m³)	C_i/(μg/m³)	P_i/%	$D_{10\%}$/m
排气筒 P1	VOCs	2000.0	7.85	0.39	—
排气筒 P2	VOCs	2000.0	26.82	1.34	—
排气筒 P3	PM_{10}	450.0	8.05	0.40	—
排气筒 P4	VOCs	2000.0	3.6	0.18	—
HFPO 车间面源	VOCs	2000.0	25.99	1.30	—
PPVE 车间面源	VOCs	2000.0	2.89	0.14	—
ETFE 车间面源	VOCs	2000.0	10.04	0.50	—
ETFE 车间面源	PM_{10}	450.0	5.54	0.28	—

拟建项目最大地面浓度占标率为排气筒 P2 挥发性有机物占标率，$P_i = 1.34\% < 10\%$。根据 HJ 2.2—2018 规定，化工项目评价等级应提高一级，因此拟建项目大气评价等级为一级。

2. 评价范围

根据估算模型计算结果及 HJ 2.2—2018 相关规定，评价范围确定为以装置区为中心，边长 5km 的正方形区域。

13.3.3　常规气象资料调查分析

1. 气象资料适用性及气候背景分析

当地 1998～2017 年主要气候要素统计资料见表 13-13，风向频率玫瑰图见图 13-5。

表 13-13　1998～2017 年主要气候要素统计

项目	1 月	2 月	3 月	4 月	5 月	6 月	7 月	8 月	9 月	10 月	11 月	12 月	全年
平均风速/(m/s)	2.1	2.5	3.0	3.0	2.7	2.5	2.1	1.8	1.8	2.0	2.1	2.1	2.3
平均气温/℃	−1.5	2.3	8.0	14.8	21.5	26.1	27.2	26.0	21.9	16.4	7.6	0.7	14.3
平均相对湿度/%	56	55	48	51	72	57	73	77	69	60	57	58	61
平均降水量/mm	4.5	10.3	18.3	28.7	76.8	83.6	133.3	138.1	49.0	20.5	8.6	6.3	578.0

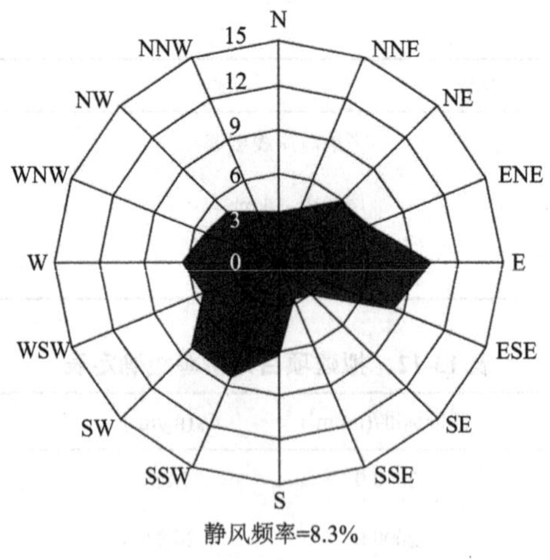

图 13-5　风向频率玫瑰图

2. 常规气象资料分析

1）温度

统计评价区 2017 年地面气象资料月平均温度的变化情况，见图 13-6。

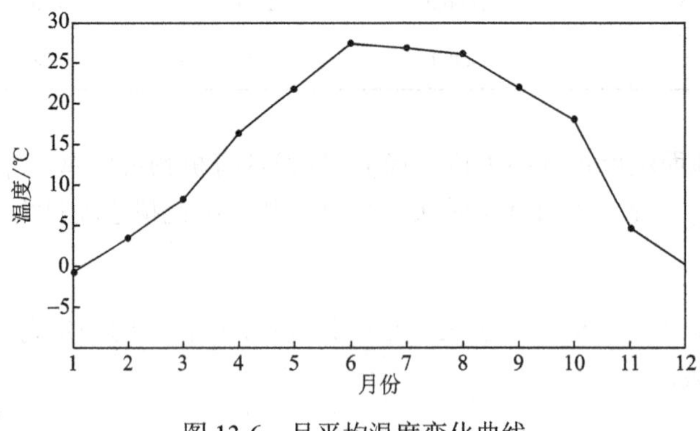

图 13-6　月平均温度变化曲线

2）风速

根据 2017 年气象资料统计每月平均风速变化情况，平均风速的月变化曲线图见图 13-7。

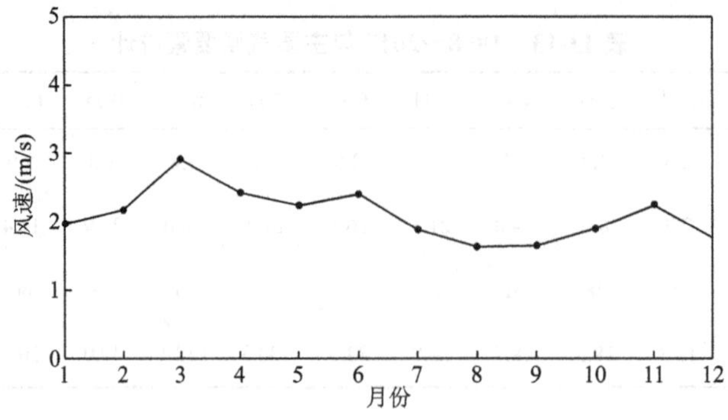

图 13-7　2017 年平均风速的月变化曲线图

13.3.4　大气环境影响预测

1. 计算条件

1）预测因子

根据拟建项目排放的废气特征污、染物种类和影响程度，确定预测因子为颗粒物、VOCs。

2）预测范围

预测范围以拟建项目排气筒 P2 为中心原点（0，0），边长 6.0km 的正方形范围。

3）计算点

以预测范围内的环境空气保护目标、网格点及区域最大地面浓度点作为预测计算点。

4）建筑物下洗

考虑建筑物下洗。

5）污染源源强清单

污染源源强清单参见项目概况中有组织及无组织废气污染源排放情况。

6）气象条件

（1）地面气象数据。地面气象资料为当地气象站 2017 年地面逐日逐时气象资料，包括干球温度、风速、风向、总云量、低云量等参数。

（2）高空气象数据。原始数据包括地形高度、土地利用、陆地-水体标志、植被组成等。数据站点距离项目区 50km，数据年份 2017 年，采用中尺度气象模式 MM5 模拟生成。

7）地形数据

模拟区域地形较为平坦，海拔取自全球 SRTM-3 数据，空间分辨率为 90m。该数据以分块的栅格像元文件组织，每个块文件覆盖经纬方向各一度。

8）预测内容

（1）全年逐时气象条件下，预测 VOCs 在环境空气保护目标、网格点处的地面浓度和评价范围内的最大地面小时浓度；

（2）全年逐日气象条件下，预测 PM_{10} 在环境空气保护目标、网格点处的地面浓度和评价范围内的最大地面日均浓度；

（3）长期气象条件下，预测 PM_{10} 在环境空气保护目标、网格点处的地面浓度和评价范围内的最大地面年均浓度。

9）预测情景

根据拟建项目的污染物排放情况及评价标准，确定预测情景组合见表 13-14。

表 13-14　预测情景组合

序号	污染源类别	预测因子	计算点	预测内容	评价内容
1	拟建项目（正常排放）	PM_{10}	环境空气保护目标网格点 区域最大地面浓度点	短期浓度 长期浓度	最大浓度贡献值及占标率
		VOCs		短期浓度	最大浓度贡献值及占标率
2	拟建项目（非正常排放）	PM_{10}、VOCs	环境空气保护目标网格点	短期浓度	最大浓度贡献值及占标率
3	拟建项目（正常排放）+区域在建污染源+同建污染源-区域消减污染源	PM_{10}	环境空气保护目标网格点 区域最大地面浓度点	短期浓度 长期浓度	年均质量变化情况
		VOCs		短期浓度	短期浓度达标情况

续表

序号	污染源类别	预测因子	计算点	预测内容	评价内容
4	拟建项目（无组织源）	PM_{10}、VOCs	环境空气保护目标网格点区域最大地面浓度点厂界	短期浓度	最大浓度贡献值及占标率、厂界浓度贡献

10）预测模式

采用 HJ 2.2—2018 推荐的 AERMOD 模式进行预测。

2. 参数设置

1）在进行大气环境影响预测时，软件所需相关参数选取见表 13-15。

表 13-15 参数设置

地面特征参数	扇形	时段	正午反照率	波文比	地表粗糙度
农作地	0°～360°	冬季	0.60	1.5	0.01
		春季	0.14	0.3	0.03
		夏季	0.20	0.5	0.20
		秋季	0.18	0.7	0.05

2）化学转化

仅预测 PM_{10} 和 VOCs，不考虑化学转化。

3）重力沉降

由于排放颗粒物经布袋除尘处理，颗粒物粒径较小，不考虑重力沉降。

3. 正常工况环境空气影响预测结果与评价

1）小时平均浓度预测结果与评价

评价区内 PM_{10} 和 VOCs 最大地面小时浓度等值线分布图见图 13-8。

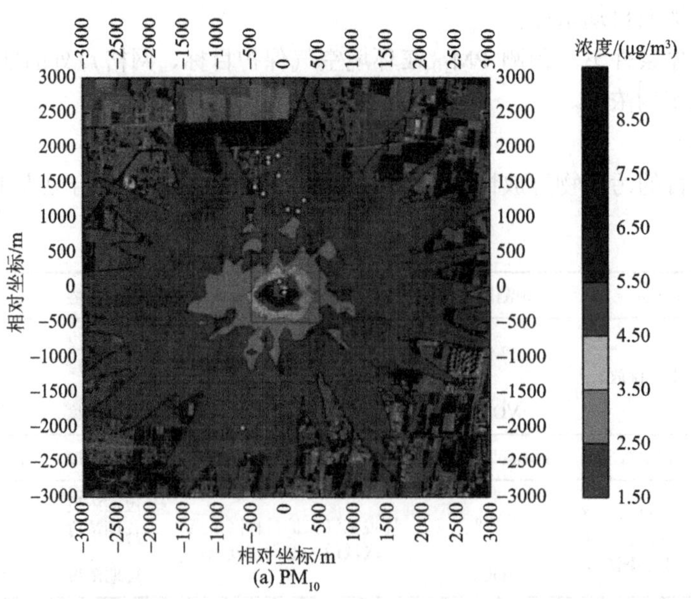

(a) PM_{10}

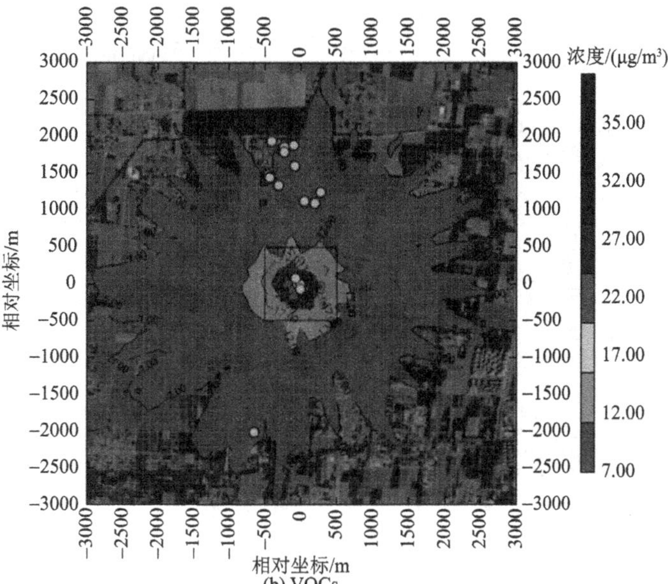

(b) VOCs

扫一扫，看彩图

图 13-8　最大地面小时浓度等值线分布图

经过预测，拟建工程PM_{10}对评价区域内各环境敏感点的日平均浓度贡献值范围为1.25～2.3μg/m^3，占标率为0.28%～0.51%；区域最大地面浓度点贡献值为7.33μg/m^3，占标率为1.26%。

VOCs对各环境敏感点的日平均浓度贡献值范围为5.70～10.22μg/m^3，占标率为0.47%～0.85%，区域最大地面浓度点贡献值为37.79μg/m^3，占标率为3.15%。

2）日均浓度预测结果与评价

评价区内PM_{10}和VOCs最大地面日均浓度等值线分布图见图13-9。

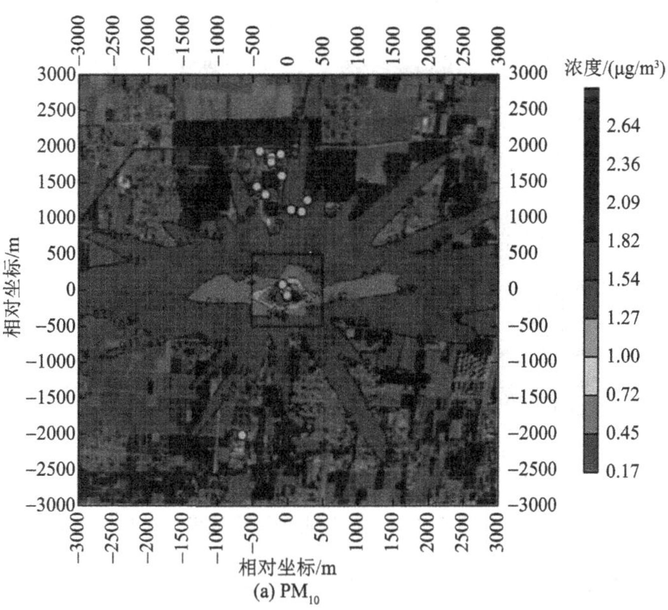

(a) PM_{10}

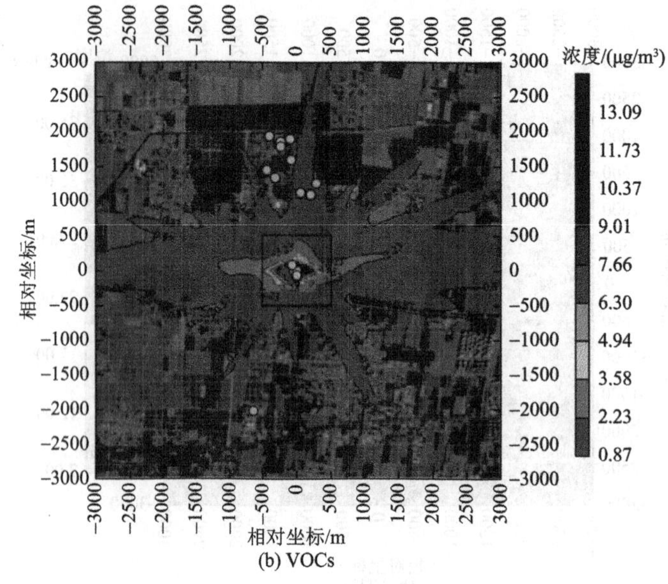

扫一扫，看彩图

图 13-9　最大地面日均浓度等值线分布图

PM_{10} 对评价区域内各环境敏感点的日平均浓度贡献值范围为 0.11～0.38μg/m^3，占标率为 0.07%～0.25%；区域最大地面浓度点贡献值为 1.92μg/m^3，占标率为 1.28%。VOCs 对评价区域内各环境敏感点的日平均浓度贡献值范围为 0.33～1.95μg/m^3，占标率为 0.08%～0.49%，区域最大地面浓度点贡献值为 11.26μg/m^3，占标率为 2.82%。

3）年均浓度预测结果与评价

评价区内 PM_{10} 最大地面年均浓度等值线分布图见图 13-10。

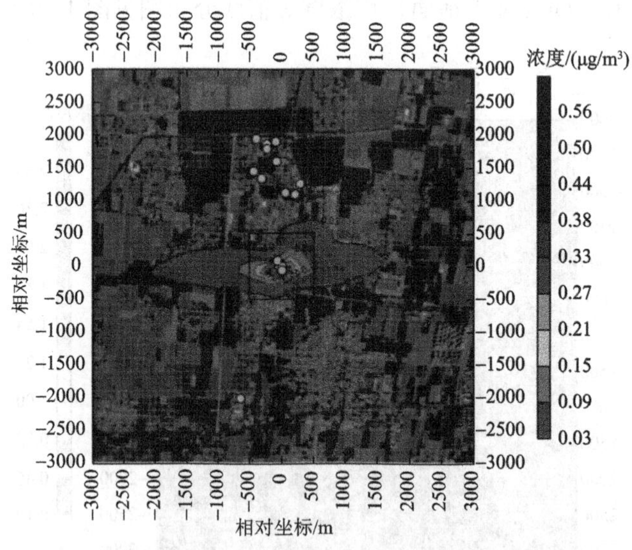

扫一扫，看彩图

图 13-10　评价区内 PM_{10} 最大地面年均浓度等值线分布图

拟建工程污染源排放的 PM_{10}，对评价区域内各环境敏感点的年均浓度贡献值范围为 0.003～0.035μg/m^3，占标率为 0.005%～0.05%，区域最大地面浓度点贡献值为 0.413μg/m^3，占标率为 0.591%。

4. 拟建、在建项目环境空气影响预测结果与评价

1）VOCs 预测结果与评价

拟建、在建项目污染源 VOCs 叠加现状浓度值后的最大地面日均预测浓度等值线分布图见图 13-11。

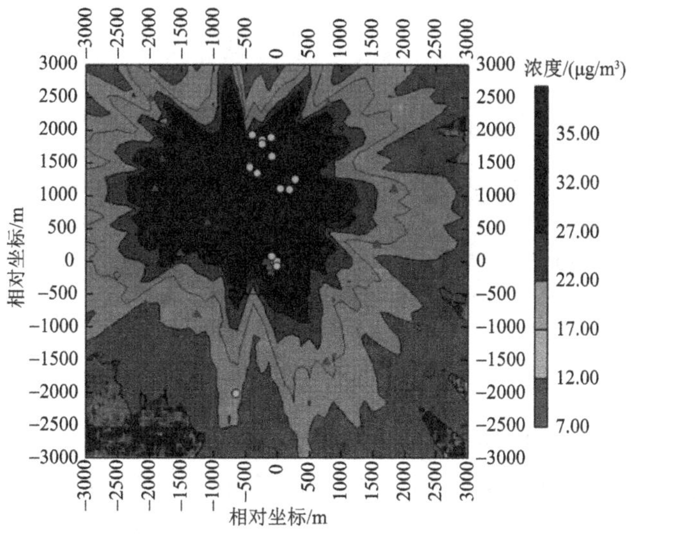

扫一扫，看彩图

图 13-11 评价区内 VOCs 最大地面日均预测浓度等值线分布图

VOCs 叠加现状浓度后对评价区域内各环境敏感点的日均浓度贡献值范围为 128.67～190.85μg/m^3，占标率为 10.72%～15.9%，各敏感点日浓度贡献值均达标；区域最大地面浓度点贡献值为 19.85μg/m^3，占标率为 15.9%，均达标。

2）PM_{10} 预测结果与评价

PM_{10} 叠加现状浓度值的日均浓度 95%保证率预测浓度等值线分布图见图 13-12。PM_{10} 超标率等值线分布图见图 13-13。

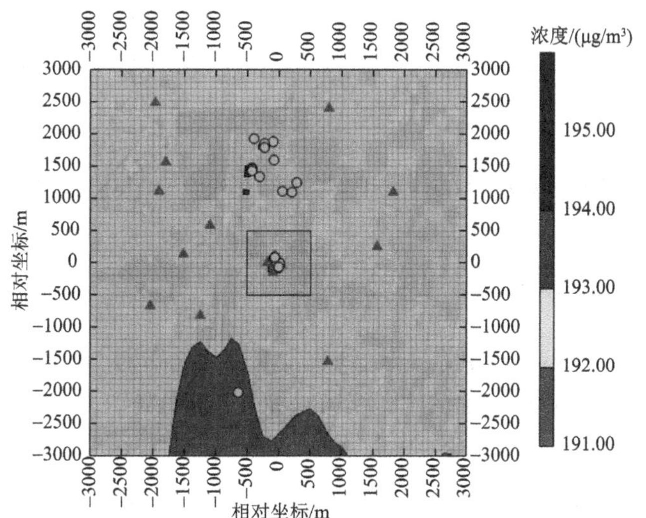

扫一扫，看彩图

图 13-12 PM_{10} 预测浓度等值线分布图

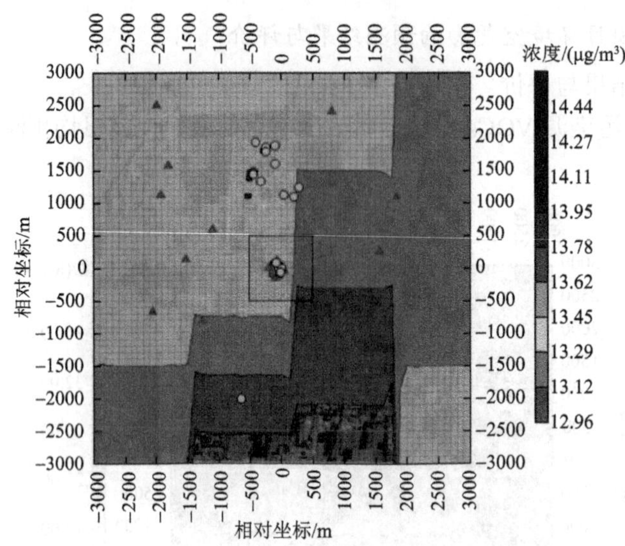

扫一扫，看彩图

图 13-13　PM_{10}超标率等值线分布图

PM_{10} 叠加现状浓度后对评价区域内各环境敏感点的日均浓度 95%保证率贡献值范围为 192.00～192.25μg/m³，占标率为 128%～128.2%，各敏感点日均浓度均超标；区域最大地面浓度点贡献值为 192.61μg/m³，占标率为 128.4%，超标。各环境敏感点 PM_{10} 最大超标率为 13.42%，超标原因主要与背景浓度影响有关。

5. 区域环境质量变化评价

因项目所在地 PM_{10} 现状超标，属于不达标区。根据 HJ 2.2—2018 要求，需对评价区内区域环境质量的整体变化情况进行评价，计算实施区域消减方案之后预测范围内年平均质量浓度变化率。本次预测厂区外 1km 设置 50m 网格，1km 之外设置 100m 网格，共 4162 个网格计算点。根据对所有网格点最大值计算结果进行加和再计算算术平均值，从而得到 $C_{拟建项目(a)}$（拟建项目对所有网格点的年平均质量浓度贡献值的算术平均值，μg/m³）和 $C_{区域削减(a)}$（区域削减污染源对所有网格点的年平均质量浓度贡献值的算术平均值，μg/m³），根据 HJ 2.2—2018 计算公式进而计算得到年平均质量浓度变化率（k）值。具体计算情况见表 13-16。

表 13-16　拟建工程污染源 PM_{10} 预测范围年平均质量浓度变化率

污染物	$C_{拟建项目(a)}$/（μg/m³）	$C_{区域削减(a)}$/（μg/m³）	k/%
PM_{10}	0.206	0.329	-37.3

预测结果表明，所有网格点 PM_{10} 年平均质量浓度变化率为-37.3%，满足 HJ 2.2—2018 中规定的 $k≤-20\%$，可判定项目建设后区域环境质量得到整体改善。

6. 厂界达标分析

在厂界分别设置了预测点，预测项目各污染物厂界达标情况，预测结果见表 13-17。

表 13-17 厂界浓度贡献情况 单位：μg/m³

污染物	出现点位	厂界最大贡献浓度	标准值	是否达标
PM_{10}	西厂界	5.69	1000	达标
	北厂界	5.50		达标
	东厂界	6.77		达标
	南厂界	7.33		达标
VOCs	西厂界	37.79	2000	达标
	南厂界	35.79		达标
	东厂界	29.09		达标
	北厂界	30.88		达标

项目无组织排放的 VOCs、颗粒物厂界浓度可满足《合成树脂工业污染物排放标准》（GB 31572—2015）表 7 及《有机化工企业污水处理厂（站）挥发性有机物及恶臭污染物排放标准》（DB 37/3161—2018）的要求。

13.3.5 大气环境防护距离

采用进一步预测模型 AERMOD 模拟评价基准年内，全厂所有污染源（有组织、无组织）对厂界外主要污染物的短期贡献浓度分布。厂界外超标环境质量短期浓度标准值的最远垂直距离即大气环境防护距离。预测结果表明，本项目所有污染源贡献叠加值均未超标，厂界外未出现超标点，因此本项目厂界外无须设置大气环境防护距离。

13.4 噪声环境影响预测

某生活垃圾焚烧发电项目，设计处理生活垃圾 800t/d。本项目由主体、辅助工程和公用工程等内容组成，计划建设焚烧能力 2×400t/d 的机械炉排炉；配套建设 1 台 15MW 汽轮发电机组。

13.4.1 噪声源调查

本项目主要噪声源包括余热锅炉蒸汽排空管、高压蒸汽吹管、汽轮机发电机组、风机（送风机和引风机）、空压机、水泵、冷却塔等。各类噪声源噪声的 A 声级范围、位置见表 13-18。

表 13-18 本项目主要噪声源

主要噪声源	数量	声级/dB（A）	与厂界方位及最近距离/m	具体车间	治理措施	降噪后声级/dB（A）
余热锅炉蒸汽排空管（偶发）	2	95～110	E，95	主厂房	消声器	90
一次风机	2	95	E，90	主厂房	加装隔音箱、消声器	85
汽轮机发电机组	2	100	E，95	主厂房	建筑隔声、消音器	85
空压机	1	90	W，100	主厂房	建筑隔声、消音器	80
引风机	2	95	W，45	露天	加装隔音箱、消声器	85

续表

主要噪声源	数量	声级/dB（A）	与厂界方位及最近距离/m	具体车间	治理措施	降噪后声级/dB（A）
循环水泵	1	90	W，40	循环水泵房	建筑隔声	80
综合水泵	1	90	W，50	综合水泵房	建筑隔声	80
冷却塔	1	85	W，45	室外	消声导流片	75

13.4.2　噪声环境影响预测公式

采用多点源、等距离噪声衰减预测模式，并参照最为不利时气象条件等修正值进行计算，项目噪声从声源传播到受声点，受传播距离、空气吸收、阻挡物的反射与屏蔽等因素的影响，声能逐渐衰减，根据 HJ 2.4—2021，预测本项目实施后对厂界噪声的影响。

预测中应用的主要计算公式如下。

1）单个室外点声源声级计算公式

已知声源的倍频带声功率级，预测点位置的倍频带声压级 $L_p(r)$ 可按式（13-6）和式（13-7）计算：

$$L_p(r) = L_w + D_c - A \tag{13-6}$$

$$A = A_{div} + A_{atm} + A_{gr} + A_{bar} + A_{misc} \tag{13-7}$$

式中，L_w ——倍频带声功率级，dB；

D_c ——指向性校正，dB，对辐射到自由空间的全向点声源，$D_c = 0$dB；

A_{div} ——几何发散引起的倍频带衰减，dB；

A_{atm} ——大气吸收引起的倍频带衰减，dB；

A_{gr} ——地面效应引起的倍频带衰减，dB；

A_{bar} ——声屏障引起的倍频带衰减，dB；

A_{misc} ——其他多方面效应引起的倍频带衰减，dB。

已知靠近声源处某点的倍频带声压级 $L_p(r_0)$ 时，相同方向预测点位置的倍频带声压级 $L_p(r)$ 可按式（13-8）计算：

$$L_p(r) = L_p(r_0) - A \tag{13-8}$$

预测点的 A 声级 $L_A(r)$，可利用 8 个倍频带的声压级按式（13-9）计算：

$$L_A(r) = 10\lg\left\{\sum_{i=1}^{8} 10^{[0.1L_{pi}(r) - \Delta L_i]}\right\} \tag{13-9}$$

式中，$L_{pi}(r)$ ——预测点 r 处，第 i 倍频带声压级，dB；

ΔL_i ——i 倍频带 A 计权网络修正值，dB。

在不能取得声源倍频带声功率级或倍频带声压级，只能获得 A 声功率级或某点的 A 声级时，可按式（13-10）和式（13-11）作近似计算：

$$L_A(r) = L_{Aw} - D_c - A \tag{13-10}$$

$$L_A(r) = L_A(r_0) - A \tag{13-11}$$

A（代表各种衰减量之和）可选择对 A 声级影响最大的倍频带计算，一般可选中心频率为500Hz的倍频带作估算。

2）室内声源等效室外声源声功率级计算方法

设靠近开口处（或窗户）室内、室外某倍频带的声压级分别为L_{p1}和L_{p2}。若声源所在室内声场为近似扩散声场，则室外的倍频带声压级可按式（13-12）近似求出：

$$L_{p2} = L_{p1} - (\mathrm{TL} + 6) \tag{13-12}$$

式中，TL——隔墙（或窗户）倍频带的隔声量，dB。

也可按式（13-13）计算某一室内声源靠近围护结构处产生的倍频带声压级：

$$L_{p1} = L_{\mathrm{w}} + 10\lg\left(\frac{Q}{4\pi r^2} + \frac{4}{R}\right) \tag{13-13}$$

式中，Q——指向性因数，通常对无指向性声源，当声源放在房间中心时，$Q=1$，当放在一面墙的中心时，$Q=2$，当放在两面墙夹角处时，$Q=4$，当放在三面墙夹角处时，$Q=8$；

R——房间常数，$R=S\alpha/(1-\alpha)$，S为房间内表面面积，m^2，α为平均吸声系数；

r——声源到靠近围护结构某点处的距离，m。

然后按式（13-14）计算出所有室内声源在围护结构处产生的i倍频带声压级：

$$L_{p1i}(T) = 10\lg\left(\sum_{j=1}^{N} 10^{0.1L_{p1ij}}\right) \tag{13-14}$$

式中，$L_{p1i}(T)$——靠近围护结构处室内N个声源i倍频带的叠加声压级，dB；

L_{p1ij}——室内j声源i倍频带的声压级，dB；

N——室内声源总数。

在室内近似为扩散声场时，按式（13-15）计算出靠近室外围护结构处的声压级：

$$L_{p2i}(T) = L_{p1i}(T) - (\mathrm{TL}_i + 6) \tag{13-15}$$

式中，$L_{p2i}(T)$——靠近围护结构处室外N个声源i倍频带的叠加声压级，dB；

TL_i——围护结构i倍频带的隔声量，dB。

然后按式（13-13）将室外声源的声压级和透过面积换算成等效的室外声源，计算出中心位置位于透声面积（S）处的等效声源的倍频带声功率级。

$$L_{\mathrm{w}} = L_{p2}(T) + 10\lg s \tag{13-16}$$

然后按室外声源预测方法计算预测点处的A声级。

3）噪声贡献值计算

设第i个室外声源在预测点产生的A声级为$L_{\mathrm{A}i}$，在T时间内该声源工作时间为t_i；第j个等效室外声源在预测点产生的A声级为$L_{\mathrm{A}j}$，在T时间内该声源工作时间为t_j，则拟建工程声源对预测点产生的等效声级贡献值（L_{eqg}）为

$$L_{\mathrm{eqg}} = 10\lg\left[\frac{1}{T}\left(\sum_{i=1}^{N} t_i 10^{0.1L_{\mathrm{A}i}} + \sum_{j=1}^{M} t_j 10^{0.1L_{\mathrm{A}j}}\right)\right] \tag{13-17}$$

式中，t_j——在T时间内j声源工作时间，s；

t_i ——在 T 时间内 i 声源工作时间，s；

T ——用于计算等效声级的时间，s；

N ——室外声源个数；

M ——等效室外声源个数。

4）预测值计算

预测点噪声预测值按式（13-18）计算：

$$L_{eq}=10\lg(10^{0.1L_{eqg}}+10^{0.1L_{eqb}}) \tag{13-18}$$

式中，L_{eqg} ——建设项目声源对预测点产生的等效声级贡献值，dB（A）；

L_{eqb} ——预测点的背景值，dB（A）。

13.4.3 噪声影响预测

根据噪声预测模式和设备的声功率进行计算，本项目声环境质量影响预测结果见表 13-19，噪声贡献等值线图见图 13-14。

表 13-19　声环境质量影响预测结果一览表　　单位：dB（A）

测点	预测贡献值	环境标准值	
		昼间	夜间
北厂界	44.9	60	50
南厂界	47.6	60	50
西厂界	45.9	60	50
东厂界	49.3	60	50

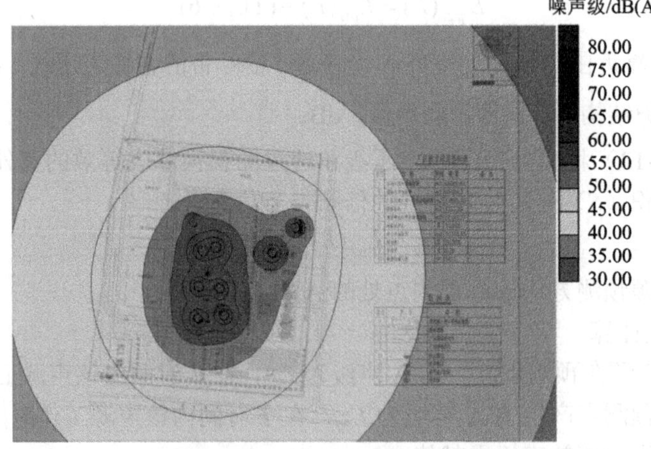

扫一扫，看彩图

图 13-14　噪声贡献等值线图

由表 13-19 可见，在企业落实相应的隔声降噪措施的前提下，项目建成后，各厂界均可达到《工业企业厂界环境噪声排放标准》（GB 12348—2008）中的 2 类标准，因此不会发生扰民现象。

13.4.4 排汽放空与吹管噪声环境影响

锅炉瞬时排汽是锅炉在超压时为保护主设备而减压所产生的噪声，属于不定期高频喷汽噪声，持续时间一般为几十秒，噪声级在 140dB（A）左右，安装消声器后噪声级不超过 110dB（A）。吹管噪声是在系统安装完毕，准备运行时，为清除系统内的杂物而采用蒸汽吹扫时所产生的排汽噪声。

在正常运行的情况下，系统已考虑了避免锅炉对空排放的措施，可以保证锅炉对空排汽的概率相当低，只有在故障情况下，才会出现锅炉对空排汽的情况，这种情况全年出现次数在 8 次以下。锅炉瞬时排汽噪声与吹管噪声虽然发生频率较低，但是因噪声级高，传播远且影响范围大，所以本次评价对上述噪声的影响进行预测。锅炉排汽与各厂界的距离见表 13-20，预测结果见表 13-21。

表 13-20 拟建项目主要瞬时噪声源源强

主要噪声源	噪声级/dB（A）	位置	距各厂界距离/m			
			东	南	西	北
锅炉排汽、吹管噪声	140，消声后≤110	锅炉顶部	104	160	145	105

表 13-21 锅炉偶发噪声时噪声预测结果

距离/m	噪声源声级/dB（A）	
	110	140
50	71.0	101.0
100	65.0	95.0
200	59.0	89.0
300	55.5	85.5
400	53.0	83.0
500	51.0	81.0
600	49.4	79.4
700	48.1	78.1

本项目锅炉在厂区北部，距离东厂界最近（104m）。由表 13-20 可知，当锅炉排汽安装消声器后噪声控制在 110dB（A）时，经预测，锅炉排汽噪声值到达北厂界低于 65dB（A），达到 GB 12348—2008 中规定的夜间偶然突发的噪声限值不准超过标准值 15dB（A）[夜间噪声限值为 50dB，不超过限值 15dB，即 65dB（A）]的要求。为了进一步减轻锅炉排汽对周围声环境的影响，电厂应尽量减少夜间排汽次数；锅炉吹管噪声应提前公示，系统吹管应尽量安排在昼间进行。

随堂测验参考答案

第 1 章

1.1.1 D、C　1.2.1 A、B　1.3 B、B　1.4 C、B、D　1.5 A、D

第 2 章

2.1 D、B　2.2 B、A

第 3 章

3.2 C、C　3.3 D、B

第 4 章

4.1 D　4.2 D、B　4.3 B、A　4.4 A、B、A　4.5.4 D、A、D　4.5.5 D、B　4.5.6 C、A　4.5.7 C、A、B、C　4.5.8 C、D　4.6 D、C　4.7 B、C、C

第 5 章

5.1 C、D　5.2 B、C　5.3 B　5.4 B、B　5.5 C　5.6 A、A　5.7 C

第 6 章

6.1 B、A、A　6.2 A、A　6.3 A、A　6.4 D、B　6.5 A、D

第 7 章

7.1 C、C　7.2 B、E　7.3 D、C　7.4 B、A　7.5 D、C

第 8 章

8.1 C、D　8.2 D、B　8.3 C、C　8.4 C、A　8.5 B、B

第 9 章

9.1 B、C　9.2 B、B　9.3 B、C　9.4 D、B　9.5 C、D　9.6 A、C

第 10 章

10.1 B、B　10.2 B、A、B　10.3 B、A　10.4 C、A、D

第 11 章

11.1 D、B　11.2 A、C　11.3 B、C、D　11.4 A、B、D

第 12 章

12.1 C、C　12.2 D、C　12.3 C、D　12.4 D、C

主要参考文献

陈凯麟，江春波. 2018. 地表水环境影响评价数值模拟方法及应用. 北京：中国环境出版集团.

丁峰，李时蓓，易爱华，等. 2019. 2018 版大气环评导则主要修订内容与要点分析. 环境影响评价，41（2）：1-5.

胡二邦. 2009. 环境风险评价实用技术、方法和案例. 北京：中国环境科学出版社.

华祖林. 2017. 环境水力学. 北京：科学出版社.

华祖林，王鹏，褚克坚，等. 2021. 河湖水环境数学模型与应用. 北京：科学出版社.

环境保护部环境工程评估中心，国家环境保护环境影响评价数值模拟重点实验室. 2017. 大气估算模型 AERSCREEN（v16216）简要用户手册. [2017-8-25].

李淑芹，孟宪林. 2018. 环境影响评价. 2 版. 北京：化学工业出版社.

李勇，李一平，陈德强. 2012. 环境影响评价. 南京：河海大学出版社.

陆书玉. 2001. 环境影响评价. 北京：高等教育出版社.

毛文永. 2003. 生态环境影响评价概论（修订版）. 北京：中国环境科学出版社.

吴琼，谢志儒，赵琨，等. 2019. 城市道路声环境影响评价现状问题与建议. 环境影响评价，41（6）：38-41.

徐颂. 2018. 环境影响评价相关法律法规试题解析（2018 年版）. 北京：中国环境出版社.

杨劲松，谢文萍，朱伟，等. 2019. 生态影响类建设项目的土壤环境影响评价——以农林水利水电类项目为例. 环境影响评价，41（5）：1-7.

李茵，张乾，赵琴，等. 2020.《环境影响评价技术导则 生态影响》修订背景与建议. 环境影响评价，42（3）：1-6.

吴凯杰，汪劲. 2022. 完善规划环评法律制度 强化决策源头环境管控——论我国规划环境影响评价制度的立法完善. 环境影响评价，44（4）：17-23.

中华人民共和国生态环境部. 2022. 全国环境影响评价工程师职业资格考试大纲（2022 年版）. 北京：中国环境出版集团.

生态环境部环境工程评估中心. 2022a. 环境影响评价相关法律法规（2022 年版）. 北京：中国环境出版集团.

生态环境部环境工程评估中心. 2022b. 环境影响评价技术导则与标准（2022 年版）. 北京：中国环境出版集团.

生态环境部环境工程评估中心. 2022c. 环境影响评价技术方法（2022 年版）. 北京：中国环境出版集团.

主要参考文献